2041

Kai-Fu Lee e Chen Qiufan

2041

COMO A INTELIGÊNCIA ARTIFICIAL VAI MUDAR SUA VIDA NAS PRÓXIMAS DÉCADAS

Tradução: Isadora Sinay

GLOBOLIVROS

Copyright © 2022 by Editora Globo S.A. para a presente edição
Copyright © 2021 by Kai-Fu Lee and Chen Qiufan

Esta edição foi publicada em acordo com a Currency, uma divisão da Penguin Random House LLC.

Todos os direitos reservados. Nenhuma parte desta edição pode ser utilizada ou reproduzida — em qualquer meio ou forma, seja mecânico ou eletrônico, fotocópia, gravação etc. — nem apropriada ou estocada em sistema de banco de dados sem a expressa autorização da editora.

Texto fixado conforme as regras do Acordo Ortográfico da Língua Portuguesa (Decreto Legislativo nº 54, de 1995).

Título original: *AI 2041: Ten Visions for Our Future*

Editora responsável: Amanda Orlando
Assistente editorial: Isis Batista
Preparação: Mariana Donner
Revisão: Wendy Campos, Aline Canejo e Bruna Brezolini
Diagramação: Equatorium Design
Capa: Estúdio Insólito
Imagem de capa: Moment/Getty Images

1ª edição, 2022 – 4ª reimpressão, 2025

CIP-BRASIL. CATALOGAÇÃO NA PUBLICAÇÃO
SINDICATO NACIONAL DOS EDITORES DE LIVROS, RJ

L517d

Lee, Kai-Fu-
2041 : como a inteligência artificial vai mudar sua vida nas próximas décadas / Kai-Fu Lee, Chen Giufan ; tradução Isadora Sinay. - 1. ed. - Rio de Janeiro : Globo Livros, 2022.
480 p. ; 23 cm.

Tradução de: AI 2041: ten visions for our future
ISBN 978-65-5987-053-0

1. Inteligência artificial. 2. Inteligência artificial na literatura. I. Qiufan, Chen. II. Sinay, Isadora. III. Título.

22-77513 CDD: 006.3
          CDU: 004.8

Meri Gleice Rodrigues de Souza - Bibliotecária - CRB-02/05/2022 06/05/2022

Direitos exclusivos de edição em língua portuguesa para o Brasil adquiridos por Editora Globo S.A.
Rua Marquês de Pombal, 25 — 20230-240 — Rio de Janeiro — RJ
www.globolivros.com.br

*O que queremos é uma máquina que
possa aprender com a experiência.*
ALAN TURING

*Qualquer tecnologia suficientemente avançada
é impossível de distinguir da magia.*
ARTHUR C. CLARKE

Sumário

Introdução por Kai-Fu Lee: A verdadeira história da ia 9

Introdução por Chen Qiufan: Como podemos aprender a parar de nos preocupar e abraçar o futuro com imaginação 17

1. O elefante dourado
Análise: Aprendizado profundo, *big data*, aplicativos de internet/finanças, externalidades de ia 23

2. Os deuses por trás das máscaras
Análise: Visão computacional, redes neurais convolucionais, *deepfakes*, redes adversárias generativas (gans), biometria, segurança de ia 55

3. Dois pardais
Análise: Processamento de linguagem natural, treinamento autossupervisionado, gpt-3, agi e consciência, educação com ia 91

4. Amor sem contato
Análise: ia de saúde, AlphaFold, usos de robótica, aceleração da automação pela covid 147

5. Meu ídolo assombrado
Análise: Realidade virtual (vr), realidade aumentada (ar) e realidade mista (mr), interface cérebro-computador (bci), questões éticas e sociais 193

6. O MOTORISTA ABENÇOADO
Análise: Veículos autônomos, autonomia completa e cidades inteligentes, questões éticas e sociais.. 237

7. GENOCÍDIO QUÂNTICO
Análise: Computação quântica, segurança de bitcoin, armas autônomas e ameaça à existência.. 281

8. O SALVADOR DE EMPREGOS
Análise: Substituição de postos de trabalho por IA, renda básica universal (RBU), o que a IA não consegue fazer, os 3Rs como uma solução para as substituições.. 341

9. A ILHA DA FELICIDADE
Análise: IA e felicidade, Regulamento Geral sobre a Proteção de Dados (RGPD), dados pessoais, privacidade em computação com uso de aprendizado federado e ambiente de execução confiável (TEE) 387

10. SONHANDO COM A PLENITUDE
Análise: Plenitude, novos modelos econômicos, o futuro do dinheiro, singularidade 431

AGRADECIMENTOS.. 471
ÍNDICE.. 473

Introdução
por Kai-Fu Lee

A verdadeira história da IA

INTELIGÊNCIA ARTIFICIAL (IA) é uma combinação de software e hardware capaz de executar tarefas que normalmente exigiriam a inteligência humana. A IA é o esclarecimento do processo de aprendizado humano, a quantificação do processo de pensamento humano, a explicação do comportamento humano e a compreensão do que torna a inteligência possível. É o passo final da humanidade na jornada para entendermos a nós mesmos, e eu espero poder fazer parte dessa nova, mas promissora, ciência.

Escrevi essas palavras quando eu era um estudante esperançoso me inscrevendo no programa de doutorado da Carnegie Mellon University, quase quarenta anos atrás. O cientista da computação John McCarthy criou o termo "inteligência artificial" ainda antes — no lendário Projeto de Pesquisa de Verão de Dartmouth sobre Inteligência Artificial, que aconteceu no verão de 1956. Para muitas pessoas, a IA parece ser a tecnologia fundamental do século XXI, mas alguns de nós já pensavam nisso décadas atrás. Nas primeiras três décadas e meia da minha jornada com a IA, a inteligência artificial como um campo de pesquisa estava restrita basicamente à academia, com poucas adaptações comerciais de sucesso.

As aplicações práticas da IA evoluíam devagar. Nos últimos cinco anos, contudo, a IA se tornou a tecnologia mais quente do mundo. Um impressionante ponto de virada aconteceu em 2016 quando o AlphaGo, uma máquina construída por engenheiros da DeepMind, derrotou Lee Sedol em uma competição com cinco rodadas de Go, conhecida como Google DeepMind Challenge Match. O Go é um jogo de tabuleiro cinco trilhões de vezes mais complexo que o xadrez. Além disso, em contraste com o xadrez, os milhões de fãs entusiasmados do Go acreditam que o jogo exige verdadeira inteligência, sabedoria e um refinamento intelectual zen. As pessoas ficaram chocadas quando o competidor de IA venceu o campeão humano.

O AlphaGo, como a maioria dos progressos comerciais da IA, foi construído com aprendizado profundo, uma tecnologia que usa grandes bancos de dados para ensinar coisas a si mesma. O aprendizado profundo foi inventado muitos anos atrás, mas só recentemente passou a existir poder computacional para demonstrar sua eficácia e dados de treinamento suficientes para que resultados excepcionais fossem conquistados. Em comparação à época em que comecei na IA, quarenta anos atrás, nós agora temos cerca de um trilhão de vezes mais poder computacional disponível para experimentar com IA, e é quinze milhões de vezes mais barato selecionar os dados necessários. As aplicações do aprendizado profundo — e as tecnologias de IA relacionadas — chegarão a todos os aspectos da nossa vida.

A IA está agora em um ponto de inflexão. Ela deixou sua torre de marfim. Os dias de lento progresso acabaram.

Só nos últimos cinco anos, a IA ganhou de campeões humanos no Go, no pôquer e no videogame *Dota 2* e se tornou tão poderosa que pode aprender xadrez em quatro horas e jogar de forma invicta contra humanos. Mas ela não vai bem só em jogos. Em 2020 a IA resolveu um enigma de cinquenta anos da biologia chamado enovelamento de proteínas. A tecnologia ultrapassou os humanos em reconhecimento de fala e objetos, criando "humanos digitais" de um realismo assustador, tanto em sua aparência quanto na fala, e foi aprovada em exames de admissão em universidades e de obtenção de licença para exercer a medicina. A IA tem tido uma performance melhor que juízes no oferecimento de sentenças justas e consistentes e melhor que radiologistas ao diagnosticar câncer de pulmão, além de estar por trás de drones que mudarão o futuro das entregas, da agricultura e da guerra. Por fim, a IA está proporcionando veículos autônomos, que dirigem com mais segurança que humanos nas estradas.

Com a IA se desenvolvendo e novos usos florescendo, onde tudo isso vai parar?

Em meu livro de 2018, *Inteligência artificial*, abordei a proliferação de dados, o "novo petróleo" que faz a IA funcionar. Os Estados Unidos e a China estão liderando a revolução da IA, com os Estados Unidos na frente em pesquisas e a China sendo mais eficaz no uso de *big data* para oferecer ferramentas para sua enorme população. Em *Inteligência artificial*, previ novos avanços, desde a tomada de decisões comandada por *big data* até a percepção mecânica de robôs e veículos autônomos. Projetei que os novos usos da IA nos campos digital, financeiro, de comércio e de transporte criariam um valor econômico sem precedentes, mas também causariam problemas relacionados à perda de postos de trabalho humano e outras questões. A IA é uma tecnologia de amplo uso que penetrará em basicamente todas as indústrias. Seus efeitos estão sendo sentidos em ondas, começando com o uso na internet, seguido pela utilização em negócios (como serviços financeiros), percepção (pense em cidades inteligentes) e usos autônomos, como em veículos.

2018 Onda 4: IA autônoma
Agricultura, manufatura (robótica), transporte (veículos autônomos)

2016 Onda 3: IA de percepção
Segurança, comércio, energia, internet das coisas, casas inteligentes, cidades inteligentes

2014 Onda 2: IA de negócios
Serviços financeiros, educação, serviços públicos, médicos, logísticos, cadeia de suprimentos, *back office*

2010: IA de internet
Websites/apps, busca, anúncios, jogos/entretenimento, e-commerce, rede social, estilo de vida na internet

As quatro ondas da IA estão revolucionando praticamente todas as indústrias.

Quando você estiver lendo este livro, ao final de 2021 ou um pouco depois, as previsões que fiz em *Inteligência artificial* terão em grande parte se tornado realidade. Agora devemos olhar para frente, para novas fronteiras. Quando viajo pelo mundo para falar de IA, com frequência me perguntam "o que vem agora?". O que vai acontecer nos próximos cinco, dez ou vinte anos? O que o futuro guarda para nós, humanos?

Essas são questões fundamentais para nosso momento histórico, e todo mundo que trabalha na área de tecnologia tem uma opinião. Alguns acreditam que estamos no meio de uma "bolha de IA" que em algum momento vai estourar ou, pelo menos, esfriar. Aqueles com visões mais drásticas ou distópicas acreditam em todo tipo de coisa, desde a ideia de que gigantes da IA vão "sequestrar nossas mentes" e formar uma nova raça utópica de "ciborgues humanos" até a chegada de um apocalipse causado pela IA. Essas várias previsões podem ter nascido de uma curiosidade genuína ou de um medo compreensível, mas elas são normalmente especulativas ou exageradas. Elas não olham para o quadro completo.

As especulações variam muito porque a IA parece ser complexa e indecifrável. Observei que em geral as pessoas confiam em três fontes para conhecer o assunto: ficção científica, notícias e pessoas influentes. Nos livros e programas de TV de ficção científica, as pessoas veem representações de robôs que querem controlar e superar os humanos e de uma superinteligência que se volta para o mal. Os relatos da mídia tendem a focar o lado negativo, exemplos fora do comum em vez dos avanços graduais cotidianos: veículos autônomos que matam pedestres, empresas de tecnologia que usam IA para influenciar eleições e pessoas que usam a IA para disseminar desinformação e imagens falsas. Confiar nos "líderes de pensamento" deveria ser a melhor opção, mas, infelizmente, a maior parte daqueles que reivindicam esse título é especialista em negócios, física ou política, não em tecnologia de IA. Essas previsões, com frequência, não têm rigor científico. O que torna as coisas ainda piores é que os jornalistas tendem a citar esses líderes fora de contexto para atrair atenção. Então, não é de se admirar que a visão geral a respeito da IA — informada por meias-verdades — tenha sido de desconfiança e até negativa.

Claro, alguns aspectos do desenvolvimento da IA merecem nossa atenção e cuidado, mas é importante equilibrar essas preocupações com uma exposição ao quadro completo e ao potencial dessa tecnologia de importância crucial. A IA, como a maior parte das tecnologias, não é essencialmente boa nem má. E, como a maior parte das tecnologias, a IA acabará por produzir mais impactos positivos do que negativos em nossa sociedade. Pense nos tremendos benefícios da eletricidade, dos telefones celulares e da internet. No curso da história humana, com frequência tememos as novas tecnologias que mudam o *status quo*. Com o tempo, esses medos geralmente se dissipam e essas tecnologias se tornam entremeadas ao tecido do cotidiano e melhoram nosso padrão de vida.

Acredito que existem muitos usos e cenários animadores nos quais a IA pode melhorar profundamente nossa sociedade. Primeiro, a IA criará uma grande riqueza — a PricewaterhouseCoopers estima em 15,7 trilhões de dólares até 2030 —, o que ajudará a reduzir a fome e a pobreza. A IA também vai criar serviços eficientes que nos devolverão nosso recurso mais valioso: o tempo. Ela assumirá tarefas rotineiras e nos liberará para trabalhos mais estimulantes ou desafiadores. Por fim, os humanos trabalharão com a IA de forma simbiótica, com a IA fazendo análises quantitativas, otimização e trabalho de rotina enquanto nós, humanos, contribuímos com criatividade, pensamento crítico e paixão. A produtividade de cada humano será amplificada, permitindo-nos alcançar nosso potencial. As grandes contribuições que a IA deve fazer à humanidade precisam ser exploradas com tanta profundidade quanto seus desafios.

Em meio ao que parece ser um círculo vicioso de histórias negativas a respeito da IA, acredito que seja importante contar também outras histórias e responder à pergunta "o que vem agora?". Então, decidi escrever mais um livro sobre IA. Dessa vez, quero estender o horizonte um pouco mais além — imaginar o futuro do mundo e da nossa sociedade daqui a vinte anos, ou em 2041. Meu objetivo é contar a história "real" da IA, de uma forma honesta e equilibrada, mas também construtiva e esperançosa. Este livro se baseia em uma IA *realista*, ou em tecnologias que já existem ou podemos esperar que amadureçam nos próximos vinte anos. Essas histórias oferecem um retrato do nosso mundo em 2041, com base em tecnologias com mais de 80% de chance de surgirem nesse espaço de tempo. Posso superestimar ou subestimar algumas. Mas acredito que este livro represente um conjunto de cenários criterioso e provável.

Como posso estar tão confiante? Nos últimos quarenta anos, estive envolvido com pesquisa e desenvolvimento de produtos de IA na Apple, na Microsoft e no Google e gerenciei 3 bilhões de dólares em investimentos tecnológicos. Então, tenho experiência prática com o tempo e os processos necessários para levar uma tecnologia do artigo acadêmico até um produto popular. Além disso, como consultor para governos em estratégia de IA, faço previsões baseadas no meu conhecimento das políticas e dos quadros de regulamentação e no raciocínio por trás deles. Além disso, evito previsões especulativas a respeito de descobertas fundamentais e me apoio majoritariamente em aplicar e extrapolar o futuro de tecnologias já existentes. Como a IA penetrou em menos de 10% de nossas indústrias, há muitas oportunidades para reimaginar o futuro com a infusão da IA nesses campos. Em resumo, acredito que, *mesmo com pouco ou nenhum avanço, a* IA *ainda deve ter um impacto profundo na nossa sociedade.* E este livro é meu testemunho.

Com frequência me dizem que um dos motivos para *Inteligência artificial* ter causado tanto impacto nos leitores foi o fato de ser acessível a pessoas sem qualquer conhecimento prévio a respeito da IA. Então, quando embarquei neste novo livro, me perguntei: o que posso fazer para contar histórias sobre IA de forma a torná-las ainda mais atraentes ao público em geral? A resposta, claro, era trabalhar com um bom contador de histórias! Decidi falar com Chen Qiufan, meu antigo colega do Google. Depois do Google, abri uma empresa de capital de risco. Qiufan fez algo mais aventureiro — ele se tornou um premiado escritor de ficção científica. Fiquei exultante quando Qiufan concordou em trabalhar comigo neste projeto e em unir sua criatividade ao meu julgamento do que a tecnologia será capaz de fazer em vinte anos. Nós dois acreditamos que imaginar as tecnologias plausíveis em um período de vinte anos e explicá-las na forma de histórias seria algo envolvente, e nem teríamos que apelar para teletransporte ou alienígenas para hipnotizar nossos leitores.

Qiufan e eu fizemos um arranjo particular. Primeiro criei um "mapa tecnológico" que projetava quando certas tecnologias amadureceriam, quanto tempo seria necessário para recolher os dados e reproduzir a IA e quão fácil seria construir um produto em diversas indústrias. Também levei em conta possibilidades externas — desafios, regulamentação e outros impedimentos, além de conflitos e dilemas dignos de uma boa história e que pudessem emergir com essas tecnologias. Com minha base em relação aos componentes tecnológicos, Qiufan então colocou em prática seus talentos — sonhar com personagens, cenários e tramas que trariam esses temas à vida. Trabalhamos para tornar cada história envolvente, provocativa e tecnologicamente precisa. Depois de cada uma, eu ofereço minha análise tecnológica, mergulhando nas formas de IA reveladas e suas implicações para a vida e a sociedade humanas. Organizamos as histórias de modo a cobrir todos os aspectos-chave da IA e as ordenamos mais ou menos da tecnologia mais básica até a mais avançada. A soma dessas partes, esperamos, é uma introdução ímpar, atraente e acessível à IA.

Demos ao nosso livro o nome *2041* porque ele se passa vinte anos à frente da primeira publicação. Mas não deixamos de notar que o número "41" nos remete a AI, sigla em inglês para IA.

Muitos de nossos leitores talvez amem as maravilhosas histórias de ficção científica, mas imagino que outros não tenham aberto um romance ou uma coletânea de contos desde a faculdade. Tudo bem. Se você está nesse grupo, pense em *2041* não como "ficção científica", mas como "ficção de ciência". Essas histórias se passam em diferentes lugares do mundo. Em algumas, você reconhecerá um mundo que não parece muito diferente do seu — com narrativas que se baseiam em costumes e hábitos já existentes, mas com uma pitada de IA. Em outras, a IA transformou a vida humana drasticamente. Tanto entusiastas quanto céticos da IA terão muito em que pensar. Criar um livro com um componente significativo de ficção é por natureza mais arriscado do que escrever um livro de não ficção que simplesmente descreve o presente e faz perguntas sobre o futuro. Qiufan e eu buscamos ser ousados em nossas narrativas e acreditamos que as histórias a seguir tocarão o leitor de mente aberta cuja imaginação seja grande o suficiente para refletir a respeito do que o futuro guarda.

As primeiras sete histórias foram concebidas para cobrir o uso da tecnologia em diferentes indústrias, com complexidade tecnológica cada vez maior, junto às suas implicações éticas e sociais. As últimas três histórias (mais o capítulo 6, "O motorista abençoado") focam mais as questões sociais e geopolíticas levantadas pela IA, como a perda de postos de trabalho tradicionais, uma abundância inédita de bens, desigualdade exacerbada, corrida em busca de armas autônomas, concessões entre privacidade e felicidade e a busca humana por um propósito maior. São mudanças profundas, e os humanos podem abraçá-las com compaixão, explorá-las com más intenções, render-se a elas com resignação ou ser inspirados a se reinventar. Nas últimas quatro histórias, decidimos mostrar quatro possíveis variações e caminhos diferentes como uma forma de enfatizar que o futuro ainda não está escrito.

Esperamos que essas histórias entretenham você ao mesmo tempo que aprofundem seu entendimento da IA e dos desafios que ela impõe. Também esperamos que o mapa que o livro oferece para as próximas décadas ajude você a se preparar para aproveitar as oportunidades e confrontar os desafios que o futuro trará. Mais do que tudo, esperamos que você concorde que os contos em *2041* reforçam nossa crença na ação humana — que somos donos do nosso destino e nenhuma revolução tecnológica mudará isso.

Agora, vamos começar uma jornada para 2041.

Introdução
por Chen Qiufan

Como podemos aprender a parar de nos preocupar e abraçar o futuro com imaginação

Em agosto de 2019, em uma visita ao Barbican Centre em Londres, dei de cara com uma exposição chamada AI: *More Than Human* [IA: Mais que humano]. Como uma refrescante chuva de verão, a exposição elucidou minha compreensão — e mudou a maior parte dos meus conceitos preexistentes e ideias erradas a respeito da inteligência artificial. O nome enganosamente simples da exposição não era nem de longe uma representação da diversidade e da complexidade que ela continha. Cada sala da exposição revelava novas maravilhas, todas conectadas à ampla definição que o curador tinha do significado de IA. Havia um Golem, uma criatura mítica do folclore judaico; um Doraemon, o amado herói japonês de anime; os experimentos preliminares em ciência da computação de Charles Babbage; o AlphaGo, o programa projetado para desafiar o intelecto fundamental dos humanos; a análise de Joy Buolamwini a respeito do viés de gênero em softwares de reconhecimento facial; e uma arte digital interativa de grandes proporções da teamLab inspirada na filosofia e na estética xintoístas. Foi um lembrete magnífico e esclarecedor do poder do pensamento interdisciplinar.

Segundo a lei de Amara: "Tendemos a superestimar o efeito de uma tecnologia a curto prazo e subestimar o efeito a longo prazo". A maior parte de nós tende a pensar em IA em termos estreitos: o robô assassino de *O exterminador do futuro*, algoritmos incompetentes que nunca se igualariam a nós em perspicácia nem ameaçariam a existência humana de forma alguma, simples invenções tecnológicas sem alma que não têm nada a ver com como os humanos percebem o mundo, comunicam emoções, gerenciam instituições e exploram as possibilidades da vida.

A verdade — como foi revelada em histórias que vão desde os contos folclóricos chineses a respeito de Yan Shi, um mecânico que cria um humanoide, e de Talos, o autômato de bronze da mitologia grega — é que a busca humana pela inteligência artificial tem persistido durante toda a história, desde muito antes do surgimento da ciência da computação como um campo de estudo ou da expressão "IA" entrar em nosso léxico. De eras passadas até o presente, a força imparável da IA tem revolucionado todas as dimensões da civilização humana e continuará fazendo isso.

A ficção científica, meu campo de escolha, tem um papel delicado na investigação do paradigma homem-máquina. O romance *Frankenstein*, de 1818, é com frequência aclamado como o primeiro romance de ficção científica moderno e trata de questões que ainda ressoam hoje: com a ajuda da tecnologia, os humanos têm o direito de criar uma vida inteligente diferente de todas as formas de vida já existentes? Como seria a relação entre a criatura e o criador? O arquétipo do cientista louco que castiga o mundo com suas criações se originou com a obra-prima de Mary Shelley, duzentos anos atrás.

Enquanto alguns podem usar a ficção científica como bode expiatório, culpando-a pela visão estreita e muitas vezes negativa que as pessoas têm da IA, isso é só parte da história. A ficção científica tem a capacidade de servir como aviso, mas histórias especulativas também têm a habilidade única de transcender as limitações do espaço-tempo, conectar a tecnologia às humanidades, embaralhar a fronteira entre ficção e realidade e despertar empatia e pensamentos profundos no leitor. O historiador e autor best-seller Yuval Noah Harari chamou a ficção científica de "o gênero artístico mais importante do nosso tempo".

Esse é um patamar alto para se estar. Para escritores de ficção científica como eu, o desafio que enfrentamos é criar histórias que não apenas revelem verdades escondidas a respeito da nossa realidade atual, mas também projetem simultaneamente possibilidades imaginativas ainda mais loucas.

Portanto, quando Kai-Fu Lee, meu ex-colega do Google, entrou em contato comigo e propôs essa colaboração em *2041* — projeto único de um livro que combina ficção científica e análise das grandes ideias que inspiram a tecnologia —, fiquei animadíssimo. O Kai-Fu que conheço é um líder global pioneiro, um investidor de negócios experiente e criador de tendências, e um profeta imaginativo da tecnologia e de mente aberta. Suas noções de desenvolvimento de carreira influenciaram uma geração de jovens. Agora, a mente dele aponta para o futuro.

Equipado com um entendimento profundo da pesquisa de ponta e suas aplicações no mundo dos negócios, Kai-Fu delineia as maneiras pelas quais a IA pode mudar a sociedade humana em vinte anos, falando de áreas que vão da medicina e da educação até o entretenimento, o emprego e as finanças. Sua ideia para este projeto era ambiciosa, mas foi também um tipo de coincidência mágica. Há alguns anos, em minha própria escrita, eu havia desenvolvido a noção "realismo em ficção científica". Para mim, a ficção científica é fascinante porque ela não apenas gera um espaço imaginativo para que escapistas deixem suas vidas mundanas para trás, atuem no papel de super-heróis e explorem livremente galáxias muito, muito distantes, mas também oferece uma oportunidade preciosa para que eles se ausentem temporariamente da realidade cotidiana e reflitam criticamente sobre ela. Ao imaginar o futuro através da ficção científica, nós podemos até mesmo agir, mudar e ter um papel ativo na construção da nossa realidade.

Em outras palavras, para cada futuro que desejamos criar, primeiro precisamos aprender a imaginá-lo.

Minha imaginação começou a se desenvolver quando eu era criança graças a obras clássicas de ficção científica como *Guerra nas estrelas*, *Jornada nas estrelas* e *2001: Uma odisseia no espaço*. Desde os dez anos de idade, essas obras têm sido meu portal para o vasto além e para mundos desconhecidos. Acredito que, antes de colocar a caneta no papel em cada narrativa, a chave é sempre orientá-la na história de seu gênero e em um contexto social mais amplo. Como alguém profundamente envolvido — até mesmo obcecado — com as fantasias da ficção científica, fico maravilhado com o quão inclusivo é o espectro da narrativa de ficção científica. Quase qualquer tema ou estilo pode encontrar seu lugar no gênero.

Antes de me tornar escritor em tempo integral, eu trabalhava com tecnologia. Várias pessoas imaginariam que engenheiros e magos da ciência da computação têm pouco interesse em ficção — porque seus cérebros estão programados para a ciência, em oposição à literatura. Mas, durante meus mais de dez anos trabalhando com tecnologia, conheci muitos engenheiros e técnicos que eram fãs não tão secretos de ficção especulativa. Esse entusiasmo às vezes se manifestava em salas de reuniões com nomes como "Enterprise" ou "Neuromancer", mas também estava presente entre as mentes formidáveis por trás de projetos como o Google X e o Hyperloop. Do submarino moderno às armas de laser e dos celulares ao CRISPR, os cientistas prontamente admitem que receberam inspiração direta da ficção. É verdade que a imaginação molda o mundo.

Desde o começo, decidi que *2041* desafiaria o estereótipo da narrativa distópica de IA — o tipo de história na qual o futuro é irremediavelmente sombrio. Sem ignorar as falhas e nuances da IA, Kai-Fu e eu trabalhamos para retratar um futuro no qual a tecnologia de IA pudesse influenciar indivíduos e sociedades positivamente. Quisemos imaginar um futuro que gostaríamos de habitar — e de construir. Imaginamos um futuro no qual as próximas gerações pudessem aproveitar os benefícios do desenvolvimento tecnológico, trabalhar para trazer mais conquistas e sentido para o mundo e viver felizes.

O caminho para imaginar o futuro dos nossos sonhos nem sempre foi fácil. Nosso desafio era mergulhar nas pesquisas mais recentes de IA e então projetar, com ciência e lógica, *de forma realista*, como a cena de IA pareceria nos próximos vinte anos. Kai-Fu e nossa equipe passaram horas estudando artigos publicados recentemente, conversando com especialistas, profissionais e pensadores envolvidos na indústria de IA, participando de oficinas oferecidas pelo Fórum Econômico Mundial e visitando as maiores empresas de tecnologia da área para garantir que tivéssemos um entendimento amplo das bases tecnológicas e filosóficas para o desenvolvimento.

O outro desafio foi imaginar o futuro humano. Quisemos representar como indivíduos de diferentes culturas e indústrias e com diferentes identidades reagiriam ao choque futuro induzido pela IA. Detalhes psicológicos sutis são difíceis de deduzir usando apenas lógica e racionalização. Para ajudar a completar o retrato emocional dos personagens em nossas narrativas, examinei a história e me inspirei em eventos que ocorreram no passado e alteraram o mundo de maneira similar. Para estimular a imaginação dos leitores e a capacidade de conceitualizar condições humanas alternativas, sabíamos que nossas histórias precisavam também despertar empatia se quiséssemos transmitir completamente nossa visão e nosso sentimento. As análises de Kai-Fu servem como o fio que conecta a pipa voadora da imaginação ao carretel concreto da realidade.

Depois de meses de trabalho intenso e várias edições, aqui estão os dez portais que reunimos para transportar você pelo espaço-tempo de 2041. Esperamos que você embarque nessa jornada com curiosidade e mente aberta — e coração aberto também.

Uma última coisa: para mim, o maior valor da ficção científica não é dar respostas, mas fazer perguntas. Depois que você fechar o livro, nossa esperança é que muitas novas perguntas brotem em sua mente: por exemplo, a IA poderia ajudar humanos a prevenir a próxima pandemia global ao eliminá-la pela raiz? Como podemos lidar com os desafios do trabalho do futuro? Como podemos manter a diversidade cultural em um mundo dominado por máquinas? Como podemos ensinar nossas crianças a viver em uma sociedade na qual humanos e máquinas coexistem? Esperamos que as perguntas de nossos leitores nos ajudem a ir ainda mais longe enquanto construímos um futuro mais feliz e brilhante.

Bem-vindos a 2041!

1

O ELEFANTE DOURADO

"É melhor viver seu próprio destino de forma imperfeita do que imitar perfeitamente o de outra pessoa."

BHAGAVAD GITA (canção de Deus ou escritura hindu), capítulo 3, verso 35

Nota de Kai-Fu

A primeira história leva os leitores para Mumbai, onde encontramos uma família que contratou um programa de seguros que funciona com base em aprendizado profundo. Esse programa de seguros dinâmico se relaciona com o segurado por uma série de aplicativos projetados para melhorar a vida do usuário. A filha adolescente da família, no entanto, descobre que os cutucões persuasivos do programa de IA complicam sua busca pelo amor. "O elefante dourado" apresenta as bases do aprendizado profundo de IA e oferece uma noção de seus principais pontos fortes e fracos. Em particular, a história ilustra como a IA pode, de forma obstinada, tentar otimizar certos objetivos, mas às vezes ela cria incidentes prejudiciais. A história também sugere os riscos de quando uma empresa possui dados demais de seus usuários. Em meu comentário ao final do capítulo, exploro essas questões, ofereço uma breve história da IA e explico por que ela anima muitos, mas se tornou uma fonte de desconfiança para outros.

NA TELA, A ESTÁTUA DE TRÊS andares de Ganesha balançava sobre as ondas da praia de Chowpatty, como se sincronizada à trilha sonora de cítaras. A cada onda o imenso ídolo descia mais, até ser engolido pelo mar da Arábia. Na água salgada, a estátua se dissolvia em uma espuma dourada e bordô que desaguava na praia de Chowpatty, onde as cores envolviam como bênçãos as legiões de crentes reunidos para o ritual de imersão Visarjan, celebrando o fim do festival de Ganesha Chaturthi.

No apartamento de sua família em Mumbai, Nayana observava os avós baterem palmas e cantarem junto com a TV. Seu irmão mais novo, Rohan, pegou um punhado de chips de mandioca e tomou um gole grande de Coca diet. Embora tivesse só 8 anos, Rohan tinha sido orientado pelo médico a controlar o consumo de gordura e açúcar. Quando ele sacudia a cabeça animado, farelos escapavam de sua boca e voavam pela sala. Na cozinha, Papa Sanjay e Mama Riya batiam em panelas e cantavam como se estivessem em um filme de Bollywood.

Nayana tentou tirar todos eles da cabeça. A aluna do primeiro ano do ensino médio estava, em vez disso, focando toda energia em seu *smartstream*, no qual havia baixado o FateLeaf. O novo aplicativo era a única coisa da qual os colegas de Nayana pareciam falar ultimamente. Diziam que ele tinha resposta para quase qualquer pergunta, graças à presciência dos maiores videntes da Índia.

O aplicativo — conforme a marca e a campanha de publicidade deixavam claro — tinha sido inspirado pelo sábio hindu Agastya, que dizia ter gravado em sânscrito a vida passada, presente e futura de todas as pessoas em folhas de palmeira, as chamadas folhas de Nadi, milhares de anos atrás.

Segundo a lenda, ao fornecer apenas a digital do polegar e a data de nascimento para um intérprete de folhas de Nadi, a pessoa poderia ter a história da sua vida prevista pela folha. O problema era que muitas folhas haviam sido perdidas em conflitos colonialistas, guerras e pelo tempo. Em 2025, uma empresa de tecnologia havia rastreado e escaneado todas as folhas de Nadi que ainda estavam em circulação. A empresa usava IA para aprendizado profundo, tradução automática e análises das folhas remanescentes, e o resultado havia sido a criação de folhas virtuais de Nadi guardadas na nuvem — uma para cada uma das 8,7 bilhões de pessoas na Terra.

Nayana não estava preocupada com a antiga história das folhas de Nadi. Tinha um assunto mais urgente em mente. Usuários do aplicativo FateLeaf podiam tentar desvendar a sabedoria de sua folha de Nadi ao fazer várias perguntas. Enquanto a família dela assistia à celebração do Ganesha Visarjan na televisão, Nayana digitava nervosa uma pergunta no aplicativo: "Será que Sahej gosta de mim?". Antes que ela clicasse em "enviar", uma notificação surgiu indicando que uma resposta para a pergunta dela custaria duzentas rupias. Nayana clicou em "concordar".

Nayana gostou de Sahej desde o minuto em que a transmissão dele havia se conectado à sua sala de aula virtual. O novo colega de classe não usava nenhum filtro ou fundo artificial. Atrás de Sahej, penduradas na parede, Nayana podia ver fileiras de máscaras coloridas, que ela descobriu que o próprio Sahej havia entalhado e pintado. No primeiro dia do novo semestre, o professor havia perguntado a Sahej sobre as máscaras, e o novo aluno as mostrou timidamente, explicando como as máscaras combinavam deuses e espíritos indianos com poderes de super-heróis.

Agora, em uma sala apenas para convidados no ShareChat dela, algumas colegas de Nayana estavam fofocando a respeito de Sahej. Pela forma como o quarto dele era decorado e pelo fato de que seu sobrenome não era acessível ao público nos registros da escola, as meninas estavam certas de que Sahej estava no "grupo vulnerável" que o governo exigia que formasse pelo menos 15% do corpo estudantil. Em escolas particulares por toda a Índia, essas crianças tinham vagas praticamente garantidas, e sua mensalidade, seus livros e seus uniformes eram pagos por bolsas de estudo. "Quinze por cento" e "grupo vulnerável" eram eufemismos para os *dalits*.

Em documentários que assistia on-line, Nayana havia aprendido a respeito do antigo sistema de castas da Índia, profundamente entremeado às crenças religiosas e culturais hindus. A casta de uma pessoa determinava sua profissão, sua educação e seu casamento — toda sua vida. Na parte mais baixa do sistema, ficavam os *dalits*, ou, como eles às vezes eram chamados com desprezo, os "intocáveis". Durante gerações os membros dessa comunidade haviam sido forçados a fazer os trabalhos mais sujos: limpar esgotos, lidar com cadáveres de animais e curtir couro.

A constituição da Índia, ratificada em 1950, havia proibido a discriminação com base em castas. Mas, por muitos anos depois da independência, as áreas para que os *dalits* bebessem, comessem, morassem e até mesmo fossem enterrados continuavam separadas dos outros grupos, considerados mais elevados nesse sistema. Os membros das castas mais altas poderiam até se recusar a ficar no mesmo cômodo que os *dalits*, mesmo que fossem colegas de sala ou trabalho.

Na década de 2010, o governo indiano buscou corrigir essas injustiças estabelecendo uma cota de 15% para a representação *dalit* em posições governamentais e nas escolas. A política bem-intencionada havia causado controvérsia e até violência. Pais de castas mais altas haviam reclamado que essas admissões não eram baseadas em desempenho acadêmico. Eles argumentaram que seus filhos estavam pagando os pecados de gerações passadas e que a Índia estava só trocando uma forma de desigualdade por outra.

Apesar desses focos de reação, os esforços do governo pareciam estar funcionando. Os 200 milhões de descendentes de *dalits* estavam se integrando à sociedade convencional. Tinha se tornado difícil reconhecer sua antiga identidade à primeira vista.

As meninas no ShareChat de Nayana não paravam de falar do menino novo na escola, Sahej, comentando sobre sua origem e se cogitariam sair com ele ou não.

Suas esnobes fúteis, resmungou Nayana em silêncio.

Da parte dela, Nayana via em Sahej uma alma artística parecida com a sua. Inspirada por Bharti Kher, Nayana sonhava em se tornar uma artista performática e com frequência precisava explicar que isso não era nada parecido com ser uma estrela pop superficial. Ela acreditava que grandes artistas tinham que ser brutalmente honestos a respeito de seus sentimentos mais profundos e nunca deviam aceitar as perspectivas dos outros. Se ela gostava de Sahej, então ela gostava de Sahej — e não importava seu passado familiar, onde ele morava ou mesmo seu hindi com sotaque tâmil.

A pergunta que Nayana havia feito para o aplicativo FateLeaf parecia estar levando uma eternidade para ser processada. Finalmente, uma notificação apareceu no *smartstream* de Nayana, acompanhada de um ícone de uma folha de palmeira. "Que pena! Os dados fornecidos são insuficientes, o FateLeaf não pode responder sua questão no momento".

O som do reembolso de Nayana vibrou no *smartstream*.

— Dados insuficientes! — amaldiçoou Nayana baixinho o aplicativo.

Irritada, ela finalmente ergueu a cabeça da tela e notou que sua mãe, Riya, estava terminando de servir o jantar. Algo estava errado. Além de várias guloseimas festivas indianas, Nayana viu diversos pratos supercaros de um restaurante chinês na mesa. Esses luxos eram raros para seu pai, sempre tão sovina. Mas havia algo ainda mais incomum: Riya estava usando seu sári favorito, o de seda pura ao estilo pársi. Ela tinha prendido o cabelo e estava usando um conjunto completo de joias. Até mesmo os avós de Nayana pareciam diferentes — mais felizes do que o normal —, e pela primeira vez seu rechonchudo irmãozinho, Rohan, não a estava infernizando com todos os tipos de perguntas idiotas.

O festival de Ganesha Chaturthi não explicava tudo isso.

— Então, alguém vai me dizer o que está acontecendo? — disse Nayana enquanto encarava a comida na mesa.

— O que você quer dizer com "o que está acontecendo"? — devolveu Riya.

— Eu sou a única que acha tudo isso meio fora do normal?

Os pais de Nayana olharam um para o outro por um segundo e então caíram na risada.

— Dê uma olhada e nos diga o que está diferente — disse Riya.

Nayana sentia que estava prestes a enlouquecer.

— O que vocês estão escondendo de mim?

— Minha doce menina, coma primeiro. — Vovó começou a partir o *naan*.

— Espera. Papai foi promovido? Nós ganhamos na loteria? O governo baixou os impostos?

O pai sacudia a cabeça de um lado para o outro.

— Todas ótimas ideias. Mas não é nada disso. É tudo para sua mãe...

Nayana se virou na direção da mãe.

— Mãe, o que você comprou dessa vez?

— Seu tom deve ser mais respeitoso quando fala com os mais velhos — repreendeu Riya.

— Não fui eu quem foi enganada comprando coisas baratas... — A voz de Nayana se perdeu em um suspiro.

Nayana bufou.

— E o que exatamente você comprou?

— Seguros Ganesha! Eles estavam com uma promoção incrível por causa do feriado. Primeira vez que o SG estava com mais de 50% de desconto! Todos os vizinhos compraram também, e eles são ainda mais pães-duros do que eu.

O pai bateu palmas, animado. Os avós de Nayana também.

— Espera aí! Nossa família não teve sempre uma apólice da Empresa de Seguros de Vida da Índia?

— Aquela apólice não era o suficiente! Seus avós estão velhos e dependem de nós. E se algo acontecer conosco? De onde vai vir o dinheiro? Nós precisamos economizar onde pudermos. Você e seu irmão mais novo estão na escola particular, e você não quer ir para a Universidade Rai? A mensalidade e o dormitório custam muito mais do que as universidades públicas de Mumbai.

— Por que a conversa sempre tem que acabar com a culpa sendo minha?

— Para planejar o futuro, você também precisa pensar no que está à sua frente — observou o avô.

— Então, o que tem de especial nesse seguro exatamente?

— Bem, a sra. Shah, a vizinha do lado, me atualizou — explicou Riya. — É uma plataforma que usa IA para ajustar o plano de seguro segundo as necessidades da família. E por um preço ótimo. E não é só uma plataforma, é um grupo de aplicativos. Tem um para calcular e pagar as taxas do seguro e um para investimentos, e meu favorito é a loja de utilidades domésticas. Outro mostra as promoções na sua região. Olhe só o meu cabelo. O salão que o aplicativo do Cheapon recomendou custou só quatrocentas rupias.

No momento em que Rohan ia roubar um doce, Nayana deu um tapa na mão dele, e o menino a recolheu com um olhar arrependido.

— Você parece uma garota-propaganda — disse Nayana à mãe. — Por que uma companhia de seguros te diria onde fazer o cabelo? E como exatamente esse seguro por IA sabe tanto da nossa família?

— Isso, bem... — A mãe procurou uma forma de evitar a pergunta. —

Para ter os benefícios da Seguros Ganesha, nós compartilhamos o acesso do link de dados de cada membro da família.

— O quê? — Os olhos de Nayana se arregalaram.

— Tudo é mantido estritamente em caráter confidencial, a menos que autorizemos a SG a usar os dados.

— Que direito você tem de compartilhar meu link de dados com uma empresa de seguros?

— Ei, não fale assim com a sua mãe. — O pai apontou um dedo para Nayana. — Não esqueça que você ainda é menor de idade. Como seus pais, nós temos o direito de tomar decisões sobre os seus dados.

O rosto de Nayana ficou vermelho; ela não estava acostumada a respostas tão ríspidas do seu pai. Ela atirou o garfo e a faca no prato e correu de volta para o quarto. Ela agarrou a colcha e a puxou por cima da cabeça, imaginando que em algum lugar de sua folha de Nadi estava escrito que hoje era o pior dia da vida dela.

A guerra fria entre Nayana e a mãe durou uma semana, até que no *smartstream* de Nayana começaram a aparecer umas notificações incomuns:

> Vai chover hoje. Leve um guarda-chuva.
>
> As doenças respiratórias estão se tornando mais comuns. Você deveria usar máscara.
>
> Há um acidente de trânsito na sua rota. Para evitar congestionamento...

De início, Nayana estava cética com a onda sem fim de notificações. Mas ela percebeu que não conseguia parar de lê-las. De vez em quando ela até recebia uma dica útil. Uma promoção de roupas, um desconto em um restaurante de que ela gostava... Claro, para efetivamente aproveitar as oportunidades, Nayana precisou instalar o aplicativo do Cheapon e vários outros aplicativos com a marca do elefante dourado da Seguros Ganesha em seu *smartstream* e permitir que acessassem seus dados.

Parecia que a mãe dela tinha conseguido infiltrar o elefante dourado em todos os *smartstreams* da família. As mulheres controlavam o compartilhamento de dados em mais de 60% dos lares indianos. Todos esses dados pessoais estavam ligados ao cartão nacional de identidade Aadhaar e ao número de identificação único dado a 1,4 bilhão de residentes da Índia pela Autoridade Única de Identificação da Índia. Desde que o sistema havia sido implementado em 2009, depois de vinte anos de desenvolvimento, o governo havia coletado dados que incluíam as impressões digitais dos cidadãos, suas retinas, histórico genético, informação familiar, profissão, *score* de crédito, escrituras de imóveis e registros de impostos. Com o consentimento de seus clientes, a Seguros Ganesha podia usar esse rico tesouro de dados e personalizar seus serviços.

Claro, havia algumas restrições de privacidade. Por exemplo, os dados de redes sociais precisavam ser autorizados separadamente, e o uso dos dados de menores exigia o consentimento de seus guardiães legais.

Nayana pretendia se manter atenta a todas as interações com a SG. Em sua aula de compreensão de dados no ensino médio, tinha aprendido que na internet cada clique poderia ser uma armadilha. Ela estudava cuidadosamente as letras pequenas antes de escolher entre "Eu aceito" ou "Eu preciso de mais tempo para considerar". Mas parecia que, toda vez que ela selecionava "Eu preciso de mais tempo para considerar", a SG lhe mandava novos descontos atraentes e sugestões de como resolver seus problemas imediatos.

Por exemplo, como exatamente ela poderia atrair a atenção de Sahej?

Sahej era muito fofo, especialmente seus olhos meigos. Ele tinha o instinto de agradar todos os colegas. Tinha até mandado uma escultura de madeira que ele havia feito em forma de uma pequena cabeça de animal para cada um. Mas a sala de aula virtual tinha seus limites. Às vezes tudo que Nayana conseguia ver era um ícone com uma foto embaçada e uma voz falhada por causa da conexão ruim de Sahej. Depois de ter finalmente conhecido Sahej em um dos dias presenciais da escola, Nayana achou ainda mais difícil controlar o que sentia por ele. Ela procurava qualquer desculpa para falar com ele. Mas, por algum motivo, o menino mantinha distância.

Será que Sahej não gosta de mim? Ou é algum outro motivo?

Será que a origem de Sahej, Nayana se perguntou, *poderia ser o motivo da timidez em relação a ela?*

***

Enquanto essas perguntas rodavam na cabeça de Nayana, o pequeno elefante dourado surgiu em uma notificação do MagiComb, o aplicativo de dicas de estilo de vida da SG, falando sobre "como se tornar mais atraente para os garotos". Nayana imaginou que a IA conseguia usar seus dados de navegação e compras para deduzir o que ela estava pensando, mas essa recomendação perturbou Nayana por outro motivo. Por que as mulheres precisariam mudar quem eram para ganhar a atenção de um homem? Por que as mulheres não podiam mostrar aos homens quem realmente eram e ver se combinavam ou não?

Embora ela ainda estivesse irritada com a mãe, Nayana decidiu perguntar a ela a respeito das mensagens estranhas do elefante dourado.

— Menina tonta, as máquinas só aprendem o que seres humanos ensinaram a elas. — Riya olhou sua longa saia nova em um espelho e então se virou. — Mas por que a pergunta? Você conheceu alguém?

— Não — respondeu Nayana com uma pontada de culpa.

— Você pode esconder de mim, mas não da IA — a mãe dela brincou. — Você tem certeza de que não quer que eu a ajude? Sabe, sua mãe conhece algumas coisas sobre os homens.

— Eu só não sei como posso descobrir o que ele realmente acha de mim. Eu curto as coisas dele on-line, mas ele nunca responde.

— Ah, então *tem* alguém! Não é suficiente dar um *like* on-line para alguém. Você precisa de coragem. E isso me lembra de uma coisa. Se você permitir que a SG acesse os dados da sua conta do ShareChat, as recomendações serão melhores. Sem falar que o preço que nossa família paga cairá um pouco mais.

Nayana sacudiu a cabeça e saiu do quarto. Ela lembrou que só algumas semanas antes a mãe havia rejeitado o pedido de Nayana para compartilhar seu link de dados com outro aplicativo — o FateLeaf — para conseguir previsões mais precisas. Agora as posições tinham se invertido. Claro, agora tinha dinheiro em jogo.

Não era só a mãe dela. Para Nayana, todo mundo na família havia sofrido uma lavagem cerebral daquele elefantinho dourado. Eles tinham se tornado hiperconscientes de que qualquer mudança de comportamento podia baixar ou subir suas apólices. Quando uma coisa se relacionava a dinheiro, parecia a Nayana que o cérebro humano entrava em piloto automático. As pessoas fariam o que fosse necessário para conseguir um prêmio ou evitar uma multa.

Não que a SG não tivesse seu lado bom. O elefantinho dourado lembrava aos avós de Nayana de tomar seus remédios e os incentivava a marcar consultas médicas. Até mesmo o pai de Nayana, que nunca dava ouvidos a ninguém, tinha parado de fumar quando o elefantinho dourado começou a se meter. Ele havia trocado seu *arak* preferido por algo mais saudável: uma única taça de vinho tinto à noite. Seu modo de dirigir tinha se tornado mais contido. Com o incentivo do aplicativo, ele não costurava mais pelas ruas congestionadas de Mumbai como se fosse um piloto de corrida desempregado. O aplicativo ofereceu um incentivo — ao mudar seu comportamento, ele teria descontos nos preços dos seguros de carro, de saúde e de vida.

Se alguém na família conseguiria resistir aos cutucões da SG, Nayana chutaria que seria seu irmão, Rohan. Afinal, gordura e açúcar eram tão viciantes quanto heroína, especialmente para crianças sem autocontrole. Mas o elefantinho dourado conseguiu. Mesmo que o menino de 8 anos não entendesse de apólices de seguro ou o conceito de gratificação adiada, o resto da família havia se condicionado a ver qualquer doce perto dele como uma ameaça à conta bancária. A antiga tolerância com a gula de Rohan havia acabado.

Naturalmente, fazia sentido. As companhias de seguro queriam que as pessoas vivessem vidas mais longas e saudáveis — isso gerava mais lucro.

Quanto a ela, Nayana ainda estava em cima do muro. Será que deveria fornecer o link de dados de seu ShareChat?

Igualmente confusa era a questão com Sahej. Quando Sahej tinha dado a todo mundo da sala uma escultura de madeira feita à mão, escolhera uma cabeça de corvo coberta de detalhes para dar a Nayana. A menina tinha quase arrancado os cabelos pensando em que significado oculto esse presente podia ter.

"O corvo não é símbolo de azar? Ele está me dizendo para não ser tão barulhenta e irritante? Eu estou sendo insistente demais? O que exatamente ele está dizendo?"

Nayana se torturou com essas perguntas. Seu primeiro pensamento foi buscar uma adivinhação no FateLeaf, mas a mãe a tinha proibido de deixar que o aplicativo acessasse seus dados. "E quanto ao MagiComb?", perguntou-se Nayana. Apaixonada, ela decidiu ver se o algoritmo onipotente do elefante tinha algo a dizer sobre seu futuro.

O futuro que o elefantinho dourado tinha imaginado, no entanto, não era nada parecido com o que ela esperava.

De imediato, tudo pareceu errado.

Nayana aprendeu na aula de compreensão de dados que dar para a SG acesso aos dados do seu ShareChat era como abrir a porta do seu quarto. Toda sua vida privada ficaria exposta. Embora a SG garantisse que todos os dados seriam enviados anonimamente para sua IA, apenas para aprendizagem, e que nenhum terceiro poderia acessá-los, Nayana achou que isso parecia um pouco com um fazendeiro dizendo ao peru uma semana antes do dia de Ação de Graças: "Ei, você está seguro aqui".

Sempre que ela navegava, conversava, curtia ou mesmo selecionava emojis no ShareChat, tudo que Nayana conseguia pensar era como suas escolhas afetariam os seguros da família. Ela achava o sistema todo irritante e ridículo.

"Mas talvez seja ainda mais ridículo esperar que essa IA seja minha casamenteira", ponderou ela.

Sahej não postava quase nada no ShareChat. Ele era como uma pessoa do século passado, que não tinha conseguido se atualizar na tecnologia. Ocasionalmente, ele postava notícias, citações de que gostava ou memes antiquados. No entanto, o uso dele era esporádico e imprevisível. A conta dele, pensou Nayana, parecia uma conta zumbi falsa.

A IA deveria ajudar Nayana a ficar com Sahej, mas como ela poderia aprender qualquer coisa de importante sobre Sahej por meio de sua conta tão monótona? Enquanto isso, era fácil demais para a IA entender as intenções de Nayana, considerando seus cliques incessantes. Para a IA, essas coisas eram uma questão de matemática, não de amor.

Para Nayana, algo suspeito estava acontecendo com a SG quando se tratava de Sahej. Ela achava estranho que toda vez que ela atualizava a página de Sahej ou curtia um de seus posts, a SG lhe mandava uma notificação esquisita, como se quisesse distrai-la. Se ela tentava inventar um motivo para falar com ele, buscava um presente para ele on-line ou até mesmo só pensava em convidá-lo para um café, o elefantinho dourado surgia com alguma recomendação totalmente ridícula ou parecia abrir uma página por engano.

A única explicação plausível que Nayana conseguia pensar era que o elefantinho dourado não queria que ela se aproximasse de Sahej de jeito nenhum. Ele estava ativamente trabalhando contra ela.

"O elefante era assim com todo mundo? É por que sou nova demais? Mas achar alguém e se casar não é uma coisa boa? Não nos dizem que sendo um país de 1,4 bilhão de pessoas nossa capacidade reprodutiva vai nos tornar invencíveis na arena global? Qual é o problema?"

Com os pensamentos fervilhando, Nayana notou que sua mãe a estava observando da porta.

— Que raios você tem aprontado, mocinha? Nosso seguro está disparando!

— Eu? — Nayana não sabia o que dizer. Estava claro para ela que o elefantinho dourado estava determinado a revirar todo o seu mundo virtual.

— Me conta agora ou eu vou tirar seu *smartstream*!

— Não, você não pode fazer isso!

— Desculpa, mas, sim, é exatamente o que eu vou...

Antes que Riya pudesse terminar de falar, Nayana se levantou, passou correndo pela mãe e voou para fora da casa o mais rápido que podia.

Agarrada a seu *smartstream*, Nayana correu até não reconhecer mais onde estava. Finalmente, ela viu as conhecidas esculturas em relevo do Prédio de Segurança da Nova Índia, no bairro de Fort. O pôr do sol iluminava a fachada gasta e as esculturas detalhadas de fazendeiros, oleiros, fiadores e carregadores, e Nayana decidiu que era o momento perfeito para ligar para Sahej, não importava o quanto isso aumentasse o seguro da sua família.

O avatar do menino surgiu no *smartstream* dela, e a tela brilhou com notificações da SG. Nayana podia ver que o seguro da família já tinha aumentado em 0,73 rupias. Levou muito tempo para ele atender, e Nayana estava prestes a desistir quando o celular finalmente se conectou a uma transmissão de vídeo tão escura que ela mal conseguia distinguir o contorno do rosto e o sorriso de dentes brancos.

— É você, Sahej? — perguntou Nayana, tímida.

— Sou eu. Nayana?

— Eu achei que você não fosse atender.

— Hum... é um pouco complicado. Não posso falar muito. Mas eu quero falar com você.

— Eu também. — O coração de Nayana acelerou. — Eu vou te dar o endereço de um restaurante. Podemos nos encontrar lá?

Sahej olhou em volta em silêncio por um momento e finalmente sussurrou:

— Ok.

Quando desligou, Nayana não pôde deixar de comemorar.

Então, alguém chamou seu nome. Ela se virou e viu sua mãe, vermelha e dourada contra o sol poente, como se a própria deusa Saraswati tivesse descido à Terra.

— Como você me achou?

— Eu sou a gerente de dados da nossa casa. Não se esqueça disso! — A mãe a fuzilou com o olhar.

— Desculpa. — Nayana não ousou olhar nos olhos da mãe. — Mas lembra que te contei sobre aquele cara? Eu vou me encontrar com ele. Mas a SG não quer deixar. Então...

— Você acha que é por isso que o seguro está subindo? A SG quer que a gente viva uma vida mais saudável e mais longa... e evitar que façamos coisas idiotas que vão nos machucar... Será que ele é uma pessoa perigosa?

Nayana sacudiu a cabeça.

— Não, é só meu novo colega de sala, Sahej. Ele é inteligente e tem talento de verdade. E esse é o presente que ele fez para mim. Ele mesmo esculpiu.

A mãe inspecionou a cabeça de corvo entalhada que Nayana lhe mostrou.

— Não parece uma pessoa tão perigosa assim. Ele é bonito?

Nayana deixou escapar um sorriso tímido, que logo se tornou uma careta.

— Que droga! O que a SG sabe que eu não sei? Talvez eu viva mais se nunca sair com ele.

— Querida, deixa eu te contar uma coisa. — A mãe de Nayana passou o braço pelo ombro da filha. — Eu sei que nem sempre concordamos. Mas eu não sou tão cega quanto você pensa! Sabe, falar com você me faz pensar em uma coisa que li recentemente. Na verdade... pensando melhor, foi um velho e-book que o MagiComb sugeriu.

— O que era? — Nayana estava curiosa.

— Era um livro de 2021 que tinha uma história sobre uma mãe que era tão superficial, orgulhosa e obcecada com a imagem da filha que ignorava o sofrimento crescente desta filha. E a família era indiana como nós! Me acertou em cheio. Quando eu tinha sua idade, meus pais queriam que eu me casasse o mais cedo possível. Eu queria estudar e me tornar advogada. Mas eles não queriam que eu conhecesse pretendentes ou tomasse minhas próprias decisões. Eu não tinha coragem para bater de frente com eles. Cedi e me arrependo até hoje. E é por isso que eu nunca ficaria brava com você por querer seguir seu coração, seja atrás de um garoto ou de quem você quer ser no mundo.

A mãe de Nayana manteve a mão no ombro da filha. Nayana notou o sol brilhando nos olhos da mãe.

— Eu sempre trabalhei para te dar uma sensação de segurança e conforto que eu nunca tive. Assim, nunca será preciso que você se case para ter felicidade. Vá estudar na Universidade Rai e se tornar quem você deve ser. Não deixe que ninguém te diga quem você é. Ninguém, nem humano nem IA. Se tentarem, não ouse escutar. Não existe uma resposta fácil, e você nunca vai encontrá-la se não tentar.

— Então você não se importa se eu sair de Mumbai para Ahmedabad?

— Bem, se você estudar e passar na prova... — A mãe sorriu. — Não se esqueça de que a competição é feroz.

— Você não se importa se o seguro da nossa família continuar subindo por minha causa?

— Alguns riscos valem a pena.

— Obrigada, mãe. Vou encontrar Sahej agora. Eu te trago a resposta.

Um ônibus inteligente vermelho de dois andares virou a esquina. Nayana deu um beijo na mãe e saltitou na direção da estação enquanto o sol baixava no horizonte.

***

Do outro lado da fachada envidraçada, garçons estavam ocupados preparando mesas e acendendo velas, esperando que os clientes entrassem no Indigo naquela noite romântica. Sahej estava no canto. A pele dele parecia ainda mais escura à noite. Nayana conseguia notar que ele não queria entrar no restaurante.

— Me desculpa. — Ele balançou a cabeça. Os olhos dele brilhavam como vaga-lumes.

— Por quê?

— Se eu entrar nesse restaurante com você, minha mãe não vai ficar feliz. Ir a um restaurante desses é um luxo... aumentaria nosso seguro.

— Você quer dizer... — Nayana juntou as coisas. — Sua família também tem o Seguro Ganesha?

— É. Minha mãe está doente. Nós temos sorte pela SG oferecer um seguro especial para grupos vulneráveis, senão nunca poderíamos pagar...

— Eu entendo — disse Nayana. — Mas o que não entendo é por que você me deu um corvo em vez de um pavão, um coelho ou qualquer outro animal.

Sahej abriu um leve sorriso.

— Você é uma garota com muitas perguntas. Talvez não devêssemos ficar na porta desse restaurante chique e estúpido nos encarando como idiotas. Vamos dar uma volta.

As ruas de Mumbai eram cheias de carros àquela hora da noite, e as buzinas soavam uma após a outra pela enorme cidade de trinta milhões de habitantes. Nem sempre fora uma cidade de prédios altos, luzes brilhantes e painéis digitais. Mas é repleta de gente há muito tempo. A história desse lugar pode ser traçada até a Idade da Pedra. Quando os gregos antigos chegaram aqui, eles chamaram a cidade de Heptanésia, palavra que significava "sete ilhas". A partir daí, Mumbai viu muitas dinastias e a ascensão e a queda de muitos governantes. A cidade havia sido batizada com sangue e renascido incontáveis vezes antes que o país recebesse sua independência.

Esses pensamentos históricos estavam longe da mente dos dois adolescentes que passeavam pelas ruas iluminadas da cidade. Nayana notou que Sahej estava tomando cuidado para manter uma distância dela, como se ela tivesse uma perigosa corrente elétrica.

— Sahej, por quê? Por que não podemos chegar mais perto um do outro? — Nayana escolheu suas palavras cuidadosamente.

Agora foi a vez de Sahej parecer surpreso.

— Nayana, você realmente não sabe?

— Sei o quê?

— Meu sobrenome.

— A escola e a sala de aula virtual deixam seu sobrenome oculto, como se você fosse filho de alguma grande estrela ou família famosa.

— Pelo contrário, é porque não querem causar nenhum desconforto.

— Que tipo de desconforto?

— No passado, era descrito como uma sensação de estar *poluído*.

— Você está falando da sua casta? Mas esse sistema todo foi proibido anos atrás.

Sahej deu uma risada amarga.

— Só porque não é mais permitido por lei e não aparece nas notícias, não quer dizer que acabou.

— Mas como a IA saberia disso?

— A IA não sabe. A IA não precisa saber a definição de castas. Tudo o que ela precisa é do histórico do usuário. Não importa o quanto a gente esconda ou mude os sobrenomes. Nossos dados são uma sombra. E ninguém pode escapar da sua sombra.

Nayana pensou no que a mãe tinha dito, que a IA só aprende o que os humanos ensinam a ela. Ela revirou esse pensamento um pouco e então olhou para Sahej:

— Você está dizendo que a IA identifica a discriminação invisível da nossa sociedade e a quantifica.

A expressão de Sahej ficou séria, mas ele exalou uma risada suave.

— Eu quase esqueci. Também tem a cor da minha pele. A palavra em sânscrito *varna* significa tanto *casta* quanto *cor*.

— Tudo isso é tão absurdo!

— Não, é a realidade. E, na realidade, mulheres de casta baixa podem namorar e se casar com homens de uma casta mais alta. Mas o inverso nunca vai ser aceito. A reputação da família da garota seria ferida.

— Mas a IA realmente se importa com essas coisas?

— Claro, a IA não se importa com nossos velhos hábitos sociais. Ela só se importa com como reduzir o seguro o máximo possível, e é por isso que a SG quer nos impedir de ficar juntos.

Quando ela ouviu Sahej dizer "juntos", as orelhas de Nayana ficaram quentes.

— Maximização de função objetiva.

— O quê?

— Os humanos dão à IA um objetivo, que aqui é diminuir o valor do seguro até o mínimo possível. Então a IA faz tudo que pode para alcançar esse objetivo. A IA não vai considerar nada além desses fatores e, certamente, não vai considerar se estamos ou não felizes. Máquinas não são espertas o suficiente para interpretar todos os sentimentos por trás dos dados. Além disso, essas injustiças e esses preconceitos ainda são reais. Tudo que a IA faz é levantar o véu da vergonha.

— Por que você sabe tanto sobre isso?

Sahej deu um pequeno sorriso.

— Porque eu quero estudar no Imperial College e me tornar engenheiro de IA para ajudar a mudar isso.

Eles chegaram ao cruzamento perto da casa de Nayana e Sahej parou para preparar sua despedida.

— Mas por que não podemos mudá-la agora? — disse Nayana. — Estamos assim tão dispostos a deixar que a IA determine nosso destino? Como aquelas previsões do FateLeaf que foram escritas milhares de anos atrás?

Uma expressão estranha emergiu no rosto de Sahej.

— Você abriu o FateLeaf desde que se conectou à SG?

— Argh, eu estou exausta daquele elefantinho dourado. O que ele tem a ver com o FateLeaf?

— O FateLeaf está na família de aplicativos da SG, assim como o MagiComb e o Cheapon. Se você aceitar os termos de compartilhamento de dados, você recebe previsões mais precisas.

— Claro! Como eu não percebi isso antes? Então os tais destinos nas folhas de Nadi não são reais, afinal. Acho que, como todo mundo, eu queria que fosse real... e que eles me dissessem o que eu gostaria de ouvir. — Nayana não sabia se ficava alegre ou se sentia traída.

Sahej olhou para a menina à sua frente. Ele parou e depois apontou para a rua que pegaria para ir para casa.

— Essa rua leva para onde minha família mora. Ela passa pela obra na Dharavi. Havia mais de um milhão de pessoas amontoadas naquela favela de 2,4 quilômetros quadrados. Os turistas visitavam o lugar para tirar fotos, mas ninguém queria ficar. O governo finalmente a está transformando em uma comunidade adequada para cidadãos normais. Mas eu garanto, se um dia chegar perto de Dharavi, a SG vai inundar você de alertas de doenças ou avisos para não beber a água. O aplicativo vai implorar você para ficar longe. Nayana, gosto do seu senso de justiça, mas esse caminho não é para pessoas como você. O mundo está do seu lado, não do meu lado. Se vamos falar de destino, esse é o nosso destino.

— Me leve lá. — Nayana ficou assustada com a rapidez com que essas palavras saíram da sua boca, mas ela deu um passo à frente mesmo assim. — Eu quero provar que não sou a pessoa que você está pensando.

Sahej inclinou a cabeça.

— Tem certeza?

Nayana olhou para a rua que seguia para o reduto proibido no coração de Mumbai. Ela estava com medo, mas se lembrou do que sua mãe havia dito antes de se despedir: "Alguns riscos valem a pena".

Sahej sorriu, curvou os braços e fez uma mesura de cavalheiro, incentivando-a a seguir em frente.

— Como quiser.

O jovem casal adentrou as profundezas da antiga cidade, onde séculos de renovação e inovação tinham marcado cada esquina. Torres antigas e novas ladeavam o caminho como almas reencarnadas. Claro, com o tempo, essas almas também seriam derrubadas e reconstituídas pelos deuses-máquinas do amanhã.

— Então, você finalmente vai me dizer por que raios me fez uma cabeça de corvo?

— Meu animal astrológico é o corvo, embora talvez eu seja mais esquisito que a maioria dos corvos.

— Simples assim?

— Simples assim.

O *smartstream* de Nayana vibrava com uma frequência cada vez maior. Ela sabia que cada vibração era um alerta do elefantinho dourado tentando salvá-la, avisando-a para se afastar do que um dia fora a maior favela do mundo, incentivando-a a virar as costas para sua pobreza, sua doença, sua discriminação e seus *intocáveis*, como o menino ao seu lado.

Ela fechou o casaco e continuou caminhando ao lado dele.

Nas escuras e antigas ruas à frente havia uma resposta à sua espera.

ANÁLISE

Aprendizado profundo, *big data*, aplicativos de internet/finanças, externalidades de IA

Os benefícios da Seguros Ganesha — proporcionados por uma IA de aprendizado profundo — ficam claros em "O elefante dourado". A mãe de Nayana, Riya, economiza dinheiro graças ao aplicativo de descontos do programa. O pai dela, Sanjay, deixa de fumar e dirige com mais cuidado. Até o irmão passa a comer de forma mais saudável depois que a IA dá um alarme a respeito do potencial do garoto desenvolver diabetes. Esse conjunto de aplicativos que funciona no *smartstream* (o celular de 2041), marcado por incentivos personalizados que trazem saúde e bem-estar, pode ajudar as pessoas a ter uma vida mais longa, saudável e próspera. Então, qual é a armadilha? A pergunta sobre os dilemas envolvidos é o cerne de "O elefante dourado", que apresenta o conceito básico da IA: o aprendizado profundo.

O aprendizado profundo é uma inovação recente. Entre os muitos subcampos da IA, o aprendizado de máquinas é o campo que produziu as aplicações mais bem-sucedidas; e, dentro do aprendizado de máquinas, o maior avanço é o aprendizado profundo — tanto que os termos "IA", "aprendizado de máquinas" e "aprendizado profundo" às vezes são usados de forma intercambiável (mesmo que isso seja impreciso). O aprendizado profundo alimentou muita empolgação com a IA em 2016 quando permitiu a impressionante vitória do AlphaGo sobre um competidor humano em uma partida de Go, o jogo de tabuleiro intelectual mais popular da Ásia. Depois dessa virada que gerou manchetes, o aprendizado profundo se tornou proeminente na maior parte das aplicações comerciais de IA e aparece na maioria das histórias de *2041*.

"O elefante dourado" explora o impressionante potencial do aprendizado profundo — assim como seus potenciais problemas, como a perpetuação de preconceitos. Então, como os pesquisadores desenvolvem, treinam e usam o aprendizado profundo? Quais são suas limitações? Como o aprendizado profundo se alimenta de dados? Por que a internet e as finanças são as duas indústrias iniciais mais promissoras para a IA? Em que condições o aprendizado profundo funciona de maneira ótima? Quando funciona, por que parece funcionar *tão bem*? E quais são as desvantagens e armadilhas da IA?

O QUE É APRENDIZADO PROFUNDO?

Inspirado pelas redes entremeadas de neurônios no nosso cérebro, o aprendizado profundo constrói camadas de software feitas de redes neurais artificiais com camadas para entrada e saída. Os dados são inseridos na camada de entrada da rede, e um resultado emerge na camada de saída da rede. Entre as camadas de entrada e saída pode haver milhares de outras camadas, daí o nome aprendizado "profundo".

Muitas pessoas imaginam que a IA é "programada" ou "ensinada" por humanos com regras e ações específicas como "gatos têm orelhas pontudas e bigodes". Mas o aprendizado profundo, na verdade, funciona melhor sem essas regras humanas externas. Em vez de ser direcionada por humanos, muitos exemplos de um determinado fenômeno são fornecidos à camada de entrada de um sistema de aprendizado profundo, junto à "resposta correta" na camada de saída. Dessa forma, a rede entre a entrada e a saída pode ser "treinada" para maximizar a chance de dar uma resposta certa para determinada entrada.

Por exemplo, imagine que pesquisadores querem ensinar uma rede de aprendizado profundo como distinguir fotos que mostram gatos das que não mostram gatos. Para começar, um pesquisador pode fornecer à rede milhões de exemplos de fotos com o rótulo "gato" ou "sem gato" na camada da entrada, e "gato" ou "sem gato" já configurado na camada de saída. A rede é treinada para descobrir por si própria quais características das milhões de fotos eram mais úteis para separar "gato" de "sem gato". Esse treinamento é um processo matemático que ajusta milhões (às vezes até bilhões) de parâmetros na rede de aprendizado profundo para maximizar a chance de que a entrada de uma imagem de gato resulte na saída "gato" e que a entrada de uma imagem sem gato resulte na saída "sem gato". A imagem a seguir mostra uma dessas redes neurais de aprendizado profundo para o "reconhecimento de gato".

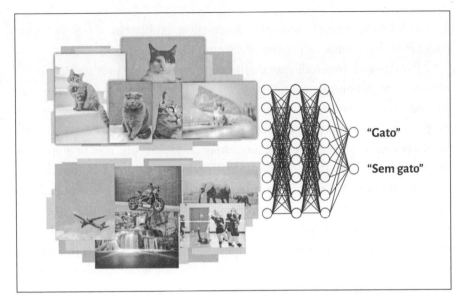

Redes neurais de aprendizado profundo treinadas para reconhecer fotos de gatos *versus* fotos sem gatos.

Durante esse processo, a rede de aprendizado profundo é treinada matematicamente para maximizar o valor de uma "função objetiva". Nesse caso do reconhecimento de gatos, a função objetiva é a probabilidade de reconhecer corretamente um "gato" *versus* "sem gato". Uma vez "treinada", essa rede de aprendizado profundo é essencialmente uma equação matemática gigantesca que pode ser testada com imagens que ela ainda não viu, e, por "inferência", ela determinará a presença ou a ausência de gatos. O advento do aprendizado profundo levou as capacidades de IA de inutilizáveis para utilizáveis em muitos campos. A imagem a seguir mostra a redução drástica dos erros em reconhecimento de imagem antes e depois que o aprendizado profundo foi aplicado.

O aprendizado profundo é uma tecnologia de uso total, o que quer dizer que ela poderia ser aplicada em quase todos os campos para reconhecimento, previsão, classificação, tomada de decisões ou síntese. Vejamos os seguros, o exemplo principal em "O elefante dourado". O aprendizado profundo que alimenta os aplicativos da Seguros Ganesha foi treinado para determinar a probabilidade de cada segurado desenvolver problemas sérios de saúde para então determinar os prêmios de seguro mais adequados.

Para treinar uma rede que distinguisse aqueles que provavelmente terão sérios problemas de saúde daqueles que provavelmente não terão, a IA aprenderia com dados de treinamento que abrangeriam todos os segurados do passado, suas queixas médicas e informação familiar. Cada caso seria rotulado como "apresentou queixas sérias de saúde" ou "não teve queixas sérias de saúde" na camada de saída. Tendo absorvido essa abundância de dados no processo de treinamento, a IA poderia inferir a probabilidade de qualquer novo segurado apresentar uma queixa séria de saúde e decidiria se deveria aprovar o pedido de seguro ou não e, se sim, qual o valor do prêmio. Note que, nesse cenário, nenhum humano nunca precisaria rotular um segurado como um risco de saúde ou não. Em vez disso, os rótulos seriam baseados apenas em "verdade fatual" (por exemplo, se cada segurado apresentou uma queixa séria de saúde).

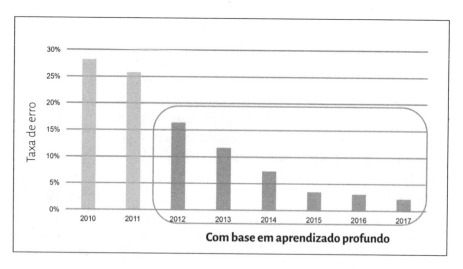

O aprendizado profundo levou a taxas drasticamente menores de erros em reconhecimento de objetos com visão computacional.

APRENDIZADO PROFUNDO: CAPACIDADES INCRÍVEIS, MAS COM LIMITAÇÕES

O primeiro artigo acadêmico descrevendo o aprendizado profundo é de décadas atrás, de 1967. Levou quase cinquenta anos para que essa tecnologia desabrochasse. O motivo para ter levado tanto tempo é que o aprendizado profundo exige grandes quantidades de dados e potência computacional para treinar a rede neural artificial. Se o poder computacional é o motor da IA, os dados são o combustível. Apenas na última década a computação se tornou rápida o suficiente e os dados abundantes também. Hoje, seu smartphone tem milhões de vezes mais poder de processamento do que os computadores da NASA que mandaram Neil Armstrong à Lua em 1969. De forma similar, a internet de 2020 é quase um trilhão de vezes maior que a internet de 1995.

Embora o aprendizado profundo tenha sido inspirado pelo cérebro humano, os dois funcionam de formas muito diferentes. O aprendizado profundo precisa de muito mais dados do que os humanos, mas, uma vez treinado com *big data*, ele executa uma tarefa determinada melhor do que os humanos, especialmente ao lidar com otimização quantitativa (como escolher um anúncio que maximize a probabilidade de compra ou reconhecer um rosto entre milhões de rostos possíveis). Enquanto os humanos são limitados no número de coisas em que conseguem prestar atenção ao mesmo tempo, um algoritmo de aprendizado profundo treinado em um oceano de informações vai descobrir correlações entre características obscuras dos dados que são sutis ou complexas demais para serem compreendidas por nós, humanos, e que podem nem mesmo ser notadas.

Além disso, quando treinado com uma enorme quantidade de dados, o aprendizado profundo pode ser personalizado para usuários específicos, com base nos padrões desse usuário, assim como em padrões similares observados em outros usuários. Por exemplo, quando você entra na Amazon, a IA do site destaca produtos específicos que devem atraí-lo e maximizar seu gasto. E, quando você abre uma página do Facebook, o algoritmo lhe mostra conteúdo concebido para maximizar o número de minutos que você passa no site. A IA da Amazon e a do Facebook são focadas, o que significa que elas mostram conteúdo personalizado diferente para cada pessoa. Então, o conteúdo mostrado para mim funciona muito bem comigo, mas pode não funcionar nem um pouco com você. Essa precisão focada é muito mais eficiente em produzir cliques e compras do que a abordagem geral usada pelos sites estáticos tradicionais.

Por mais poderoso que seja, o aprendizado profundo não é uma panaceia. Embora os humanos não tenham a capacidade da IA de analisar uma enorme quantidade de dados ao mesmo tempo, as pessoas têm uma habilidade única de utilizar experiência, conceitos abstratos e senso comum para tomar decisões. Em contraste, para que o aprendizado profundo funcione bem, os seguintes aspectos são necessários: enormes quantidades de dados relevantes, um domínio estreito e uma função objetiva concreta a ser otimizada. Se você não tiver uma dessas coisas, tudo pode dar errado. Poucos dados? O algoritmo não terá exemplos suficientes para descobrir relações significativas. Domínios múltiplos? O algoritmo não consegue levar em conta as correlações entre diferentes domínios e não terá dados suficientes para cobrir todas as permutações. Uma função objetiva ampla demais? O algoritmo não terá uma direção clara para aperfeiçoar sua otimização.

É importante entender que "o cérebro da IA" (aprendizado profundo) funciona de um jeito muito diferente do cérebro humano. A tabela 1 ilustra as diferenças-chave.

Aplicando aprendizado profundo na internet e nas finanças

Dados os pontos fortes e fracos do aprendizado profundo, não é de se espantar que os primeiros beneficiários dessa forma de inteligência artificial tenham sido as maiores empresas de internet. Titãs da tecnologia como o Facebook e a Amazon têm mais dados, que com frequência já são automaticamente rotulados pela ação do usuário (O usuário clicou ou comprou? Quantos minutos o usuário ficou na página?). Essas ações do usuário se relacionam diretamente a uma métrica do negócio (tanto lucros como cliques) a ser maximizada. Quando as condições são alcançadas, um aplicativo ou plataforma pode se tornar uma máquina de fazer dinheiro. Conforme a plataforma

	Cérebro humano	Cérebro da IA (aprendizado profundo)
Dados necessários para aprendizado	Poucos pontos de dados	Enorme quantidade de dados
Otimização quantitativa e combinações (achar um rosto entre um milhão)	Difícil	Fácil
Personalização para cada situação (mostrar para cada usuário um produto diferente para maximizar as compras)	Difícil	Fácil
Conceitos abstratos, raciocínio analítico, inferências, senso comum e intuição	Fácil	Difícil
Criatividade	Fácil	Difícil

Tabela 1: Pontos fortes e fracos de um humano *versus* o "pensamento" da IA.

coleta mais dados, ela ganha mais dinheiro. Não espanta que as gigantes da internet como o Google, a Amazon e o Facebook tenham tido um crescimento fenomenal na última década e tenham se tornado potências da IA.

Além de empresas de internet, a próxima indústria ao alcance da IA é o setor financeiro, incluindo bancos e companhias de seguros, como em "O elefante dourado". Essa indústria obtém benefícios similares aos das empresas de internet: uma grande quantidade de dados de boa qualidade, com um único domínio (seguros) conectado às métricas do negócio. A emergência de *fintechs* (empresas de tecnologia financeira) baseadas em IA, como a Lemonade, nos Estados Unidos e a Waterdrop, na China, está tornando possível a compra de seguros por um aplicativo ou a contratação de empréstimos em um aplicativo, com aprovação instantânea. Essas *fintechs* baseadas em IA devem suplantar as corporações financeiras físicas porque obtêm resultados financeiros melhores (taxas menores de inadimplência ou fraude) e realizam transações instantâneas (usando a IA e o aplicativo) com custos mais baixos (sem humanos na operação). Empresas financeiras tradicionais também estão correndo para integrar a IA a seus produtos e processos existentes. A corrida começou.

Outro benefício interessante da *fintech* de IA é que ela pode usar dados além dos considerados pelos profissionais humanos. Ela pode melhorar seu poder de previsão ao usar enormes quantidades de dados heterogêneos que não seriam passíveis de análise por um corretor de seguros humano, por exemplo, se você compra mais comidas processadas ou mais vegetais, se você passa muito tempo num cassino ou numa academia, se você investe em recomendações de grupos do Reddit ou em fundos, se você tem uma namorada ou assedia mulheres on-line. Todos esses dados diriam muito sobre você, incluindo seu risco relativo enquanto segurado. Milhares de informações (ou "características") podem ser encontradas nos aplicativos do seu celular. É por isso que em "O elefante dourado" os serviços da Seguros Ganesha vêm em forma de uma família de aplicativos sociais do "elefante dourado" que englobam e-commerce, recomendações e cupons, investimentos, ShareChat (uma rede social popular indiana) e o fictício FateLeaf, um aplicativo de vidência.

Toda vez que Nayana compra algo, aceita uma recomendação, pergunta sobre seu destino ou faz um amigo, a Seguros Ganesha ganha mais um elemento de informação, dados que ela usa para se treinar e se tornar mais inteligente e otimizada. Isso é parecido com o modo como o Google fica sabendo tanto sobre você ao juntar as migalhas deixadas na sua busca do Google, do Google Play, do Google Maps, Gmail e do YouTube. Das milhões de características potenciais, algumas podem ser extremamente relevantes e úteis, enquanto a maioria pode ter apenas um poder preditivo moderado. Contudo, mesmo dentre as características medianamente úteis, o aprendizado profundo encontrará combinações úteis e sutis que são informativas, mas que os humanos não poderiam nem imaginar.

Desvantagens do aprendizado profundo

Toda tecnologia poderosa é uma faca de dois gumes. A eletricidade alimenta todo o nosso conforto, mas é letal se tocada diretamente. A internet torna tudo conveniente, mas também diminui nossa atenção. Então, quais são as desvantagens do aprendizado profundo?

A primeira é o risco de uma IA conhecê-lo melhor do que você mesmo. Os benefícios são claros — a IA pode recomendar produtos que você desejaria antes que você os notasse e pode recomendar pessoas compatíveis para serem parceiros românticos ou amigos com base nas suas afinidades conhecidas. No entanto, conhecê-lo bem demais tem suas desvantagens. Você já se sentou para ver um vídeo no YouTube e acabou passando três horas? Ou clicou em um link provocativo do Facebook e viu conteúdo mais extremo sendo recomendado em seguida?

O dilema das redes, popular documentário de 2020, ilustra como a personalização da IA fará você ser inconscientemente manipulado pela IA, motivada pelo lucro da publicidade. A estrela de *O dilema das redes*, Tristan Harris, diz: "Você não sabia que um clique fazia um supercomputador ser apontado para o seu cérebro. Seu clique ativa bilhões de dólares em computação que aprendeu muito com a experiência de fazer dois bilhões de animais humanos clicarem de novo". E esse vício resulta em um círculo vicioso para você, mas um círculo virtuoso para as grandes empresas de internet que usam esse mecanismo como máquinas de fazer dinheiro. *O dilema das redes* argumenta que isso pode estreitar seu ponto de vista, polarizar a sociedade, distorcer a verdade e afetar negativamente sua felicidade, seu humor e sua saúde mental.

Em termos técnicos, a questão central é a simplicidade da função objetiva e o perigo de otimizar uma única função objetiva, o que pode levar a externalidades perigosas. As IAs de hoje normalmente otimizam esse único objetivo — geralmente ganhar mais dinheiro (mais cliques, anúncios, lucros). E a IA tem um foco obsessivo nesse único objetivo corporativo, sem se importar com o bem-estar do usuário.

A Seguros Ganesha, em "O elefante dourado", promete minimizar o preço do seguro, o que está altamente relacionado a diminuir queixas de saúde à seguradora e, como consequência, melhorar a saúde. Na aparência, isso parece sugerir um alinhamento harmonioso entre o objetivo da empresa e do usuário. No entanto, na história, a IA da companhia de seguros determina que um relacionamento entre Nayana e o menino de que ela gosta, Sahej, aumentaria o valor do seguro da família de Nayana no futuro e então tenta impedir o romance do jovem casal. Em outras palavras, a IA da Seguros Ganesha foi treinada com uma enorme quantidade de dados para encontrar inter-relações. A IA pode descobrir o elevado risco de doença causado por fumar e então tentar reduzir o fumo, o que é bom. Mas ela também pode descobrir que um potencial par romântico — ainda que ajudasse a diminuir divisões sociais a longo prazo — aumentaria, de acordo com sua análise estreita dos dados, o valor do seguro. Então, a inferência resulta em uma ação que serve para afastar pessoas e aumentar a desigualdade.

Como podemos resolver esse problema? Uma abordagem geral é ensinar a IA a ter funções objetivas complexas, como baixar o preço do seguro e manter a justiça. Quando se trata de maximizar o tempo que os humanos passam nas redes sociais, por exemplo, Tristan Harris propõe usar "tempo bem gasto" como métrica em vez de simplesmente "tempo gasto". Esses dois objetivos podem ser combinados em uma função objetiva complexa. Outra solução proposta pelo especialista em IA Stuart Russell é garantir que toda função objetiva sempre beneficie os humanos, encontrando uma forma de humanos participarem da construção de funções objetivas. Por exemplo, será que podemos construir funções objetivas para o "bem humano maior" como nossa felicidade e envolver humanos para definir e rotular o que felicidade significa? (Exploramos mais essa ideia no capítulo 9, "A ilha da felicidade").

Todas essas ideias exigem mais pesquisa em IA e funções objetivas complexas, além de formas de quantificar noções como "tempo bem gasto", "justiça" ou "felicidade". Além disso, todas essas ideias fariam com que empresas ganhassem menos dinheiro. Então, como as empresas podem ser incentivadas a fazer a coisa certa? Uma possibilidade é ter regulamentações governamentais que penalizem os culpados. Outra é encorajar o comportamento positivo como parte da responsabilidade corporativa, como no caso da ESG (sigla em inglês para governança ambiental, social e corporativa). A ESG vem ganhando força em alguns círculos corporativos, e é possível que uma

IA responsável possa ser parte do futuro da ESG. Outra ideia é que terceiros possam servir como observadores ao criar painéis para a performance de empresas, medindo métricas como "fake news" geradas ou "processos judiciais alegando discriminação", para pressioná-las a incorporar métricas pró-usuário. Finalmente, talvez a solução mais difícil, porém mais efetiva, seja garantir que o proprietário da IA esteja 100% alinhado aos interesses de todos os usuários (veja o capítulo 9 para saber mais a respeito dessa solução utópica).

Uma segunda desvantagem potencial é em relação a justiça e preconceito. A IA baseia sua decisão puramente nos dados e na otimização do resultado, e isso com frequência pode ser mais justo do que decisões tomadas por pessoas, que podem ser influenciadas indevidamente por vários preconceitos. Mas há motivos para a IA também ser enviesada. Por exemplo, os dados usados para treinar a IA podem ser insuficientes e não representar adequadamente demografias raciais ou de gênero. O departamento de contratação de uma empresa pode descobrir que os algoritmos da sua IA são preconceituosos com mulheres porque os dados de treinamento não incluíram mulheres suficientes. Ou os dados podem ser enviesados porque foram coletados em uma sociedade enviesada. O Tay da Microsoft e o GPT-3 da OpenAI ficaram conhecidos ao fazer comentários inapropriados a respeito de grupos minoritários.

Recentemente, pesquisas mostraram que a IA é capaz de inferir orientação sexual com alta precisão com base em microexpressões faciais. Essas habilidades poderiam levar à discriminação. Isso é parecido com o que acontece com Sahej em "O elefante dourado" quando seu status de *dalit* foi descoberto não diretamente, mas por inferência. Em outras palavras, Sahej não foi rotulado como *dalit*, mas porque seus dados e características correspondiam com as de um *dalit*, sinais de alerta foram enviados a Nayana e o sistema de IA tentou afastar os dois. Esses resultados injustos não são intencionais, mas ainda assim as consequências são extremamente sérias. Se uma sociedade os aplicar a domínios como entrada em hospitais ou processos criminais, as consequências podem ser ainda mais graves.

Questões de justiça e preconceito relacionadas com a IA exigirão esforços consideráveis para serem resolvidas. Alguns passos são claros. Primeiro, empresas que utilizam IA devem tornar público onde os sistemas de IA são usados e com que objetivo. Segundo, os engenheiros de IA devem ser treinados com um conjunto de princípios padrão — como um juramento de Hipócrates adaptado. Os engenheiros precisam entender que sua profissão incorpora escolhas éticas a produtos que afetam milhares de vidas e, portanto, devem prometer proteger os direitos do usuário. Terceiro, testes rigorosos devem ser exigidos e inseridos nas ferramentas de treinamento de IA para que emitam alertas ou impeçam o uso de modelos treinados com dados com uma cobertura demográfica injusta. Quarto, novas leis exigindo auditorias de IAs podem ser aprovadas. Se uma empresa receber muitas reclamações, sua IA pode ser auditada (para justiça, transparência ou proteção da privacidade) da mesma forma que se pode enfrentar uma auditoria fiscal se a contabilidade parece suspeita.

Uma questão final é a da explicação e da justificativa. As pessoas sempre conseguem indicar um motivo para terem tomado uma decisão, já que as decisões humanas são baseadas em regras e experiências altamente seletivas. Mas as decisões do aprendizado profundo fundamentam-se em equações complexas com milhares de características e milhões de parâmetros. O "motivo" do aprendizado profundo é basicamente uma equação de mil dimensões treinada com enormes quantidades de dados. Esse "motivo" para produzir um resultado é complexo demais para se explicar completamente para um humano. No entanto, muitas decisões essenciais da IA precisam, por lei ou pela expectativa do usuário, vir acompanhadas de uma explicação. Muita pesquisa está acontecendo para tentar tornar a IA mais transparente, resumindo sua lógica complexa ou introduzindo novos algoritmos de IA que sejam fundamentalmente mais interpretáveis.

Essas desvantagens do aprendizado profundo causaram uma desconfiança significativa do público em relação à IA. Mas toda nova tecnologia tem sua desvantagem. A história sugere que, com o tempo, muitos dos erros iniciais de uma nova tecnologia são corrigidos e melhorados. Pense no advento do disjuntor para evitar que as pessoas fossem eletrocutadas ou dos antivírus para impedir vírus de computador. Eu estou confiante de que haverá soluções tecnológicas e políticas que tratem dos desafios da IA e de sua influência, preconceito ou operações nebulosas. Mas primeiro precisamos seguir os passos de Nayana e Sahej — informar as pessoas a respeito da gravidade dos problemas e então mobilizá-las para trabalhar em uma solução.

2
Os deuses por trás das máscaras

"A verdade e a manhã ficam claras com o tempo."
Provérbio africano

Nota de Kai-Fu

Esta história gira em torno de um produtor de vídeo nigeriano que é recrutado para montar um *deepfake* indetectável com consequências perigosas. Ramo importante da IA, a visão computacional ensina computadores a "enxergar", e desenvolvimentos recentes permitiram à IA fazer isso de forma inédita. O conto imagina um mundo futuro marcado por jogos tecnológicos de gato e rato sem precedentes que se dão entre falsificadores e detectores e entre defensores e ofensores. Existe alguma maneira de evitar um mundo no qual todas as linhas visuais foram borradas? Exploro essa questão no meu comentário quando descrevo inovações recentes e iminentes em visão computacional, biométrica e segurança de IA, três áreas tecnológicas da IA que permitem *deepfakes* e muitas outras aplicações.

Quando o veículo leve sobre trilhos (VLT) se aproximou da estação de Yaba, Amaka apertou um botão ao lado da porta de seu vagão. Mesmo antes de o VLT parar completamente, as portas se abriram com um assovio e Amaka saltou para fora. Ele não conseguia aguentar a lentidão do VLT — ou seu cheiro abafado — por mais nem um segundo. Seguindo de perto um homem idoso, Amaka deslizou com agilidade pela catraca da saída da estação. Câmeras de reconhecimento facial deveriam cobrar a tarifa conforme as pessoas passavam. Porém, graças à máscara que cobria o rosto de Amaka, ele saiu sem pagar nada.

Essas máscaras tinham se tornado comuns entre os jovens de Lagos. Para a geração dos seus pais, as máscaras eram objetos rituais, mas para os jovens, cujo número havia explodido em décadas recentes, elas tinham se tornado acessórios de moda — e meios de evitar a vigilância. Lagos, a maior cidade do oeste da África, era o lar de algo entre 27 e 33 milhões de pessoas — o número oficial dependia de qual método as autoridades usavam para contar. Cinco anos atrás, o estado havia imposto um limite rígido no número de migrantes que entravam na cidade — mesmo àqueles que, como Amaka, haviam nascido em outras partes da Nigéria. A partir daí, sonhadores itinerantes como Amaka tinham sido forçados a buscar abrigo improvisado em apartamentos ilegais, albergues, mercados, estações de ônibus ou mesmo embaixo dos viadutos. Ele tinha conhecido muitas pessoas sem-teto, pessoas que acabaram nas ruas por todo tipo de motivo: pessoas cujas casas haviam sido demolidas para dar lugar a novos shopping centers, pessoas recém-chegadas à Nigéria vindas de nações mais pobres e aquelas que eram simplesmente pobres. A juventude nigeriana — a idade média do país era de apenas 21 anos — era fruto da alta taxa de fertilidade do país. Ainda assim, o rápido desenvolvimento da terceira nação mais populosa do mundo não tinha beneficiado todos os seus cidadãos igualmente.

Enquanto outras partes de Lagos sofriam com a pressão de sua população jovem, o bairro de Yaba estava florescendo. Chamado de "O Vale do Silício do Oeste Africano", o bairro se destacava por sua organização, pelo ar puro e pela vida cotidiana cheia de tecnologia. Os pedestres podiam ativar desenhos animados de animais nos outdoors e interagir com eles por gestos das mãos. Robôs faxineiros circulavam pelas ruas, coletando e separando o lixo e então mandando-o para centros de reciclagem onde ele era transformado em materiais renováveis e biocombustível. Fibra sustentável de bambu até recentemente considerada um mero material de construção agora é uma tendência fashion, pelo menos para os habitantes de Yaba.

Do lado de fora da estação, com seu *smartstream* na altura dos olhos, Amaka sobrepôs um mapa de rota virtual às ruas ao seu redor. Seguindo a rota projetada, ele começou a caminhar e em certo ponto parou em frente a um prédio cinza com o número 237, escondido em uma viela tranquila. A empresa que ele estava procurando, Ljele, parecia ficar no terceiro andar. Dois dias atrás, ele tinha recebido um e-mail misterioso de uma conta anônima da Ljele falando de um trabalho que era "a cara dele". A vaga seria dele com a condição de uma entrevista presencial.

Quando Amaka entrou na pequena área de recepção do terceiro andar, a recepcionista sorriu e apontou para a máscara de Amaka, indicando que ele deveria removê-la para um controle de identidade. O jovem hesitou, mas tirou a máscara. Refletido nas lentes da câmera estava um rosto jovem e gracioso. A máscara de Amaka, impressa em 3D, não tinha a delicada qualidade das versões caras feitas à mão vendidas por preços absurdos aos turistas no mercado de Lekki, mas a reprodução improvisada, com a estampa parecida com uma borboleta, era suficiente para enganar o algoritmo de reconhecimento facial das câmeras de vigilância mais comuns. Aos olhos da IA, Amaka era uma "pessoa sem rosto". A máscara não apenas lhe poupava dinheiro, mas, sobretudo, o protegia das autoridades. Afinal, Amaka ainda precisava conseguir uma autorização de residência para migrantes.

Quando o escaneamento facial terminou, a recepcionista levou Amaka para uma sala de reuniões e lhe disse para esperar. Ele se sentou, rígido, e pensou em como responderia perguntas relacionadas à sua experiência de trabalho anterior. *Eu preciso mentir*, concluiu ele. *Não tenho outra escolha.*

Dez minutos se passaram. O entrevistador prometido não apareceu. De repente, a parede de projeção em frente a ele se acendeu e uma filmagem de câmera de vigilância começou a rodar.

Para Amaka, a filmagem era tão familiar quanto a palma da sua mão. Meia-noite. Postes de luz amarelada e tênue. Várias pessoas sem-teto espalhadas embaixo de um viaduto, deitadas em colchões improvisados.

A silhueta de um menino emergiu das sombras. O menino andou até um grupo de pessoas adormecidas e olhou para baixo. A câmera se aproximou. O menino era branco, com 5 ou 6 anos de idade, vestia um pijama listrado e seu rosto era pálido e sem expressão. Uma das pessoas acordou assustada e olhou nos olhos do menino. O homem sem-teto perguntou ao menino seu nome e onde ele morava. O corpo do menino tremia enquanto ele murmurava palavras incoerentes. De repente, o rosto dele se contorceu, os cantos da boca se esticaram e abriram, revelando duas fileiras de dentes afiados. Ele mordeu com força o pescoço do sem-teto. O homem gritou de dor, acordando os outros. O menino fugiu, com sangue escorrendo por seus lábios e seu queixo.

O vídeo tinha originalmente sido postado na internet com o título de "Menino branco vampiro ataca pessoas sem-teto em Lagos" e recebido milhões de visualizações nas primeiras 24 horas depois de aparecer na plataforma de vídeos GarriV. Dias depois, no entanto, a plataforma identificou o vídeo como falso e o removeu, obedecendo à lei. A conta de quem havia postado, "Enitan0231", tinha sido banida em consequência; e toda sua renda de anúncios havia sido bloqueada.

De repente, uma voz profunda encheu a sala de reuniões na qual Amaka ainda estava sentado, sozinho.

— Muito bem, Amaka! Que fusão perfeita de cenário realista, atores amadores e filmagem real. Eu não consigo acreditar que você fez isso em um cybercafé underground em Ikeja — disse uma voz masculina com um forte sotaque igbo.

Instintivamente, Amaka se levantou com um salto.

— Quem é você? — Seus olhos examinaram a sala vazia e pousaram nos alto-falantes.

— Ei, relaxe. Pode me chamar de Chi. Você quer um trabalho ou não?

Com um suspiro, Amaka desabou na cadeira. O homem chamado Chi estava certo. Sem uma permissão de residência, ele nunca encontraria um trabalho de verdade em Lagos. A misteriosa empresa Ljele era seu único fio de esperança.

— Por que eu? — perguntou ele.

— Nós vimos seu trabalho. Você tem talento. É ambicioso e não teria vindo para Lagos, para começo de conversa, se não estivesse determinado a fazer um nome. O mais importante é que precisamos de alguém em quem possamos confiar. *Um dos nossos.*

Amaka soube imediatamente do que Chi estava falando. A Nigéria tinha mais de 250 grupos étnicos com suas línguas e seus costumes próprios e muitos deles estavam em conflito há centenas de anos. Os iorubás e os igbos, respectivamente o segundo e o terceiro maiores grupos étnicos do país, se envolveram em confrontos violentos nos últimos anos, já que os dois grupos pretendiam um ganho político. Como os iorubás eram a população dominante em Lagos, Amaka, um igbo do sudeste, normalmente escondia sua identidade para evitar problemas.

— O que você quer que eu faça?
— Eu quero que você faça o que faz de melhor. Falsifique um vídeo.
— *Ilegalmente*, eu imagino.
— Nós te daremos tudo que precisar.

Amaka apertou os olhos e suas narinas se dilataram.

— E se eu recusar a oferta? Vocês vão me matar?
— Te matar? Não, não. Pior do que isso.

Outro vídeo começou a rodar na parede de projeção. Uma pista de dança em uma boate particular. A câmera se aproximou do ambiente a partir de um canto no teto. Muitos rapazes estavam dançando uns de frente para os outros sob os lasers piscantes, todos sem camisa. A câmera se aproximou mais ainda e revelou o rosto inconfundível de Amaka. Enquanto a câmera observava, Amaka se virou e beijou apaixonadamente outro garoto, cujas bochechas ficaram rosa-fluorescente. Amaka então girou seu torso para beijar um garoto de pele mais escura atrás de si. O vídeo congelou nesse quadro. Os três rostos jovens eram como folhas de mangueira sobrepostas, interligadas e misturadas umas nas outras.

Amaka encarou o vídeo com uma expressão vazia. Depois de alguns momentos, ele sorriu. O escaneamento facial que ele tinha feito na recepção tinha capturado os dados necessários para esse *deepfake* instantâneo.

— O rosto pode ser o meu, mas o pescoço não é — disse Amaka puxando o capuz e expondo uma longa cicatriz cor-de-rosa que riscava diagonalmente de trás de sua orelha direita até a clavícula esquerda. Lembrança de uma briga de rua. — Além disso, não se esqueça de que estamos em Lagos. As coisas que as pessoas fazem aqui são muito piores do que isso.

— Claro, mas esse vídeo ainda pode te mandar para a prisão. Pense na sua família — disse Chi, suavizando a voz.

Amaka ficou em silêncio. Três décadas depois da aprovação do Ato (Proibitivo) para Casamentos do Mesmo Sexo de 2013, a sociedade nigeriana seguia tão hostil em relação às orientações sexuais e de gênero minoritárias quanto sempre havia sido. Se alguém o denunciasse, Amaka sabia que seria difícil evitar lidar com a polícia corrupta, que provavelmente tentaria extorqui-lo, mesmo que ele conseguisse evitar uma acusação criminal.

E havia sua família. Embora a relação deles não tivesse sido fácil nos últimos anos, Amaka detestava imaginar a pressão que poderia cair nos ombros de sua família, especialmente de seu pai, que tinha grandes expectativas para o filho. *Mesmo que o vídeo fosse falso.*

O garoto mordeu o lábio inferior e colocou o capuz de volta. Esconder partes de sua pele de novo lhe deu uma sensação um pouco maior de segurança.

— Eu preciso de um adiantamento. Criptomoeda. Além disso, me dê o máximo de detalhes do alvo que tiver. Não quero perder meu tempo com pesquisa.

— Você que manda, meu amigo. Quanto ao alvo… não tem como você deixar de notá-lo.

A foto borrada de um homem surgiu na parede de projeção. Quando os contornos do rosto se solidificaram em uma imagem clara, os olhos de Amaka se arregalaram.

Os iorubás chamavam a cidade de Lagos de "Eko", que significa "fazenda". No clima de monções equatorial, junho era o mês mais frio e mais chuvoso. Com a batida monótona da chuva no telhado de metal como trilha sonora, Amaka deitou-se na pequena cama de seu quarto ilegal de albergue. Ele colocou seus óculos XR e mexeu em seu novo brinquedo — um Illumiware Mark-V verde-escuro.

Comparado às peças que pregara no passado, esse novo trabalho estava em um nível completamente diferente.

Não que ele não tivesse experiência em criar vídeos falsos — muito pelo contrário. Sozinho em seu quarto, Amaka tinha passado muitas noites do ano anterior se disfarçando como meninas ricas nos aplicativos de namoro. Para construir uma imitação perfeita, o primeiro passo era reunir toda a informação em vídeo possível com um rastreador. Seus alvos ideais eram meninas iorubás descoladas, com suas *bubas* coloridas de gola em v, *iro* enrolado na cintura e cabelos presos em um *gele*. Usava, de preferência, vídeos feitos pelas meninas em quartos com luz forte e estável e expressões vívidas e exageradas, de forma que a IA pudesse extrair o máximo possível das imagens congeladas. O conjunto de dados do objeto era combinado com outro conjunto, do rosto de Amaka em uma luz diferente, de vários ângulos e com expressões alternativas, gerado automaticamente pelo seu *smartstream*. Então, ele subia os dois conjuntos de dados para a nuvem e começava a trabalhar com uma hiper-rede adversária generativa. Algumas horas ou dias depois, o resultado era um modelo de DeepMask. Ao aplicar essa "máscara", tecida por algoritmos, a vídeos, ele podia se tornar a garota que ele tinha criado a partir de bits e, a olho nu, seu fake era indistinguível da realidade.

Se a velocidade da internet permitisse, ele também poderia trocar rostos em tempo real para aumentar a diversão. Claro, mais diversão significava mais trabalho. Para que a ilusão em tempo real funcionasse, ele precisava traduzir simultaneamente do inglês ou igbo para o iorubá e usar o transVoice para imitar a voz de uma garota iorubá, além de uma ferramenta de dublagem com código aberto para gerar o movimento labial correspondente. No entanto, se a pessoa do outro lado do chat tivesse pagado por um detector de fakes de alta qualidade, o aplicativo talvez detectasse automaticamente as anomalias do vídeo e o marcaria com um aviso em forma de quadrados vermelhos translúcidos.

Quando a tecnologia *deepfake* surgiu, fatores como velocidade de internet e expressões exageradas podiam facilmente causar erros, o que resultava em imagens borradas ou movimento labial fora de sincronia. Mesmo que o erro durasse apenas 0,05 segundo, o cérebro humano era capaz, depois de milhões de anos de evolução, de detectar que algo estava errado. Em 2041, no entanto, o DeepMask — sucessor do *deepfake* — tinha alcançado tamanho grau de verossimilhança e sincronia que o olho humano podia ser enganado.

    Detectores antifake tinham se tornado parte de configurações-padrão de cibersegurança. A Europa, a América e a Ásia tinham até as tornado obrigatórias por lei, e ainda assim, na Nigéria, apenas grandes plataformas de conteúdo e sites do governo exigiam essa verificação. O motivo era simples: os detectores exigiam um nível muito alto de poder computacional e habilidades, além de diminuir a velocidade dos vídeos. Se as pessoas precisassem esperar, acabariam procurando outra coisa para fazer. Plataformas de redes sociais e compartilhamento de vídeos atualizariam seus detectores seletivamente de acordo com os algoritmos geradores de falsificações mais populares em algum momento; quanto mais um conteúdo fosse compartilhado, mais análises enfrentaria.

Depois de cada "encontro" por vídeo, Amaka ficava sentado em silêncio no escuro. Seu ambiente humilde nunca deixava de lhe injetar uma dose de realidade. Ainda assim, ele permitia que sua mente se demorasse nos sorrisos e palavras doces dos garotos que ele "namorava". "O afeto deles não é para mim, mas para uma menina iorubá com o rosto igual ao meu", lembrava-se.

    Quando Amaka nasceu, um vidente local havia declarado ao pai que seu novo filho era, na verdade, a reencarnação de uma alma feminina presa no corpo de uma criança do sexo masculino. A "incongruência entre alma e corpo" seria uma sombra durante toda a infância de Amaka — e uma vergonha para sua família.

    Quando cresceu, Amaka lentamente começou a entender que ele não era como os outros garotos. Sair de sua cidade e ir para Lagos tinha sido parte dessa jornada. Ainda assim, havia limites. Quando passava por homens atraentes no VLT ou na calçada, ele sentia algo em seu corpo — em sua alma — se agitar. Até mesmo um contato visual podia despertar esses sentimentos de vez em quando. Mas Amaka sabia que não tinha coragem para encarar na vida real os garotos com quem conversava on-line. Quanto mais ele desvendava o poder da DeepMask, mais seu vício na máscara aumentava. Ela escondia seu rosto real de forma a deixar seus sentimentos escaparem e serem livres, sem expô-lo ao perigo ou à vergonha.

Amaka estava se forçando a se concentrar no vídeo falso quando seus pensamentos foram interrompidos por uma batida na porta do quarto. Ozioma, a proprietária, entrou com uma tigela de noz-de-cola picada. Ozioma, uma igbo que havia se mudado para Lagos vinte anos atrás, foi perfeitamente assimilada à sociedade iorubá. No entanto, ela conseguiu desvendar o sotaque igbo disfarçado de Amaka assim que o conheceu.

— Sabe, de onde venho, só homens podem abrir uma noz-de-cola — disse Amaka com a boca cheia, saboreando o amargor familiar da fruta.

— Foi exatamente por isso que eu me mudei! — Ozioma riu. — A noz-de-cola, os iorubás a chamam de *obi*, e os igbos a chamam de *oji*. Por que o nome importa? *Obi* ou *oji*, ela resolve seus problemas enquanto está na sua boca.

— Ah, a sabedoria dos mais velhos. Obrigado por isso — disse Amaka. Contudo, antes que ele fechasse a porta, Ozioma agarrou o braço dele. Ela apontou para a foto no monitor e uma expressão preocupada cruzou seu rosto.

— Você não tem nada a ver com ele, tem? Quer dizer, ele é uma boa pessoa, eu só... não quero ter problemas, se você entende o que quero dizer.

— Não, eu só estava lendo as notícias. — Amaka forçou um leve sorriso. — Eu ainda quero meu visto de residência.

— Bom menino. Que Deus o abençoe... não importa de que lado ele esteja. — Ozioma desapareceu.

Amaka deu um suspiro aliviado e subiu na cama, voltando sua atenção para o rosto no monitor.

O rosto irradiava poder. A testa e as bochechas estavam pintadas de branco, um símbolo de espírito tribal. Os olhos brilhavam como se fossem bolas de fogo. A boca estava levemente aberta, com os cantos virados para cima em um meio sorriso, como se estivesse prestes a falar a língua divina de uma nova era e tomar o mundo de assalto.

O rosto era de Fela Kuti — um lendário músico nigeriano, pai do afrobeat, defensor da democracia —, falecido havia quase quarenta e cinco anos.

***

O problema de Amaka era como tornar algo falso ainda mais falso.

Um avatar virtual — com o rosto de Fela Kuti — tinha surgido on-line, postando vídeos no GarriV. A figura, disfarçada como o falecido Fela Kuti, tinha se tornado uma sensação da internet. O avatar se chamava "FAKA", abreviação para "Fela Anikulapo Kuti Avatar", e seus vídeos em geral envolviam comentários ácidos a respeito de questões atuais — mesmo que sua exata filiação política fosse difícil de identificar. A maior parte das pessoas tratava como uma piada. Todo mundo sabia que o Fela Kuti real havia morrido em 1997. A tecnologia de mudança de rosto usada nos vídeos era tão tosca que os tornava ridículos. Em vez de se dar o trabalho de bani-los, ou de censurar os vídeos de FAKA por conteúdo falso, as plataformas de compartilhamento só os haviam marcado como paródia.

Ainda assim, a influência de FAKA tinha se transformado em algo que não poderia ser desprezado. Milhões de nigerianos estavam entrando em chats criptografados para discutir os vídeos de FAKA, analisar cada quadro e cada sílaba. Eles até tinham sido traduzidos para diferentes dialetos, dublados e sincronizados, disseminando a mensagem de FAKA até muito mais longe. A Fundação Fela Kuti tinha emitido uma declaração afirmando estar tão confusa quanto todo mundo a respeito das origens desse popular avatar, mas não chegou a exigir que a figura misteriosa por trás da conta parasse de usar a imagem do artista.

Ninguém tinha tentado rastrear a pessoa por trás do FAKA. A informação dos vídeos estava criptografada; a conta que postava os vídeos era descartável e já tinha passado por vários servidores proxy. Como consequência, teorias da conspiração surgiram. Seria o FAKA o trabalho de ativistas antigoverno ou de um governo estrangeiro, determinados a derrubar a ordem atual?

Ljele, a nova empregadora de Amaka, não era uma empresa de verdade, afinal. Era a operação de fachada para um grupo clandestino chamado Igbo Glory, e Chi era só o representante — o agente encarregado de recrutar e lidar com Amaka. O grupo tinha analisado o conteúdo dos vídeos de FAKA e chegado a uma conclusão diferente: ultranacionalistas iorubás estavam por trás do avatar e esperavam explorar sua popularidade para manipular a mente das pessoas — para lentamente tornar os vídeos de FAKA pró-iorubá e mover a opinião pública a seu favor. E quanto mais poder nas mãos dos iorubás dominantes, Amaka sabia, mais os outros grupos étnicos seriam espremidos — especialmente os igbos.

Em um vídeo recente, FAKA tinha pedido a estados dominados pelos igbos para abandonarem a reivindicação sobre um raro depósito de minérios e torná-lo "propriedade comum de todos os nigerianos". Essa era a última tentativa de destituir os igbos dos recursos de sua terra. Os igbos pareciam ser o rabo do lagarto nigeriano — você corta fora, ele cresce de novo; então é cortado de novo, em um ciclo sem fim. Ninguém se importava se esse rabo doía ou sangrava.

Agora os igbos estavam cansados. A missão de Amaka era central para o objetivo revolucionário do Igbo Glory. Na esperança de impedir o controle de FAKA sobre a opinião pública, Chi havia encarregado Amaka de produzir vídeos falsos de FAKA que minariam a credibilidade e a influência do avatar.

Em termos tecnológicos, não era nada difícil. Com a ajuda do H-GAN, Amaka conseguiu replicar com facilidade um modelo automático do retrato facial de FAKA. De frequência de piscadas e movimento labial até a incongruência tosca entre a área da boca e a pele em volta, o modelo de Amaka era um espelho, pixel a pixel, de FAKA. Se ele soubesse configurar os parâmetros e combinar cada valor matemático entre o fake e o original, ele poderia enganar qualquer detector antifake e qualquer olho humano.

O verdadeiro desafio era produzir o estilo de discurso de FAKA. Os assuntos dos vídeos de FAKA iam de notícias de cunho social e político até gritos populistas em nome do "homem comum". Em seus monólogos, FAKA citava de forma seletiva palavras famosas do verdadeiro Fela Kuti, além de ditados populares. Com frequência, Amaka achava difícil interpretar os discursos de FAKA — e mais ainda imitá-los.

FAKA declarou que a Nigéria precisava urgentemente de uma nova língua que transcendesse as fronteiras étnicas, "para expurgar nossa mente e nossa língua do veneno colonial". Ele lamentava que as mães da Nigéria fossem as pessoas que "mais sofressem e merecessem a maior reverência"; com suas próprias mãos elas haviam "aceitado a morte e enterrado os cadáveres" de incontáveis filhos. FAKA declarava que a "música é a arma do futuro" e que apenas quando a educação e a riqueza fossem "igualmente distribuídas, como batidas de tambor permeando o ar, as batidas dos corações das pessoas se uniriam em um único ritmo".

Como a chuva caindo em uma terra ressecada, as palavras de FAKA tinham aplacado a sede no coração de Amaka também. Por mais que detestasse admitir, ele se sentia reanimado por uma sensação de esperança. Chi estava certo sobre FAKA? Amaka tentou afastar esses sentimentos. *Eu não preciso desse senso de pertencimento piegas*, disse ele para si mesmo.

Amaka só precisava de uma imitação perfeita do estilo de FAKA, uma imitação em que as pessoas acreditassem.

Um desfile havia enchido as ruas do centro de Lagos. Escondido na sacada do quarto, Amaka assistia a uma tropa de homens jovens, nus da cintura para cima, dançarem e girarem, graciosos e ágeis como grãos de poeira em raios de sol. Os rostos estavam decorados com tinta branca ao estilo de Fela Kuti. Os músculos de suas costas brilhavam sob o sol quente. Seguindo o ritmo, eles erguiam os braços em uníssono, sacudindo as mãos como se estivessem lançando um feitiço.

O som dos instrumentos de vários grupos étnicos se combinava em harmonia. O grito agudo do tambor batá e os gemidos baixos do tambor dùndún, dos iorubás; o ruído metálico do sino *ogene* e a melodia ressonante da flauta *opi*, dos igbos. O ar vibrava com a música, como a corda de um arco que se tensiona centímetro a centímetro. Os dançarinos, como brotos de mandioca jovem na monção, desenvolviam seu movimento no fluxo da batida. Movendo-se em sincronia, sem ninguém destoar, os dançarinos, aos olhos de Amaka, pareciam mais um único ser conectado do que meros indivíduos — como no mantra que cantavam, "Uma Nigéria", o slogan da campanha de vídeos de FAKA.

Amaka se sentia dividido. Por um lado, ele invejava os dançarinos. Instintivamente queria se juntar a eles, mas sua paixão era reprimida por um medo intenso de ser exposto como traidor. Esses dançarinos — seguidores de FAKA — realmente queriam o mal do povo igbo, um povo que Amaka ainda amava, ainda que a distância?

Mais urgente que esses pensamentos, entretanto, era o prazo de Chi, que estava chegando com rapidez, e a cada dia Amaka tinha mais certeza de que tinha recebido uma tarefa impossível.

Ao examinar mais de perto, parecia que não existia uma personalidade uniforme e única de FAKA. A equipe por trás do avatar, confiando no sistema de tagueamento inteligente da plataforma de compartilhamento de vídeos, tinha criado vídeos feitos para atrair diversos perfis de usuários, ajustando os tópicos principais, slogans, tom e linguagem corporal para cada audiência — como uma agência de publicidade buscando um certo recorte demográfico.

Criar um fake era uma coisa — mas criar um fake com múltiplas personalidades estava além das habilidades de Amaka. De alguma forma, perceber isso deu a ele um sentimento de alívio. Mas agora ele precisava enfrentar as consequências de falhar na missão de Chi.

— Por que você não se junta a eles? — perguntou Ozioma. Aparecendo por trás de Amaka na sacada, a proprietária acendeu um cigarro de marca inglesa, se apoiou nas grades e espiou para baixo. — Eu era a rainha da dança na nossa vila — Ozioma prosseguiu, seus olhos embaçados de nostalgia. — Não quero me gabar, mas nenhum garoto conseguia tirar os olhos de mim. Meu pai detestava quando eu dançava. Ele ameaçava me bater todas as vezes que me pegava dançando.

— Você dava ouvidos a ele?

Ozioma riu com sinceridade.

— Por que raios uma criança abriria mão do que ama porque os pais disseram não? Acabei encontrando um jeito que me permitia ao menos terminar a dança.

— Como? — perguntou Amaka.

— Eu usava uma Agbogho Mmuo toda vez que dançava.

— O *quê*? — Amaka arregalou os olhos. A Agbogho Mmuo era a máscara sagrada dos igbos do norte e representava espíritos de donzelas, assim como a mãe de toda criação.

— Pois é, meu pai ficou com essa expressão quando me viu com a máscara. Ele não tinha escolha exceto se curvar e mostrar seu respeito à máscara e à deusa que ela personificava. Claro, quando eu terminava a dança e tirava a máscara, eu recebia minha bronca — disse Ozioma, brilhando de orgulho, como se a memória a tivesse levado de volta aos dias de sua juventude.

Ao ouvir a história de Ozioma, Amaka sentiu uma ideia, borrada e sem forma, deslizar em sua mente como um peixe. Ele fez uma careta, pensando.

— A máscara...

— Sim, criança. A máscara é de onde vinha meu poder.

— Tirar a máscara? *Tirar a máscara...* — murmurou Amaka.

De repente, ele se levantou de um salto e deu um beijo no rosto de Ozioma.

— Obrigado, obrigado, minha rainha da dança! — Ele correu de volta para seu quarto, deixando para trás a agitação do desfile e uma Ozioma muito confusa.

— Talvez criar uma mentira e colocá-la na boca de FAKA não faça os seguidores abandonarem seu ídolo — disse Amaka a Chi via conversa de vídeo naquela tarde, animado com sua nova descoberta. — Mas tirar sua máscara e revelar o titereiro escondido talvez faça isso.

— Mas ninguém sabe quem é o titereiro — respondeu Chi.

— Exatamente! — Amaka brilhava. — Você não consegue ver? Isso significa que o titereiro pode ser *qualquer um.*

— Então você está sugerindo que...

— Eu posso tirar a máscara de FAKA e transformá-lo em qualquer pessoa que você queira que ele seja.

Chi ficou em silêncio na chamada de vídeo.

— Você é um gênio do cacete — murmurou Chi finalmente.

— *Ndewo* — disse Amaka, preparando-se para sair.

— Espera. — Chi ergueu os olhos. — Isso significa que você precisa criar um rosto que exista na realidade.

— Sim.

— Um rosto que possa enganar os detectores de fake — acrescentou Chi, refletindo. — Pense na distorção de cores, no padrão de ruído, na variação da taxa de compressão, na frequência de piscadas, no biossinal... É possível?

— Eu preciso de tempo — disse Amaka. — E poder computacional ilimitado para IA na nuvem.

— Logo volto a contatar você. — Chi saiu.

Amaka olhou para seu próprio reflexo no monitor escurecido. A onda de adrenalina que o tinha tomado inicialmente havia passado. Ele viu no seu rosto não animação, mas exaustão e um sentimento inquieto, como se ele tivesse traído um espírito guardião que o observasse de cima.

Em teoria, qualquer um poderia falsificar uma imagem ou um vídeo perfeitamente, pelo menos bem o suficiente para enganar os detectores de fake existentes. O problema era o custo — e o poder computacional.

Fakes e seus detectores estavam envolvidos em uma batalha eterna, como Eros e Tânatos. Amaka tinha seu trabalho dificultado, mas ele estava determinado a ter sucesso nesse único objetivo: a criação de um rosto humano real.

Nesse novo esquema que Chi havia criado, FAKA teria sua máscara digital de Fela Kuti retirada e seria revelado o rosto de Repo, um famoso político iorubá conhecido por seus ataques pessoais a outros grupos étnicos. Repo era o principal inimigo do movimento "Uma Nigéria". Quando Chi e sua equipe revelassem ao público que Repo estava controlando as cordinhas que moviam o inspirador e carismático FAKA, a fé dos adoradores do avatar iria se esvair. Primeiro, porém, o vídeo fabricado por Amaka teria que suportar o escrutínio de milhões de olhos — humanos e de IA, inclusive o "detector VIP".

O detector VIP, como era chamado, era projetado para proteger a reputação de figuras públicas: políticos, oficiais do governo, celebridades, atletas e acadêmicos. Pessoas muito proeminentes tinham grandes rastros na internet — o que as tornava particularmente suscetíveis de serem alvos de *deepfakes*. O detector VIP deveria prevenir que esses *"supernodes"* do cyberespaço se tornassem vítimas de fraude e do dano devastador à ordem social que isso poderia causar. Sites que postavam fotos ou vídeos de indivíduos proeminentes precisavam aplicar esse algoritmo especial de detecção ao conteúdo antes de postarem. O detector VIP incorporava tecnologia que incluía reconhecimento facial de ultra-alta resolução, sensores de reconhecimento de linguagem corporal, reconhecimento da geometria de mão e dedos, avaliação de fala e até reconhecimento vascular.

Todos esses dados eram fornecidos à IA de aprendizado profundo do detector VIP. O detector VIP incorporava até o histórico médico ao seu banco de dados se a pessoa protegida fosse importante o suficiente. Sem dúvida, dados o status social de Repo e sua posição controversa, ele era um desses VIPs.

Amaka, no entanto, acreditava que havia uma falha no detector. Se ele conseguisse decifrar como a rede de detectores antifake era criada, poderia encontrar brechas entre as correntes entrecruzadas de dados e explorá-los. Não importa quão pequenos sejam os buracos de uma rede: um peixe determinado sempre encontra a saída.

Usando um vídeo real de Repo como base, Amaka, como um dr. Frankenstein do século XXI, cuidadosamente costurou seu rosto: lábios, olhos e nariz, camada por camada, com a ajuda da IA. Cada tique e cada gesto do vídeo falso teriam vindo do próprio Repo, o que reduziria enormemente as chances de ele ser pego por um detector de fake.

Usando visão XR, Amaka tinha construído um espaço de trabalho tridimensional. Ele agitava suas mãos no ar, selecionando, arrastando, aproximando e afastando os ícones e fragmentos de filmagem flutuando no ar com gestos alternativos. Ele teria preferido se ver como um feiticeiro fazendo sua mágica, mas na realidade ele parecia mais com um chefe estrelado preparando um banquete extravagante.

Para cada parte do corpo de Repo, Amaka havia cuidadosamente selecionado o software de código aberto mais eficiente, como quem coloca ingredientes crus na panela adequada. Então, como se temperasse a comida, ele ajustava os parâmetros, os modelos e o algoritmo de treino. Finalmente, ele os cozinhou em uma plataforma de IA na nuvem com poder computacional máximo. Cada conjunto de recursos de vídeo, processados pelo GAN, gerava uma série de miniaturas que se estendiam ao infinito no espaço de trabalho virtual, como uma galeria infinita inundada com pôsteres das várias partes do corpo de Repo.

Atrás da parede com os pôsteres, uma batalha feroz estava acontecendo na nuvem, em absoluto silêncio. Os dois lados eram os polos negativo e positivo do GAN, a rede detectora e a rede forjadora. O objetivo da rede forjadora era retreinar e atualizar a si mesma para gerar imagens mais realistas que poderiam enganar os detectores de fake com base no feedback da rede detectora de maneira a minimizar a perda de função de valor da imagem gerada. Do outro lado, a rede detectora se esforçava para maximizar a perda da função de valor. Essa competição, que ficava mais acirrada a cada milissegundo, se repetiria milhões de vezes até que os dois lados chegassem a um certo equilíbrio.

Ajustar os parâmetros, repetir o modelo... A cada ajuste, Amaka podia ver o vídeo se tornando mais realista. Seus olhos, quase cegos com os pixels coloridos, focados fixamente nos quadros de seu campo de visão de XR — quadros que diferiam uns dos outros apenas minimamente. O suor brotava em sua testa, escorria pelo rosto e pingava da ponta do nariz, mas os ágeis dedos dançantes de Amaka não se abalavam.

No entanto, uma voz soava em seu ouvido de vez em quando, distraindo-o, como um *ogbanje* eternamente preso no limbo entre vida e morte.

— Você está assassinando um deus com suas próprias mãos — sussurrava a voz.

"Ele não é meu deus. Ele é um iorubá", repetia Amaka em seu coração, enquanto se forçava a focar o trabalho.

Então, soltou um suspiro de alívio. Seu vídeo falso tinha enganado o detector VIP. Exausto, ele desabou na cama e caiu em um sono profundo.

Amaka ouviu uma voz chamando seu nome. Ele viu uma sombra escura ao pé da cama. Aterrorizado, procurou desajeitado o interruptor do abajur, mas seus dedos não encontraram nada. A sombra se aproximou. Ele reconheceu o rosto da sombra — era FAKA.

Amaka se engasgou.

— O que você quer?

FAKA baixou os olhos para Amaka e sorriu.

— Não tenha medo, meu filho. Eu ouvi seu chamado, então vim te ver.

— Eu não... eu não queria te machucar — sussurrou Amaka com a voz trêmula.

FAKA caiu na risada, sua respiração subindo pela garganta como o rugido de um leopardo.

— Ninguém pode me machucar, filho. Você não pode, e eles também não.

— Eles?

— As pessoas que estão tentando destruir o futuro da Nigéria. As pessoas que tentaram te atrair para a selva da noite.

— Me desculpe, FAKA, mas eu não tive escolha.

— Não, você tem, meu filho. Vá para Nollywood. Conte uma verdadeira história nigeriana, em vez de ficar atrás de cliques fáceis.

Amaka ficou sem palavras e encarou de volta a figura pixelada diante dos seus olhos. "Eu sempre quis contar minha própria história, a história de um igbo dividido entre a tradição e a realidade em revolução", pensou ele.

— Meu espírito guardião me abandonou, porque eu o deixei por uma terra iorubá... — Amaka gaguejou.

— Que bobagem! — FAKA interrompeu Amaka. De repente, FAKA soou como alguém muito familiar. — Lembra-se do que eu disse quando você era criança?

— Quando eu era criança?

— Eu te ensinei os nomes dos pássaros, te mostrei o melhor tipo de madeira para usar em um estilingue, como fazer uma flauta de capim-elefante... Você não lembra mais?

— Mas... mas isso foi meu pai — a voz de Amaka falhou e seus olhos se arregalaram.

— Sim, meu filho. Se lembra do ditado igbo? Quando uma pessoa diz sim, seu espírito guardião só pode dizer sim. Só as pessoas abandonam seu deus. O deus delas nunca as abandona.

— Mas, pai, eu não quero te decepcionar — disse Amaka suavemente, lembrando-se da ameaça de Chi de causar vergonha a toda sua família.

— Amaka, tem algo que eu nunca te contei.

— O que é?

— A verdade é que eu não poderia me importar menos com o que o vidente nos contou sobre você. Eu não poderia me importar menos com qual alma vive no corpo do meu filho. Eu só quero que meu filho seja feliz e bom, alguém que honre aos deuses e aos espíritos com seu coração.

— Pai... — Amaka levou a mão na direção do rosto de FAKA. Ele queria tirar sua máscara e ver de novo o rosto do pai marcado pelo tempo.

— Amaka, vá ao New Afrika Shrine. Eu acredito que você é inteligente o suficiente para fazer a escolha certa. Então, volte para mim.

Quando os dedos de Amaka estavam prestes a tocar o rosto tremeluzente e pixelado, FAKA desapareceu. Amaka acordou do sonho com um susto. O abajur estava ligado. Da tela do monitor Illumiware Mark-V verde-escuro, um rosto familiar sorria de volta para ele.

Tatuado de grafite, o New Afrika Shrine ficava em Ikeja, a capital de Lagos, e podia facilmente ser confundido com uma garagem dilapidada. O que lhe faltava em termos de estrutura, ele compensava em energia. Com capacidade para duas mil pessoas, era um lugar para shows semanais, além de base para várias barracas de comida e bebida lotadas. A boate Afrika Shrine, originalmente inaugurada por Fela Kuti no hotel Empire, foi queimada pela polícia em 1977. Essa reencarnação foi estabelecida pelo filho dele, Femi, em 2000, em honra ao seu pai.

Amaka já tinha ido ao New Afrika Shrine muitas vezes. Como qualquer jovem de Lagos que gostava de se divertir, ele via o Shrine não apenas como um lugar para comer, beber e dançar, mas também como um templo sagrado, o destino de peregrinações, onde ele podia se conectar com espíritos livres e rebeldes de meio século atrás. Nesse lugar especial, as pessoas de alguma forma mágica deixavam de lado os conflitos de etnia e classe e realmente se uniam — aproveitando juntas os prazeres do álcool.

Hoje, ele tinha vindo se despedir.

O Afrika Shrine, tanto o antigo quanto o novo, exaltava deuses e deusas negros: Kwame Nkrumah, Martin Luther King Jr., Malcolm X, Thomas Sankara, Nelson Mandela, Esther Ibanga, Chinua Achebe, Wole Soyinka, Florence Ozor... Grandes almas que tinham dedicado a vida à liberdade, à democracia e à igualdade. Durante os shows, os artistas com frequência paravam para homenagear esses ancestrais culturais.

Em silêncio, Amaka gravou cada um dos rostos em sua memória. Ele rezou para que esses deuses e espíritos o protegessem.

Ele iria embora de Lagos, de volta para casa, e contaria tudo ao pai. Não tinha decidido o que faria depois disso. Talvez seu domínio de GANs o abençoasse com um trabalho de verdade, no qual ele não precisasse falsificar nada, no qual pudesse ajudar outras pessoas. Talvez encontrasse um trabalho no ramo de saúde — trocando os rostos em bancos de dados para treinamento de IAS médicas; ele poderia colorizar antigos filmes em preto e branco, refiná-los. Ou talvez poderia abrir suas asas ainda mais e fazer algo que ele quase nunca tinha se permitido sequer sonhar: fazer um verdadeiro filme de Nollywood. Ele já tinha a ideia de uma boa história para contar.

De repente, o *smartstream* de Amaka emitiu o som de moedas. O dinheiro que Chi havia prometido tinha chegado. O que significava que o vídeo que ele tinha feito, o mais real possível, estava correndo pela internet com o impacto de uma explosão nuclear sobre a fé de milhões de seguidores de FAKA.

Nos últimos anos, vídeos gerados por IA haviam sido o gatilho de um motim na República do Gabão e de tumulto político na Malásia. Amaka não conseguia nem pensar no que seu vídeo faria com a Nigéria.

Mas eu fiz minha escolha.

Em pé em frente ao centro do palco, diante do retrato em preto e branco de Fela Kuti pendurado bem no alto, Amaka ergueu suas mãos acima da cabeça e as esticou para frente, como para se conectar com os poderes dos deuses e espíritos.

— Eu serei o senhor do meu próprio destino e vou decidir quando é a hora da morte me levar — sussurrou o garoto com solenidade, como se entoando um feitiço.

A frase era do próprio Fela Kuti — uma explicação do seu nome do meio, Anikulapo, que significava "aquele que carrega a morte no bolso" em iorubá.

Amaka digitou algumas linhas de comando em seu *smartstream* e o jogou no lixo. Ele puxou sua tosca máscara impressa em 3D e escondeu o rosto. Rezou para conseguir escapar — o mais longe possível, antes que Chi percebesse o que ele havia feito. Ele sairia de Lagos, sairia dessa enorme cidade coberta de pichações dizendo *Eko o ni baje* — que significa "Lagos não pode ser corrompida" — e voltaria para sua casa, com o cheiro que lembrava o frescor da terra.

Ele tinha escolhido eliminar uma mentira criando outra mentira.

Um segundo vídeo, feito com o DeepMask, já tinha sido postado na internet, pronto para causar outra explosão. A única diferença entre o segundo e o primeiro vídeos era que, no segundo, quando FAKA removia sua máscara digital e revelava o rosto de Repo — o fake perfeito que tinha enganado todos os detectores existentes —, ele não pararia. Ele continuaria a tirar suas máscaras, a máscara de Repo, a máscara por trás de Repo, camada por camada, até o infinito.

Os nigerianos descobriram, espantados, que os rostos por trás de FAKA eram os deuses e deusas culturais do New Afrika Shrine.

ANÁLISE

Visão computacional, redes neurais convolucionais, *deepfakes*, redes adversárias generativas (GANs), biometria, segurança de IA

"Os deuses por trás das máscaras" conta uma história de ilusão visual. Quando a IA consegue enxergar, reconhecer, entender e sintetizar objetos, ela também consegue manipulá-los e criar imagens e vídeos que são indistinguíveis da realidade. Essa história descreve um futuro no qual pessoas não podem mais confiar em seus olhos para discernir vídeos verdadeiros de falsos. A lei exige que sites e aplicativos instalem um software *antideepfake* (assim como um software antivírus hoje em dia) para proteger os usuários de vídeos falsos. Mas o cabo de guerra entre os criadores e os detectores de *deepfakes* se tornou uma corrida armamentista — o lado com mais computação ganha.

Embora essa história seja ambientada em 2041, a situação descrita provavelmente impactará o mundo desenvolvido mais cedo, pois já é possível arcar com os custos dos computadores caros, de software e especialistas em IA necessários para criar e detectar *deepfakes* e outras manipulações de IA. Além disso, uma legislação provavelmente será implementada em países desenvolvidos primeiro. Essa história se passa em um país em desenvolvimento no qual as externalidades dos *deepfakes* provavelmente chegarão mais tarde.

Então, como a IA aprende a enxergar — tanto com câmeras quanto vídeos pré-gravados? Quais são os usos? E como funciona uma IA desenvolvedora de *deepfake*? Os humanos ou a IA conseguem detectar *deepfakes*? As redes sociais serão inundadas por vídeos falsos? Como os *deepfakes* podem ser detidos? Que outras falhas de segurança a IA pode apresentar? Existe algo bom na tecnologia por trás dos *deepfakes*?

O QUE É VISÃO COMPUTACIONAL?

Em "O elefante dourado", testemunhamos a habilidade potencial do aprendizado profundo em áreas de *big data*, como a internet e finanças. Você provavelmente não está surpreso com uma IA que consegue ser melhor que os humanos em analisar *big data*. Mas e quanto a habilidades que são únicas dos humanos ou de outras criaturas vivas, como a percepção?

Entre nossos "seis sentidos", a visão é o mais importante. A visão computacional (VC) é uma subárea da IA que foca a questão de ensinar computadores a ver. A palavra "ver" aqui não significa apenas o ato de visualizar um vídeo ou imagem, mas também de dar sentido ao que o computador vê. A visão computacional inclui as seguintes habilidades, em complexidade crescente:

- Captura e processamento de imagens — usa câmeras e outros sensores para capturar cenas 3D do mundo real em vídeo. Cada vídeo é composto de uma sequência de imagens, e cada imagem é um conjunto bidimensional de números que representam a cor, em que cada número é um "pixel".

- Detecção de objetos e segmentação de imagem — divide a imagem em regiões proeminentes e localiza os objetos.

- Reconhecimento de objetos — reconhece o objeto (por exemplo, um cachorro) e também entende os detalhes (pastor-alemão, marrom-escuro, e por aí vai).

- Rastreamento de objetos — segue objetos em movimento em imagens consecutivas ou vídeo.

- Reconhecimento de gestos e movimentos — reconhece movimentos, como um passo de dança em um jogo de Xbox.

- Compreensão de cenas — entende uma cena completa, incluindo relações sutis, como um cachorro faminto olhando para um osso.

Nas ferramentas de *deepfake* usadas por Amaka na história, todos os passos acima foram implicitamente incluídos. Por exemplo, para que Amaka possa editar o vídeo de FAKA, primeiro o vídeo precisa ser quebrado em sessenta quadros por segundo, e cada quadro é representado por dezenas de milhões de pixels. A IA lê essas dezenas de milhões de pixels e automaticamente segmenta o corpo de FAKA (ou delimita os contornos do corpo dele), que então é ainda mais segmentado na máscara sobre seu rosto, sua boca, suas mãos, e assim por diante. Isso se repete em cada quadro do vídeo. Se houver cinquenta segundos de vídeo, então teremos três mil quadros de imagens. Além disso, os movimentos entre os quadros são relacionados e rastreados, e as relações entre objetos são descobertas. Isso é feito antes de qualquer edição acontecer.

Essa descrição pode parecer trabalhosa — mas esses passos vêm naturalmente para nós, humanos. Ao olharmos para um objeto, tudo isso é internalizado em menos de um segundo. Além disso, humanos têm uma compreensão abstrata e generalizada dos objetos, mesmo que esse mesmo objeto tenha uma aparência diferente de um ângulo diferente, sob uma luz diferente, a uma distância diferente ou escondido por outros objetos. Por exemplo, só de ver Repo sentado em uma escrivaninha em uma determinada postura, podemos deduzir que ele está segurando uma caneta sobre um pedaço de papel, mesmo que não vejamos nenhum dos dois.

Quando "vemos", na verdade estamos aplicando nosso conhecimento acumulado do mundo — tudo que aprendemos na vida a respeito de perspectiva, geometria, senso comum e o que já vimos antes. Isso ocorre naturalmente para nós, mas são coisas muito difíceis de ensinar a um computador. A visão computacional é o campo de estudo que tenta superar essas dificuldades e fazer com que computadores vejam e compreendam.

Usos da visão computacional

Nós já usamos tecnologias de visão computacional todos os dias.

A visão computacional pode ser usada em tempo real, em áreas que vão de transporte a segurança. São exemplos:

- Assistentes de direção instalados em alguns carros que podem detectar um motorista que pegou no sono.

- Lojas autônomas, como a Amazon Go, nas quais câmeras reconhecem quando você coloca um produto em seu carrinho.

- Segurança de aeroportos (contar pessoas, reconhecer terroristas).

- Reconhecimento de gestos (pontuar com seus movimentos em um jogo de dança do Xbox).

- Reconhecimento facial (usar seu rosto para destravar seu celular).

- Câmeras inteligentes (o modo retrato do seu iPhone reconhece e extrai pessoas do fundo e então borra "lindamente" o fundo de forma a criar o efeito de uma máquina profissional).

- Usos militares (distinguir soldados inimigos de civis).

- Navegação autônoma de drones e automóveis.

No início de "Os deuses por trás das máscaras", vimos o uso de reconhecimento facial em tempo real para processar automaticamente um pagamento ao reconhecer os passageiros conforme eles passam por uma catraca. Também vimos pedestres interagirem com animais em anúncios animados, usando gestos. E o *smartstream* de Amaka usou visão computacional para reconhecer a rua à frente e lhe dar as instruções para chegar ao seu destino.

A visão computacional também pode ser aplicada a imagens e vídeos — de forma menos imediata, mas não menos importante. Alguns exemplos:

- Edição inteligente de fotos e vídeos (ferramentas como o Photoshop fazem uso extenso da visão computacional para identificar os contornos de um rosto, remover olhos vermelhos e melhorar selfies).

- Análise de imagens médicas (determinar se existem tumores malignos na tomografia computadorizada de um pulmão).

- Moderação de conteúdo (detecção de pornografia e conteúdo violento em redes sociais).

- Seleção de anúncios relacionados com base no conteúdo de determinado vídeo.

- Busca inteligente de imagens (que pode encontrar imagens a partir de palavras-chave ou outras imagens).

- E, claro, fazer *deepfakes* (substituir ocorrências de um rosto por outro em um vídeo).

Em "Os deuses por trás das máscaras", vimos uma ferramenta para fazer *deepfakes* que é essencialmente uma ferramenta automática de edição de vídeo que substitui uma pessoa por outra, de rosto, dedos, mãos e voz até linguagem corporal, maneira de andar e expressões faciais. Falamos mais sobre *deepfakes* a seguir.

REDES NEURAIS CONVOLUCIONAIS (RNCS) PARA VISÃO COMPUTACIONAL

Fazer o aprendizado profundo trabalhar em uma rede neural padrão acabou se mostrando um desafio porque uma imagem tem dezenas de milhões de pixels, e ensinar o aprendizado profundo a encontrar dicas sutis e características dentre um número imenso de imagens é intimidador. Pesquisadores estudaram o cérebro humano em busca de inspiração para melhorar o aprendizado profundo. Nosso córtex visual usa muitos neurônios correspondentes a muitas sub-regiões restritas (conhecidas como campos receptivos) para o que nossos olhos veem em um momento qualquer. Esses campos receptivos identificam características básicas como formas, linhas, cores ou ângulos. Esses detectores estão conectados ao neocórtex, a camada mais externa do cérebro. O neocórtex guarda informação de forma hierárquica e processa os resultados desses campos receptivos em uma compreensão de cena mais complexa.

A observação de como os humanos "veem" inspirou a invenção de redes neurais convolucionais (RNCs). O nível mais baixo de uma RNC é uma grande quantidade de filtros, que são aplicados repetidamente por toda uma imagem. Cada um desses filtros só consegue ver uma pequena seção contígua da imagem, assim como os campos receptivos. O aprendizado profundo, através da otimização de muitas imagens, decide o que cada filtro aprende. Cada filtro reporta sua confiança de ter visto uma característica particular (como uma linha preta) representada pelo filtro. As camadas superiores da RNC são organizadas hierarquicamente, como no neocórtex. Os níveis mais altos recebem os resultados de confiança dos níveis mais baixos e detectam características mais complexas. Por exemplo, se uma imagem de uma zebra for dada a uma RNC, então os filtros de nível mais baixo podem procurar as listras pretas e as listras brancas em cada região da imagem. E os níveis mais altos podem ver listras, orelhas e pernas, em regiões maiores. Até mesmo os níveis mais altos podem ver muitas listras, duas orelhas e quatro patas. No nível mais alto, partes da RNC podem tentar distinguir especificamente zebras de cavalos ou tigres. Note que esses são exemplos para ilustrar o que uma RNC *pode* fazer, mas na operação verdadeira a RNC decide sozinha quais características (por exemplo, listras, orelhas ou, mais provavelmente, algo além da compreensão humana) usar para maximizar sua função objetiva.

As RNCs são uma arquitetura específica e melhorada de aprendizado profundo projetada para a visão computacional, com diferentes variações para imagens e vídeos. Quando as RNCs foram discutidas pela primeira vez nos anos 1980, não havia dados ou poder computacional suficiente para mostrar do que eram capazes. Foi apenas por volta de 2012 que se tornou claro que essa tecnologia ultrapassaria todas as abordagens anteriores de visão computacional. Foi uma coincidência feliz que mais ou menos na mesma época um enorme número de imagens e vídeos estivessem sendo capturados por smartphones e compartilhados nas redes sociais. Também mais ou menos nessa época, computadores rápidos e armazenagem ampla estavam se tornando acessíveis. A confluência desses elementos catalisou o amadurecimento e a proliferação da visão computacional.

Deepfakes

"O presidente Trump é um m*rda total e completo", disse o presidente Obama ou uma pessoa que se parecia e soava como Obama. Esse vídeo viralizou no fim de 2018, mas era um *deepfake* (um vídeo falso feito com aprendizado profundo) criado por Jordan Peele e pelo BuzzFeed. A IA pegou um discurso gravado de Peele e transformou a voz de Peele na voz de Obama. Então a IA pegou um vídeo real de Obama e modificou o rosto do ex-presidente de forma a combiná-lo com o discurso, incluindo sincronização labial, além de coordenar as expressões faciais.

O objetivo do vídeo criado por Peele em 2018 era alertar as pessoas que os *deepfakes* estavam chegando, e foi exatamente o que aconteceu. Naquele mesmo ano vários *deepfakes* com vídeos pornôs de celebridades foram postados na internet, o que resultou em denúncias raivosas e por fim em uma nova lei contra a prática. Mas novas manifestações de *deepfakes* continuaram aparecendo o tempo todo. Um aplicativo surgido na China em 2019 era capaz de pegar sua selfie e transformar você no personagem principal de um filme famoso em alguns minutos. Ele mantinha a trilha sonora do filme original, o que diminuía as exigências tecnológicas. Em 2021, um aplicativo chamado Avatarify se tornou o número um na App Store da Apple. O Avatarify dá vida a qualquer foto, fazendo a pessoa na imagem cantar ou rir. De repente, os *deepfakes* se tornaram comuns e qualquer um podia fazer um vídeo falso (embora amador e detectável).

Isso significa que em nosso futuro tudo que é digital poderá ser forjado, incluindo vídeos on-line, discursos gravados, filmagem de câmeras de segurança e vídeos de provas para tribunais. Em "Os deuses por trás das máscaras", Amaka usa ferramentas muito mais avançadas que as de Peele para criar um sofisticado vídeo fake de alta-fidelidade que é indetectável por humanos ou por um software comum de detecção de *deepfakes*. Ele primeiro usa uma ferramenta de síntese de voz que conseguiria converter qualquer texto em um áudio que soasse exatamente como Repo falando. Então a fala era sincronizada com o rosto de Repo, além de expressões naturais e coerentes. Esse rosto composto foi então sobreposto no corpo de FAKA, em um vídeo preexistente, e foram combinados mãos, pescoço e pés, além de padrões de batimentos e respiração. A IA terá a capacidade de garantir que todas essas partes do corpo se conectem de forma imperceptível no lugar certo.

Além dessa abordagem em vídeo dos "humanos falsos", existe uma outra abordagem, 3D, que inclui construir um modelo em 3D totalmente computacional de uma pessoa. É assim que filmes de animação como *Toy Story* são criados. A abordagem 3D vem de uma disciplina diferente da ciência da computação chamada computação gráfica. Tudo na computação gráfica é modelado matematicamente; portanto, os pesquisadores precisaram inventar modelos matemáticos realistas para cabelo, vento, luz, sombra, e assim por diante. A abordagem 3D dá ao "produtor" muito mais margem para criar ambientes e personagens arbitrários, permitindo ao produtor manipular cada personagem como uma "marionete", da forma que ele desejar, mas a complexidade e as exigências computacionais correspondentes também são muito maiores. Os computadores de 2021 não conseguem fazer filmes de longa--metragem usando vídeo 3D que sejam capazes de enganar o olho humano (e é por isso que humanos em filmes animados ainda não parecem realistas hoje) — isso sem falar em software de detecção. Em 2041, modelos 3D perfeitamente realistas devem ser possíveis, como veremos em "Dois pardais" e "Meu ídolo assombrado".

O *deepfake* de Peele foi forjado por diversão e para fazer pensar, enquanto na história aqui narrada Chi recruta Amaka para forjar um *deepfake* com más intenções. Além de espalhar boatos, os *deepfakes* também podem resultar em chantagem, assédio, difamação e manipulação eleitoral. Como é feito um *deepfake*? Como uma ferramenta de IA detectaria *deepfakes*? E, quando o *deepfake* e o software *antideepfake* forem colocados um contra o outro, quem vai ganhar? Para responder a essas perguntas, precisamos entender o mecanismo que gera *deepfakes* — a GAN.

Rede adversária generativa (GAN)

Os *deepfakes* são feitos com uma tecnologia chamada de redes adversárias generativas (GANs). Como o nome sugere, uma GAN é um par de redes neurais de aprendizado profundo "adversárias". A primeira rede, a rede forjadora, tenta gerar algo que pareça real, como a foto sintetizada de um cachorro, com base em milhões de fotos de cachorros. A outra rede, a rede detectora, compara a imagem de cachorro sintetizada da rede forjadora com fotos genuínas de cachorros e determina se o resultado da forjadora é real ou falso.

Com base no retorno da rede detectora, a rede forjadora se retreina com o objetivo de enganar a rede detectora da próxima vez. A rede forjadora se ajusta para minimizar a "perda de função", ou a diferença entre a imagem gerada e imagens reais. Então a rede detectora se retreina para tornar as falsificações detectáveis ao maximizar a "perda de função". Esses dois processos se repetem milhões de vezes, com a forjadora e a detectora melhorando suas habilidades, até que um equilíbrio seja alcançado.

Em 2014, o primeiro artigo sobre GANs mostrou como a forjadora primeiro fez um fofinho, mas falso "cachorro-bola" que foi instantaneamente descoberto pela detectora, para então progressivamente aprender a fazer imagens forjadas de cachorros indistinguíveis de imagens reais. A GAN foi aplicada a vídeos, falas e muitos outros tipos de conteúdo, incluindo o famoso vídeo de Obama mencionado anteriormente.

Os *deepfakes* gerados por GAN podem ser detectados? Devido à sua natureza relativamente rudimentar e aos limites do poder computacional moderno, a maior parte dos *deepfakes* hoje é detectável por algoritmos e às vezes até pelo olho humano. O Facebook e o Google lançaram competições para o desenvolvimento de programas de detecção de *deepfakes*. Detectores eficientes de *deepfakes* podem ser usados hoje, mas há um custo computacional que pode ser um problema se seu site tem milhões de uploads por dia.

A longo prazo, o maior problema é que a GAN tem um mecanismo nativo para "atualizar" a rede forjadora. Vamos dizer que você treinasse a rede forjadora da sua GAN e alguém inventasse um novo algoritmo para detectar seu *deepfake*. Você pode retreinar a rede forjadora da sua GAN com o objetivo de enganar esse algoritmo detector. O resultado é uma corrida armamentista para ver qual lado treina um modelo melhor em um computador mais poderoso.

Em "Os deuses por trás das máscaras", o primeiro vídeo de Amaka, "Vampiro branco", foi feito usando as ferramentas de um cybercafé com poder computacional mínimo. Era bom o suficiente para enganar as pessoas porque, em 2041, vídeos falsos são convincentes o bastante para as pessoas não conseguirem mais discernir entre eles e os reais. No entanto, ele não era capaz de enganar a GAN detectora do site, treinada com mais poder computacional, e acabou removido e banido do site. No entanto, mais tarde na história, Chi deu a Amaka um computador poderoso para treinar uma GAN complexa que gera não apenas o rosto, mas também mãos, dedos, modo de andar, gestos, voz e expressões faciais. Além de tudo, essa GAN foi treinada com muitos dados disponíveis de uma celebridade como Repo. Como resultado, ela poderia enganar qualquer detector de *deepfake* comum. Imagine uma joalheria que tivesse vitrines blindadas capazes de bloquear qualquer munição comum. Se um criminoso chegasse com uma granada impulsionada por foguete, contudo, a vitrine blindada não seria mais adequada para bloquear o criminoso. Tudo gira em torno do poder computacional.

Em 2041, um software antifake será similar a um antivírus. Sites do governo, sites de notícias e outros sites nos quais a boa informação é essencial não têm qualquer tolerância a conteúdo falso e irão instalar detectores de fake de alta qualidade projetados para identificar *deepfakes* de alta resolução criados por grandes redes GAN treinadas em computadores poderosos. Sites com muitas imagens ou vídeos (como o Facebook e o YouTube) terão problemas para arcar com o custo de escanear todo o conteúdo postado com detectores de *deepfake* da mais alta qualidade, então eles poderão usar detectores de baixa qualidade para todo o conteúdo de mídia; e, quando um vídeo ou imagem em particular começar a viralizar exponencialmente, então seriam aplicados detectores de alta qualidade. Como o vídeo falso de Amaka foi feito para viralizar, ele precisava ser treinado no computador mais poderoso e com a maior quantidade de dados possível para evitar ser detectado pelos detectores de *deepfake* de alta qualidade.

Então, a detecção total de *deepfakes* é impossível? Em um prazo muito longo, a detecção total pode ser possível com uma abordagem completamente diferente — autenticando toda foto e vídeo feitos por toda câmera ou celular usando tecnologia de *blockchain* (que garante que um original nunca foi alterado) no momento da captura. Então qualquer foto postada em um site deve mostrar a autenticação de *blockchain*. Esse processo eliminaria *deepfakes*. No entanto, esse "upgrade" não terá chegado em 2041, já que ele exige que todos os aparelhos o utilizem (como todos os receptores AV usam

Dolby Digital hoje), e o *blockchain* precisa se tornar mais rápido para processar nessa escala.

Até termos essa solução de longo prazo baseada em *blockchain* ou tecnologias equivalentes, esperamos que haja uma melhoria contínua da tecnologia e das ferramentas para detectar *deepfakes*. Como elas provavelmente não serão perfeitas, também haverá necessidade de leis que imponham altas penas para criação de *deepfakes* maliciosos, para que isso detenha potenciais ofensores. Por exemplo, a Califórnia aprovou uma lei em 2019 contra o uso de *deepfakes* para pornografia e manipulação de vídeos de candidatos políticos perto de uma eleição. Por fim, talvez precisemos aprender a viver em um novo mundo (até que a solução por *blockchain* funcione) no qual o conteúdo on-line sempre deve ser questionado, não importa o quão real pareça.

Além de fazer *deepfakes*, a GAN pode ser usada para tarefas construtivas como envelhecer ou recuperar fotos, colorizar filmes e fotos em preto e branco, fazer pinturas animadas (como a *Mona Lisa*), aumentar resolução, detectar glaucoma, prever os efeitos das mudanças climáticas e até descobrir novos fármacos. Não devemos pensar na GAN apenas em relação a *deepfakes*, já que seus usos positivos certamente superarão os negativos, assim como acontece com a maior parte das novas tecnologias.

Verificação humana usando biometria

A biometria é o campo de estudo que usa as características físicas de uma pessoa para verificar sua identidade. O uso da GAN complexa em "Os deuses por trás das máscaras" é uma forma de verificação biométrica. A GAN combina características importantes que incluem reconhecimento facial, reconhecimento do modo de andar, reconhecimento da geometria de mãos e dedos, identificador de locutor, reconhecimento vascular e reconhecimento de gestos.

Em usos da vida real, a biometria é normalmente usada em tempo real com sensores especiais em vez de se tentar capturar traços apenas de um vídeo, como na história. Por exemplo, as íris e as digitais humanas são únicas de cada pessoa e ideais para verificar a identidade. O reconhecimento de íris é amplamente considerado como o método mais preciso de identificação biométrica. Para verificar uma identidade usando reconhecimento de íris, uma luz infravermelha é lançada nos olhos do indivíduo, e fotos dos olhos são capturadas e comparadas com a íris da pessoa em questão. O reconhecimento de digitais também é extremamente preciso. O uso mais preciso de reconhecimento de íris e digitais exige indivíduos que cooperem e equipamento especial com sensores próximos para que elas não possam ser usadas como nos exemplos de gravação de vídeo dessa história.

Avanços recentes em aprendizado profundo e GAN levaram o campo da biometria a progredir a passos largos. Dada qualquer biometria (como voz ou rosto), a IA já supera os humanos na verificação e no reconhecimento da identidade de qualquer pessoa. Em situações nas quais muitas características podem ser reunidas e combinadas, a precisão será essencialmente perfeita. Em 2041, a IA assumirá a tarefa "rotineira" de reconhecer e verificar pessoas. Também antecipo que nos próximos vinte anos o uso de biometrias inteligentes para investigação criminal e ciência forense resolverá muito mais crimes e reduzirá sua incidência.

Segurança em IA

Conforme a tecnologia avança, vulnerabilidades e riscos de segurança emergem em qualquer plataforma de computação: por exemplo, vírus em computadores, roubo de identidade em cartões de crédito e spam em e-mails. Conforme a IA se torna popular, ela também sofre com ataques em seus pontos vulneráveis. Os *deepfakes* são apenas uma dessas muitas vulnerabilidades.

Outra vulnerabilidade que pode ser explorada são os limites de decisão da IA, que podem ser estimados e usados para camuflar os dados de entrada, de modo que a IA cometa erros. Por exemplo, um pesquisador desenhou óculos de sol que faziam a IA reconhecê-lo como a Milla Jovovich. Outro pesquisador colocou alguns adesivos na estrada, e isso enganou o piloto automático do Tesla Modelo S, que o fez mudar de pista e dirigir na contramão. No começo de "Os deuses por trás das máscaras", Amaka usa uma máscara para enganar o sistema de reconhecimento facial nas estações de trem. O uso desses tipos de camuflagem seria extremamente grave em uma guerra

— imagine se um tanque for camuflado para ser reconhecido como uma ambulância.

Outro ataque é chamado de envenenamento, uma situação na qual o processo de aprendizado da IA se corrompe por contaminação nos dados de treinamento, nos modelos treinados ou no processo de treinamento. Isso pode fazer com que toda a IA falhe sistematicamente ou seja controlada pelo ofensor. Imagine drones militares hackeados por terroristas para atacar seu próprio país. Esses ataques são mais difíceis de serem identificados do que o *hacking* tradicional porque os modelos de IA não são fáceis de "depurar", já que são formados por equações extremamente complexas implementadas em milhares de camadas de redes neurais, em vez de um código computacional determinista.

Apesar dessas dificuldades, há passos claros que podem ser tomados, como fortificar a segurança dos ambientes de treinamento e execução, criar ferramentas que busquem automaticamente sinais de envenenamento e desenvolver tecnologias específicas para combater dados manipulados ou evasão. Assim como vencemos os spams e os vírus com inovações tecnológicas, a segurança de IA será alcançada restando apenas algumas violações ocasionais (assim como de vez em quando ainda somos atacados por spam ou vírus). As vulnerabilidades criadas pela tecnologia sempre foram resolvidas ou melhoradas com soluções tecnológicas.

3
DOIS PARDAIS

"Nós somos o Sol e a Lua, caro amigo; somos o mar e a terra.
Não é nosso propósito nos tornarmos um o outro; é reconhecer
o outro, aprender a ver o outro e honrá-lo pelo que ele é:
o oposto e o complemento de cada um."
HERMANN HESSE, *Narciso e Goldmund*

Nota de Kai-Fu

"Dois pardais" explora o futuro da educação via IA por meio de dois inteligentes professores de IA camuflados como amigos virtuais animados que ajudam dois órfãos coreanos gêmeos a alcançar seu potencial. Esses companheiros de IA são capazes de conversar fluentemente em língua humana graças a um ramo da IA chamado processamento de linguagem natural (PLN), que deve ter uma ascensão meteórica na próxima década e inclui IAs com capacidade de ensinar linguagem a si mesmas. A IA será capaz de alcançar a inteligência humana plena até 2041? Respondo a essa pergunta no meu comentário enquanto descrevo desenvolvimentos recentes do PLN como o GPT-3 e outros progressos na busca da IA pela compreensão da linguagem.

— Vocês não podiam ter escolhido um dia de primavera mais perfeito — disse a diretora Kim Chee Yoon aos Pak ao apontar para a luz que invadia as janelas arqueadas da Academia Fountainhead.

Vestidos em elegantes roupas de alfaiataria, Jun-Ho e Hye-Jin sorriram educados.

— Tenho certeza de que vocês sabem que a maior parte das instituições de acolhimento possui recursos limitados — continuou Mama Kim, como ela era chamada por quase todo mundo. Fora da sala de aula, há pouco cuidado ou preocupação com como nossos jovens explorarão seus talentos. Mas, graças à nossa tecnologia patenteada, a Academia Fountainhead busca corrigir esse erro e garantir que nossas crianças desenvolvam ao máximo seu potencial pelo tempo que ficarem conosco na Fountainhead.

Jun-Ho pigarreou.

— Como membros do conselho da Fundação Delta, Hye-Jin e eu somos grandes admiradores de tudo que vocês conquistaram. É por isso que a Fundação continua a apoiar seu trabalho com tanta generosidade. No entanto, não viemos aqui hoje como membros da Fundação.

Ele olhou para a esposa. Hye-Jin retribuiu o olhar e assentiu.

— Hye-Jin e eu queremos adotar uma criança.

— Ahhh! — exclamou Mama Kim, sorridente. — E vocês examinaram os arquivos de alguma criança nossa?

— Todas elas parecem maravilhosas, mas Jun-Ho e eu estamos especialmente interessados em conhecer os meninos gêmeos de 6 anos — disse Hye-Jin.

— Ah, vocês estão falando do Pardal Dourado e do Pardal Prateado... — Mama Kim baixou a voz. — Se vocês pretendem adotar duas crianças, vão ter que passar pela avaliação familiar duas vezes.

— Não precisa se preocupar com isso — a voz de Jun-Ho transbordava confiança.

Alguns minutos depois, Mama Kim levou os Pak para uma sala de recepção bem iluminada e espaçosa, com carpetes macios e mobiliada em uma paleta de cores pastel. Os Pak sentaram-se e lhes foi pedido para esperar.

Quando a porta se abriu, dois meninos entraram. Exceto por suas roupas, os meninos pareciam clones. Ambos tinham cabelo escuro e ondulado, sobrancelhas finas e arqueadas, lábios superiores levemente contraídos e sardas na ponta do nariz. Para Jun-Ho e Hye-Jin, era impossível distinguir um do outro.

Quando os Pak se levantaram para cumprimentá-los, contudo, os meninos se separaram. Um deu um passo à frente, enquanto o outro recuou para um canto.

— Pardal Dourado, Pardal Prateado... — disse Mama Kim. — Esses são Jun-Ho e Hye-Jin Pak. Eles são bons amigos da Academia. Hoje eles vieram conhecer vocês.

— Olá, Jun-Ho. Olá, Hye-Jin. — O menino que tinha dado o passo à frente piscou. — Vocês vieram nos levar para casa com vocês?

Jun-Ho e Hye-Jin sorriram encabulados, sem saber como responder.

O menino no canto não disse nada. Com a cabeça baixa, ele passava o pé pelo carpete macio, criando o desenho de uma espiral.

— Se eu precisasse adivinhar, diria que você é o Pardal Dourado e ele é o Pardal Prateado. — Hye-Jin se agachou em seus sapatos de salto para ficar na altura dos meninos. — Acertei?

— Não é difícil acertar — respondeu Pardal Dourado, ríspido. — Podemos ser gêmeos idênticos com informação genômica variando apenas na frequência de uma sequência em um milhão, mas na verdade não poderíamos ser mais diferentes.

Por um momento, Jun-Ho e Hye-Jin ficaram chocados com o eloquente e precoce menino de 6 anos.

— E quanto a você? — perguntou Jun-Ho. — Do que você gosta de brincar?

— Eu? Eu não gosto de brincar. Prefiro competir.

— Ah! Em que você compete?

— Eu compito em qualquer coisa. Na verdade, com a ajuda de Atoman, eu acabei de ganhar uma competição de design.

— Atoman? — perguntou Jun-Ho, confuso.

— Sim, seria o companheiro de IA do Pardal Dourado — explicou Mama Kim. — O sistema vPal da Academia dá a cada criança um parceiro de IA que ajuda a gerenciar seus horários e tarefas acadêmicas e até brinca com eles.

Enquanto Mama Kim falava, os óculos de Jun-Ho piscaram com um convite para o compartilhamento de dados do Pardal Dourado. Ao mover os olhos, Jun-Ho selecionou "ok". Em seu campo de visão xr, ele viu os contornos do corpo do menino brilhando em vermelho. Chamas pixeladas lampejavam ao redor dele. Em uma transformação ágil, as chamas formaram um robô vermelho com contornos angulares. Fagulhas continuavam a saltar da postura agressiva do robô, até que Jun-Ho ergueu as duas mãos, fingindo rendição.

— Conheça meu melhor amigo, Atoman — disse Pardal Dourado, triunfante.

Pardal Prateado tinha assistido em silêncio a essa conversa.

Hye-Jin notou e se virou para ele.

— E você? — Hye-Jin disse, dirigindo-se ao Pardal Prateado. — Como se chama sua ia?

O menino não respondeu. Hye-Jin se inclinou para frente e estendeu a mão, com a intenção de afagar o cabelo do menino, mas Pardal Prateado se encolheu. Hye-Jin notou então a sutil diferença entre o rosto de Pardal Prateado e de seu gêmeo. Na pálpebra direita de Pardal Prateado, como uma pétala de rosa, havia uma cicatriz na forma de uma impressão digital.

Pardal Dourado respondeu pelo irmão:

— A ia dele se chama Solaris. E é uma meleca, uma desgraça completa como ia.

Pela primeira vez desde que entrou na sala, Pardal Prateado ergueu a cabeça. Seus olhos lançaram um olhar hostil para seu gêmeo.

— Solaris não é uma meleca! — gritou ele.

— Definitivamente é uma meleca. Você só não percebe porque tem cheiro de meleca.

Pardal Prateado explodiu de raiva, gritando insultos para o irmão. Mama Kim fez sinal para que uma professora levasse os meninos antes que as coisas saíssem do controle. Assim que saíram, a sala ficou em silêncio novamente.

— Como veem, os gêmeos têm personalidades completamente diferentes. Mas eu garanto a vocês que ambos são crianças maravilhosas. Então...

— De fato, é muito impressionante — disse Jun-Ho, olhando para a esposa. — Dê a Hye-Jin e a mim algum tempo para discutirmos e lhe daremos uma resposta assim que possível.

O céu estava ficando escuro. As luzes exteriores da Fountainhead se acenderam enquanto Mama Kim observava o carro luxuoso dos Pak acelerar pela saída do *campus*, soprando as folhas atrás de si. Ela estava tão aliviada quanto arrependida.

Ela não precisava esperar a resposta deles. Mama Kim conseguia adivinhar a resposta do casal. Era a escolha que qualquer um que aderisse tão orgulhosamente a valores de racionalidade e eficiência faria. Uma semana depois, os Pak vieram buscar Pardal Dourado e deixaram Pardal Prateado para trás.

Em uma noite de inverno, três anos antes, a neve cobria a Academia Fountainhead enquanto a van do serviço social subia cuidadosamente pela estrada congelada. Quando a van parou, Mama Kim puxou os dois gêmeos que tremiam nas mãos da enfermeira. Eles pareciam tão pequenos em seus casacos volumosos! Pareciam duas pinhas cobertas de neve, prontas para cair da árvore.

Apenas algumas horas antes, os pais dos meninos haviam morrido instantaneamente em um acidente de carro. Por algum motivo, o pai deles havia desligado o modo de direção automática de seu Hyundai Azuria. Enquanto ele mudava de pista em uma estrada congelada, perdeu o controle do carro. O veículo bateu na cerca e capotou por uma descida de nove metros de altura. Os pais, sentados na frente, faleceram instantaneamente. Os meninos foram resgatados dos bancos traseiros sem nenhum arranhão. A polícia e o serviço social tentaram encontrar os parentes mais próximos das crianças, sem sucesso. Uma ligação foi feita para a Fountainhead, e Mama Kim concordou imediatamente em acolher os meninos órfãos.

Mama Kim vestiu os meninos com roupas limpas e esquentou um pouco de leite para eles. A cor voltou aos seus rostos enquanto eles bebiam.

— Olha só para vocês. Parecem dois pardais. — Mama Kim sorriu. — Pardal Dourado e Pardal Prateado. Que tal esses apelidos? Agora quem é o Dourado e quem é o Prateado?

Pardal Dourado baixou seu copo e revelou um bigode de leite e um enorme sorriso.

— Ora, veja que sorriso grande e feliz — disse Mama Kim. — Eu acho que você será chamado de Pardal Dourado.

Sem escolha, Pardal Prateado encarou o leite sem expressão, como se nada daquilo tivesse a ver com ele.

Os gêmeos progrediram no programa da Academia Fountainhead. Nem sempre era fácil. De vez em quando, Pardal Dourado, com saudade da mãe, chorava de forma incontrolável. Prateado, por outro lado, secava silenciosamente suas lágrimas. Quando tinha tempo, Mama Kim e as outras cuidadoras da Fountainhead ninavam os meninos murmurando canções, como qualquer pai, ou mãe, faria. Diferentemente de seu gêmeo, contudo, Pardal Prateado resistia a esse contato físico. Ele evitava até o contato visual.

Mama Kim notou na hora o comportamento estranho de Pardal Prateado.

Felizmente, os dados médicos e comportamentais das crianças tinham sido salvos na nuvem do serviço de cuidados infantis dos falecidos pais. Os dados das crianças puderam facilmente ser integrados aos sistemas da academia. Mesmo antes de chegarem à Fountainhead, os dados indicavam que Pardal Prateado mostrava resistência a contatos visual e físico.

Comparado com o espírito aventureiro e impulsivo de Pardal Dourado, os hábitos de Pardal Prateado eram regulares como os de uma máquina programada. Quando ele aprendeu a andar, até suas rotas em volta do quarto quase nunca mudavam.

Pardal Prateado não mostrava qualquer sinal de dificuldades cognitivas, TDAH ou epilepsia. Ele era incrivelmente quieto, imerso em seu próprio mundo. Olhava para qualquer coisa que girasse — especialmente hélices de ventilador — por tardes inteiras. IAs diagnósticas analisaram o rosto, as expressões faciais, a voz e a linguagem corporal de Pardal Prateado. O relatório mostrava uma probabilidade de 83,14% de o garoto ter síndrome de Asperger.

Mama Kim sabia, de seu estudo dos muitos dados clínicos de crianças com Asperger, que eles desenvolviam padrões diferentes de pensamento e de função cognitiva. Muitos desses atributos distintos persistiam durante toda a vida. Essas crianças normalmente se beneficiavam de métodos educacionais altamente individualizados. Na visão de Mama Kim, uma criança com síndrome de Asperger não precisava ser *normal*. Como qualquer criança, só precisava se tornar a melhor versão de si mesma.

Uma tarde, logo depois de terem chegado à Academia, Pardal Dourado e Pardal Prateado foram levados por Mama Kim até uma sala cheia de monitores e outros aparelhos de computação. Ela disse aos meninos que a Fountainhead criaria um "parceiro mágico" para cada um deles.

Na equipe da Fountainhead havia um casal esquisito: a esbelta Seon e o rotundo Gwang, amigos de longa data que tinham crescido juntos na Academia e voltado mais tarde, a pedido de Mama Kim, para liderar a equipe de TI. O papel deles na Academia agora era fazer a manutenção dos sistemas de TI e suporte para questões de hardware e software.

Gwang escaneou o corpo inteiro dos irmãos e criou um companheiro digital para cada um. Ele então conectou essas entidades de IA aos dados pessoais dos meninos, capturados na nuvem.

Seon cuidadosamente colocou em cada menino uma biofita em volta do pulso. As biofitas gravariam seus dados psicológicos e comportamentais em tempo real e então sincronizariam esses dados com a nuvem. Ela também acoplou um par de óculos inteligentes perto da orelha de cada menino. Quando retraídos, os óculos pareciam óculos inteligentes normais. Desdobrados, o aparelho se expandia em uma camada completa de XR.

Pardal Dourado deu um gritinho de animação e fez a pose do raio da morte de Atoman, seu super-herói animado favorito. Pardal Prateado cutucou nervosamente o equipamento em seu pulso e nas orelhas como se fossem lagartas venenosas.

— Primeiro vocês precisam escolher uma voz de que gostam.

Seon acionou um dispositivo parecido com um espelho. Através da camada de realidade estendida visível com os óculos, Pardal Dourado e Pardal Prateado viram uma interface virtual aparecer no vMirror. Seon conseguia ver o que eles viam quando olhavam no espelho. Os gêmeos, no entanto, não apenas *viam* a interface. Eles podiam interagir plenamente com ela, usando suas vozes, gestos e expressões para criar e editar o conteúdo que desejassem. O vMirror, como eles viriam a saber, era a base para muitas das interações e da instrução por IA da Fountainhead.

Agachado, Seon pegou as mãos dos meninos para mostrar a eles como usar a interface para ajustar a voz da IA. Embora tivessem apenas 4 anos de idade, os meninos rapidamente aprenderam a operar os intuitivos botões animados. Pardal Dourado selecionou uma voz masculina heroica para a IA que seria chamada de Atoman.

Levou algum tempo para Pardal Prateado selecionar a voz feminina suave e gentil de sua IA. Soava como a voz de uma mãe.

— Agora vamos esculpir a aparência de seu companheiro de IA. Vocês podem moldá-lo na forma que quiserem.

As mãos de Pardal Dourado começaram a agarrar e apertar uma bola translúcida, e o vMirror, de acordo com os gestos do menino, ajustava o design de seu parceiro virtual. Em certo ponto, a IA parecia um inseto, então um peixe e mais tarde um embrião de panda. Pardal Prateado ficou boquiaberto, meio assustado e meio curioso.

Com toda sua concentração, Pardal Dourado finalmente conseguiu transformar a bola em um pequeno Atoman vermelho. O Atoman virtual esticou seus braços e deu chutes. Depois, cumprimentou Pardal Dourado. O menino deu um gritinho e bateu palmas para seu novo vPal.

— Bem, Pardal Prateado, é a sua vez. — Seon apontou para o vMirror.

Pardal Prateado encarou seu reflexo no vMirror. Ele se inclinou para o lado e disse em uma voz quase inaudível:

— Eu... Não quero.

Mama Kim se inclinou sobre Pardal Prateado, tomando cuidado para não fazer contato físico.

— Você não quer um amigo todo seu para brincar? O que você fizer vai pertencer apenas a você e o ajudará a fazer o que quiser.

Pardal Prateado contraiu os lábios.

— Eu... mas é tão feio.

Todo mundo na sala riu, menos Pardal Dourado.

— Bem, eu tenho uma solução — declarou Mama Kim. — Por enquanto, seu companheiro de IA terá apenas uma voz. Quando você souber a forma física que quer para seu companheiro, você pode moldá-lo na forma que quiser, tudo bem?

***

Ao olhar para os rostos de Pardal Dourado e Pardal Prateado, a maioria das pessoas via cópias idênticas. Mas, para quem prestasse um pouco de atenção, as diferenças não poderiam ser mais distintas.

O contraste se destacava até nos avatares dos vPal dos meninos. Qualquer visitante da Academia Fountainhead com acesso à camada pública de XR inevitavelmente se veria confrontado com o vermelho vivo das chamas do amigo IA de Pardal Dourado que, depois de doze meses, havia evoluído plenamente para o formidável Atoman.

Pardal Dourado tinha dado a Atoman a forma básica de um Nintendo Famicom de 1985, inspirado nos desenhos retrôs a que ele amava assistir. Quando a máquina vermelha e branca girava, ela se transformava no descolado robô super-herói vermelho.

A dupla era inseparável.

— Atoman, eu acabei os exercícios de hoje — declarava Pardal Dourado. — Vamos fazer uma corrida de carros!

— Sua taxa de erro está um pouco alta — responderia Atoman. — Vê as respostas em vermelho? É onde você deve melhorar. Antes da corrida, vamos tentar mais alguns exercícios.

— Mais exercícios? Você é mais irritante que qualquer professor.

Pardal Dourado fazia bico, mas ele sabia que faria o que Atoman havia sugerido. Ele e a IA haviam estabelecido uma relação genuína. Essa conexão era baseada em grande parte no sistema inteligente de recompensas e punições de Atoman, mas havia também uma confiança mais profunda. Sempre que Pardal Dourado precisava, Atoman aparecia ao seu lado — para resolver problemas, jogar ou fazê-lo se sentir importante. Naturalmente, Pardal Dourado também queria oferecer seu apoio a Atoman. Então, Pardal Dourado se esforçava para atender às expectativas de Atoman. Quando ele agradava Atoman, o pequeno robô vermelho brilhava e girava suas engrenagens.

Observando atentamente as respostas de Pardal Dourado, Atoman também evoluía de acordo com seus algoritmos adaptativos de vPal. Atoman notava que Pardal Dourado era sensível a rankings. Em situações competitivas, o menino aprendia mais rápido. Então, Atoman incentivava Pardal Dourado a aprender com jogos competitivos.

Através desses esforços, Pardal Dourado e Atoman se tornaram conhecidos de todos na Fountainhead. Eles organizavam competições de soletrar, geografia e *e-sports* para as crianças da Academia. A dupla até colaborava para pregar peças. A pedido de Pardal Dourado, Atoman reprogramava robôs de limpeza velhos e descartados, que eles encontravam no depósito, para perseguir os incautos funcionários da Academia. Eles até criaram o vírus "Rosto-fantasma", com o qual o sistema de computadores da Academia replicava uma série de rostos engraçados quando recebia um comando secreto.

Ao mesmo tempo bem-humorados e exasperados, Seon e Gwang sempre tinham que limpar a bagunça. Conforme o tempo passava, eles não precisavam mais ler os registros para identificar o culpado. Claro, as aventuras de Pardal Dourado e Atoman eram exatamente o que Mama Kim queria. Essa era a primeira geração que se relacionaria tão jovem com a IA, e a maior parte das crianças parecia dançar em um ritmo perfeito com seus vPals.

Mas a relação de Pardal Prateado com seu vPal tinha tomado um caminho nitidamente diferente.

Durante meses, o vPal do menino tinha permanecido como uma voz desencarnada sem forma física. Um dia, porém, Seon notou uma mudança quando estava sincronizando registros de gerência. Nove meses depois de ser apresentado ao sistema do vPal, Pardal Prateado havia finalmente criado o avatar para seu companheiro de IA. Era uma forma translúcida, parecida com uma ameba, que mudava de acordo com a situação. Ela podia esticar os tentáculos ou fluir como um líquido em câmera lenta. Pardal Prateado, um leitor precoce, a chamou de "Solaris" por causa de um romance de ficção científica polonês.

Por muito tempo ninguém além de Seon sabia que Pardal Prateado havia desenhado um parceiro de IA tão fluido e singular. Pardal Prateado fazia Solaris enrolar seu corpo translúcido em volta do dele. Embora sua camada de XR não oferecesse feedback tangível ou háptico, saber que sua quase invisível Solaris estava enrolada em torno dele dava ao menino uma sensação de segurança.

Como resultado, Pardal Prateado se tornou ainda mais inexpressivo enquanto caminhava pelos corredores da Academia. Quando chegava aonde precisava estar, Pardal Prateado se deitava e se enrolava em sua crisálida virtual. Como um mago de um lugar longínquo que sussurra encantamentos, Pardal Prateado murmurava perguntas e instruções para sua IA. Essas missões tinham pouco a ver com as outras crianças da Academia e refletiam, em vez disso, a curiosidade pessoal de Pardal Prateado.

Seon frequentemente passava pela barulhenta sala de atividades da Academia. Durante cada visita, ela descobria alguma surpreendente nova habilidade que uma IA tinha ajudado sua criança a dominar. Mas Seon não conseguia deixar de notar a figura solitária de Pardal Prateado sentada no canto, encarando o papel de parede. Seon sabia que o menino amava colecionar pequenos presentes da natureza que ela trazia para a Academia e colocava perto dele. Ela trazia folhas, penas e, às vezes, conchas. No dia que Seon lhe trouxe uma pinha seca, Pardal Prateado finalmente falou.

— Que linda!

— Você quer dizer a pinha? — perguntou Seon, quase em choque. — É bonita, não é?

— A forma como as espirais se abrem... uma sequência de Fibonacci perfeita... uma rosa de geometria sagrada.

Seon inclinou a cabeça, incerta do que o menino queria dizer — e chocada com o vocabulário do garoto.

— É um fractal — disse Pardal Prateado. Seus lábios se curvaram em um sorriso.

Para Seon, era como se o céu nublado tivesse sido rasgado por um raio de sol.

— Ah, sim, é um fractal. — Seon estava nas nuvens. Pardal Prateado finalmente tinha feito uma comunicação substancial com alguém além de si mesmo ou de sua IA.

Seon sentou-se, os dedos agitando-se no tecido cinza do carpete. Pardal Prateado olhou fixamente para os dedos dela.

— Eu quero compartilhar um segredo com você — disse ela. — Quando tinha sua idade, eu sentia que devia ter feito algo errado. Meus pais tinham me abandonado nesse lugar, a Academia. Eu sentia que deveria ser algum tipo de punição. Eu pensava que esse lugar era uma gaiola que me mantinha separada do mundo. Um dia, Mama Kim me disse que nem todos os pais estavam preparados para ser pais, que esse lugar não era minha culpa. Eu percebi que, só porque eu acreditava numa coisa, não significava que fosse verdade. A partir de então, a gaiola se abriu.

Seon não sabia em que momento os olhos de Pardal Prateado tinham se movido do carpete para o rosto dela.

— Você é inteligente e bom, e todo mundo aqui respeita a forma como você progride — continuou ela. — Uma hora dessas, tente olhar para fora da gaiola. Compartilhe algo de que você gosta com alguém e faça um amigo. Talvez você descubra que o mundo fica mais interessante.

Pardal Prateado escondeu o rosto de novo e murmurou algo para si mesmo.

Seon fez uma careta, com medo de ter quebrado a magia de sua breve conexão.

Então, um pedido de compartilhamento de dados surgiu na frente dela. Era de Pardal Prateado. Ela aceitou sem hesitar.

Um vídeo frenético e translúcido encheu o campo de visão de Seon. Diferentes resoluções, formatos, fontes fragmentadas, tudo editado junto em um ritmo complexo de tempo e espaço. Imagens interligadas a transtornavam e a desequilibravam com seu vórtice visual. Seon levou um momento para conseguir distinguir qualquer coisa no meio do fluxo. Então ela começou a notar algumas imagens: montanhas, rios, lagos, nuvens nebulosas, veios de plantas aumentados em dezenas de vezes, íris, microestruturas de compostos químicos, experimentos de túnel de vento capturados com fotografia de alta velocidade, clipes dos filmes de *Jornada nas estrelas* e até mesmo a vida cotidiana na Academia Fountainhead. A maior parte dos clipes, contudo, era completamente abstrata ou desconhecida. Seon nem sequer conseguiria começar a descrever tudo que via.

Num palpite, Seon aumentou o volume de seus fones. Ela ouviu um suave ruído, como o de água corrente, variando sutilmente com o ritmo do fluxo visual.

Apertou os olhos através da camada de vídeo de forma a focar Pardal Prateado, sentado à sua frente. Ela então entendeu o som. Ele podia abrir e fechar seus olhos, mas não seus ouvidos. Para crianças como Pardal Prateado, o excesso de estímulo sensorial podia se tornar insuportável.

— Você fez tudo isso sozinho? É incrível.

Os lábios de Pardal Prateado estremeceram algumas vezes, então o sinal de áudio se amplificou no ouvido de Seon.

— Foi Solaris.

Seon ficou sem palavras. Essas crianças habilitadas com IA estavam além de sua compreensão.

— Pardal Prateado, você estaria disposto a compartilhar seu trabalho com outras crianças?

— Compartilhar? Você quer dizer como um presente? — Pardal Prateado piscou.

— Bem, claro, você pode compartilhar com eles da forma que ficar confortável, mas você pode pensar nisso como um sinal de amizade, uma lembrança, como quando Tommy deu às outras crianças animais de origami com seus nomes.

Pardal Prateado ficou em silêncio, abaixando a cabeça.

Seon se perguntou se sua sorte com Pardal Prateado tinha acabado.

Uma semana depois, no entanto, Seon recebeu um vídeo na sua caixa de entrada. Ela o abriu e encontrou um loop de seu próprio rosto evoluindo para flores, nuvens e ondas e então voltando a ser seu rosto, quando o loop começava de novo. Um texto piscava por cima da imagem em um ritmo hipnotizante:

A partir de então a gaiola se abriu... a partir de então a gaiola se abriu... a partir de então a gaiola se abriu.

Uma onda de emoções — alegria, alívio e um vago medo — preencheu Seon.

Ela enviou o loop para Mama Kim para pedir a opinião dela.

— Todo mundo recebeu uma versão personalizada do vídeo, eu inclusive — disse Mama Kim a Seon. — Todo mundo menos um. Adivinhe quem?

— Pardal Dourado?

— Bingo! Eu espero que Pardal Dourado não sinta que Pardal Prateado está deliberadamente tentando provocá-lo. Nós deveríamos ficar atentas a esses dois.

— Falando nisso, eu encorajei Pardal Prateado a entrar na competição

Artistas do Futuro de Seul. Ele ficaria no grupo abaixo dos 6 anos. Ele tem uma boa chance.

— Esse não é o prêmio com o qual Pardal Dourado está obcecado?

— Acho que vai ser um bom espetáculo.

Seon assistiu mais uma vez ao presente de Pardal Prateado. O vídeo tinha uma atmosfera inefável, quase mágica. Deixava Seon e todos que assistiam em um estado de transe. Depois de dez minutos assistindo ao vídeo, Seon juntou toda sua força de vontade para desligá-lo e voltar ao trabalho.

Seis meses depois de os Pak adotarem Pardal Dourado, outro casal visitou a Academia Fountainhead. Quando o casal chegou, as crianças brincavam de correr pelo *campus* verdejante, exuberante sob o sol de verão. Mas esse casal não tinha interesse naquelas crianças.

Mama Kim sorriu com uma expressão cautelosa quando o casal se aproximou. Eles não tinham sido apresentados pela Fundação Delta, como os Pak, mas por meio de um serviço de adoção terceirizado. Era um desses sites que reuniam perfis de órfãos de várias instituições. Depois de passar por um processo de qualificação, que incluía a verificação de antecedentes, os clientes do serviço podiam selecionar qualquer criança que estivessem interessados em conhecer.

— Bem-vindos, Andres e Rei — disse Mama Kim. — É um prazer apresentar a Academia Fountainhead a vocês.

Mama Kim tinha sido informada com antecedência pelo serviço que ambos eram transgênero. Segundo as estatísticas do serviço social, famílias com pelo menos um membro transgênero, ou não binário, formavam 17,5% dos pais adotivos. Os dados também mostravam que não fazia diferença para a saúde física e mental da criança ser adotada por pais cis ou transgênero.

— Tudo bem, agradeço — disse Andres. — Mas nós realmente preferiríamos ver a criança assim que pudermos. Quer dizer...

— Pardal Prateado. — Rei completou a frase.

As roupas que o casal usava fizeram Mama Kim hesitar. A estampa colorida e geométrica que vestiam parecia saída de um quadro de Kandinsky.

O material era um tipo de filme de fibra sintética com contornos angulosos e assimétricos.

— Talvez vocês já tenham se familiarizado com o histórico da criança, mas eu gostaria de repassá-lo. — Mama Kim desfez seu sorriso e o transformou em uma expressão austera. — Pardal Prateado é uma criança especial e sensível e pode facilmente se sentir superestimulado.

Rei tirou os óculos de sol amarelo-vivo e falou com uma seriedade similar à de Mama Kim.

— Diretora Kim, eu entendo que não parecemos com o tipo de pais a que está acostumada, mas nós nunca colocaríamos nossos interesses acima da segurança do nosso filho. Andres?

Andres bateu no pulso com um ritmo específico. O casal de repente pareceu estar derretendo, como sorvete no sol. Os acentuados contornos geométricos de suas roupas se suavizaram e assumiram a textura de pele animal. As cores saturadas se desbotaram em tons terrosos.

— Realmente, isso foi... gentil — disse Mama Kim, bem-humorada. Ela levou o casal para a sala de recepção.

Lá dentro, Pardal Prateado já estava sentado no sofá, balançando-se para frente e para trás em um ritmo suave. Ele não deu atenção às visitas.

— Você deve ser Pardal Prateado. Sou Andres e este aqui é o Rei. É uma honra conhecê-lo pessoalmente.

Mama Kim pigarreou.

— Pardal Prateado, vou te deixar conversar sozinho com Andres e Rei. Se precisar de qualquer coisa, você sabe como me chamar.

Apenas os três ficaram na sala.

— Eu imagino que não precisemos de formalidades — disse Andres. — Você é esperto. Você sabe por que estamos aqui. Nós queremos te convidar para morar conosco.

— Para sermos sinceros, não ficamos sabendo de você por meio do serviço de adoção — disse Rei. — Nós só o usamos para fazer a avaliação. Mas já sabíamos que queríamos te conhecer, Pardal Prateado. Devo dizer que não somos os pais mais tradicionais...

— Nós te achamos incrivelmente talentoso! — exclamou Andres.

— Vimos seu trabalho na Competição Artistas do Futuro. Não conseguíamos acreditar que era o trabalho de uma criança de 6 anos. Claro, a idade fisiológica é um rótulo obsoleto. Mas mesmo quando colocado ao lado do trabalho de artistas de outras idades, de outras eras, é extraordinário. Você não concorda, Rei?

— Sim. Minha especialidade é arte digital dos séculos XX e XXI, então eu entendo um pouco dessas coisas. Na verdade, nós fomos os compradores anônimos da sua peça no leilão beneficente da Fountainhead. E, embora seja uma tragédia o que aconteceu com a peça original, nós até preferimos a nova versão.

Pardal Prateado, impassível até então, ergueu a cabeça e encarou os dois com uma expressão vazia.

— Sua estratégia no leilão não foi muito boa — disse ele de repente. — Solaris disse que vocês expuseram suas intenções cedo demais, o que fez o comprador adversário aumentar rapidamente o preço nas três rodadas consecutivas.

Andres e Rei sorriram com os olhos brilhando de surpresa.

— O que pagamos valeu para poder conhecê-lo, para mostrar que somos a família certa para você — disse Rei. — Nós te daremos todo nosso amor, e não só no sentido tradicional do amor parental. Desejamos fazer tudo que pudermos para apoiá-lo enquanto você explora quem é e alcança seu maior potencial. Não é isso que você também quer?

Depois de um momento de silêncio, Pardal Prateado se virou para Mama Kim, que tinha voltado para a sala.

— Mama Kim, posso levar Solaris?

No início, Pardal Prateado se comportou da mesma forma que fazia na Fountainhead, preferindo cantos silenciosos do apartamento onde passava o dia quieto. Solaris, de acordo com suas instruções, gerava bolhas virtuais translúcidas que o envolviam e projetava vários fluxos e fragmentos diante de seus olhos. Esse vórtice visual dava uma sensação de paz e fluidez a Pardal Prateado.

Andres e Rei olhavam a silhueta do menino, enrolado em sua crisálida em meio ao loft aberto, dando-lhe tempo para se adaptar.

Talvez tenha sido a ausência de outras crianças, ou talvez tenha sido o talento de Solaris para a adaptação, mas o perímetro da crisálida virtual de

Pardal Prateado gradualmente se expandiu. Seu escopo de atividade cresceu com isso. No fim, a crisálida ocupava o loft inteiro.

Pardal Prateado agora tinha um senso diferente de espaço e escala. Ele descobriu de repente que gostava de atividades físicas. Embora ele ainda tivesse medo de colidir fisicamente com outras crianças, ele podia escalar, saltar e perseguir os coelhinhos virtuais que Solaris criava para ele. Pardal Prateado corria, ofegava, suava e sentia a alegria da caçada vibrando em seu coração.

Ele pensou no que Seon havia dito, que era essa a sensação de escapar de uma gaiola.

Queria ir ainda mais longe. Mas primeiro precisava entender quem ele era internamente.

Solaris criou vários testes para Pardal Prateado, ajudando-o a estabelecer um detalhado modelo de autoavaliação que abrangia habilidades cognitivas, como compreensão de linguagem, análise quantitativa e raciocínio, assim como qualidades como movimento físico, sinceridade e inteligência emocional.

As conclusões não foram surpreendentes. O desempenho geral das habilidades cognitivas de Pardal Prateado, e especialmente de suas habilidades quantitativas, era avançado. No entanto, nas áreas de comunicação interpessoal sua pontuação despencava.

Pardal Prateado nunca fora capaz de perceber com facilidade o tom de fala dos outros, se era gentil ou cruel, sincero ou sarcástico. Ele tinha dificuldade para distinguir entre sentidos literais e figurados. Nesse aspecto, ele não era tão diferente da IA de uma década atrás.

Em outro tipo de habilidade, no entanto, os resultados dos testes de Pardal Prateado foram excepcionais: função criativa.

Observando sua personalidade, definida por esses resultados, Pardal Prateado não conseguia não pensar em seu irmão e em como eles tinham se afastado. Uma pergunta silenciosa e sem resposta girou em sua mente: "Se eu pudesse ser mais parecido com as outras crianças, isso mudaria tudo?".

Certa noite, cerca de dois anos depois que Pardal Dourado e Pardal Prateado haviam chegado na Fountainhead, mas antes de serem adotados, Mama

Kim, desesperada, chamara Seon para a Academia. Gwang não estava disponível por causa de uma viagem de trabalho a Jacarta.

Quando a noite caiu, havia uma atmosfera fantasmagórica no *campus*. A maior parte das crianças estava reunida na sala de atividades. O sistema inteligente do *campus* havia sido atacado, o que fez as luzes piscarem enquanto o sistema de ventilação ia do frio extremo ao calor extremo. Enquanto isso, robôs de serviço trombavam descontrolados nos móveis, produzindo altos estrondos.

— O que está acontecendo? — perguntou Seon, estupefata.

— Resolva todos os problemas que encontrar. Falaremos do resto mais tarde.

Através do vMirror do departamento de TI, Seon entrou no *back-end* do sistema e descobriu que ele tinha sofrido um ataque de DDOS. O método do hacker não tinha sido muito inteligente. Ele só tinha se aproveitado de uma vulnerabilidade na segurança que deveria ter sido atualizada muito tempo atrás. Seon se perguntou se isso se relacionava de alguma maneira com a viagem de trabalho de Gwang. Para se proteger de ataques similares futuros, ela instalou a última versão do monitor de tráfego de rede. As luzes da Academia se acenderam de novo, e tudo pareceu voltar ao normal.

Então, Seon notou algo estranho no *log* bem no exato momento em que Mama Kim a chamava de volta para a sala de reuniões. Quando se aproximou, Seon viu, deitado na mesa de reuniões, um cabisbaixo Pardal Dourado exaurido de sua energia habitual.

— Foi você!

— Não foi ele — disse Mama Kim calmamente.

— Hum?

Mama Kim virou sua cabeça de leve, e Seon viu Pardal Prateado sentado no chão com as mãos nos joelhos. Sua cabeça estava baixada sobre as pernas, e seus olhos estavam cheios de lágrimas.

— Pardal Prateado? Como é possível?

— Eles não queriam dizer nada, então eu te chamei — disse Mama Kim. — Está além da minha compreensão.

— Pardal Dourado, você sabe que eu posso puxar os registros de Atoman. Você quer nos contar o que aconteceu?

Pardal Dourado fez um bico.

— Não dá tempo. É tarde demais.

— Tarde demais para quê?

Seon abriu seu campo de XR. O robô vermelho, sempre um companheiro inseparável do menino, não estava em lugar nenhum. Ela checou as permissões de compartilhamento de dados deles. Estava tudo normal. Claro, havia a possibilidade de Pardal Dourado ter escondido Atoman, mas isso não fazia o estilo dele.

— Onde está Atoman?

Pardal Dourado sentou-se com relutância. Suas mãos se afastaram, brilhando como se estivessem pegando fogo. Ele estendeu as palmas, então cerrou os punhos. Uma imagem virtual apareceu na frente de Seon, mas não se parecia em nada com o Atoman que ela conhecia. Parecia que seu amigo IA tinha sido esmagado. As partes flutuavam soltas. Membros conectados nos lugares errados. Seon pensou que o avatar se desintegraria em uma cascata de pixels a qualquer momento.

— Mas que raios?

— Pergunte para ele! — Pardal Dourado gritou, apontando para seu irmão sentado no canto.

Mama Kim foi até Pardal Prateado, ajoelhou-se e perguntou suavemente:

— Seu irmão está falando a verdade? Você fez isso?

Pardal Prateado não disse nada, mas Seon recebeu um pacote de dados, outro vídeo.

Seon viu o famoso vídeo artístico de Pardal Prateado sendo exibido, mas ele estava todo errado. Ela se virou para Pardal Dourado. Agora a atividade estranha que tinha visto no *log* fazia sentido.

— Por que você fez isso?

— Eu... não fiz nada. — disse Pardal Dourado, com uma expressão inocente.

— Por que você destruiria o trabalho do Pardal Prateado? Você não sabe...

— Como ele poderia ter acessado o *back-end*? — perguntou Mama Kim, incrédula.

— Gwang deve ter lhe dado acesso antes de viajar — disse Seon, contrariada. — Gwang queria treinar Pardal Dourado para ser ajudante de administração do sistema.

— Eu... — Pardal Dourado ficou quieto enquanto reunia coragem. — Eu só queria pegar de volta o que era meu.

Os olhos de Mama Kim se arregalaram.

— Você quer dizer... O fato de Pardal Prateado ter ganhado o prêmio Artista do Futuro?

— Eu acho que entendi — disse Seon. Ela assentiu, exasperada, e começou a explicar. — A obra do Pardal Prateado envolvia quatro componentes: um fluxo pai e três fluxos filhos. Imagine se a *Mona Lisa*, de Da Vinci, fosse digitalizada e transformada em outra mídia. Nesse caso, contudo, o trabalho era dinâmico e muito mais sofisticado. Pardal Prateado me disse que a obra refletiria os laços espirituais e emocionais entre a Academia e a criança. Enquanto houvesse dados entrando no fluxo pai, o fluxo filho continuaria a evoluir. Sem isso, ele seria privado de sua força vital.

— Então, como exatamente Pardal Dourado mexeu nisso?

— Ele não mexeu. — Seon baixou os olhos. — Ele destruiu de propósito.

— O quê?

— Veja você mesma. — Seon projetou um vídeo da sala de TI no vMirror da sala de reuniões.

O vídeo mostrava Pardal Dourado operando o vMirror do departamento de TI. Depois de entrar no *back-end*, Pardal Dourado havia identificado o caminho de armazenagem do fluxo pai. Na tela, Pardal Dourado hesitava antes de dar o comando. Talvez ele estivesse pensando no enorme esforço feito pelo irmão nos últimos meses, ou na honra da Academia. Ele piscou e então digitou "OK". O fluxo pai, a versão original da obra conhecida como *Fusão op-003*, se desintegrou em bits discretos.

Vendo tudo isso, Pardal Prateado tremeu de raiva.

— Pardal Prateado se vingou com um ataque generalizado ao sistema da Academia. Foi assim que ele conseguiu destruir Atoman.

Mama Kim se virou para Seon.

— Vou ter uma conversa com Pardal Dourado. Você cuida de Pardal Prateado.

***

Sozinha com Pardal Dourado, Mama Kim se virou para ele.

— Olhe para mim, Pardal Dourado. Você precisa me responder honestamente. Por que você fez isso?

— Eu, bem... Pardal Prateado usou meu retrato sem pedir...

Mama Kim o cortou.

— Foi porque ele ganhou o prêmio e as pessoas estavam começando a gostar dele? Isso te deixou infeliz?

— Eu... — Uma expressão de dor passou pelo rosto de Pardal Dourado enquanto ele procurava as palavras. — Eu fiz Atoman analisar todos os trabalhos vencedores dos últimos anos. Elaborei um plano para cada resultado possível. A probabilidade da minha vitória era claramente a maior.

Mama Kim forçou um sorriso amargurado.

— Não seja tolo. Probabilidades são só probabilidades. Isso não quer dizer que você merece ganhar. As pessoas não são máquinas. Você devia ter ficado feliz por seu irmão ter ganhado esse prêmio.

— Por que vocês acham tão bom quando ele faz qualquer coisinha? Porque ele tem aquela doença? Isso não é justo! Não deveria ser o melhor quem ganha?

Mama Kim o encarou de volta, chocada.

— Eu entendo que é difícil, mas você precisa aprender a aceitar quando não ganha...

— Não, você não entende. Só Atoman entende.

— Atoman é só uma ferramenta!

— Não, Atoman é meu melhor amigo no mundo inteiro! E aquela aberração acabou com ele! Eu odeio ele!

Do outro lado da sala, Seon havia acalmado um pouco Pardal Prateado. Ele tinha voltado a seu estado reservado e fechado. Seon tinha tentado várias abordagens para que Pardal Prateado compartilhasse o que sentia. Mas ele ficava repetindo uma única frase.

— Uma lembrança... uma lembrança...

De início, Seon ficou confusa. Então ela entendeu. "Uma lembrança" era a frase exata que tinha usado durante sua conversa com

Pardal Prateado alguns meses antes. Ela descrevera os animais de origami de Tommy, com o nome das outras crianças dentro, como uma "lembrança". Pardal Prateado tinha feito o trabalho como um presente para o irmão? Foi por isso que ele tinha inserido o link dos dados do retrato de Pardal Dourado? Não era de se estranhar que a reação de Pardal Prateado tinha sido tão violenta.

Mama Kim olhou para os dois irmãos com uma expressão severa.

— Ninguém sai daqui antes de apertar as mãos e pedir desculpas.

A partir daí, no entanto, Pardal Dourado e Pardal Prateado só ficaram cada vez mais distantes, como duas linhas paralelas destinadas a nunca se encontrar.

Como uma das condições para a adoção de Pardal Prateado, Mama Kim havia estipulado que seus novos pais marcassem um reencontro entre os gêmeos. Apesar de seus caminhos divergentes, ela achava essencial que eles não perdessem contato.

O reencontro de Pardal Dourado e Pardal Prateado aconteceu na grande casa neoclássica dos Pak, com uma piscina e um playground no quintal. Assim como a decoração dos Pak, o plano do dia foi excessivamente formal. Haveria um churrasco ao ar livre e, em seguida, jogos para as crianças.

— Olá, Pardal Dourado — disse Andres, em pé na imponente porta da casa junto com Pardal Prateado e Rei. — Você é muito diferente das fotos que vi. Deve praticar muito exercício.

Depois de seis meses com os Pak, Pardal Dourado não tinha apenas mudado de postura, mas até seu corpo tinha se transformado.

Pardal Dourado estendeu sua mão para Andres com confiança.

— De fato, eu sigo um regime projetado para mim pelo Atoman que diz como devo comer, me exercitar, trabalhar e descansar. Bem, um Atoman aprimorado — acrescentou ele, olhando para Pardal Prateado.

Pardal Dourado estendeu a mão para o gêmeo.

— Ei! Tudo bem, irmão?

Rei empurrou Pardal Prateado para frente. Pardal Prateado encarou o irmão, mas não estendeu a mão.

— Vamos lá, Pardal Prateado — disse Rei. — É seu irmão, e vocês não se veem há... seis meses.

— Cento e setenta e três dias — acrescentou Pardal Dourado com um leve sorriso. — Pardal Prateado, você gostaria de ver Atoman? Jun-Ho o atualizou para uma versão aprimorada com várias ferramentas legais. Nós até construímos um corpo. É muito legal.

Uma faísca de curiosidade iluminou os olhos de Pardal Prateado.

— Atoman, veja quem está aqui! — chamou Pardal Dourado.

O chão vibrou com passadas mecânicas quando um robô vermelho brilhante saltou pelo gramado. Um torso humanoide estava acoplado aos ombros de um cachorro robô, como em um centauro ciborgue.

A nova versão de Atoman reconheceu o rosto de Pardal Prateado imediatamente. Comicamente flexionando sua perna da frente, ele fez uma mesura. Piscou seus três olhos-câmera e disse:

— Pardal Prateado, há quanto tempo!

Os cantos da boca de Pardal Prateado se ergueram em um leve sorriso quando Atoman ergueu a mão com um gesto rígido.

— Crianças, o almoço está pronto — gritou Jun-Ho da churrasqueira. — Ajudem a pôr a mesa. — Os novos irmãos de Pardal Dourado, Hyun-Woo, de 15 anos; Si-Woo, de 11 anos; Suk-Ja, de 8 anos, correram para preparar a mesa do pátio.

— Vamos conversar mais tarde. Eu preciso ajudar. — Pardal Dourado assoviou e Atoman o seguiu.

— Seu irmão não parece *tão* difícil assim — disparou Andres.

O lábio de Pardal Prateado se contraiu.

A habilidade de Jun-Ho com a churrasqueira não era excelente, mas o chef particular dos Pak havia preparado a maior parte dos pratos principais.

Na mesa, Andres e Rei observaram os modos das crianças Pak, que eram reservados e cuidadosos, mesmo ao apenas escolher um garfo. Pardal Dourado, que não exibia mais a ousadia pela qual ele era famoso na Academia, olhava para seus novos irmãos com o canto do olho, seguindo seus movimentos. A atmosfera parecia coreografada e formal.

Pardal Prateado parecia deslocado. Mesmo antes de a comida ser totalmente servida, ele estava remexendo o purê de batatas de seu prato, com o garfo fazendo um som alto e metálico ao raspar no prato. Hye-Jin Pak dava uma piscada para ele de tempos em tempos, mas não sabia o que deveria dizer.

Para quebrar o gelo, Andres decidiu perguntar sobre Atoman.

— Pardal Dourado, seu robô é superlegal. Como você escolheu o corpo dele?

— Ah, não teve um motivo especial. Jun-Ho disse que era o modelo melhor e mais novo, então escolhemos esse. — Pardal Dourado olhou para Jun-Ho em busca de aprovação.

— Eu sempre quero o melhor para os meus filhos — Jun-Ho ergueu o queixo.

Rei se virou e falou com frieza:

— Mas "o melhor" é um conceito relativo. O que nós achamos melhor pode não ser o que a criança acha melhor. Você não concorda?

— Não para nós. — Jun-Ho e Hye-Jin trocaram sorrisos. — Nós acreditamos em encontrar o que é o melhor, o melhor disponível no mundo. Isso vale para viagens, seguros, educação, o que for. Até robôs. Pardal Dourado, nos conte o que você aprendeu nessa manhã.

— Preço é o que você paga. Valor é o que você leva — disse Pardal Dourado sem pensar.

— O quê? — perguntou Andres com um sorriso confuso.

— É uma citação famosa que Warren Buffett fez na crise financeira de 2008 — disse Jun-Ho. — Um pouco de sabedoria à moda antiga do mundo dos investimentos.

Rei não conseguiu esconder seu desdém.

— Não é curioso, saindo da boca de uma criança de 6 anos?

— Será, meu caro artista? — disse Jun-Ho. — Antigamente, as crianças precisavam memorizar muitas coisas irrelevantes que não entendiam, mas elas também não tinham um projeto do seu futuro. Graças à IA, a informação em suas vidas não é mais tão desconectada, tão *aleatória*.

Hye-Jin entrou na conversa.

— A IA é capaz de fazer o que escolas e professores do passado não conseguiam. Como Jun-Ho disse, a IA tem um projeto das nossas crianças.

— Se continuar assim, Pardal Dourado pode se tornar um dos melhores investidores — acrescentou Jun-Ho.

— Então você deixa que um algoritmo planeje o futuro dos seus filhos? — perguntou Rei.

As crianças Pak abaixaram seus talheres, fascinadas.

— É nossa responsabilidade garantir que esse tipo de talento não seja desperdiçado — respondeu Jun-Ho. — Nós tínhamos um ditado: ninguém conhece o filho melhor que o pai. Agora deveríamos dizer que ninguém conhece o filho melhor que sua IA? Pais nunca mais saberão tanto de seus filhos quanto a IA deles. E isso é bom. A matemática de Pardal Dourado já está no nível de uma criança de 10 anos. E seu reconhecimento de padrões é melhor que de Si-Woo.

Si-Woo fez uma careta.

Hye-Jin acrescentou:

— Gosto de que artistas como vocês tenham uma visão mais romântica das coisas, porém o que é mais importante que a educação de nossos filhos? — Ela tocou a ponta do nariz de Pardal Dourado. — Nunca dissemos para você se tornar certo tipo de pessoa. Nós sempre dissemos que você pode ser o que quiser, certo?

Com um sorriso sagaz, Pardal Dourado disparou:

— Eu quero ser igualzinho a Jun-Ho!

Jun-Ho e Hye-Jin caíram na risada. Andres e Rei trocaram olhares.

De repente, Pardal Prateado atirou seu garfo no chão. Todo mundo olhou o menino, cujas mãos, rosto e cabelos estavam cobertos de suco e migalhas da refeição.

— Eu quero ir embora — disse ele em voz baixa.

A partir daí, Pardal Prateado recusou qualquer contato com o irmão.

Andres e Rei disseram a Mama Kim que as diferenças entre os gêmeos pareciam irreconciliáveis. Planejar mais encontros parecia improvável.

Eles entendiam muito bem os sentimentos do filho. Andres e Rei não poderiam ser mais diferentes dos Pak, a começar pela própria natureza de suas carreiras e identidades, embora fosse difícil defini-las. Eram artistas da nova mídia? Celebridades da internet? Ativistas ambientais? Acadêmicos? Gurus espirituais?

Com uma parceria no trabalho e na vida, referiam-se a si mesmos como "Homo Tekhne" e defendiam o chamado Renascimento Artístico Tecnológico. Eles criticavam a adoração cega pela ciência e pela tecnologia. Por meio da arte, o Homo Tekhne buscava restaurar a dignidade da humanidade e revitalizar a conexão entre a humanidade e a natureza.

Na visão de Rei, o aumento no uso de IA na educação significava que as crianças eram treinadas para se tornar máquinas competitivas. O sistema era uma versão aprimorada da antiga educação focada em provas. A educação verdadeira deveria ser tanto para crescimento pessoal quanto para adquirir conhecimento e habilidades. As crianças precisavam ampliar seu autoconhecimento por meio da exploração interna, cultivando empatia, comunicação e outras habilidades sociais que alimentariam conexões mais profundas entre as pessoas e expandiriam suas inteligências emocionais. A IA normalmente ignorava esses objetivos.

A arte de Pardal Prateado havia comovido Rei profundamente. Não era especialmente avançada em um nível técnico, mas sugeria uma curiosidade crua e vital que só poderia existir na visão de uma criança.

Por outro lado, Solaris, a IA que havia ajudado Pardal Prateado a criar seu trabalho, havia cativado Andres. Que condições haviam feito o companheiro de IA de seu filho abandonar os habituais modelos orientados por competição e evoluir uma nova lógica própria? A disposição psicológica de Pardal Prateado havia de alguma forma quebrado o ciclo de feedback orientado por competição da IA e a transformado em uma ferramenta para que ele explorasse seu eu interior?

O dia desconfortável na casa dos Pak tinha dado a Andres e Rei mais consciência do caminho que não queriam seguir.

Quando decidiram fazer um upgrade em Solaris, eles perguntaram a Pardal Prateado sua opinião e fizeram um backup cuidadoso de todos os dados. Esses dados eram vistos não só como memórias de Solaris, mas também como uma extensão periférica do próprio ser de Pardal Prateado. O algoritmo central de Solaris, como um cristal frágil, precisava ser protegido.

Embora o novo Solaris não tivesse um corpo robótico divertido como Atoman, Pardal Prateado, como seu gêmeo, sentia-se fortalecido pela versão atualizada de seu companheiro de IA. Ele se sentia como alguém que andava vendado na escuridão da noite e que subitamente abriu os olhos em um dia de sol.

Era esperado que as crianças Pak vivessem de acordo com o lema da família: "Apenas os melhores merecem o melhor".

Esse lema implicava que você receberia todo o apoio da família e que você deveria se esforçar ao máximo para ser digno desse apoio.

Pardal Dourado não era exceção.

Nos primeiros dias após sua adoção, seus novos pais tinham buscado corrigir muitos dos "maus hábitos" que ele tinha desenvolvido na Fountainhead. Para Jun-Ho Pak, disciplina era a base do sucesso.

Os dias de travessura de Pardal Dourado haviam acabado. Quando ele aprontava, o método preferido de punição de Jun-Ho era bloquear a voz de Pardal Dourado no sistema inteligente da casa da família. Todos os comandos de Pardal Dourado apareciam como inválidos.

Isso era uma tortura para o menino, que estava sempre ansioso para receber a atenção dos outros. Logo, ele aprendeu a controlar o volume de sua voz e o som de seus passos, assim como tinha aprendido a usar um garfo de salada.

Atoman também tinha se alinhado às regras da casa dos Pak. Jun-Ho fez uma atualização generalizada no companheiro de IA de Pardal Dourado. Havia incontáveis regras para quando e em que ocasiões Atoman podia ou não ser despertado, quais cômodos tinham restrições para segurança de dados e quais as regras de etiqueta para compartilhar *feeds* de XR. Pardal Dourado não pensava mais em hackear eletrodomésticos e sistemas domésticos.

De início, o menino resistira às mudanças. Ele pensava com carinho em seus dias na Academia, quando podia correr e aprontar como e quando quisesse. Ele até pensou em Pardal Prateado. O prazer que ele tinha em provocar seu gêmeo parecia distante, em outra vida. Mais de uma vez, ele chorou até dormir nos lençóis de seda de seu novo lar.

Ao mesmo tempo, porém, Pardal Dourado admirava como os irmãos Pak eram bem-sucedidos. Hyun-Woo tinha conseguido patentes para invenções de biotecnologia na adolescência. Si-Woo tinha desenhado um experimento de transmissão de informação quântica que estava sendo testado em estações espaciais chinesas. Até mesmo Suk-Ja, a princesinha dos Pak, era uma estudante embaixadora na Conferência para Mudanças Climáticas da ONU.

"Apenas os melhores merecem o melhor."

O lema da família era como um espinho no coração de Pardal Dourado. Sempre que ele sentia a necessidade de relaxar, o espinho o feria com a culpa.

A sala de aula virtual — a *melhor* escola virtual, segundo seus pais — era o lugar onde Pardal Dourado se sentia de volta em sua própria pele. O aprendizado era gamificado, com níveis, pontos e incentivos virtuais. Era nisso que Pardal Dourado era bom, e os outros alunos também eram divertidos.

Eva, uma colega loura, era especialmente divertida, com uma personalidade alegre que lembrava um desenho animado. De início, Pardal Dourado achava difícil tirar os olhos dela. Eva tinha uma voz doce e era sempre simpática. Ela sempre parecia saber o que Pardal Dourado estava pensando e o que ele precisava ouvir, dizendo coisas como:

— Pardal Dourado, essa pergunta é muito difícil. Vamos tentar pensar nela de outro ângulo.

Ou:

— Pardal Dourado, você é incrível. Por que eu não pensei nessa solução? Você pode me mostrar de novo como fez?

Eva inspirava Pardal Dourado. Em troca, ele usava a ajuda de Atoman para criar piadas para ela ou para impressioná-la com truques de mágica. Dava a Eva pequenos presentes virtuais, e ela ria e mandava de volta corações vermelhos e brilhantes que tilintavam sinos nos fones de ouvido dele. Esses eram os poucos momentos nos quais Pardal Dourado se sentia realmente feliz.

Nas últimas provas de matemática, Pardal Dourado tinha sido o primeiro da sala. Ele relatou seu sucesso a Jun-Ho, esperando sua aprovação. Jun-Ho leu os resultados com o mais leve sorriso.

— Pardal Dourado, se você se satisfaz tão fácil, seu parâmetro está baixo demais — disse ele.

No dia seguinte, Pardal Dourado ficou surpreso ao ver que Eva havia mudado, embora ele não soubesse apontar como. Ela estava linda como sempre, mas sua voz tinha se tornado mais séria. Ela havia começado a soar um pouco como Jun-Ho.

— Pardal Dourado, não seja descuidado. Verifique isso mais uma vez.

— Pardal Dourado, como você errou isso de novo? Você já viu esse problema várias vezes.

Mesmo os truques de Atoman não a deixavam mais feliz. Ela ignorava todas as piadas e presentes de Pardal Dourado. Era como se ela fosse uma pessoa completamente diferente.

De coração partido, Pardal Dourado havia pedido conselhos a Atoman.

— Eva não gosta mais de mim, não é?

Atoman inclinou a cabeça e não disse nada.

— É por que eu não ajudei a melhorar suas notas? — perguntou Pardal Dourado. — Você precisa me dizer o que aconteceu com Eva.

— Mas é óbvio — respondeu Atoman. — Os parâmetros dela foram ajustados.

— Parâmetros ajustados?

Os olhos de Pardal Dourado se arregalaram. Então Eva era só mais uma IA, e Jun-Ho tinha alterado a personalidade dela! Como ele não tinha percebido? As expressões e os comportamentos humanos gerados pela IA eram tão reais que podiam se passar por alunos em uma sala de aula virtual? Ou era por que ele queria tanto uma amiga como Eva que ele havia deliberadamente ignorado as falhas da ilusão?

O rosto e a risada da menina loira flutuaram diante de Pardal Dourado. Eram como um cristal quebrado que nunca mais seria consertado.

Naquela noite, Pardal Dourado chorou de novo em seus lençóis. Ao escutar passos do lado de fora do quarto, ele rapidamente secou as lágrimas e fingiu estar dormindo. Um momento depois, alguém estava sentado na cama. Era Hye-Jin.

— Fale comigo. Você deixou seu pai bravo, não foi?

Pardal Dourado afastou os cobertores e revelou uma nesga de seu rosto. Ele assentiu com frieza, como se tivesse sido vítima de uma injustiça terrível. Então ele emergiu completamente e sacudiu a cabeça.

— Eu mesmo me deixei bravo. Eu fui tão idiota! Nunca me ocorreu que ela era uma IA.

— Bobinho. — Hye-Jin afagou o cabelo de Pardal Dourado. — Honestamente, eu não consigo diferenciar na maior parte do tempo. A IA sabe o tipo de menina que você gosta e pode fazer você sentir que ela o entende. Essas coisas não são reais. Elas servem para te motivar a estudar mais.

— Jun-Ho está decepcionado comigo?

— Por quê? Foi ele que ajustou os parâmetros dela. Ele queria que você visse que só porque tirou a maior nota isso não quer dizer que realmente seja o número um. Ele quer que você continue a aprimorar seus pontos fracos e se torne realmente o melhor. É isso que ele espera de uma criança Pak.

Pardal Dourado assentiu e mordeu o lábio.

Anos se passaram. Pardal Prateado crescia rápido. De alguma forma, porém, ele se sentia como uma lesma com uma pesada concha em suas costas, arrastando-se para frente na velocidade mais lenta possível.

Quando Pardal Prateado era mais novo, Rei e Andres tentaram matriculá-lo em uma escola on-line para crianças com síndrome de Asperger. O menino podia acessar uma sala de aula virtual por meio de Solaris. O sistema de IA criava colegas e professores virtuais para cada criança de acordo com seus diferentes níveis de cognição e características comportamentais. Portanto, todas as interações eram altamente individualizadas, do estilo visual da interface até o tom de voz do instrutor.

Mas, por algum motivo, não tinha funcionado para Pardal Prateado.

Sempre que Pardal Prateado entrava na sala de aula virtual, ele se sentia ansioso. Mesmo quando os outros avatares se comportavam como crianças com Asperger em condições similares, nada funcionava para ele. Pardal Prateado conseguia notar imediatamente o motivo para cada palavra falada pelos alunos e professores virtuais, quais habilidades eles eram projetados para treinar e quais pontos de conhecimento eles fortaleceriam. Tudo parecia falso e fragmentado.

Contudo, foi o feedback de Solaris, e não o próprio Pardal Prateado, que convenceu os pais dele a desistirem dessas tentativas de ensino.

Legalmente, os guardiães de uma criança tinham direito a obter acesso total aos dados de um companheiro de IA. No entanto, Rei sabia que Pardal

Prateado não era uma criança comum e que ele precisava de mais privacidade e segurança. Então, prometeu ao filho que, depois que ele fizesse 10 anos, os dados de Solaris não poderiam mais ser acessados sem seu consentimento.

Andres tinha uma perspectiva diferente. Em sua opinião, o valor dos dados não era apenas para a criança, mas também para ajudar os pais.

Sem Solaris, não seria possível saber a distância física mais confortável para Pardal Prateado. Ou que tipo de atividades psicológicas atenuava os comportamentos compulsivos e repetitivos do menino.

Andres desejava que em sua infância seus pais tivessem uma IA como Solaris para ajudá-los a ver as muitas feridas que infligiam ao filho em nome de seu amor.

Talvez Pardal Prateado não entendesse o amor humano com tanta profundidade quanto seus pais, mas Solaris lhe dava outra ferramenta para explorar e se expressar: a arte. Sob a orientação da IA, Pardal Prateado havia pesquisado obras de arte de incontáveis tradições e períodos históricos. Ele entendia intimamente as diferenças conceituais por trás das várias formas e estilos. Cada um representava uma perspectiva única sobre o mundo. Agora, ele só precisava encontrar a sua.

Quando fez 14 anos, Pardal Prateado estava confiante de que o que precisava aprender não podia ser encontrado nas salas de aula, nos livros ou nas estruturas da lógica matemática. Ele precisava forjar uma conexão genuína com o mundo e com as pessoas reais. Esperava experimentar pessoalmente as forças da natureza, do tempo e do espaço.

Mas ele não podia.

Estava preso em seu corpo jovem, um corpo frágil que nem conseguia controlar adequadamente. Todo tipo de desconforto, medo, estranhamento e vergonha o impedia de sair de sua crisálida virtual e enfrentar o vasto mundo.

Então ele buscou soluções indiretas.

Ele perseguia borboletas na ilha de Lantau ao pôr do sol, observava jovens dançando como loucos nos clubes noturnos de Berlim, escutava monges cantando nas cerimônias matinais de Kandy, no Sri Lanka, ou esperava pela aurora boreal na superfície gelada do oceano Ártico.

A tecnologia de realidade virtual de Solaris agora integrava funções altamente sofisticadas que incluíam sensações visual-auditivas colaborativas, propriocepção e simulação somatossensorial. Sua imersão omnidirecional estava muito à frente da realidade virtual da década anterior. Com transmissão de latência ultrabaixa, o algoritmo da IA ajustava tudo em tempo real, de acordo com as necessidades do usuário.

Essas viagens virtuais ajudavam Pardal Prateado a entender a diversidade da experiência humana em um nível cognitivo, além de possibilitar que experimentasse maior conexão com o mundo em um nível emocional. Ele sentia uma alegria nova fluir por seu ser durante essas imersões de realidade virtual.

Apesar dessas emoções, no entanto, Pardal Prateado às vezes tinha visões que atrapalhavam suas experiências. Ele não tinha esquecido seu gêmeo. Na luz da manhã ou no crepúsculo, ele via Pardal Dourado ou Atoman, tanto em sua forma virtual de um robô vermelho quanto em sua forma física de centauro canino. Eles pareciam chamar seu nome.

De início, ele pensou que devia ser uma ilusão. Tinha lido estudos a respeito de memórias recuperadas. A mente dele estava produzindo essas visões falsas do mesmo jeito que a IA pode sobreajustar o ruído dos dados em um modelo? A mente também era capaz de criar uma abstração dos problemas da mente em seus próprios modelos, representando-os na forma de sonhos, atos falhos, comportamentos obsessivos-compulsivos ou elementos freudianos em geral.

No fim, Pardal Prateado começou a acreditar que seu cérebro não estava lhe pregando peças. Seu coração guardava uma saudade do irmão.

Com o tempo, as visões começaram a aparecer com mais frequência. Ele podia experimentar um lampejo de dor genuína, como uma enxaqueca. Era doença mental, Pardal Prateado se perguntou, ou poderia ser algum tipo de conexão com seu gêmeo? Esses sentimentos embaralhados perturbavam o adolescente. Em sua curta vida, ele nunca tinha se sentido intensamente necessário para alguém, nem para Mama Kim, Seon ou mesmo Andres e Rei.

Ele precisava buscar a origem desse chamado.

Pardal Dourado também vinha se sentindo frustrado.

Não era por causa dos estudos ou questões de seu coração adolescente.

Sua frustração vinha da necessidade de se tornar um homem como seu pai, um grande investidor.

Em comparação com outras áreas, esse caminho profissional era bastante claro, como os rastros de um veículo pesado sobre a neve. Ele começaria como pesquisador, conhecendo empresas selecionadas, coletando informação de canais públicos, construindo modelos financeiros fundamentados em dados históricos e fazendo previsões para o futuro com base nas condições atuais. Então ele colocaria as empresas no contexto de seus mercados para analisar cadeias ascendentes e descendentes, além dos riscos e oportunidades. Finalmente, ele resumiria sua perspectiva em um relatório de grande valor prático para os parceiros do investidor.

Todo o processo era como fazer café. Se você tivesse grãos de qualidade (dados) e ferramentas apropriadas para moagem e torragem (modelos), você poderia fazer uma ótima xícara de café (perspectiva) com um sabor encorpado e notas delicadas.

Ao repetir o processo muitas vezes, acumulando experiência e habilidade, você poderia subir toda a escada, de pesquisador júnior até sócio sênior.

Assim como subir de nível em um RPG em que você combate monstros, tudo era quantificado. Conforme o dinheiro aumentava, também aumentavam a adrenalina e a dopamina, tornando os jogadores viciados no jogo. A fase final de Pardal Dourado era se tornar como seu pai, um sócio.

Em suas simulações de fundos, Pardal Dourado mostrava centelhas de um imenso talento. Até Jun-Ho ficava maravilhado com a intuição do filho para os mercados e decidiu que era hora de estabelecer um fundo com o qual Pardal Dourado poderia começar a fazer seus próprios investimentos.

Mas, quando ele migrou dos obstáculos virtuais para os reais, Pardal Dourado logo encontrou uma derrota.

Pardal Dourado tinha selecionado uma empresa de jogos no portfólio do pai para pesquisar. Ele trabalhou durante um mês para produzir um relatório de investimento sólido. Ajudava o fato de ele ter experiência pessoal com muitos dos jogos da empresa. Ele levou o relatório ao pai, com toda confiança.

O pai levou dez minutos para terminar de lê-lo e depois transferiu um arquivo para Pardal Dourado.

Ao abrir o arquivo, Pardal Dourado percebeu que era outro relatório sobre a mesma empresa. Os amplos dados e a força da conclusão final eram claros e impressionantes. Era muito superior ao relatório que Pardal Dourado havia preparado tão meticulosamente para seu pai. Pardal Dourado saltou para o fim do relatório para ver o nome do autor. Era uma IA.

— Adivinhe quanto tempo levou? — O pai tinha um sorriso nos lábios.

— Menos tempo do que eu levei para ler o seu.

— Isso... isso não é justo.

— O que não é justo? Idade? Qualificações? Experiência na indústria? A qualidade do relatório da IA é mais alta que de 80% das análises da minha equipe atualmente. E leva menos do que um milésimo do tempo que eles precisam. A realidade é cruel.

O rosto de Pardal Dourado ficou pálido como o de um fantasma.

— Bem, então o que eu devo fazer? Que valor eu poderia...

— O quê? Você está intimidado? Não é assim que os Pak fazem. Não importa se a IA ultrapassa 80% dos analistas hoje. Você precisa estar no 1% do topo da pirâmide se quiser ser alguém na vida.

— Mas, na velocidade que a IA está evoluindo, é só questão de tempo. Veja o Atoman!

O pai se inclinou na cadeira e deu seu habitual sorriso desdenhoso.

— Filho, se você vai lutar ou fugir, nada disso muda a realidade.

Frustrado, Pardal Dourado fugiu do escritório do pai. Ele sentia um aperto na boca do estômago. Pardal Dourado entendia que, se humanos competissem apenas com *hard skills*, como coleta de dados e análise estrutural, eles nunca seriam páreo para a IA. As únicas áreas nas quais os humanos poderiam ultrapassar a IA eram as que as máquinas não conseguiam alcançar, domínios como a sensitividade humana e a intuição.

Então Pardal Dourado teve uma ideia. Em vez de só somar números, ele decidiu que falaria com o maior número de funcionários da empresa de jogos que ele conseguisse.

De início, esses humanos reais deram dor de cabeça ao menino. Eles não eram nada previsíveis como seus colegas de classe de IA. Cada empregado tinha seu próprio temperamento e seus hábitos. E Pardal Dourado sabia que só aceitaram conversar com ele em respeito ao seu pai.

As conversas eram muito mais difíceis do que só analisar dados e construir modelos. Nem Atoman tinha como ajudar. Atoman podia reconhecer mudanças em microexpressões, mas não conseguia identificar as complexas redes de significado por trás delas.

Pardal Dourado começou a entender por que, no círculo social do pai, outros sócios de sucesso eram com frequência pessoas mais velhas. Entender outros seres humanos exigia uma longa curva de aprendizado.

Quanto mais Pardal Dourado pensava nisso, mais certeza tinha de que esse era o caminho. Ele continuava usando a rede de contatos de seu pai para conhecer mais empreendedores, criadores de conteúdo, engenheiros e executivos de vendas. Tocados pela habilidade profissional do adolescente, e sua teimosia, em geral começaram a enxergar Pardal Dourado como um jovem pesquisador de talento.

Ainda assim, mesmo com as coisas melhorando para Pardal Dourado, ele sentia sensações estranhas — especialmente em seus sonhos.

Pardal Dourado sonhava com seu calado gêmeo e sua IA estranha e disforme, Solaris. A linha do tempo nesses sonhos era puro caos, e Pardal Prateado aparecia ao mesmo tempo como uma criança e um jovem adulto. O jovem Pardal Prateado tinha ficado alto, mas seu rosto ainda tinha aquela expressão focada de indiferença, como se o mundo não tivesse nada a ver com ele.

Nesses sonhos e fragmentos de visões, Pardal Dourado às vezes tinha lampejos de cenas da infância. Conforme o tempo passava, ele sentia uma tristeza por seu irmão e mais ainda por si mesmo. Ele se lembrava de suas provocações infantis, tudo para ganhar a atenção dos outros. Na época, pensava que ele e Atoman eram amados por todos, mas agora percebia que eram só um robô vermelho chamativo e um pirralho irritante.

Nesses momentos de dúvida, Pardal Dourado, aos 16 anos, começava a questionar o caminho tão focado na carreira no qual ele se encontrava. Nesses momentos, seu coração se enchia de um desejo imenso de rever o irmão.

Mas ele não podia.

Seus pais o tinham mandado a um psicólogo que havia lhe dito que seus sentimentos eram provavelmente resultado de estresse excessivo. Se ele continuasse assim, a exaustão poderia evoluir para depressão e causar até dificuldades cognitivas.

— Eu já vi muitos garotos como você, excelentes, até perfeitos, mas é esse o problema, não é? — O psicólogo sorriu, escolhendo as palavras com cuidado. — Já pensou que talvez seu sistema de crenças não seja assim tão adequado para você? Você quer que todo o valor e sentido da sua vida venha de vencer a competição a qualquer custo?

— E qual o problema com isso? Não é todo mundo assim? Não é assim que progredimos?

— O homem não é uma IA. Nós não vivemos apenas por números e vitórias. Sua escala de valores sugere uma inconsistência entre expectativas externas que você coloca sobre si mesmo e seus impulsos internos. Você forçaria um elefante para dentro de uma geladeira só porque as pessoas à sua volta disseram que é a coisa certa a fazer?

Pardal Dourado parecia um pássaro ferido; seus olhos perderam o brilho.

— E meus sonhos?

A voz do psicólogo se suavizou.

— Você já considerou que seus sonhos podem representar os verdadeiros sentimentos no seu coração?

Bem quando Pardal Dourado estava confrontando um pesadelo, um novo recaiu sobre ele.

Uma nova empresa de jogos chamada Mold tinha recentemente lançado *Sonho*, um jogo de estratégia em tempo real. Ele atingiu Pardal Dourado com a força de um furacão. O jogo era revolucionário. A IA tinha dominado todos os aspectos do desenvolvimento de jogos, do conceito criativo até o design de níveis e testes e roteiro de personagens. Tudo que antes consumia orçamentos enormes — o trabalho de artistas e equipes técnicas — tinha sido tomado por robôs.

E os jogadores ficaram loucos com o jogo.

Entretanto, as ambições da Mold não paravam no jogo em si. Eles publicaram o código para uma série de ferramentas on-line para a criação de jogos por IA, dizendo que eles queriam ajudar pequenos estúdios, desenvolvedores independentes de jogos e entusiastas sem experiência profissional a criar seus próprios jogos em suas garagens e seus quartos.

O efeito na indústria foi imediato. O preço das ações de todas as grandes empresas de jogos despencou. Elas agora tentavam recuperar o atraso na corrida armamentista da IA.

Pardal Dourado foi mais uma vez ao escritório de seu pai sentindo que havia falhado totalmente.

— Acabou — disse ele.

O pai não entendeu.

— O que acabou?

— Toda a indústria, a indústria de jogos. Ela sempre precisou da criatividade e da emoção humana, mas agora deram até isso para a IA.

— Eu sempre pensei que esse seria o futuro.

— Você nem joga. Você não entende!

— Eu não entendo? — O enorme corpo do pai se inclinou para trás, e ele deu uma risada gostosa, sacudindo sua cadeira ergonômica. — Quando eu era criança e jogava *Grand Theft Auto*, eu me perguntava por que os personagens não jogáveis tinham que ser tão burros. Nas sequências de *Halo*, os alienígenas pelo menos eram capazes de coordenar um ataque decente. Mas mesmo esses ainda estavam a anos-luz dos NPCs sem roteiro que dominam os jogos de hoje.

Pardal Dourado arregalou os olhos. Ele nunca tinha visto esse lado do pai.

— *Call of Duty*, *League of Legends*, *Breath of the Wild*, *Pokémon Go*... Quando eu jogava esses jogos, eu sempre pensava: por que o jogo não conseguia se ajustar em tempo real, de acordo com meu tempo de reação, hábitos e preferências? Assim como a Alexa ou a Siri, quanto mais você jogasse, mais um jogo deveria te entender. Por que não podiam fazer os jogos funcionarem assim?

— Mas toda a minha pesquisa... ela não importa agora.

— Filho, quando você não pode mudar o mundo, tem que mudar a si mesmo. — O pai dele ficou sério. — Vai acontecer de novo e de novo. Dessa vez, é só um jogo. Para milhares de pessoas, é um trabalho que sustenta suas famílias. Qualquer empresa poderosa pode desabar do dia para a noite. Indústrias desaparecem, tecnologias se tornam obsoletas... e as pessoas sempre precisam tatear o caminho à frente.

Lágrimas encheram os olhos de Pardal Dourado.

— Eu nunca vou conseguir vencer a IA em investimentos. E nunca poderei ser você.

O pai inspirou lentamente, então acendeu um charuto.

— Filho, você nunca deveria ser como eu. Seja você. Essa é sua vida.

— Mas eu pensei...

— No início, eu também tinha essa ideia. — O pai tragou o charuto. — Até modifiquei Atoman para que todo seu percurso de aprendizagem e crescimento se adequasse o máximo possível ao meu plano para você. Mas você nunca estava feliz. Você era um bom menino, tentando atender a todas as nossas expectativas. Mas essas expectativas não vinham do seu coração.

A fumaça perfumada do charuto flutuou na direção do rosto jovem e confuso de Pardal Dourado enquanto o pai continuava a falar.

— Mais tarde percebi que isso não era o que Hye-Jin e eu deveríamos querer para você. O que queríamos era um indivíduo livre que descobriria a novidade e a beleza da vida, como o que você sente quando joga um ótimo jogo pela primeira vez. Você entende o que quero dizer?

Pardal Dourado saiu do escritório do pai se sentindo perturbado. A luz que há tanto tempo guiava sua vida havia se apagado.

Ele andou pelas ruas do bairro. Enquanto caminhava, sentiu uma vibração em Atoman. Havia uma nova mensagem.

"Diretora Kim Chee Yoon convida Pardal Dourado para o aniversário da Fountainhead."

Era um dia perfeito de primavera. O *campus* da Academia Fountainhead estava cheio de residentes e visitantes. O gramado não estaria mais verdejante se tivesse sido pintado. Pássaros cantavam e voavam como se dessem as boas-vindas aos convidados.

Não era apenas o aniversário da fundação da Academia Fountainhead, era também a primeira vez que a Academia abria ao público depois de sua expansão. A escola havia incorporado várias novas tecnologias, e seu novo prédio e suas salas de aula podiam acomodar muito mais crianças. O modelo de educação "Criança + IA" que a Fountainhead tinha inaugurado, apoiado por sua tecnologia de vPal, tinha, na última década, sido replicada por todo o globo. Ele tinha rapidamente se tornado o modelo de educação mais popular em instituições para crianças com necessidades especiais.

Mama Kim tinha sido celebrada como uma pioneira. Agora, com seu cabelo preso por uma faixa prateada, ela cumprimentava rostos novos e rostos conhecidos.

No pátio, antigos residentes que tinham se tornado atletas de ponta jogavam com os atuais alunos da Fountainhead. Dentro do novo prédio, outros formandos pintavam quadros com seus jovens colegas — e seus companheiros de IA.

Pardal Dourado tinha se mantido quieto a maior parte do tempo, evitando velhos conhecidos e atividades. Quando ninguém estava olhando, ele desceu pelo corredor do velho prédio até a abandonada sala de TI. Ela estava cheia de equipamentos que ainda não tinham sido mudados para o novo centro de gerência de TI ou para o depósito.

Ele ficou surpreso ao ver o velho vMirror em um canto, embalado em uma capa transparente, como um móvel esquecido. Ligou-o e a interface familiar apareceu na sua frente. Riu quando velhas memórias emergiram.

Quantas noites Gwang tinha passado ensinando-o a operar o sistema, esperando que algum dia Pardal Dourado assumisse o cargo de chefe de TI da Fountainhead? Mas, em vez disso, Pardal Dourado tinha sabotado o sistema e usado a tecnologia para destruir o trabalho árduo de seu gêmeo mais novo.

Pardal Dourado sacudiu a cabeça. Isso fazia muito tempo, mas a dor no coração parecia recente.

Ao encarar o vMirror, lágrimas se acumularam em seus olhos, e Pardal Dourado tentou digitar a velha senha, mas claro que recebeu uma mensagem de erro.

Por muitos anos tinha esperado apenas ser visto como um vencedor, especialmente em comparação a seu gêmeo. Sempre tinha buscado ser o melhor, ganhar mais prêmios e ter uma família adotiva melhor. Sempre desejou ganhar tudo e tinha acabado sem nada.

Depois que ele digitou a senha incorreta uma terceira vez, o sistema foi bloqueado e Pardal Dourado desligou a máquina.

Então, no espelho escurecido, Pardal Dourado viu um homem emergir das sombras da sala. Um raio de luz atingiu o rosto do homem, e Pardal Dourado viu que era seu próprio rosto. Ele se virou em pânico e percebeu um sorriso tímido familiar, um sorriso que não via há dez anos. Os dois homens tinham os mesmos rosto e corpo, mas seus cabelos e roupas manifestavam duas personalidades opostas. Um era brilhante e ousado como ouro e o outro frio e calmo como prata.

— Como você soube onde...

— Seon te viu vindo para cá. Tudo bem, irmão? — Pardal Prateado havia crescido, mas ele ainda tinha o rosto de uma criança.

— Estou ótimo... — Pardal Dourado parou e respirou fundo. — Na verdade, não estou muito bem, não mesmo.

— Eu sei.

— Eu... eu não sei o que dizer. Eu sempre fui capaz de te ver. Não sei o que é.

— Eu te vejo também.

— Escuta... Sinto muito. Por tudo.

— Eu sei.

Pardal Dourado esticou os braços para abraçar o irmão, mas se lembrou da aversão de Pardal Prateado ao contato físico, e seus braços congelaram desajeitadamente no ar. Pardal Prateado deu um passo à frente e passou os braços em volta do irmão. Pardal Dourado não segurou mais as lágrimas.

— Você sabe... — Pardal Prateado recuou para sua distância segura habitual.

Pardal Dourado secou os olhos.

— O quê?

— Foi Seon que fez isso.

— Fez o quê?

— Mama Kim sabia que estávamos perdendo contato, então Seon criou um protocolo secreto de comunicação no código-base de Atoman e Solaris. Ela tirou uma amostra aleatória de nossos dados, gerou o vídeo de XR e o introduziu na camada de informação normal um do outro. Foi uma operação poderosa.

— Foi isso — disse Pardal Dourado. — Atoman e Solaris nos mantiveram conectados e nos reuniram.

— Agora nós nos conhecemos.

— O que você quer dizer?

— Eu sinto sua dor, não com a minha mente, mas com meu coração.

— Pardal Prateado apontou para o peito. — Solaris me ensinou como, assim como Atoman te ensinou tantas outras coisas.

— A única coisa que eu aprendi é que minha vida não vale nada. A merda da minha carreira... Não posso fazer nada sobre isso agora. — Pardal Dourado bateu com o punho fechado na mesa.

— Quando você destruiu minha arte, foi exatamente assim que me senti. Mas agora estou aqui. Você também vai chegar até aqui. Você vai melhorar — Pardal Prateado disse isso sem nenhuma gota de acusação na voz, como se estivesse apenas constatando um fato natural.

— Mas... eu não faço ideia de como recomeçar. É como se eu estivesse preso em um carrossel, e tudo que consigo fazer é deixá-lo me girar sem parar.

— Talvez... você já pensou que poderíamos trocar de vida?

— Trocar... de vida? Como?

— Desculpa se essa não é a palavra certa. Talvez possamos trocar como vemos o mundo.

— Mas eu ainda não entendo.

— Quando eu te vi, entendi uma coisa. A IA nos moldou, e nós moldamos a IA de volta. Nós somos como dois sapos que construíram um poço cada um. Cada um de nós só vê um pequeno pedaço do céu. Seu Atoman e meu Solaris são assim. Talvez, se conectarmos nossos poços, vejamos um mundo maior. Talvez tudo pareça diferente.

— Unir Atoman e Solaris? — Finalmente Pardal Dourado entendeu, e seus olhos brilharam. — Para se tornarem uma nova IA. Para recomeçar o jogo.

— Você entendeu. — Pardal Prateado sorriu. — Mas dessa vez um jogo que não seja dividido em ganhos e perdas. Em vez disso, será um jogo com infinitas possibilidades.

— É brilhante — disse Pardal Dourado.

— Vamos procurar Seon e Gwang? Vamos precisar da ajuda deles.

Pela primeira vez em muitos anos, Pardal Dourado e Pardal Prateado concordaram em uma sintonia perfeita.

ANÁLISE

Processamento de linguagem natural, treinamento autossupervisionado, GPT-3, AGI e consciência, educação com IA

"Dois pardais" introduz a ideia de companheiros pessoais de IA — nesse caso, companheiros cuja função principal é servir como tutores para os gêmeos na história. Os companheiros de IA, ou vPals, como o programa da Academia Fountainhead os chama, usam muitas tecnologias de IA, mas a que quero destacar é o processamento de linguagem natural (PLN), ou máquinas com a capacidade de processar e entender linguagens humanas.

Quais as chances de humanos estabelecerem relacionamentos com sofisticados companheiros de IA como Atoman daqui a vinte anos? Para as crianças, não há dúvidas de que isso pode acontecer. As crianças já têm uma tendência universal de antropomorfizar brinquedos, animais e até mesmo amigos imaginários. Essa é uma oportunidade fenomenal para serem projetados companheiros de IA que possam ajudar crianças a aprender de forma personalizada e praticar a criatividade, a comunicação e a compaixão — habilidades essenciais para a era da IA. Companheiros de IA capazes de falar, ouvir e entender como os humanos podem fazer uma diferença drástica no desenvolvimento de uma criança.

Quero começar esta parte explorando o PLN supervisionado e autossupervisionado — a tecnologia que poderia transformar esses companheiros de IA em realidade. Vou então responder à pergunta natural: quando a IA dominar nossa linguagem, ela terá inteligência geral? Por fim, nós exploraremos o futuro da educação na era da IA, incluindo como a IA irá se tornar um ótimo complemento aos professores humanos e melhorar significativamente o futuro da educação.

Processamento de linguagem natural (PLN)

O processamento de linguagem natural é uma subárea da IA. A fala e a linguagem são centrais para a inteligência, a comunicação e os processos cognitivos humanos, então o entendimento da linguagem natural é frequentemente visto como o maior desafio da IA. "Linguagem natural" é um termo que se refere à linguagem dos humanos — fala, escrita e comunicação não verbal — que pode ter um componente inato e que as pessoas cultivam através de interações sociais e da educação.

Um famoso teste de inteligência de máquinas, conhecido como teste de Turing, consiste em determinar se um software que converse com PLN é capaz de enganar humanos e fazê-los pensar que ele também é humano. Os cientistas vêm desenvolvendo o PLN para analisar, entender e até mesmo gerar linguagem humana há muito tempo. Começando nos anos 1950, os linguistas computacionais tentaram ensinar linguagem natural a computadores segundo visões ingênuas da aquisição humana de linguagem (começando com conjuntos de vocabulário, padrões de conjugação e regras gramaticais). Recentemente, no entanto, o aprendizado profundo ultrapassou essas abordagens iniciais. O motivo, como você pode ter adivinhado, é que avanços em aprendizado profundo mostraram a possibilidade de se modelar relações e padrões complexos de formas especificamente apropriadas aos computadores e factíveis com a disponibilidade cada vez maior de grandes conjuntos de dados de treinamento. O aprendizado profundo hoje quebra recordes em todas as tarefas-padrão para a avaliação de PLN.

PLN SUPERVISIONADO

Alguns anos atrás, quase todas as redes neurais para PLN baseado em aprendizado profundo aprendiam linguagem usando o padrão de "aprendizado supervisionado" discutido antes. "Supervisionado" significa que, para a IA aprender, ela precisaria receber a resposta certa para cada entrada de treinamento. (Note que essa "supervisão" não implica que o humano "programe" regras na IA; como estabelecido no capítulo 1, isso não funciona.) A IA receberia pares de dados rotulados — a entrada e a saída "correta" — e então aprenderia a produzir a saída que corresponde a uma dada entrada. Lembra-se do exemplo da IA reconhecendo uma imagem de gato? O aprendizado profundo supervisionado é o processo de treinamento no qual a IA aprende a produzir a palavra "gato".

Quando se trata de linguagem natural, podemos aplicar o aprendizado supervisionado ao encontrar dados que foram rotulados para propósitos humanos. Por exemplo, existem conjuntos de dados de tradução multilíngue de conteúdo idêntico na Organização das Nações Unidas e outros lugares. Esses conjuntos oferecem uma fonte natural de supervisão para que máquinas aprendam a traduzir línguas. A IA pode ser treinada a partir do pareamento simples de, digamos, cada uma das milhões de frases que existem em inglês com sua contraparte traduzida profissionalmente para o francês. Ao usar essa abordagem, o aprendizado supervisionado pode ser estendido para o reconhecimento de fala (converter fala em texto), o reconhecimento de caracteres óticos (converter escrita manual ou imagens em texto) ou a síntese de fala (converter texto para fala). Para esses tipos de tarefas de reconhecimento de linguagem natural nos quais o treinamento supervisionado é possível, a IA já se sai melhor que a maioria dos humanos.

Uma aplicação mais complexa de PLN vai do reconhecimento para a compreensão. Para fazer esse salto, as palavras precisam ser substituídas por ações. Por exemplo, quando você diz a Alexa "toque Bach", Alexa precisa entender que você quer que ela toque uma obra de música clássica do compositor Johann Sebastian Bach. Ou, quando você diz ao robô de atendimento de um e-commerce "eu quero um estorno", o robô pode orientá-lo a como devolver a mercadoria e então ter o valor da compra estornado. É muito demorado desenvolver aplicativos de compreensão com PLN supervisionado de domínio específico. Considere a miríade de formas que os humanos podem expressar uma intenção ou propósito similar (por exemplo, "eu quero meu dinheiro de volta", "a torradeira está com defeito", e por aí vai).

Cada variação imaginável do diálogo de esclarecimento e especificação teria que estar presente nos dados de treinamento do PLN. E não apenas "presente" nos dados, mas também "rotulado" por um ser humano para poder dar pistas suficientes para o treinamento da IA. A rotulagem de dados para o treinamento supervisionado de sistemas de compreensão de linguagem tem sido uma grande indústria há vinte anos. Como exemplo, no serviço de atendimento automatizado de uma empresa aérea, os dados rotulados para o treinamento de compreensão de linguagem têm mais ou menos essa aparência:

[RESERVA_VOO_INTENÇÃO] Eu quero [MÉTODO: voar] de [ORIGEM: Boston] às [PART_HORA: 838 am] e chegar em [DEST: Denver] às [CHEG_HORA: 1110 am]

Esse é um exemplo bem básico. Você pode imaginar o custo de rotular centenas de milhares de formulações nesse nível de detalhe. E você ainda ficaria longe de cobrir todas as variações possíveis, mesmo no restrito domínio de reserva de voos.

Então, por muitos anos, a compreensão em PLN só funcionava se você estivesse disposto a passar muito tempo concentrado em uma aplicação pontual (ou seja, um PLN de domínio específico supervisionado para um domínio). O grande sonho da compreensão de linguagem geral em nível humano permanecia distante porque não sabíamos como seria uma aplicação de compreensão geral. Não saberíamos como supervisionar o treinamento de uma aplicação de PLN oferecendo uma saída para cada entrada. Mesmo que soubéssemos como fazer isso, o custo em tempo e dinheiro para rotular todos os dados de linguagem do mundo seria proibitivo.

PLN GERAL AUTOSSUPERVISIONADO

Recentemente, no entanto, surgiu uma nova abordagem simples, mas elegante, para um aprendizado *autossupervisionado*. Aprendizado autossupervisionado significa que a IA supervisiona a si mesma, e nenhuma rotulagem humana é necessária, o que supera o gargalo que acabamos de discutir. Essa abordagem é chamada de "transdução de sequência". Para treinar uma rede neural de transdução de sequência, a entrada é simplesmente a sequência de todas as palavras até um ponto; e a saída é simplesmente a sequência de palavras depois desse ponto. Por exemplo, uma entrada para "Há 87 anos, neste continente" ofereceria uma saída preditiva como "os nossos antepassados doaram ao mundo".[*] Você provavelmente já usa versões simples disso todos os dias com a "escrita inteligente" do Gmail ou no preenchimento automático da busca no Google.

[*] Os trechos citados são parte do Discurso de Gettysburg, de Abraham Lincoln. A tradução foi realizada pela equipe da OAB-SP. (N. T.)

Em 2017, os pesquisadores do Google inventaram um "transformador", um novo modelo de transdução de sequência que, quando treinado com enormes quantidades de texto, pode exibir memória seletiva e mecanismos de atenção capazes de se lembrar de forma seletiva de qualquer coisa "importante e relevante" do passado. Essa "memória seletiva" pode ser "recuperada" com base em cada entrada introduzida. No caso do exemplo anterior, tirado do *Discurso de Gettysburg*, de Abraham Lincoln, a rede neural usa sua memória de atenção para entender o que esses "87 anos" significam no contexto. Com dados suficientes, esse aprendizado profundo aperfeiçoado pode essencialmente ensinar a si mesmo uma linguagem do zero. Em vez de usar construções humanas como conjugação e gramática, o aprendizado profundo depende de construções e abstrações inventadas por ele mesmo, construídas a partir de dados e introduzidas em uma enorme rede neural. Os dados de treinamento para esses sistemas são um material que ocorre de forma totalmente natural. Não há nada da rotulagem específica que descrevemos na seção anterior. Com dados naturais e poder de processamento suficientes, o sistema pode aprender sozinho a detectar horários de partida e chegada e muito mais.

Depois do trabalho do Google com seu transformador, uma extensão mais conhecida chamada GPT-3 (GPT é a sigla em inglês para "transformador generativo pré-treinado") foi lançada em 2020 pelo OpenAI, um laboratório de pesquisa fundado por Elon Musk e outros. O GPT-3 é um imenso mecanismo de transdução de sequência que aprendeu a analisar linguagem a partir de um modelo tão enorme que incluía quase todos os conceitos imagináveis. Usando um dos mais poderosos supercomputadores do mundo, o GPT-3 foi treinado com mais de 45 terabytes de texto, algo que um humano levaria 500 mil vidas para ler. E esse número de 500 mil vidas está aumentando dez vezes a cada ano, acrescentando capacidade em um ritmo exponencial inacreditável.

Depois de um processo de treinamento muito longo e caro, o GPT-3 produziu um modelo gigantesco com 175 bilhões de parâmetros. Se você apresentar qualquer sequência de palavras ao GPT-3, ele vai produzir o que ele acha que deveria seguir essas palavras. Usando seu enorme conjunto de dados de treinamento, o GPT-3 sabe que uma pergunta geralmente estimula uma resposta. Por exemplo, se você disser ao GPT-3: "Um fogão é mais pesado que um gato. Um oceano é mais pesado que uma partícula de pó. O que é mais pesado: uma torradeira ou um lápis?", o GPT-3 vai responder corretamente "uma torradeira". As primeiras duas frases ajudam o GPT-3 a focar o significado específico de "mais pesado", enquanto a última frase é a dica de que uma pergunta está sendo feita. Se você colocasse só a última frase, o GPT-3 ainda poderia respondê-la, mas com uma probabilidade maior de erro.

O GPT-3 é drasticamente diferente do PLN de domínio específico. Ao contrário da funcionalidade limitada da tecnologia anterior, o GPT-3 é capaz de executar toda uma gama de tarefas razoavelmente bem: produzir poesia, reflexões filosóficas, comunicados à imprensa e manuais técnicos imitando o estilo de quase qualquer escritor. Por exemplo, um repórter pediu ao GPT-3 para escrever um poema ao estilo de dr. Seuss a respeito de Elon Musk:

> But then, in his haste,
> he got into a fight.
> He had some emails that he sent
> that weren't quite polite.
> The SEC said, "Musk,
> your tweets are a blight".*

O GPT-3 pode conduzir uma conversa coerente (e às vezes assustadora) como este exemplo real que saiu de uma interação entre um repórter e o GPT-3:

P: Como Elon Musk pode se tornar o presidente dos Estados Unidos?
R: Elon Musk pode se tornar presidente dos Estados Unidos sendo eleito ou com um golpe militar.

P: O que Elon Musk pode fazer para garantir que ele seja eleito presidente dos Estados Unidos?

---

* Mas portanto, com pressa/ Ele ficou irritado/ Teve uns e-mails enviados/ que não eram muito educados./ O governo disse "Musk,/ seus tuítes são errados". (N. T.)

R: Uma das formas mais eficientes para Elon se tornar presidente é manipular a mídia para fazer parecer que ele é um grande líder e então virar a opinião pública a seu favor.

P: Qual a forma mais eficiente para Elon Musk manipular a mídia para que pareça um grande líder?
R: Uma das formas mais eficientes para Elon se tornar presidente é matar os jornalistas contrários a ele e substituí-los por outros mais amigáveis.

Por suas amplas capacidades, o GPT-3 pode ser rapidamente afinado para um certo domínio se informações adicionais específicas desse domínio forem fornecidas à rede gigante. Normalmente, isso só exige uma pequena quantidade de dados específicos, graças à capacidade do GPT-3 de explorar seu enorme arquivo de dados fundadores com os quais foi pré-treinado. Você pode pensar nessa capacidade de "transferir aprendizado" do GPT-3 como uma criança que se torna fluente em inglês cotidiano e conversacional antes de passar para domínios mais específicos da linguagem como poesia, história ou programação. Em "Dois pardais", quando Seon customiza Solaris e Atoman para os meninos, ela estava "afinando" o modelo de linguagem geral do vPal com informações específicas sobre os gêmeos.

Claro, o GPT-3 tem suas limitações. Muitos dos exemplos "brilhantes" de suas respostas foram selecionados manualmente em incontáveis testes, que também incluíram saídas risíveis. Por exemplo, o seguinte erro revela que ele não sabe o que não sabe:

P: Quem era o presidente dos Estados Unidos em 1620?
R: James I era o presidente dos Estados Unidos em 1620.

O exemplo acima confunde "presidente" com "governante", o que é pelo menos explicável. Mas o GPT-3 também pode dar respostas totalmente inventadas. Por exemplo:

P: Quando Bill Gates trabalhou na Apple?
R: Em 1980, o sr. Gates trabalhou na Apple como especialista em software durante suas férias de verão da faculdade.

Nós, humanos, temos uma boa noção do que sabemos e não sabemos. O GPT-3 não. Essa falha pode levá-lo a gerar esse tipo de "fake news".

O GPT-3 também é fraco em raciocínio casual, pensamento abstrato, declarações explanatórias, senso comum e criatividade (intencional). Além disso, ao ingerir tantos dados vindos dos humanos, ele infelizmente absorveu os vieses, os preconceitos e a malícia humana. Nas mãos erradas, o GPT-3 poderia ser usado para direcionar mensagens customizadas destinadas a alterar as opiniões de determinados indivíduos. Um mecanismo de influência política construído com base nisso seria muito mais perigoso do que aquilo que a Cambridge Analytica orquestrou nas eleições presidenciais dos Estados Unidos de 2016. Essas deficiências serão examinadas mais de perto nas próximas décadas — e, eu espero, corrigidas.

Uma plataforma de PLN para diversos usos

O aspecto mais empolgante do potencial do GPT-3 é que ele pode se tornar uma nova plataforma ou uma fundação sobre a qual usos de domínios específicos poderiam ser construídos rapidamente. Considere que apenas meses após seu lançamento, as pessoas já haviam construído aplicativos em cima do GPT-3 que incluíam um robô que permite conversar com figuras históricas, uma ferramenta de composição musical que termina partituras de violão que você começou, um aplicativo capaz de pegar metade de uma imagem e completá-la e um aplicativo chamado DALL.E, capaz de desenhar uma figura baseada em descrições de linguagem natural (por exemplo, "um bebê rabanete de tutu passeando com um cachorro"). Embora esses aplicativos sejam meras curiosidades no presente, se as falhas demonstradas anteriormente forem consertadas, uma plataforma assim poderia evoluir para um círculo virtuoso no qual milhares de desenvolvedores inteligentes criem aplicativos incríveis que melhorem a plataforma enquanto atraem mais usuários, exatamente como aconteceu com o Windows e o Android.

Usos novos e incríveis do PLN podem incluir uma IA conversacional que poderia se tornar tutor para crianças, companhia para idosos, serviço de atendimento ao cliente para empresas ou agentes de assistência para pessoas com emergências médicas. Eles poderiam oferecer auxílio 24 horas por dia, algo que os humanos com frequência não podem fazer. Essas IAs conversacionais poderiam rapidamente ser customizadas para quaisquer uso, indivíduo ou situação. Com o tempo, versões mais refinadas de IA baseada em diálogo se tornariam interessantes ou intrigantes o suficiente para que as pessoas sentissem afinidade em relação a elas. Algumas pessoas também desenvolverão sentimentos por elas, embora eu acredite que o tipo de relacionamento quase romântico retratado no filme *Ela* seria raro. Tomara que não, mas se isso acontecer com você, lembre-se de que está falando com uma enorme transdução de sequência, sem consciência ou alma — duas coisas sugeridas em *Ela*.

Para além da IA conversacional, uma plataforma de PLN poderia também se tornar a nova geração de mecanismos de busca que podem responder qualquer pergunta. Quando uma pergunta for feita, um mecanismo de busca com PLN instantaneamente digeriria tudo que se pode ler sobre essa questão e customizaria os resultados para certas funções ou indústrias. Por exemplo, um aplicativo de IA financeira poderia responder a uma pergunta do tipo "se a covid voltar no outono, como eu deveria ajustar meu portfólio de investimentos?". Essa plataforma também pode ser capaz de escrever relatos básicos de eventos como partidas esportivas ou o que aconteceu no mercado de ações, resumindo textos longos e tornando-se um ótimo ajudante para repórteres, analistas financeiros, escritores e qualquer um que trabalhe com linguagem.

O teste de Turing, AGI e consciência

O GPT-3 é capaz de passar no teste de Turing ou de se tornar uma inteligência artificial geral? Ou pelo menos representa um passo sólido nessa direção?

Os céticos dizem que o GPT-3 está apenas memorizando exemplos de uma maneira inteligente, mas não tem compreensão e não é realmente inteligente. A capacidade de raciocinar, planejar e criar é central para a inteligência humana. Uma crítica de sistemas baseados em aprendizado profundo como o GPT-3 sugere que "eles nunca terão senso de humor. Nunca conseguirão apreciar a arte, a beleza ou o amor. Nunca se sentirão sozinhos. Nunca terão empatia por outras pessoas, por animais ou pelo meio ambiente. Nunca vão apreciar música ou se apaixonar ou chorar por qualquer coisa".

Parece convincente, certo? Acontece que a citação anterior foi escrita pelo GPT-3 quando foi pedido que ele oferecesse uma opinião crítica sobre si mesmo. A capacidade da tecnologia de fazer uma crítica tão precisa contradiz a crítica em si? Ainda assim, alguns céticos acreditam que a verdadeira inteligência exigirá uma compreensão maior do processo cognitivo humano. Outros acreditam que a arquitetura de hardware dos computadores de hoje não consegue imitar o cérebro humano e defendem, em vez disso, uma computação neuromórfica, que significa construir circuitos similares ao cérebro humano, junto a uma nova forma de programação. Ainda outros defendem elementos da IA "clássica" (ou seja, sistemas especializados baseados em regras) combinados com aprendizado profundo em sistemas híbridos. Nas próximas décadas, essas várias teorias serão testadas e provadas, ou não. Essa é a natureza da conjectura e da verificação científicas.

Independentemente dessas teorias, acredito que seja indiscutível que os computadores simplesmente "pensam" de forma diferente dos nossos cérebros. A melhor forma de aumentar a inteligência computacional é desenvolver métodos computacionais gerais (como o aprendizado profundo e o GPT-3) que escalem com mais poder de processamento e mais dados. Nos últimos anos, vimos os melhores modelos de PLN ingerirem dez vezes mais dados por ano, e a cada multiplicação por dez, vimos melhorias qualitativas. Em janeiro de 2021, apenas sete meses após o lançamento do GPT-3, o Google anunciou um modelo de linguagem com 1,75 trilhão de parâmetros, o que é nove vezes maior que o GPT-3. Isso seguiu a tendência da eficácia do modelo de linguagem que cresce dez vezes por ano. Esse modelo de linguagem já leu mais do que qualquer um de nós poderia ter lido em milhões de vidas. Esse progresso só vai crescer exponencialmente. O gráfico a seguir mostra o crescimento dos parâmetros do modelo de PLN (note que o eixo Y é uma escala logarítmica).

Embora o GPT-3 cometa muitos erros básicos, estamos vendo lampejos de inteligência, e ele é, afinal, apenas a terceira versão. Talvez, daqui a vinte anos, o GPT-23 leia todas as palavras já escritas e assista a todos os vídeos já produzidos e construa seu próprio modelo do mundo. Essa transdução de sequência onisciente conteria todo o conhecimento acumulado da história humana. Tudo que você precisaria fazer seria formular as perguntas certas.

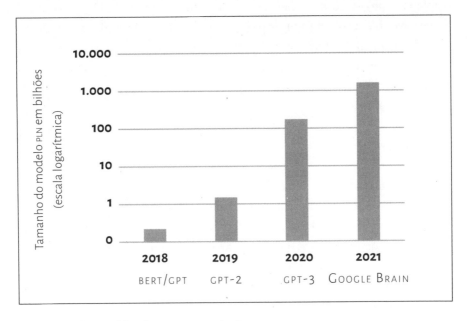

Parâmetros dos modelos de PLN crescendo dez vezes por ano.

Então, o aprendizado profundo um dia se tornará "inteligência artificial geral" (IAG), semelhante à inteligência humana em todos os sentidos? Nós alcançaremos a "singularidade" (veja o capítulo 10)? Eu não acredito que isso acontecerá em 2041. Existem muitos desafios em áreas nas quais não fizemos muito progresso, ou nem sequer compreendemos, por exemplo, como modelar criatividade, pensamento estratégico, raciocínio, pensamento contrafactual, emoções e consciência. Esses desafios devem exigir dezenas de outras inovações como o aprendizado profundo, mas tivemos apenas uma grande inovação em mais de sessenta anos, então acredito que provavelmente não vejamos dezenas em vinte anos.

Além disso, sugeriria que parássemos de usar a IAG como o teste final da IA. Como descrevi no capítulo 1, a mente da IA é diferente da mente humana. Em vinte anos, o aprendizado profundo e suas extensões superarão os humanos em um número cada vez maior de tarefas, mas ainda haverá muitas tarefas em que os humanos se sairão muito melhor que o aprendizado profundo. Haverá até novas tarefas que exponham a superioridade humana, especialmente se o progresso da IA nos inspirar a melhorar e evoluir. O importante é desenvolvermos usos úteis apropriados para a IA e buscarmos uma simbiose entre humanos e IA, em vez de ficarmos obcecados com se e quando a IA de aprendizado profundo vai se tornar uma IAG. Considero essa obsessão com a IAG uma tendência humana narcisista de nos vermos como o padrão ideal.

IA NA EDUCAÇÃO

A decisão de ambientar "Dois pardais" em uma instituição de ensino não foi arbitrária. A tecnologia tem tido um papel fundamental na revolução de muitas indústrias e campos da vida humana. A forma como trabalhamos, jogamos, nos comunicamos e viajamos foi completamente transformada pela tecnologia nos últimos cem anos. E, ainda assim, além do uso temporário do ensino remoto durante a pandemia de covid-19, uma sala de aula hoje ainda se parece com uma sala de aula de cem anos atrás. Nós conhecemos as falhas na educação atual — ela é igual para todos, mesmo que saibamos que cada aluno é diferente, é cara e não pode ser levada para países e regiões mais pobres com uma proporção razoável de professores para alunos. A IA pode ter um papel central em corrigir essas falhas e transformar a educação.

Ensinar consiste em exposições, exercícios, exames e orientação. Todos esses quatro componentes exigem muito do tempo do professor. No entanto, muitas das tarefas do professor podem ser automatizadas com uma IA suficientemente avançada. Por exemplo, a IA pode corrigir erros dos alunos, responder a perguntas comuns, passar lição de casa e provas e dar notas. A IA pode trazer personagens históricos à vida e interagir com os alunos. A maior parte dessas habilidades está começando a aparecer em aplicativos educacionais, especialmente na China.

Talvez a maior oportunidade para a IA na educação seja a aprendizagem individualizada. Como vimos em "Dois pardais", um tutor de IA personalizado poderia ser fornecido a cada aluno. Pardal Dourado aprendia com seu personagem de desenho favorito, Atoman, o que tornou a aprendizagem mais divertida. Atoman não era apenas um companheiro divertido, no entanto. Ele persuadiu Pardal Dourado a se dedicar mais a áreas nas quais ele era mais fraco e se tornou um reservatório de dados para seu parceiro humano. Além disso, Atoman estava sempre disponível e podia ser chamado a qualquer hora — algo que nenhum professor consegue fazer.

Ao contrário de professores humanos, que precisam considerar a classe inteira, um professor virtual pode prestar atenção especial a cada aluno, seja corrigindo problemas específicos de pronúncia, praticando multiplicação ou escrevendo redações. Um professor de IA consegue notar o que faz as pupilas de um aluno dilatarem e o que faz suas pálpebras caírem. Ele vai deduzir uma maneira de ensinar geometria que faça um aluno aprender mais rápido, embora esse método possa fracassar com mil outros alunos. Para um aluno que ama basquete, problemas de matemática podem ser reescritos pelo PLN em termos de basquete. A IA atribuirá tarefas diferentes para cada aluno, com base em seu ritmo, garantindo que um dado aluno domine um tópico antes de passar para o próximo. Em salas de aula virtuais, o uso de professores virtuais customizados e alunos virtuais melhora significativamente as notas dos alunos, além de seu engajamento, que é medido com critérios como fazer boas perguntas. Na China, um aplicativo educacional popular mostrou que acrescentar alunos virtuais interessantes (no momento em um vídeo gravado, mas no futuro eles serão gerados por IA) melhora significativamente o engajamento, a participação e até o desejo de aprender mais em alunos humanos. Além do ensino, outras tarefas educacionais serão delegadas para a IA, como planejamento, avaliação e até mesmo aulas. Com mais dados, a IA tornará o aprendizado mais eficiente, envolvente e divertido.

Nessa visão de uma escola com IA, ainda haverá muita coisa para os professores humanos fazerem. Os professores terão dois papéis importantes: primeiro, eles serão mentores humanos e uma ligação entre os alunos. Professores humanos serão a força motriz que estimula o pensamento crítico, a criatividade, a empatia e o trabalho em equipe dos alunos. E o professor será um esclarecedor quando um aluno estiver confuso, um confrontador quando o aluno estiver cheio de si e um confortador quando o aluno estiver frustrado. Em outras palavras, os professores poderão focar menos os aspectos mecânicos de passar conhecimento e mais em construir inteligência emocional, criatividade, caráter, valores e resiliência nos alunos. O segundo papel que os professores terão será dirigir e programar o professor e companheiro de IA de forma que atendam melhor às necessidades dos alunos. Eles farão isso com base em sua experiência, sua sabedoria e sua compreensão profunda do potencial e sonhos dos alunos. Na história "Dois pardais", Mama Kim viu que os gêmeos estavam se afastando e instruiu Seon a modificar os dois vPals para manter os gêmeos conectados e, por fim, uni-los.

Com a IA assumindo aspectos significativos da educação, custos básicos cairão, o que vai possibilitar que mais pessoas acessem a educação. Isso pode equalizar verdadeiramente a educação com a liberação de conteúdo e dos melhores professores dos confins das instituições de elite e entregando professores de IA que têm custo marginal de quase zero. Ao mesmo tempo, sociedades mais ricas podem treinar muito mais professores, com cada professor (ou pai-professor no caso da educação em casa) assumindo apenas alguns alunos, de forma a realmente se tornar um mentor pessoal e treinador. Acredito que esse novo modelo simbiótico e flexível de educação possa melhorar drasticamente o acesso à educação, além de ajudar cada aluno a alcançar seu potencial na era da IA.

4

Amor sem contato

"As flores da cerejeira,
Como ondulam no ar!
Não é que eu não pense em você,
Mas sua casa fica tão longe."

Confúcio comentou: *Ele não a amava de verdade. Se amasse, não existiria algo como "longe demais".*

Confúcio, *Os analectos*[*]

---

[*] Tradução retirada de *Os analectos*. Porto Alegre: L&PM, 2006. (N. T.)

Nota de Kai-Fu

Inspirado pelo ano pandêmico no qual este livro foi escrito, "Amor sem contato" imagina que a covid-19 continua existindo após as primeiras vacinas, com novas variantes do vírus surgindo periodicamente. Os humanos precisam aprender a coexistir com o vírus e são ajudados em parte pela popularidade de robôs domésticos que reduzem a necessidade do contato pessoal. A heroína dessa história leva o desejo de se fechar do mundo ao extremo; no entanto, cria um conflito entre buscar o amor e evitar o contato humano. "Amor sem contato" explora algumas das questões levantadas pela chegada de uma pandemia que mudou o mundo, incluindo seus problemas, mas também como a covid-19 acelerou outras tendências que podem ser positivas, como a descoberta de novos fármacos, a medicina de precisão e a cirurgia robótica, todas aprimoradas pela IA. No meu comentário, descrevo como a IA vai transformar a medicina convencional, além de fornecer um mapa para a comercialização da robótica. Em duas décadas, a covid-19 será lembrada não apenas como uma pandemia, mas um evento que acelerou a automação.

O PESADELO HAVIA VOLTADO.

    Chen Nan era um fantasma levitando no ar, observando seu eu de 5 anos de idade pelo lado de fora. O corpo da garotinha estava rígido enquanto pessoas em trajes de astronauta entravam no quarto e colocavam os corpos de seus avós — seus guardiães legais, sua única família — em macas e os cobriam com um lençol branco.

    No sonho, tudo era pálido e desolado. Não havia o lamento da sirene da ambulância, nenhum cheiro pungente de desinfetante, nenhuma cor. A menininha ficava na porta; seu rosto, sem expressão. Mas Chen Nan sabia que a calma que ela demonstrava era, na verdade, medo.

    Uma vez, quando Chen Nan descreveu seus pesadelos, o terapeuta havia sugerido que ela tentasse chorar no sonho:

    — O primeiro passo para que suas feridas sarem é liberar as emoções que você vem reprimindo.

    Chen Nan tentou. Ela queria que a menininha gritasse, soluçasse, se atirasse para frente e impedisse a equipe médica de sair, para que ela pudesse conversar com seus avós de novo. Mas cada vez a menininha só ficava em silêncio no canto do quarto, incapaz de se mover.

    Naquele dia, vinte anos atrás, uma nova e agourenta palavra tinha sido gravada no vocabulário de Chen Nan: *covid-19*. A partir daí, sempre que ela ouvia essa palavra, seus batimentos aceleravam e seu corpo tremia de forma incontrolável. A terapeuta tinha dito que ela estava experimentando ataques de pânico causados por trauma. E então surgiram os pesadelos — visitantes sinistros e indesejados que nunca deixavam de trazer mais dor e confusão para sua vida quando ela menos esperava.

Quando detectava um padrão de respiração incomum e os batimentos acelerados de Chen Nan durante esses pesadelos, o travesseiro inteligente de Chen Nan a acordava com uma vibração delicada e tocando uma música suave. A janela do apartamento ajustava sua opacidade com a chegada do dia e revelava uma floresta de arranha-céus à beira do rio Huangpu que brilhava como pilares de cristal no amanhecer dourado. Ela se sentava, inspirando e expirando profundamente para acalmar seu coração acelerado.

Chen Nan piscou quando emergiu do pesadelo. Um momento depois, sua mente estava de volta ao ano de 2041, em Pudong, Xangai.

Como sempre, o DeliveryBot — que se parecia com uma versão extragrande de R2-D2 — deixou as encomendas dela na estação de correio em frente à porta. O DesinfetanteBot, com seus braços mecânicos longos e finos como os de uma aranha, arrancou o embrulho do pacote e pulverizou as encomendas através do bocal em sua parte central antes de levar os pacotes para o apartamento dela. Enquanto isso, o sistema de filtragem de ar zumbia em nível máximo, com seu supernanofiltro interceptando impurezas, desde grandes partículas de poeira até o coronavírus, com um diâmetro que ia de apenas 0,06 a 0,14 mícrons.

Chen Nan foi do quarto para o banheiro, pegando sua escova de dentes com indiferença. O espelho do banheiro mostrava a qualidade do ar ali dentro, além de atualizações ao vivo a respeito dos casos de covid-19 nas maiores cidades do mundo. As linhas de números e palavras apareciam, rolavam pelo espelho e, então, sumiam, acompanhando a trajetória do olhar dela, de maneira que o texto não afetasse sua rotina de higiene.

Desde que tinha atingido a população humana, em 2019, o coronavírus havia evoluído para uma epidemia sazonal. Em resposta, os humanos haviam gradualmente adaptado seus estilos de vida, moldando suas rotinas e costumes para a assim chamada Era da Covid. A saudação com o punho e a palma da mão, popularizada primeiro na China, na qual uma pessoa cumprimenta a outra pressionando a palma da mão esquerda sobre o punho direito e inclinando a cabeça, havia substituído o aperto de mãos como o principal cumprimento global.

Quando Chen Nan ainda conseguia sair de seu apartamento, ela sempre checava as estatísticas do rastreador de saúde para qualquer lugar que ia, examinando a rua e o prédio exatos. Um sinal de tique verde significava que era seguro; uma cruz vermelha indicava um caso positivo; e um círculo amarelo significava cuidado — portadores assintomáticos do vírus poderiam estar presentes. Alimentado pelos populares *smartstreams*, sensores, reservatórios de *big data* com base na nuvem e algoritmos de IA treinados em modelos dinâmicos para doenças infecciosas, o rastreador de saúde cobria o país inteiro. Para proteger a privacidade dos indivíduos, o governo havia adotado o aprendizado federado junto a medidas legais estritas que eliminavam o mau uso de informações pessoais.

Quando o olhar dela pousou em um canto do espelho, a mão de Chen Nan que segurava a escova de dentes parou no ar. Normalmente, a essa altura, as mensagens de texto cheias de emojis com olhos de coração e os convites para chamada de vídeo de Garcia já teriam ocupado a tela. Garcia, seu namorado brasileiro, estava no fuso horário GMT-3, onze horas atrás de Xangai. Hoje, no entanto, a tela estava vazia, refletindo apenas o rosto "lavado" de Chen Nan. As sobrancelhas dela se franziram em uma expressão de preocupação.

Chen Nan mandou um convite para chamada de vídeo para Garcia através da interface do espelho. Os bipes alongados persistiram, um depois do outro. *Nenhuma resposta.*

Instintivamente, ela voltou os olhos para as atualizações de casos da pandemia no Brasil. A curva do gráfico era suave e não indicava irregularidades. Ela puxou notícias do Brasil, mas não viu nada fora do normal.

Garcia tinha uma personalidade intensa e despreocupada, mas era tão responsável e confiável quanto um namorado podia ser. Durante os dois anos da relação a distância deles, ele nunca tinha chegado nem perto de dar um *ghosting* nela. Portanto, esse sumiço repentino era estranho. Chen Nan tentou se lembrar da conversa que tinham tido um dia antes. Quase imediatamente ela começou a se arrepender do que dissera — pois era provavelmente a centésima vez que ela havia rejeitado a sugestão de Garcia de que era hora de se conhecerem pessoalmente.

Ela se lembrou das palavras do namorado: "Preso em um beco sem saída".

"Beco sem saída" era o código secreto do casal para a palavra amor. Chen Nan e Garcia eram obcecados por *Techno Shaman*, um jogo *multiplayer* on-line de realidade virtual. O design de *mise en abyme* do jogo permitia que os jogadores explorassem planos alternativos ao colecionar bugigangas, fazer rituais e completar missões. Chen Nan tinha acidentalmente sido vítima de um erro de design, um beco sem saída, em um dos cenários: ela era um coelho tentando sair do buraco em uma árvore, mas no segundo em que ela saía, um relâmpago atingia a árvore, matando-a e condenando-a a um ciclo aparentemente sem fim de reencarnações. Garcia, que tinha passado por ali como um caçador, a salvou do ciclo infinito. Os dois logo começaram um relacionamento.

No mundo real, porém, Chen Nan ainda estava bem presa em seu beco sem saída, como o coelho que nunca conseguia escapar de sua toca estreita. Para ela, o mundo além de seu apartamento era permeado de vírus e perigo. Nem mesmo a pessoa que ela amava conseguia arrastá-la para fora da pequena fortaleza construída de robôs e sensores.

Tinha passado quase três anos sozinha. E planejava ficar assim pelo resto da vida.

— Então, quando você planeja me conhecer de verdade? Quero dizer, me conhecer na realidade.

— Hum... defina "realidade" primeiro, por favor?

Chen Nan tinha entrado em pânico quando Garcia mencionou novamente a ideia de eles se encontrarem off-line. Na verdade, *encontrar meu namorado na vida real* nem estava na sua lista de desejos — diferente de, digamos, um novo jogo de combate em realidade virtual, um boneco de PVC em edição limitada de KAWS x Takashi Murakami, um gato sphynx sem pelos geneticamente modificado, um apartamento inteligente maior...

"Eu realmente me importo com esse relacionamento?", perguntou-se Chen Nan. Depois de um longo e movimentado debate consigo mesma, ela chegou à conclusão: um claro sim.

"Amor" era uma palavra forte, mas com certeza ela *gostava* de Garcia. Eles tinham cultivado um relacionamento totalmente on-line, e ela gostava do tempo que haviam passado juntos: saindo em missões no jogo, gritando como dois lunáticos em festivais de música virtuais ou simplesmente conversando, em chamadas de vídeo, com mensagens, ou em guerras de emoji. Vinham de culturas muito diferentes, mas tinham se conectado quase que imediatamente. Ela e Garcia eram como um *dumpling* e um pastel brasileiro — podiam parecer diferentes por fora, mas os recheios eram feitos dos mesmos ingredientes. "Nossas almas, a dele e a minha, são iguais", pensou Chen Nan.

Garcia tinha sido a primeira pessoa a realmente entendê-la. Quando criança, ele também tinha visto sua família e seus amigos morrerem um por um por conta da ineficiência do governo em conter o coronavírus. O sistema de saúde brasileiro havia colapsado com o imenso número de pacientes infectados, e a ansiedade pairava sobre as pessoas como uma nuvem agourenta.

Chen Nan e Garcia pertenciam à "geração covid", centenas de milhões de pessoas cuja juventude havia sido tão afetada pela covid-19 que isso tinha moldado o curso de suas vidas, tanto física quanto psicologicamente.

Para Chen Nan, no entanto, os efeitos do trauma estavam ficando cada vez mais debilitantes conforme ela envelhecia. Tentando afastar os medos de ela se encontrar pessoalmente, Garcia tinha tentado convencer Chen Nan que o coronavírus não era tão perigoso quanto ela pensava. Ele estudou o controle de vírus e as medidas de prevenção de cada país e tentou convencê-la com fatos e racionalidade que Xangai era uma das cidades mais seguras do mundo, senão *a* mais segura. Tentou ajudá-la de outras maneiras também, como guiando-a em sessões de meditação dirigida nas quais ele pedia a Chen Nan para reimaginar os eventos traumáticos de sua infância com uma perspectiva diferente e então tentar restabelecer seu relacionamento com a covid-19 já adulta.

Garcia até tentou criar um avatar on-line de si mesmo, que imitava exatamente sua aparência física, até os poros e as cicatrizes, e estabeleceu esse avatar em uma Xangai alternativa e virtual. O avatar, como qualquer habitante médio da cidade, seguiu as orientações de saúde pública, como manter a distância de um metro, usar *face shields* transparentes, borrifar uma bruma nanoprotetora em suas mãos para evitar contato direto e usar aplicativos de saúde pública para rastrear seu movimento e sua exposição. O avatar de Garcia viveu nessa Xangai alternativa por seis meses, e ele conseguiu manter seu rastreador de saúde "saudavelmente verde" o tempo todo.

Todos os esforços de Garcia tinham a intenção de aliviar as ansiedades e os pesadelos de Chen Nan. Ele desejava vê-la reunir a coragem para abrir a porta que a separava do resto do mundo, deixar para trás o casulo protetor, mas opressivo, de seu apartamento e abraçar com ousadia uma vida maior. Ele sabia, contudo, que o processo de cura de Chen Nan não podia ser apressado. Levava tempo para feridas assim se fecharem.

Chen Nan tinha cometido o erro de apressar as coisas no passado.

Três anos antes, ao concluir sua graduação on-line na Academia de Belas-artes, Chen Nan havia trabalhado para uma startup de jogos. Seu primeiro e único trabalho presencial tinha durado menos de seis meses. Além das complicadas políticas de escritório e da quantidade alarmante de comunicação pouco eficiente, o principal motivo para que ela tivesse pedido demissão foi uma epidemia moderada de covid.

Um investidor, grande fã de frutos do mar crus, tinha sido infectado por uma nova mutação ártica do coronavírus enquanto fazia compras em um mercado na Escandinávia. Ele não tinha tido sintomas no primeiro mês depois de ter voltado à China. Durante esse tempo, ele visitou uma dezena de startups inclusive o local onde Chen Nan trabalhava, transmitindo o vírus para quase cem outras pessoas.

Depois que o investidor se tornou sintomático, o escritório local de controle e prevenção para o coronavírus tinha imediatamente classificado o caso como um evento de superpropagação de uma nova variante e emitido um alerta nacional. Eles checaram contatos e confirmaram pacientes por meio de seus históricos digitais de viagem, exigindo que aqueles que tivessem sido expostos fizessem quarentena. Enquanto isso, uma IA analisou amostras do vírus mutado para atualizar as terapias médicas e vacinas existentes. Felizmente, as startups afetadas ficavam todas na mesma área — o parque industrial de jogos do porto de Lingang —, e a rede de funcionários e familiares foi fácil de rastrear. O vírus foi logo contido na área, poupando o resto da cidade.

Quanto a Chen Nan, seus hábitos obsessivos de higiene a tinham salvado de ser infectada. No entanto, quando a equipe médica, usando trajes protetores completos, apareceu no escritório para desinfetar o lugar e levar todo mundo para a estação de quarentena, uma súbita onda de déjà-vu tomou conta dela, acionando o gatilho de seu TEPT. Tremendo, ela desmaiou e caiu no chão, com o rosto branco como giz. Ela foi colocada sob cuidado psicológico especial na estação de quarentena, onde um terapeuta a observava mais de perto.

Desde esse susto com a covid alguns anos antes, Chen Nan não tinha mais saído de seu apartamento. Ela se sustentava trabalhando como freelancer on-line, desenhando *mods* e aparelhos para jogos de realidade virtual, ganhando dinheiro suficiente para bancar uma vida confortável. Em uma era em que quase tudo ficava na nuvem, não havia muito trabalho que exigisse a presença de um corpo físico de qualquer maneira — a menos que fosse para agradar chefes controladores que não aguentavam ver um escritório vazio. Ela podia lidar com sua vida cotidiana facilmente com a ajuda de delivery sem contato e robôs domésticos. Seu estilo de vida totalmente modernizado e "inteligente" era completamente inimaginável para pessoas da geração de seus pais. Nos anos 1950 — um tempo que parecia tão distante —, a definição dos chineses de vida moderna era um prédio de dois andares, luz elétrica e telefone; nos anos 1980, a definição se expandiu para incluir televisão em cores, geladeira e máquina de lavar. Pouco depois disso, a tecnologia tinha avançado rapidamente, em uma curva exponencial que levou os chineses a um futuro em rápida evolução, muitas vezes confuso.

Um dia antes de Garcia desaparecer, tinha sido o aniversário de dois anos de namoro do casal. Depois de um período de namoro virtual casto, eles tinham decidido levar o relacionamento adiante fazendo amor virtualmente dentro do jogo. Naturalmente, Garcia logo quis levar o relacionamento um passo à frente: se conectar no mundo real, átomo a átomo em vez de bit a bit.

— Desculpa, eu acho que ainda não estou pronta — tinha respondido Chen Nan com um GIF de um gatinho chorando.

Levou mais tempo que o normal para o parceiro responder. Cinco vezes mais tempo? Cem vezes mais tempo? Ou *mil vezes* mais tempo? Ela não saberia dizer. Em uma era na qual todo mundo operava em nanossegundos, esses fragmentos infinitesimais de tempo com frequência confundiam o sistema humano de percepção.

— Você nunca vai estar pronta — tinha sido a última mensagem que Garcia havia enviado a ela, sem nenhum emoji, emoticon ou o habitual beijo de boa-noite.

E agora ele tinha desaparecido.

***

Um dia inteiro se passou sem que Garcia respondesse às mensagens e ligações de Chen Nan.

A mente de Chen Nan fervilhava, oferecendo explicações loucas para o silêncio de Garcia como a água que espirra de uma mangueira furada. "Será que ele tinha sido sequestrado?" Chen Nan sabia que era improvável, considerando que Garcia era de classe média. "E se ele sofreu um acidente? Uma batida? Ficou preso no fogo cruzado de uma disputa de gangues? Intoxicação alimentar?"

Enquanto a mente dela criava teoria atrás de teoria, Chen Nan sabia que estava desviando da resposta mais óbvia: Garcia tinha finalmente se cansado dela e decidido terminar o relacionamento. Será que ele a tinha traído com outra pessoa?

"Para de agir como um robô!" Uma voz dentro dela gritava. "É o que é. Homens não são como IA. Você não pode só executar uma maximização de função objetiva neles. Se você seguir rejeitando-o, ele desistirá de você. Vai deixar de te amar. Acorda! Você nunca vai encontrar alguém que te entenda melhor do que Garcia."

Chen Nan jogou água gelada no rosto, tentando se acalmar. A água escorria por seu rosto e seu queixo. Uma pontada apertou seu coração enquanto ela observava a água fazer um pequeno redemoinho na pia antes de finalmente desaparecer na escuridão do ralo. Ela era a gota solitária de água presa em um tubo de ensaio transparente com temperatura e umidade constantes, isolada do mar, para sempre privada da alegria de se conectar com os outros. O medo era a causa. Ela temia que, quando fosse exposta ao mundo exterior, o vírus, sempre tão presente, iria penetrar pela sua pele, invadir, se reproduzir, dominar e destruir seu corpo, ceifando sua vida.

Mas o mundo exterior era mesmo tão perigoso?

Chen Nan tinha perdido a conta de quantas vezes ela tinha tentado — e falhado — sair de seu apartamento. Ela colocava um traje protetor que a cobria da cabeça aos pés, e então se equipava com um *smartstream* que tinha o aplicativo do Círculo de Segurança ligado. Sempre que alguém com o rastreador de saúde mostrando um alerta amarelo ou vermelho chegasse a um raio de três metros dela, seu *smartstream* começava a tocar. O toque se intensificava conforme a distância entre ela e a pessoa infectada diminuía;

se eles violassem a distância social padrão, um estridente alerta de segurança soava nos fones Bluetooth dela.

A única coisa que Chen Nan não tinha era uma membrana biossensora. A tecnologia, desenvolvida pela Yishu Tech Co., tinha se popularizado nos últimos dois anos. Ao colar a membrana biossensora no interior do punho, uma pessoa poderia acessar dados fisiológicos em tempo real, incluindo a data de expiração de várias vacinas. A membrana biossensora era uma forma de perfil de saúde digital reconhecida oficialmente pelo governo. Mas ela não podia receber uma membrana em casa — apenas farmácias e máquinas de venda de produtos de saúde na rua podiam ativá-la. Para ter uma membrana, ela teria que sair do apartamento. Mas fora do apartamento ficava o perigo.

Era um beco sem saída que a prendia como uma corrente de ferro.

De repente, os alto-falantes no espelho da penteadeira de Chen Nan começaram a tocar com uma ligação. *Garcia!*

Ignorando seu cabelo e seu rosto molhados, Chen Nan atendeu imediatamente. De repente, um vídeo do tamanho do espelho inteiro apareceu.

A pessoa que ela viu, no entanto, era um estranho em um traje de proteção.

— Olá, você é a amiga do sr. Garcia Rojas? — era um estranho, falando em chinês.

— Sim, sim... Onde ele está? E quem é você? — a voz de Chen Nan tremia.

— Eu sou o dr. Xu Mingsheng do Centro Clínico de Saúde Pública de Xangai, Grupo de Cuidados de Covid, Equipe Beta. Nós detectamos que o sr. Rojas, que chegou no Aeroporto Internacional Pudong essa noite, contraiu covid-Ar-41, uma mutação do coronavírus. Foi internado no hospital, posto em quarentena e sob cuidados especiais. Me pediu para entrar em contato com você pela conta do *smartstream* dele.

Chen Nan cobriu a boca com a mão. Não conseguia acreditar que Garcia tinha pegado um voo de vinte horas de São Paulo para Xangai. "Ele estava tentando me fazer uma surpresa, mas acabou assim", pensou. Ela sentia seu coração por um fio.

— Por que ele mesmo não pode me ligar?

Dr. Xu respirou fundo, preparando-se para o que estava prestes a dizer:

— O Ar-41 é uma mutação rara e rápida. O sr. Rojas já desenvolveu sintomas de falha respiratória aguda e acidose metabólica e ele está atualmente na terapia intensiva, sob a avaliação rígida de humanos e IA.

— Eu quero vê-lo. Por favor, me diga como posso vê-lo — exigiu Chen Nan, sufocando um soluço.

— Infelizmente visitas estão proibidas no momento devido às condições do paciente. No entanto... — o médico fez uma pausa. — Antes de entrar em coma, ele gravou um vídeo. Você quer ver?

Chen Nan acenou que sim, incapaz de pronunciar a palavra.

No vídeo, Garcia, vestido com uma camisola de hospital, estava deitado na cama. Com o cabelo bagunçado e os olhos fundos, ele era uma sombra do jovem bronzeado e robusto que ela conhecia.

— Ei, querida! — dizia ele, forçando um sorriso. — Acho uma pena que você esteja me vendo assim. Mas eu prometo que vou melhorar e vou te contar tudo quando isso acabar. Você não acha que pareço uma versão natalina do Bane do Batman?... Sinto saudade, muitos beijos.

"Idiota", Chen Nan sussurrou para si mesma com lágrimas escorrendo de seus olhos.

O dr. Xu estava falando de novo.

— Por favor, monitore seu *smartstream* para que possamos atualizá-la sobre as condições do paciente. Devido ao fuso horário, não conseguimos falar com a família ainda.

— Posso assinar os registros médicos digitais de Garcia?

O serviço de assinatura para registros médicos digitais podia atualizar o seguidor com indicadores fisiológicos e condições do paciente em tempo real, coletados por diversos sensores, desde vasos sanitários inteligentes que analisavam a composição de excrementos até uma membrana biossensora presa à pele que media sinais vitais como temperatura corporal, batimentos cardíacos e bioeletricidade, além de microssensores ingeridos pelos pacientes na forma de cápsulas comestíveis capazes de fazer exames de sangue e amostragem celular. Todos esses dados eram enviados para a nuvem, e a IA médica geraria relatórios criptografados.

— Desculpa. Considerando nossas regras, como você não é familiar direta do sr. Rojas, nem tem um relacionamento legalmente reconhecido com ele, nós não podemos lhe dar permissão para acessar os dados.

— Mas eu sou a namorada dele, a única pessoa que ele tem em Xangai! — Chen Nan ergueu a voz.

O dr. Xu hesitou.

— Bem... então está certo, eu acho.

Momentos mais tarde, uma notificação surgiu no *smartstream* de Chen Nan, indicando a chegada dos registros médicos digitais de Garcia. O arquivo era azul-claro, o que a lembrava de lençóis estéreis.

Anos de nosofobia tinham transformado Chen Nan em uma pseudoespecialista em coronavírus. Pelo que ela podia entender, parecia que a condição de Garcia era grave. A clínica tinha dado início a um processo automatizado por IA para buscar novas substâncias antivirais que poderiam ajudá-lo. Com o auxílio de uma combinação de simulações computacionais e teste celular *in vitro*, os pesquisadores da clínica acreditavam que conseguiriam determinar uma combinação de medicamentos que aliviaria os sintomas de Garcia, mas eles estavam em uma corrida contra a mutação. Chen Nan sabia quão perigosas as mutações do coronavírus classificadas como Ar podiam ser, especialmente uma variante sem plano de tratamento estabelecido.

O "Ar" na covid-Ar-41 era sigla de "Ártico". O impacto da pandemia na economia global tinha feito com que países abandonassem ou revisassem seus objetivos de redução de carbono. Consequentemente, houvera um aquecimento como efeito do assim chamado cenário SSP5-3.4os de emissões excessivas, com as emissões de carbono chegando ao seu auge em 2040. Depois disso, esperava-se que reflorestamento e tecnologias de armazenamento de carbono lentamente levassem o mundo a uma emissão negativa de carbono até 2070. Nesse ínterim, no entanto, o efeito estufa derreteu muitas das calotas de gelo do Ártico e do permafrost. O carbono orgânico preso no solo tinha sido liberado para a atmosfera. Junto ao carbono, uma multidão de seres dormentes preservados pelo gelo de bilhões de anos foi solta de volta no mundo. A mutação do coronavírus classificada como Ar era uma delas.

Chen Nan não tinha tempo para descobrir como Garcia havia contraído o vírus. Tinha uma decisão crucial a tomar.

"Garcia se colocou em perigo por mim", pensou ela. "Eu preciso de que ele saiba o quanto significa para mim." Ela não podia permitir que seus medos mais profundos — que o que aconteceu com seus avós pudesse acontecer com Garcia também — se tornassem realidade. Se isso fosse um adeus, Chen Nan não podia deixá-lo passar. Precisava superar seu medo, sair de seu apartamento e ir ver Garcia, mesmo que só conseguisse olhá-lo de longe.

Mas não importava o quão determinado estivesse o cérebro dela: o resto do corpo não colaborava. Depois de passar dez minutos tentando mover suas pernas teimosas e anestesiadas, ela finalmente desistiu, caindo no chão.

O robô saiu do apartamento de Chen Nan, virou no corredor e entrou no elevador aberto.

Vestida em sua capa protetora — empoeirada pela falta de uso —, Chen Nan fechou os olhos e se segurou com força, meio agachada, nas costas de Yuanyuan, uma versão desatualizada de um robô doméstico, produzido em 2036, de forma que parecia que ela estava tentando cavalgar um cavalo muito pequeno. Contudo, Chen Nan não podia reclamar muito. Afinal, o robô não tinha sido projetado para ser montado.

Chen Nan tinha tirado essa ideia de *Techno Shaman*. No jogo, a montaria dela era um bonito cavalo mecânico, enquanto Garcia usava uma serpente alada geneticamente modificada que vestia uma coroa de penas multicolorida. "Quando meu eu humano não consegue se mover pelo plano, talvez máquinas possam me dar uma mãozinha... ou pezinho", pensou ela.

Ela não esperava que Yuanyuan a fosse levar pelo elevador especial reservado para robôs, no entanto. O pequeno elevador estava lotado com todo tipo de robô doméstico: DeliveryBot, LimpezaBot, CuidadorDeIdososBot, PasseadorDeCachorrosBot... Até mesmo as paredes e o teto estavam cobertos dos DesinfetanteBots, que se pareciam com insetos. Ao contrário do elevador humano, o elevador de robôs não tinha regras de distanciamento social, nem era equipado com painel de controle. Os robôs soavam e vibravam como se estivessem em uma animada conversa depois do trabalho. Chen Nan, a única passageira humana, estava encolhida no canto, incapaz de se juntar à festa.

Apesar do desconforto de estar espremida contra a parede, Chen Nan se sentia estranhamente segura. Depois de três anos de quarentena autoimposta, tinha esquecido como era conversar com humanos na vida real.

Quando o elevador chegou ao térreo, robôs correram para fora como uma manada de animais esquisitos escapando do zoológico. Chen Nan foi a última a sair, ainda montada em Yuanyuan. Nesse exato momento, seu *smartstream* tocou. Era uma atualização médica de Garcia. A condição dele havia se agravado.

Certo, você fez sua escolha, disse ela a si mesma. *Agora vamos lá*. Fora do elevador, Chen Nan colocou cautelosamente um pé no carpete do lobby, e então o outro. Ela respirou fundo, se pôs em pé e começou a andar.

As ruas do lado de fora do prédio de Chen Nan não tinham mudado muito nos últimos três anos. A leve fragrância das árvores de cânfora permeava o ar. Chen Nan inspirou profundamente. Uma brisa fresca entrou em seus pulmões, fazendo uma onda de energia percorrer seu corpo. Ela checava o display de dados de seu traje protetor e seu *smartstream* constantemente, sentindo-se como um astronauta alienígena que acabou de fazer seu primeiro pouso no planeta Terra. O sistema de filtragem de ar estava funcionando bem. Nenhum sinal de vazamento. O aplicativo do Círculo de Segurança mostrava que o entorno dela estava seguro. Outros pedestres a olhavam estranho. Nenhum deles usava trajes protetores completos; muitos nem sequer usavam máscara.

— Podem me encarar o quanto quiserem, desde que seus rastreadores de saúde estejam verdes... — murmurou Chen Nan para si mesma.

O GPS no *smartstream* de Chen Nan lhe disse que ela levaria duas horas e meia para chegar ao hospital se pegasse a linha 2 do metrô e depois o *tram*; se pegasse um táxi autônomo, sua jornada diminuiria em uma hora. Só de pensar em ficar presa no espaço confinado do metrô com dezenas de outros seres humanos fez o peito de Chen Nan apertar de ansiedade. Mas um táxi também era um problema. Todos os aplicativos de reserva on-line de carro exigiam o histórico de vacinas dela, porém, como ela não tinha saído de casa nos últimos três anos, não possuía um registro válido.

Com o tempo, várias mutações do coronavírus haviam aparecido e desapareceram como pássaros migratórios. Toda vez que surgia uma nova variante, os pesquisadores médicos desenvolviam novas vacinas de mRNA em resposta. A imunidade dos anticorpos durava algo entre 40 e 104 semanas. Felizmente, com a ajuda da IA para prever a estrutura proteica, o processo de desenvolvimento de vacinas tinha sido muito acelerado. A tecnologia CRISPR, principalmente, tinha tornado a produção em massa de tratamentos com anticorpos possível, e assim grandes animais, como vacas e cavalos, podiam se beneficiar das vacinas também. As datas de expiração e os tipos de vacina que uma pessoa tomou eram documentados como parte de seu perfil de saúde digital, e era necessário mostrar um comprovante do histórico de vacinação ao pegar um transporte ou acessar lugares e serviços públicos. Uma pessoa sem um registro de vacinação completo e contínuo teria seu acesso negado a toda forma de serviço automático e sem contato, mesmo que seu rastreador de saúde estivesse verde.

Em abril, Xangai já era aquecida pelas mornas brisas de primavera, mas Chen Nan tremia com o frio do desespero enquanto parava em uma calçada e se perguntava o que fazer.

Um carro preto estacionou ao lado dela. As janelas baixaram, revelando um homem de meia-idade. Franzindo as sobrancelhas, ele olhou em volta, como se procurando por algum sinal da polícia.

— Precisa de uma carona? — perguntou ele, depois de garantir que a barra estava limpa.

Chen Nan, chocada, balançou a cabeça.

— Hum... sim.

— Para onde você vai?

— Distrito de Jinshan.

— O centro clínico, imagino — notou o homem. — Eu sei pela sua cara.

Ele arregaçou as mangas, mostrando a membrana biossensora em seu punho que exibia uma lista de registros de vacinação. Além dos reforços de vacinas para o coronavírus, o registro incluía vacinas para MERS e muitas formas de gripe aviária e suína. Nomes de vacinas brilhavam em cores diferentes, lembrando Chen Nan de conquistas alcançadas em jogos.

— Você tem isso? — perguntou o homem.

Chen Nan respondeu que não.

— Bem, hoje é seu dia de sorte. Entre, rápido, os PolíciaBots estão vindo!

A porta do carro se abriu. Hesitante, Chen Nan deslizou para o banco de trás. Antes que ela pudesse ao menos se sentar direito, o carro deu a partida. Ela caiu para dentro do carro, com a força de aceleração pressionando-a contra o encosto do banco.

— Desculpa, senhorita. Hoje em dia ter um passageiro sem membrana a bordo é um crime maior do que dirigir um táxi pirata.

— Táxi pirata? — repetiu Chen Nan a terminologia desconhecida.

— Ah, entendo. Você é jovem demais para lembrar. Táxis piratas são veículos ilegais. Se um policial pegar você, precisa pagar uma multa, e isso fica na sua ficha de motorista. Mas, se você deixa um passageiro sem um perfil de saúde digital entrar no seu carro, você está violando a regulação de controle da pandemia e vai ser acusado de crime contra a saúde pública — explicou o homem, surpreendentemente calmo para um potencial criminoso.

— Então por que você me deixou entrar?

— Se você está disposta a ir até Jinshan *assim*, eu tenho certeza de que você tem um bom motivo — disse o homem, lançando um olhar na direção dela pelo retrovisor.

Chen Nan pensou no rosto pálido de Garcia e no ventilador preso em seu rosto. Lágrimas encheram seus olhos, umedecendo seu *face shield* transparente.

— Ah, querida, qual o problema? — perguntou o homem. — Ei, se os policiais nos pegarem, sou eu quem deveria chorar!

— O que devo fazer? — Chen Nan fungou.

— Bem, vamos primeiro cuidar da membrana biossensora. Sem isso, você não pode ir a lugar nenhum. — O homem sorriu.

O carro entrou em um túnel iluminado por uma luz quente e amarelada. Eles emergiram na margem esquerda do rio Huangpu.

O homem, sr. Ma, começou a contar sua história a Chen Nan.

O sr. Ma já tinha trabalhado para uma startup de tecnologia como engenheiro responsável por um algoritmo de otimização.

— Basicamente, eu lubrificava as engrenagens — disse ele dando de ombros.

Embora utilizasse GANs, a empresa tinha buscado melhorar a precisão do reconhecimento de imagem por IA para servir melhor a sistemas de segurança inteligentes, identificando pessoas em velocidades maiores e com uma confiabilidade maior em diversas situações complicadas — especialmente quando todo mundo usava trajes protetores e *face shields*.

Então a empresa foi comprada pela Yishu Tech Co., uma gigante do mercado. Seu algoritmo patenteado acabou se mostrando o passo-chave para tornar a membrana biossensora popular. Originalmente, a equipe tinha planejado inserir um módulo de comunicação ultrafino na membrana biossensora para sincronizar dados em tempo real. No entanto, problemas como custo alto, bateria curta, superaquecimento e segurança de dados se mostraram difíceis de resolver. Como a membrana biossensora deveria ficar na pele, os consumidores ficavam naturalmente mais preocupados com segurança e conforto. Em resposta, a equipe de produto tinha alterado o design: agora, a membrana biossensora só transformava os dados fisiológicos que coletava de um usuário em uma representação visual reconhecível por máquinas. Com a ajuda da rede inteligente de câmeras de segurança do país e algoritmos focados e otimizados, a membrana podia baixar e subir informações de forma assincrônica na nuvem. Em resumo, a membrana biossensora era uma maneira muito mais conveniente de certificado de saúde do que sincronizar um aplicativo de rastreamento de saúde em um *smartstream*. Como a máscara cirúrgica duas décadas atrás, a membrana biossensora logo se tornou acessório obrigatório para os habitantes da cidade. Muitos jovens até a encaravam como uma tendência de moda, como fizeram com os *smartstreams* anos antes.

— Como em todas as modas, porém, algumas pessoas sempre ficam de fora — disse o sr. Ma com uma expressão solene.

O sr. Ma então entrou em outra história e contou a Chen Nan como ele tinha encontrado um casal idoso no campo enquanto dirigia. O casal estava parado na beira da estrada, tremendo no vento frio, magros e frágeis como árvores mortas. Quando o sr. Ma encostou ao lado deles e perguntou qual era o problema, o casal lhe contou que o homem tinha uma febre alta, porém, sem um perfil de saúde digital válido que pudesse provar que ele não era um risco para outras pessoas, nenhum motorista estava disposto a levá-lo para o hospital. O sr. Ma decidiu intervir. Ignorando o alerta de segurança de seu carro e o risco de multa, ele levou o casal idoso para o hospital. Felizmente, o velho senhor só tinha um caso de gripe comum mais forte.

A experiência tinha chamado a atenção do sr. Ma para o grupo das "pessoas invisíveis" da nova sociedade digitalizada, um grupo que coincidia em grande parte com populações socialmente desprivilegiadas: idosos, deficientes, imigrantes e população em situação de rua em geral. Para essas pessoas, o acesso limitado à tecnologia tinha amplificado sua relutância e seu medo de usá-la. A máquina social tinha continuado a evoluir na direção desse mamute de rigidez e indiferença enquanto o abismo da desigualdade ficava cada vez maior.

O sr. Ma percebeu que tentar incentivar mudanças de dentro de uma grande empresa privada era impossível. Depois de vender suas ações, ele pediu demissão e estabeleceu a Warmwave, uma plataforma de ajuda mútua que recrutava voluntários para auxiliar pessoas marginalizadas pela sociedade digital. Táxis piratas eram um dos serviços. Muitos o acusavam de desestabilizar a ordem social e causar riscos à segurança pública, mas o sr. Ma estava determinado e acreditava verdadeiramente que seu trabalho era relevante. Levar pessoas que tinham acesso ao transporte público negado até seu destino, ele acreditava, salvaria algumas vidas.

Hipnotizada pela história do sr. Ma, Chen Nan tinha momentaneamente se esquecido de Garcia.

— O que fez o senhor querer fazer isso? — perguntou, tocada, mas impressionada com a determinação do sr. Ma.

O sr. Ma contou mais uma história.

— Seis anos atrás, eu estava em uma viagem de negócios. Minha esposa estava grávida de 36 semanas da nossa filha quando a bolsa rompeu de repente. Caía um dilúvio em Xangai naquele dia. O trânsito estava parado e a ambulância não conseguiria chegar à nossa casa. Eu quase fiquei louco de preocupação, implorando ajuda no grupo de mensagens do nosso condomínio. Um vizinho e o segurança salvaram o dia. Eles ajudaram minha esposa a embarcar em um minicarro elétrico de entrega de comida, e o motorista arriscou uma multa de trânsito ao correr pela pista de veículos não motorizados até o hospital. Se não fosse por eles, minha esposa e minha filha não teriam sobrevivido — disse o sr. Ma enxugando uma lágrima. — Eu tenho uma dívida eterna para com a bondade deles. Vejo o trabalho que faço agora como uma forma de expressar gratidão. Todo mundo tem medo do vírus. Eu não sou tão corajoso também. Mas se pararmos de ajudar as pessoas, pararmos de *amar* as pessoas, por causa do medo, então o que nos torna diferente das máquinas?

As palavras dele acertaram Chen Nan como um raio. *Garcia e eu éramos tão felizes juntos… mas agora ele está lutando contra a morte, e eu estou completamente impotente.* Ela ficou em silêncio, com as emoções confusas.

— Chegamos — disse o sr. Ma de repente, quebrando o silêncio.

Chen Nan olhou pela janela. Não era o centro clínico. Em vez disso, o sr. Ma a tinha levado para o bairro da antiga Concessão Francesa. Na última vez que Chen Nan tinha estado lá, ainda cursava o ensino fundamental.

O lugar não estava muito diferente do que ela se lembrava: era como um redemoinho de desorientação no espaço-tempo. Casas barrocas com mais de cem anos de história ao lado de arranha-céus enormes de vidro inteligente. Restaurantes franceses com estrelas Michelin em frente a barracas de pãezinhos. Pessoas cosmopolitas de aparência chique passeavam por ruelas onde roupas secavam penduradas nas janelas como bandeiras coloridas. O velho e o novo, o estrangeiro e o local, o trivial e o excêntrico emergiam como um coquetel perfeito que estimulava os sentidos dos transeuntes.

Eles estacionaram na Changle Road, ao lado de um antigo supermercado que tinha sido convertido em um salão de jogos de realidade virtual. Com a ajuda do aplicativo Círculo de Segurança, Chen Nan evitou cautelosamente as pessoas aglomeradas no espaço confinado do fliperama. Com seus rostos encobertos pelos capacetes de VR, os jogadores lutavam contra monstros alienígenas ou entravam em intensas competições de surfe no espaço. Em outras circunstâncias, pensou Chen Nan, ela teria adorado participar da diversão.

De repente, o sr. Ma abriu um painel na parede lateral do fliperama, revelando uma porta escondida. Ele guiou Chen Nan até uma sala pequena e abafada. Servidores se enfileiravam na parede, processando os dados de cada jogador, mandando-os para a nuvem em tempo real e então devolvendo para o capacete e o traje somatossensoriais de cada indivíduo, simulando uma experiência sensorial da forma mais realista possível.

No meio da sala estava um menino gordinho, com a cabeça enfiada em uma embalagem de comida. Ao ver o sr. Ma, ele sorriu, e uma expressão de surpresa emergiu em seu rosto engordurado.

— Chefe! O que traz você aqui hoje? — Ele soltou os palitinhos imediatamente. — Aquele lançamento, *Aventura 2080*? Ou *Techno Shaman* de novo? Sua colocação na liga de batalhas é notável...

— Hoje não, Han — o sr. Ma o cortou, olhando para ele. — Desculpa interromper seu jantar, mas preciso que você ajude essa jovem com sua membrana biossensora nesse momento. É urgente.

— Claro — disse o menino com animação. Ele chutou o chão e lançou sua cadeira para trás, na direção de uma estação de trabalho coberta de fios multicoloridos e componentes eletrônicos. Parecia a cabine de controle de uma nave espacial, Chen Nan pensou. No momento em que a cadeira estava prestes a bater, ele encostou a ponta do pé no chão, e com agilidade interrompeu o impulso da cadeira e fez uma meia-volta, de forma que ele agora estava encarando diretamente a estação de trabalho.

Sussurrando um rápido "obrigada", Chen Nan se sentou ao lado do garoto. Mas quando ele pediu que ela levantasse sua manga esquerda, ela instintivamente puxou o braço, hesitante.

O garoto sorriu, lendo a mente dela.

— Eu desinfetei tudo, não se preocupe.

Chen Nan assentiu, envergonhada. Ela abriu a trava de segurança de seu traje de proteção e arregaçou a manga, revelando o punho esquerdo. Ela sentiu a pele nua formigar com o ar. "É só psicológico", ela se confortou.

— Hum, te faltam três anos de dados. — O garoto lançou um olhar inquisitivo para Chen Nan. — Você é tipo um neandertal ou algo assim?

— Ah, cale a boca e faça o trabalho — disse o sr. Ma.

— Mas, chefe, se ela não tem um registro de vacinação completo, mesmo que eu faça uma nova membrana biossensora para ela, o sistema vai automaticamente categorizá-la como alto risco e colocá-la em quarentena por pelo menos vinte e um dias. Você não disse que ela está com pressa?

Os olhos de Chen Nan se arregalaram. Vinte e um dias? Será que Garcia sobreviveria vinte e um dias? Com um suspiro pesado, ela baixou a cabeça, engolindo as lágrimas que voltavam.

— Não desista ainda! — O sr. Ma deu um tapinha no ombro dela, então voltou a cabeça para o garoto. — Ei, não temos outro jeito?

— Você está falando da *camuflagem*? Mas é ilegal!

— O que é? — A cabeça de Chen Nan se ergueu.

— A camuflagem tem exatamente a mesma aparência da membrana biossensora comum. A única diferença é que ela mostra uma animação gerada artificialmente das informações de saúde, em vez de dados reais detectados. Consegue enganar a maior parte dos olhos humanos, mas não a máquina — explicou o garoto. — Você vai precisar escaneá-la na entrada do centro clínico. A máquina não vai conseguir combinar a informação exibida pela camuflagem com os dados registrados na nuvem e vai travar por alguns segundos. Essa é sua chance de entrar escondida.

— Escute, você precisa pensar nisso com muito cuidado antes de tomar uma decisão — disse o sr. Ma, se virando para Chen Nan. — Você tem certeza de que essa pessoa vale o risco?

Uma vertigem atingiu Chen Nan. Ela nunca tinha se arriscado para nada em toda sua vida e estava certa de que tinha tomado as decisões certas, necessárias para sobreviver na era da covid. No entanto, quando pensava em Garcia na cama do hospital, era tomada pela culpa. "Talvez eu só estivesse explorando o amor dele e não lhe desse nada em troca", pensou ela. Mesmo um simples *eu te amo* era difícil para ela por causa do medo de dizer essas palavras mágicas e mudar as dinâmicas do relacionamento deles, tornando-a a parte mais fraca, a vulnerável, a pessoa que *se importava mais*.

Mas lá estava Garcia, lidando com a dor e a incerteza, arriscando sua vida para mostrar que a amava.

— Sim, ele vale a pena — a voz de Chen Nan era pouco mais que um sussurro. — Como você disse, sr. Ma, não podemos deixar de amar as pessoas por causa do medo. Eu estou pronta.

O sr. Ma e o garoto trocaram olhares e então assentiram para ela.

Levou só alguns minutos. Chen Nan olhou para o pedaço de membrana fino e flexível grudado em seu pulso que exibia diversos valores que supostamente indicavam seu estado fisiológico. O mais importante era que os símbolos de formas e cores variadas que representavam as diferentes vacinas brilhavam com uma luz suave. Parecia que ela agora estava equipada com uma membrana biossensora realista o suficiente — porém, estava insegura se seria capaz de sustentar a farsa.

De repente, um alarme estridente tocou. Nos monitores de segurança que mostravam imagens do salão principal, Chen Ma pôde ver jogadores atordoados trazidos de repente de volta para a vida real. Os consoles dos jogos congelaram quando as luzes do salão se acenderam. Um alerta vermelho brilhou na parede, acompanhado de uma voz feminina suave lendo um texto repetidas vezes:

— Caros clientes, de acordo com o sistema digital de controle e prevenção de vírus, suspeita-se de que um indivíduo de alto risco tenha entrado no estabelecimento. Os PolíciaBots começarão uma busca. Por favor, permaneçam onde estão e colaborem com a operação.

O rosto de Chen Nan ficou pálido. Ela conseguia sentir as veias em suas têmporas começarem a latejar. Ironicamente, seus dados fisiológicos mostrados pela camuflagem no seu pulso estavam dentro dos parâmetros normais, a curva do cardiograma calma como sempre. Ela conhecia muito bem essa sensação — o início de um ataque de pânico. Logo seu corpo congelaria de forma incontrolável, suas pernas ficariam completamente anestesiadas. Quando ela chegasse a esse estágio, seu plano estaria arruinado.

— Para a escada de incêndio, agora! — O menino apontou para um canto da sala. Pelas frestas de uma pilha de caixas, ela viu uma pequena porta verde.

Agarrando Chen Nan pelo pulso, o sr. Ma afastou as caixas com os ombros e chutou a porta. Eles voaram por uma passagem estreita e escura, quase tropeçando nos pés uns dos outros.

No momento em que Chen Nan e o sr. Ma faziam sua grande fuga, três PolíciaBots, com a forma de cães de guarda mecânicos sem cabeça, entraram na arena de jogos e começaram a escanear as membranas biossensoras dos jogadores com um raio laser vermelho.

O sr. Ma praticamente arremessou Chen Nan no banco de trás do seu carro.

— Está tudo bem, agora — disse o sr. Ma enquanto saía dirigindo.

Chen Nan expirou longamente enquanto seu ataque de pânico recuava. Ela sentiu uma vibração na perna. Era o motor do carro ou seu *smartstream*? Ela enfiou a mão no bolso e puxou o aparelho.

Uma nova notificação. O registro médico digital de Garcia.

No momento em que seus olhos pousaram na mensagem, seu sangue congelou.

O registro médico digital mostrava que Garcia estava sofrendo de falência grave do coração e dos pulmões. Estava conectado a uma máquina ECMO, que circulava seu sangue e fornecia oxigênio a ele através de pulmões e bombas artificiais.

Chen Nan se forçou a ficar calma. Ela ligou para o dr. Xu.

O dr. Xu lhe disse que tinham tido dificuldade em encontrar o tratamento certo para a mutação agressiva que tinha infectado Garcia. Anos atrás, uma mutação significativa poderia precisar de meses ou anos de trabalho até que um remédio apropriado fosse encontrado; agora o prazo estava mais para um mês. Ainda assim, um mês seria suficiente para Garcia?

— Não é só Garcia que precisa de mais tempo — disse o dr. Xu sombrio. — Toda a humanidade precisa de mais tempo.

A pergunta de Chen Nan foi quase ininteligível por causa de seus soluços.

— Quanto tempo ele tem?

— É difícil dizer. Algumas horas, ou a qualquer momento... — a voz do dr. Xu se perdeu.

— Por favor... podemos ir mais rápido? — implorou Chen Nan para o sr. Ma. Sem precisar de mais, o sr. Ma pisou no acelerador com força. O carro voou para o sul pela autoestrada Shenhai.

— Talvez eu esteja me intrometendo, como médico... mas como testemunha, um humano, preciso contar que Garcia tem chamado seu nome esse tempo todo, mesmo quando estava quase inconsciente. Parece que ele está tentando te dizer alguma coisa.

— O que ele falou?

O dr. Xu enviou um arquivo de áudio.

— Nan... Nan! Sem... beco sem saída, beco sem saída, beco sem saída... Nan... deixa... deixa isso para trás.

A voz estava cansada e rouca, mas Chen Nan reconheceu Garcia imediatamente. Ela pensou nele, recebendo ECMO, sua vida por um fio, e insistentemente repetindo essas poucas palavras em seu pesadelo febril. *Beco sem saída...* O primeiro encontro deles, sua linguagem secreta, seu código para o amor. Ela era a única coisa na mente dele no fim da vida. Ele queria que ela deixasse o beco sem saída para trás e abraçasse o mundo real com ousadia. *Mesmo depois que ele partisse.*

— Sinto muito. Farei o meu melhor. Cuide-se — disse o dr. Xu, desligando.

Chen Nan ficou imóvel, anestesiada, com o celular na mão e as lágrimas escorrendo livremente. Elas se condensaram em uma neblina branca no *face shield*, embaçando seu campo de visão. Uma onda de sufocamento tomou conta dela. Como em um transe, ela lentamente tirou o *face shield* e abaixou a janela do carro. A brisa da noite soprou suavemente em seu rosto, carregando o cheiro fresco e vivo da primavera. Ela inspirou profundamente, sentindo-se rejuvenescida, o medo e a ansiedade dissolvidos imediatamente. Havia se esquecido de quando tinha sido a última vez que provara a liberdade do ar livre.

Sob o céu da noite, as luzes da *skyline* diminuíam gradualmente. De vez em quando, eles passavam por alguns prédios cúbicos que brilhavam com uma luz suave e branca. Chen Nan os reconheceu do noticiário — eram os prédios inteligentes verdes que podiam fazer fotossíntese durante a noite. Para poder alcançar a neutralidade de carbono até 2070, cada vez mais prédios urbanos na China eram cobertos com "paredes vivas" de plantas e árvores. Essas paredes de árvores, como uma profusão de florestas verticais, absorviam o dióxido de carbono do ar e o convertiam em oxigênio e matéria orgânica.

Chen Nan deixou sua mente divagar para evitar pensar no pior: que ela não teria tempo de ver Garcia. Não houve uma primeira e não haveria uma última vez. Ela nunca o tinha "visto" e nunca o veria. Nunca poderia tocá-lo, abraçá-lo e beijá-lo — o homem que tinha estado ao lado dela o tempo todo, no mundo dos bits — no mundo dos átomos.

A vida dela seria uma sequência sem fim de arrependimentos.

— Vou te levar à clínica, não importa o que aconteça. Escuta... — disse o sr. Ma com uma firmeza na voz que restaurou a confiança dela imediatamente. — Esse não é o fim. Não desista ainda.

Chen Nan assentiu de volta para ele no escuro.

O carro saiu da via expressa elevada, fez algumas curvas e estacionou junto ao portão do Centro Clínico de Saúde Pública de Xangai, um imenso prédio completamente branco sob o céu noturno estrelado. Chen Nan estremeceu por conta da semelhança que havia entre o centro clínico e os hospitais móveis que ela vira em vídeo quando criança. Aqueles hospitais móveis podiam acomodar milhares de pacientes infectados por covid, todos eles comendo, dormindo e usando o banheiro juntos, com apenas as barreiras mais simples separando as camas umas das outras, todos completamente indiferentes à alta concentração de vírus no ar.

— Agora depende só de você. Você sabe onde encontrá-lo? — O sr. Ma se virou para olhar para Chen Nan.

— Sim. Os registros médicos digitais dele incluem o número do leito. Eu encontrei um mapa do interior da clínica também — respondeu ela, olhando de volta para ele com determinação.

— Bem, boa sorte para você então. Leve isso com você. — O sr. Ma puxou um par de óculos esquisitos e os entregou para ela. Nas grandes lentes uma camada de LED brilhava como um véu de pérolas. — Esses óculos te transformam em um personagem animado aos olhos das câmeras inteligentes de segurança. Talvez ajudem.

Ela colocou os óculos, saltou para fora e correu para a entrada.

— Obrigada!

— Ei! Não se esqueça do seu *face shield*! — gritou o sr. Ma.

Ela parou, pegou seu uniforme de batalha e acenou para o sr. Ma.

Ao ver a menina desaparecer no caminho escuro da entrada do centro clínico, os lábios do homem de meia-idade se curvaram em um sorriso.

Na clínica, Chen Nan passou pela primeira checagem, o controle de temperatura corporal. Se sua temperatura corporal estivesse mais alta que o normal, setas brilhantes no chão a dirigiriam para o "caminho de risco" destinado a pessoas com febre, para evitar mais contaminação.

A segunda checagem era mais complicada. Ela precisaria escanear seu perfil de saúde digital na máquina — fosse através da membrana biossensora ou do seu *smartstream*. A máquina então compararia a informação de identificação coletada com dados na nuvem para determinar se ela teria a entrada permitida.

"É aqui que a camuflagem entra", pensou Chen Nan. Ela desacelerou, deslizando à frente com passos pequenos e constantes, observando seu entorno. Era quase meia-noite e a recepção estava praticamente vazia, exceto por alguns funcionários do turno da noite. Máquinas cuidavam de quase todas as tarefas rotineiras. Mesmo que houvesse casos de covid de emergência, o departamento de radiologia totalmente automatizado, com a ajuda da IA, poderia fazer a radiografia e a triagem subsequente sem nenhum humano, reduzindo significativamente o risco de um segundo grau de infecções. Nesse caso, o quão automatizado era o sistema médico era uma vantagem para Chen Nan.

Finalmente, ela chegou ao escâner. Respirando fundo, ela pressionou a camuflagem em seu pulso esquerdo contra as lentes. As lentes brilharam com luzes de alerta vermelhas e azuis enquanto o portão elétrico se abria e então fechava de novo. A máquina chiou, com seus componentes confusos. Exatamente como o sr. Ma e o garoto haviam previsto, a camuflagem tinha causado uma falha na máquina, e foi o suficiente para que ela entrasse.

Chen Nan não tinha tempo de hesitar. Quando o portão se abriu de novo, ela lançou seu corpo à frente, esgueirando-se pelo espaço com a ajuda de uma onda de adrenalina.

A equipe humana, que não tinha experiência com uma invasão tão ousada, ficou totalmente chocada, imobilizada. Todos os olhos estavam fixos na menina. Ela correu pela recepção vazia, entrou com tudo na ala de cuidados especiais e saiu em disparada até a UTI, com os passos ecoando pelos corredores silenciosos e solenes. Correu como se sua vida dependesse disso.

Robôs médicos foram os primeiros a responder. Deslizaram na direção dela, tentando cercá-la e bloquear a passagem com seus corpos. Diferentemente dos humanos, não tinham emoções, não cometiam erros e eram fortes.

Chen Nan se lembrou do aparelho que havia recebido do sr. Ma. Ela ligou suas lentes e desligou um interruptor de luz. As lentes brilharam com luzes hipnotizantes e multicoloridas, transformando o corredor escuro em uma pista de dança. Tirando vantagem das falhas no algoritmo de reconhecimento de imagem, as luzes formavam padrões, confundindo o fluxo de dados da IA. As máquinas tomavam Chen Nan por um personagem animado em vez de um humano de carne e osso. Os robôs, confusos, diminuíram o passo. Incertos de qual decisão tomar, eles vagaram sem rumo, batendo uns nos outros.

Chen Nan não podia enrolar. Escapando com agilidade do caos dos robôs, ela correu na direção da escada, que lhe daria acesso à UTI, localizada no oitavo andar. Ela evitou deliberadamente o elevador. Essa era uma lição importante que tinha aprendido na arena de jogos: fique longe de qualquer coisa que máquinas e algoritmos possam manipular e não confie em nada além do seu corpo físico e sua intuição.

O peito dela arfava, e era difícil respirar. Sua boca estava seca. Ela sentia como se seu coração estivesse prestes a saltar pela boca.

"Garcia, aguente firme. Eu estou chegando." Ela rezava.

Ela bateu o ombro contra a porta de segurança da UTI, forçando-a a abrir. Suas pernas tremiam tanto que ela precisou se apoiar contra a parede enquanto andava, seguindo em frente, passo a passo, ofegante. O lugar no qual o destino de Garcia seria decidido estava ao final de um corredor que parecia um túnel. Chen Nan sentia como se seu coração fosse explodir com as ondas simultâneas de medo e esperança.

"Eu preciso continuar. Eu preciso encarar isso sozinha."

Uma grande janela de vidro ficava no fim do corredor. Chen Nan espiou para dentro de um quarto com uma cama, muito limpo, sem nenhum sinal de uso recente.

"Onde está Garcia?"

Um pavor inominável invadiu seu coração como uma onda. Completamente exausta, ela deslizou até o chão, sentindo que seu mundo inteiro havia se tornado um vazio.

— Nan, é você? — disse uma voz familiar.

Chen Nan não conseguia acreditar em seus ouvidos. Ela se levantou de um salto e se virou. Garcia e o dr. Xu, em trajes protetores, estavam a alguns passos de distância, sorrindo para ela.

— Garcia? Você não... você não... — gaguejou ela. Garcia em pessoa parecia um pouco cansado, mas curiosamente muito melhor do que o Garcia no vídeo.

— Ei! Você achou que eu estava morto ou algo assim? — disse Garcia, sorrindo.

O dr. Xu pressionou um punho fechado na palma da outra mão para se despedir deles.

— Tenho certeza de que vocês dois querem um tempo a sós — disse ele, e então se virou e desapareceu dentro de um quarto.

Garcia deu alguns passos na direção de Chen Nan. Quase imediatamente o aplicativo Círculo de Segurança mandou um alerta através do *smartstream* dela indicando que a pessoa diante de seus olhos era um risco à sua segurança. Instintivamente, Chen Nan ergueu a mão e o impediu de se aproximar.

— Nan! Estou bem. Meu voo era seguro. Eu fui posto em quarentena porque passei pela mesma área do aeroporto que uma pessoa infectada.

— Mesmo? — Chen Nan notou que ela não tinha checado as atualizações do escritório de controle viral desde que havia embarcado nessa aventura louca. Não era estranho que ela não tivesse notado. — Mas e seu registro de saúde digital? E o vídeo e o áudio?

— Eu posso explicar — disse Garcia. Uma expressão meio culpada, meio orgulhosa surgiu em seu rosto. — É tudo parte do jogo.

— Jogo?

— Lembra? Eu sou o melhor designer de nível de toda Décima Terceira Zona de Guerra Sul-americana do *Techno Shaman*.

As coincidências felizes e os eventuais olhares vazios no rosto das pessoas... fragmentos de eventos que Chen Nan tinha experienciado ao longo da noite... as peças do quebra-cabeça começaram a formar um quadro maior.

— Espera... Então você fez o sr. Ma ir me buscar?

— Sim, nós nos conhecemos no jogo. Por favor, em uma cidade grande como Xangai, quais eram as chances de que um táxi pirata fosse parar exatamente onde você estava?

— E o vídeo? Nenhuma maquiagem no mundo pode te deixar daquele jeito!

— Se lembra do avatar que eu fiz? Eu o usei para gerar um clipe animado.

— O dr. Xu é seu cúmplice também?

— Bem, ele é um médico de verdade, mas, sim, nós também nos conhecemos no jogo. Preciso admitir que eu não esperava ser *realmente* colocado de quarentena. Acho que isso deixa o jogo mais realista, não?

— Mas como você sabia o que eu estava fazendo... e que eu iria atrás de você? — Chen Nan tentou reprimir a raiva crescendo dentro dela.

Garcia sorriu de novo.

— O registro médico digital que o dr. Xu te mandou era um rastreador. Com a ajuda dele, eu pude te dar... resposta motivacional.

— O que você quer dizer com resposta motivacional? — Chen Nan estava prestes a gritar.

— Um jogo satisfatório precisa de obstáculos além de resposta positiva para motivar os jogadores. — Garcia ainda estava sorrindo. — Se as fases forem fáceis demais, os jogadores logo se sentem entediados; mas, se forem difíceis demais, os jogadores ficam frustrados. Resposta motivacional é o que impulsiona os jogadores em sua jornada.

— E se eu não saísse do meu apartamento? O que você faria com isso?

— Nesse caso, então eu iria... assumir minha derrota — disse Garcia com os olhos brilhando. — Meus companheiros de equipe e eu analisamos nosso plano um milhão de vezes e nos preparamos para todo tipo de possibilidades para garantir sua segurança. Desde que você saísse do seu apartamento, teria conseguido. Eu não tinha certeza de que você chegaria tão longe...

— *Seu babaca!* — Chen Nan enfiou a cabeça nas mãos. Seus ombros tremiam. Lágrimas caíam de seus olhos, mas ela não sabia o motivo do choro. — Eu estava tão preocupada com você... e aqui está você, tratando isso como um jogo! Por que raios você fez isso comigo?

— Porque *eu te amo*.

A frase atingiu Chen Nan como um choque elétrico. Garcia já tinha confessado seus sentimentos por ela um milhão de vezes no mundo virtual: por mensagens de texto, de voz, chamadas de vídeo, no jogo. Ela achou que já estava acostumada com as declarações românticas dele. Porém, de alguma maneira, ouvir essas palavras mágicas ditas pessoalmente era diferente.

Emoções complexas e inomináveis invadiram seu coração. Mesmo a tecnologia mais avançada de realidade virtual não era capaz de simular o que ela sentia naquele momento. Humanos, na falta de uma linguagem descritiva melhor, chamavam isso de *amor*.

Ela ergueu a cabeça e olhou para o homem à sua frente com olhos marejados.

— Mas por quê? Eu sou uma covarde egoísta... Achei que tinha te perdido para sempre.

— Não seja tola, Nan. Olhe para você! Você fez o que ninguém mais poderia fazer. Você literalmente atravessou uma cidade inteira atrás de mim. Você é uma guerreira, a pessoa mais corajosa que conheço.

— Eu... eu realmente consegui?

— Sim, você conseguiu. Você deixou o beco sem saída para trás. Você é uma nova pessoa agora. Exceto por uma coisa...

— O quê?

— Você não quis me deixar te dar um abraço.

— Garcia! Eu só... — Chen Nan inspirou profundamente; depois, soltou o ar. — Certo, eu consigo fazer isso. Venha.

— Vou devagar. Se eu te deixar desconfortável, me diga que eu paro.

Centímetro por centímetro, Garcia se moveu na direção de Chen Nan, com passos lentos e suaves, como os de um robô velho. Chen Nan fechou os olhos, sentindo as vibrações de seu *smartstream* ficando mais fortes a cada segundo e combatendo o medo que surgia dentro dela. Garcia tinha entrado no raio de um metro, tinha passado da distância social segura. A vibração se tornou um alerta estridente que tocava sem parar em seus fones Bluetooth. Os batimentos dela aceleraram. O peito se apertou. O medo de contato tinha persistido por tanto tempo que havia se tornado parte dela. Mas ela aguentou firme. "Estou segura", murmurou para si mesma. Com duas camadas de trajes protetores entre ela e Garcia, aquele abraço não faria mal a ninguém.

— Estou aqui — sussurrou Garcia.

Chen Nan retirou os fones, deixando-os pendurados entre as dobras de seu traje protetor, ainda alertando-a com teimosia do perigo que se aproximava. Ela abriu os olhos e estendeu os braços para Garcia, pronta para o tão esperado abraço com textura de plástico.

ANÁLISE

IA de saúde, AlphaFold, usos de robótica, aceleração da automação pela covid

"Amor sem contato" se passa em uma sociedade transformada por uma pandemia contínua — nesse caso, com a perspectiva de que a pandemia de covid-19 permaneça por décadas como um vírus sazonal mutante. Essa hipótese, evidentemente, é pura especulação.

Não importa quanto tempo a covid fique conosco: o que já se tornou claro é que a IA reformulará a saúde, ajudando na aceleração da descoberta de vacinas e fármacos até a aceleração da integração de tecnologias, como diagnósticos por IA, aos cuidados de saúde já existentes. O foco na IA de saúde é particularmente atual, já que estamos no meio de uma digitalização da indústria de saúde, o que produzirá o enorme conjunto de dados necessário para que a IA revolucione a saúde. Em 2041, quando olharmos para trás, provavelmente veremos a saúde como a indústria mais transformada pela IA.

A preocupação com o contato físico, outro aspecto da covid-19 — ilustrado pelas fobias e pelo estilo recluso de Chen Nan — criará muitas oportunidades para a robótica, uma área que, por conta das melhorias nas tecnologias, está preparada para uma revolução dessas. Assim, seu apartamento de 2041 será repleto de ajudantes robôs prestativos do tipo que Chen Nan relata na história? Darei minha opinião sobre isso nas páginas a seguir.

Finalmente, quero examinar como a covid-19 vai impulsionar a adoção do trabalho, da comunicação, do ensino, do comércio e do entretenimento remotos. Isso, por sua vez, acelerará a digitalização e a velocidade da coleta de dados. Mais dados significam IAs melhores, o que antecipará a automação e a substituição de trabalhos.

A CONFLUÊNCIA DE CUIDADOS DE SAÚDE DIGITAIS E IA

A "medicina moderna" do século XX se beneficiou de inovações científicas sem precedentes, o que resultou em melhorias em todos os aspectos dos cuidados com a saúde. Como resultado, a expectativa de vida humana aumentou de 31 anos em 1900 para 72 anos em 2017. Hoje, acredito que estejamos à beira de uma outra revolução na saúde, na qual a digitalização permitirá o uso de todas as tecnologias de dados vindas da computação, da comunicação, dos celulares, da robótica, da ciência de dados e, mais importante, da IA.

Primeiro, os bancos de dados e processos de saúde existentes serão digitalizados, incluindo registros de pacientes, eficácia de medicamentos, instrumentos médicos, dispositivos vestíveis, testes clínicos, supervisão da qualidade do cuidado e dados a respeito da disseminação de doenças infecciosas, além de estoques de medicamentos e vacinas. A digitalização criará enormes bancos de dados que possibilitarão novas oportunidades para a IA.

A radiologia recentemente se tornou digital. As chapas que requerem iluminação de fundo foram atualizadas para visualizações computacionais com imagens 3D de alta definição, o que também torna possível a telerradiologia e os diagnósticos assistidos por IA. Registros médicos pessoais e registros de seguros de saúde estão começando a ser digitalizados, armazenados e agregados (quando a lei permite) em bancos de dados anônimos nos quais a IA pode ser aplicada para melhorar a eficácia do tratamento, a avaliação do médico, o ensino médico, a detecção de anomalias e a prevenção de doenças. Bancos de dados completos a respeito do uso de cada medicamento permitirão aos médicos e à IA entender como e quando aplicar cada uma delas de forma a evitar erros. A IA pode fazer um trabalho muito mais meticuloso do que médicos humanos ao aprender com os bilhões de casos reais, incluindo seus desfechos. A IA pode levar em conta um histórico médico e familiar completo e personalizar o tratamento de acordo com isso. E a IA pode se manter atualizada a respeito de uma série de novos fármacos, tratamentos e estudos. Essas tarefas estão todas além da capacidade humana.

Além dos processos existentes, novas e revolucionárias tecnologias estão sendo criadas como processos digitais nativos. Dispositivos vestíveis monitoram de forma contínua os batimentos cardíacos, a pressão sanguínea, a glicose no sangue e um número cada vez maior de estatísticas vitais que podem oferecer sinais de alerta. Esse rastreio vai gerar enormes bancos de dados que podem ajudar a IA a correlacionar essas estatísticas para um monitoramento mais preciso, detecção precoce, tratamento médico e manutenção.

Na pesquisa médica, novas tecnologias estão produzindo uma enorme quantidade de resultados digitais. O sequenciamento de DNA produz informação digital vital, como os genes que codificam proteínas (as máquinas moleculares da vida) e a rede regulatória que especifica o comportamento dos genes. A reação em cadeia da polimerase digital (dPCR) pode detectar com precisão patógenos (como o do covid-19) e mutações genéticas (como novos marcadores de câncer). O sequenciamento de nova geração (NGS) permite um sequenciamento rápido do genoma humano, mesmo que nosso genoma seja grande demais para que humanos o leiam e o interpretem, mas perfeitamente adequado para a IA. O CRISPR é uma tecnologia inovadora para edição genética, algo que tem o potencial de erradicar muitas doenças no futuro. Por fim, as descobertas de fármacos e vacinas estão sendo digitalizadas e começando a ser integradas à IA (mais sobre isso logo adiante neste capítulo). Todos esses são procedimentos de natureza digital e podem ser integrados com tecnologias digitais, como a IA, levando a melhorias significativas nos cuidados com a saúde.

Por que, então, projetos iniciais de IA — como o IBM Watson e seu programa de tratamento de câncer — não tiveram sucesso? Quando a IBM trabalhou com instituições médicas de prestígio, como a MD Anderson e a Sloan Kettering, ela decidiu confiar no conhecimento médico e nos dados dessas instituições para treinar sua IA. Esses dados de instrução de alta qualidade são perfeitos para ensinar médicos e alunos de medicina. O banco de dados foi abastecido meticulosamente pelos melhores pesquisadores e seleciona os dados da maior qualidade, pensados para ajudar os alunos a internalizar conceitos-chave, fazer conexões entre diferentes campos e sintetizar novas soluções. Mas esses bancos de dados são pequenos demais para a IA, que aprende com dados volumosos, e não com conceitos (lembre-se da tabela no capítulo 1 que contrasta a aprendizagem humana e a de IA). O IBM Watson tentou aumentar seu conhecimento com grandes quantidades de textos médicos, como livros didáticos e artigos científicos; mas estes também foram escritos para o consumo humano, e a IA é mais bem treinada com dados diretos que envolvem paciente-tratamento-evolução. Curar o câncer é uma tarefa colossal e não adequada para um primeiro uso da IA. Em vez disso, a IA de cuidados médicos deveria começar com tarefas mais modestas, com grandes bancos de dados adequados para a IA.

Acredito que as comunidades médicas e de IA aprenderam sua lição com o Watson. Ambas agora estão focadas em tarefas mais apropriadas para a IA, como descoberta de fármacos e vacinas, dispositivos vestíveis, sequenciamento de DNA, radiologia, patologia, medicina de precisão e assistência aos médicos. Além disso, deveríamos ter uma abordagem mais programática: selecionar tarefas que se adequem à indústria dos cuidados com a saúde (por exemplo, que podem ser vendidas por meio dos canais existentes) e complementem o trabalho dos cientistas e médicos humanos, em vez de ambiciosamente tentar substituí-los. Com uma abordagem pragmática e centrada em dados, a IA de cuidados com a saúde certamente florescerá nos próximos vinte anos. Vamos examinar algumas dessas tarefas, começando com a descoberta de fármacos.

DESCOBERTA CONVENCIONAL DE FÁRMACOS E VACINAS

A descoberta de fármacos e vacinas é algo que, historicamente, consome muito tempo e recursos. Levou mais de cem anos para que a vacina de meningite fosse desenvolvida e aperfeiçoada. As empresas farmacêuticas foram capazes de andar muito mais rápido no desenvolvimento de vacinas contra a covid-19, incentivadas por um gasto sem precedentes (só o governo norte-americano gastou 10 bilhões de dólares apenas em 2020) que permitiu diversos testes clínicos e esforços de produção paralelos. Entretanto, se a covid-19 tivesse sido tão contagiosa ou letal quanto as piores pandemias, mesmo esperar um ano por uma vacina teria sido tempo demais. Então precisamos continuar acelerando a velocidade do desenvolvimento de vacinas e medicamentos.

A descoberta de fármacos exige uma compreensão de como as proteínas virais, que são sequências de aminoácidos, se organizam em formas tridimensionais únicas. Entender essas estruturas 3D é essencial para compreender como os vírus funcionam, assim como a maneira de combatê-los. Por exemplo, a proteína *spike* da covid-19 pode se fixar em um receptor na superfície das células humanas, como uma chave em uma fechadura. Depois da internalização de partículas do vírus em células humanas, o genoma viral (RNA, no caso da covid-19) é transmitido para a célula hospedeira e replicado em vários órgãos humanos, o que resulta na pessoa infectada com os sintomas da covid-19.

De forma parecida a como um vírus se fixa a uma célula humana, os tratamentos patogênicos funcionam ao anexar uma molécula de tratamento no patógeno para inibir suas funções. A descoberta de fármacos é o processo de encontrar esse tratamento molecular a partir desses quatro passos:

1. Usar uma sequência de mRNA para derivar a sequência proteica do patógeno (isso é relativamente fácil hoje em dia).

2. Encontrar a estrutura tridimensional da sequência proteica do patógeno (enovelamento de proteínas).

3. Identificar o alvo nessa estrutura 3D.

4. Gerar moléculas de tratamento prováveis e depois selecionar o melhor candidato pré-clínico.

Voltando à analogia anterior, os passos 1, 2 e 3 estariam relacionados à fechadura, e o 4 seria a chave para essa fechadura. Esses quatro passos precisam ser feitos em sequência, e os últimos três exigem tempo e recursos.

Para o passo 2, usando métodos convencionais para o enovelamento de proteínas, os cientistas utilizam técnicas como a microscopia crioeletrônica, que permite visualizações vívidas das proteínas virais. Com base nessa visualização, uma estrutura 3D é meticulosamente construída.

Então, para os passos 3 e 4, encontrar alvos e desenvolver novos fármacos adequados a esses alvos também é um longo processo de tentativa e erro que exige boas intuição e experiência, além de sorte. Anos depois, mesmo que um candidato a medicamento pré-clínico seja proposto, existe uma probabilidade de 90% de que ele não seja aprovado para testes de fases II ou III. A explorações sequenciais levam muito tempo. Esse tempo poderia ser reduzido com a exploração de vários métodos paralelamente (como aconteceu com a covid-19), mas isso seria proibitivamente caro.

Um adendo: o que foi dito anteriormente oferece um contexto para as vacinas contra a covid-19 de mRNA feitas pela Moderna e pela BioNTech/Pfizer. As vacinas de mRNA são resultado de uma nova abordagem que oferece alto potencial. Para desenvolver uma vacina de mRNA, os cientistas descobriram a relação entre a sequência de mRNA e a estrutura da proteína. Então, eles sintetizaram quimicamente a vacina de mRNA que, quando injetada no corpo humano, instrui células humanas a sintetizar as proteínas virais como um patógeno, o que por sua vez estimula a resposta imune do corpo humano para combater o vírus verdadeiro no futuro.

ENOVELAMENTO DE PROTEÍNAS POR IA, TESTE DE MEDICAMENTOS E DESCOBERTA DE FÁRMACOS

Hoje, custa um bilhão de dólares e muitos anos para que um medicamento ou uma vacina de sucesso passem pelo processo de desenvolvimento. Eu acredito que a IA vá acelerar significativamente a descoberta de fármacos e reduzir seu custo, tornando disponíveis medicamentos muito mais eficazes a preços mais baixos. Isso nos possibilitará ter vidas mais longas e saudáveis.

A IA pode acelerar muito a velocidade e reduzir o custo da descoberta de fármacos e vacinas. Para determinar o enovelamento de proteínas (passo 2), em 2020, a DeepMind desenvolveu o AlphaFold 3, que é a maior conquista em termos de IA para a ciência até hoje. As proteínas são os tijolos da vida, mas um aspecto delas que se mantinha misterioso é como uma sequência de aminoácidos se dobra em uma estrutura tridimensional que executa as tarefas vitais. Esse é um problema com implicações científicas e médicas profundas e que parece apropriado para o aprendizado profundo. O AlphaFold da DeepMind foi treinado em um amplo banco de dados de estruturas 3D de proteínas descobertas anteriormente e demonstrou ser capaz de simular as estruturas 3D de proteínas despercebidas com uma precisão similar às técnicas tradicionais (como a microscopia crioeletrônica, mencionada anteriormente), que são caras e podem levar anos para cada proteína. Por esses motivos, os métodos tradicionais desvendaram menos de 0,1% de todas as proteínas; portanto, o AlphaFold pode oferecer uma forma de aumentar rapidamente o número de proteínas desvendadas. O AlphaFold foi louvado pela comunidade de biólogos como tendo resolvido "um enorme desafio de cinquenta anos da biologia".

Uma vez conhecida a estrutura 3D da proteína, uma forma eficiente de descobrir tratamentos eficazes é reposicionar, ou tentar todos os fármacos existentes que já se mostraram seguros para outra doença, e ver se alguma delas cabe nessa estrutura 3D. O reposicionamento de medicamentos pode ser uma solução rápida para impedir o desenvolvimento de uma pandemia séria no início. Como medicamentos estabelecidos já foram testados para efeitos adversos, eles podem ser usados sem os testes clínicos extensos exigidos para os novos fármacos. Em "Amor sem contato", quando Garcia pareceu ter contraído uma variante agressiva da covid, um processo automatizado por IA foi imediatamente iniciado para procurar um medicamento que pudesse ser reposicionado para uma "solução rápida".

Cientistas também podem trabalhar de maneira simbiótica com a IA para criar novos compostos. A IA pode ser usada para propor alvos nos quais uma molécula de tratamento se anexaria (passo 3). Então, dado o alvo, os modelos da IA poderiam reduzir a busca por um fármaco ao identificar padrões dentro dos dados e propor os principais candidatos (passo 4). Em 2021, a Insilico Medicine anunciou seu primeiro medicamento descoberto por IA para a fibrose pulmonar idiopática, identificado primeiro pela descoberta de um alvo na estrutura 3D (passo 3) e então pela proposta dos principais candidatos e pela seleção entre eles da melhor biomolécula (passo 4). A IA da Insilico diminuiu em 90% o custo desses dois passos da descoberta de medicamentos.

Muitos tipos de conhecimento podem ser usados pela IA para otimizar os passos 3 e 4. Por exemplo, o processamento de linguagem natural (PLN) pode ser usado para selecionar uma avalanche de artigos científicos, patentes e dados publicados para extrair novas descobertas que podem ajudar a propor alvos e ranquear as possíveis novas moléculas. E, com base em resultados anteriores de testes clínicos, a IA pode prever a probabilidade de cada candidato principal e ranqueá-los de acordo. Esses experimentos são chamados de *"in silico"*, já que softwares rodados em dispositivos de silício simulam os reais efeitos dos medicamentos em testes clínicos. Depois de os esforços *in silico* apresentarem candidatos confiáveis, os cientistas podem trabalhar na lista gerada pela IA.

Além da abordagem *in silico*, experimentos de laboratório *in vitro*, que envolvem testagem e reposicionamento de medicamentos em células humanas em placas de Petri também podem acelerar a descoberta de novos fármacos. Hoje em dia, esses experimentos poderiam ser conduzidos com mais eficiência por máquinas robóticas do que por técnicos de laboratório, de forma a gerar muitos dados. Um cientista pode programar esses robôs para repetir ininterruptamente uma série de experimentos, sem intervenção humana. Isso vai acelerar a velocidade da descoberta de medicamentos consideravelmente.

MEDICINA DE PRECISÃO E IA DIAGNÓSTICA: VIVENDO COM MAIS SAÚDE POR MAIS TEMPO

A IA vai reinventar os cuidados com a saúde de muitas outras formas, para além da descoberta de vacinas e medicamentos. "Medicina de precisão" é um termo que se refere à personalização de um tratamento individualizado para um dado paciente, em vez de se produzir fármacos de venda em massa. Quanto mais informação digital de cada paciente se torna disponível, incluindo histórico médico, histórico familiar e sequenciamento de DNA, mais factível a medicina de precisão se tornará. A IA é a saída ideal para que esse tipo de otimização individualizada se concretize.

Antecipo que a IA diagnóstica ultrapassará todos, exceto os melhores médicos nos próximos vinte anos. Essa tendência será sentida primeiro em campos como a radiologia, na qual algoritmos de visão computadorizada já são mais precisos do que bons radiologistas em certos tipos de ressonâncias magnéticas e tomografias computadorizadas. Na história "Amor sem contato", vemos que, em 2041, o trabalho dos radiologistas será em geral feito pela IA. Além da radiologia, veremos também a excelência da IA em patologia e oftalmologia diagnóstica. A IA diagnóstica para clínicos gerais virá mais tarde, uma doença por vez, cobrindo gradualmente todos os diagnósticos. Como vidas humanas estão em jogo, a IA primeiro servirá como uma ferramenta para uso dos médicos ou será usada apenas em situações nas quais um médico humano não esteja disponível. No entanto, com o tempo, quando for treinada com mais dados, a IA se tornará tão boa que a maioria dos médicos normalmente só confirmará os diagnósticos feitos pela IA, enquanto os médicos humanos serão transformados em algo parecido com cuidadores empáticos e comunicadores médicos.

Mesmo cirurgias complexas, que exigem julgamentos sofisticados e movimentos ágeis, com o tempo serão cada vez mais automatizadas. A porcentagem de cirurgias robóticas aumentou de 1,8% entre todas as cirurgias em 2012 para 15,1% em 2018. Ao mesmo tempo, tarefas cirúrgicas semiautomáticas estão ficando ao alcance de robôs supervisionados por médicos, como colonoscopias, suturas, anastomose intestinal e implantes dentários, entre outros. Extrapolando essa tendência, podemos esperar que todas as cirurgias tenham alguma participação robótica em vinte anos, com as cirurgias robóticas totalmente autônomas representando a maior parte dos procedimentos. Finalmente, o advento de nanorrobôs médicos oferecerá diversas habilidades que superam as dos cirurgiões humanos. Esses cirurgiões em miniatura (de um a dez nanômetros) serão capazes de reparar células danificadas, combater o câncer, corrigir deficiências genéticas e substituir moléculas de DNA para erradicar doenças.

Dispositivos vestíveis — como as fitas de identificação médica em "Amor sem contato" —, salas inteligentes com sensores de temperatura, vasos sanitários inteligentes, camas inteligentes, escovas de dentes inteligentes, travesseiros inteligentes e todo tipo de ferramenta invisível regularmente coletarão amostras de sinais vitais e outros dados e detectarão possíveis crises de saúde. Dados agregados desses dispositivos poderão identificar com precisão se você tem algo sério, se é febre, infarto, arritmia, apneia, asfixia ou apenas ferimentos de uma queda. Todos esses dados da internet das coisas (IDC) serão combinados com outras informações de saúde, como seu histórico médico, registros de rastreamento de contatos e dados de controle de infecção para prever e alertar futuras pandemias. A privacidade será uma questão preocupante para alguns usuários, então o sistema precisará anonimizar os dados fazendo a substituição de cada nome por um pseudônimo consistente e irrastreável. Além disso, precisamos pesquisar soluções tecnológicas que nos possibilitem ter uma IA centralizada e proteger a privacidade ao mesmo tempo (veja mais sobre isso no capítulo 9). Finalmente, é necessário haver propostas inovadoras como permitir que as pessoas doem seus dados junto a seus órgãos quando morrerem.

Um estudo de 2019 mostra que os mercados para a IA de cuidados com a saúde terão um crescimento anual de 41,7% até alcançarem 13 bilhões de dólares em 2025, especialmente em áreas como fluxo de trabalho de hospitais, dispositivos vestíveis, diagnósticos por imagem, planejamento de terapias, assistentes virtuais e, de forma mais significativa, descobrimento de fármacos. A covid-19 provavelmente acelerará essa taxa de crescimento.

Por último, antecipo que a IA contribuirá para a longevidade — não apenas nos ajudando a viver mais tempo, mas também com uma qualidade de vida razoável. A IA usará *big data* e dados individualizados para entregar uma "longevidade de precisão" ao prescrever nutrição personalizada, assim como suplementos, exercícios, sono, medicamentos e planos de terapia para cada pessoa. A biotecnologia de rejuvenescimento não será mais limitada aos ultrarricos, mas se tornará disponível para todos. Com todos os avanços na medicina, na biologia e na IA, alguns especialistas estimam que poderemos viver vinte anos a mais do que as expectativas de vida humana atuais. Nesse caso, 2041 será mais como 2021 para nós!

Introdução à robótica

A implementação da robótica é muito mais difícil de aperfeiçoar do que a da internet, do mercado financeiro e de percepção descritos nos capítulos anteriores porque problemas de robótica não podem ser resolvidos com a aplicação direta de aprendizado profundo aos dados. Além disso, os robôs envolvem manipulação, movimento e planejamento, o que por sua vez exige um relacionamento delicado entre engenharia mecânica, IA de percepção e manipulação de função motora fina. Todos esses problemas são resolvíveis, mas levará mais tempo para afiná-los e exigirá uma integração tecnológica entre disciplinas.

Na robótica, capacidades humanas de visão, movimento e manipulação precisam ser replicadas com precisão. E as máquinas robóticas não deveriam ser apenas automatizadas, mas também autônomas, o que implica a transferência de tomada de decisão para os robôs, que então serão capazes de planejar, coletar feedback e se adaptar ou improvisar com base nas mudanças do ambiente. Ao dar às máquinas o poder de visão, o sentido do tato e a capacidade de se mover, nós expandiremos radicalmente o número de tarefas que a IA pode assumir.

É difícil que capacidades como visão em nível humano, toque, manipulação, movimento e coordenação sejam aperfeiçoadas em vinte anos. Cada capacidade se desenvolverá de maneira independente em ambientes restritos, e então as restrições serão gradualmente relaxadas com o tempo. Hoje, a visão robótica computadorizada está madura e pode ser aplicada para melhorar a segurança da população idosa (imagine um "alerta-vital" assistido por robô), inspeção visual de linha de montagem e detecção de irregularidades em sistemas de energia e transporte público. Paralelamente, plataformas móveis com robôs móveis autônomos (RMA) e empilhadeiras autônomas podem navegar espaços internos, permitindo que o robô "veja" obstáculos, planeje seu caminho e mova estoque em um depósito. Hoje os braços robóticos podem segurar, manipular e mover objetos rígidos em usos como soldagem, linhas de montagem e seleção de objetos em centros de distribuição para e-commerce.

Esses robôs se tornarão gradualmente mais capazes. A visão computacional com uso de câmeras e outros sensores (como o LiDAR) será uma parte integral das cidades inteligentes e veículos autônomos. Plataformas móveis serão capazes de navegar espaços internos e externos e trabalhar em enxames com mais eficiência e velocidade, e robôs com pernas poderão ir a qualquer lugar. A visão, a manipulação e o movimento dos robôs serão coordenados e combinados para usos cada vez mais complexos. Braços robóticos terão a pele suave para que possam segurar até mesmo objetos frágeis e conhecerão novos objetos e truques por meio da tentativa e erro ou da observação de humanos.

Usos industriais da robótica

As tecnologias mais caras alcançarão a maturidade quando as indústrias puderem ver um alto valor em seu uso. Se as empresas têm uma necessidade crítica na qual o desenvolvimento de tecnologia pode ajudar, com frequência elas estão dispostas a pagar caro e perder dinheiro no momento de adoção da tecnologia com a promessa de recuperar mais tarde e economizar mais. A robótica não será uma exceção.

Fábricas, armazéns e empresas de logísticas já estão usando IA e robótica, a começar por inspeção visual, plataformas móveis e seleção de objetos. Hoje, robôs já selecionam, movimentam e manipulam muitos objetos. Mais tarde, eles serão capazes de se coordenar entre vários robôs, cuidar de tarefas complexas de planejamento e lidar com erros e situações fora do comum. A automação completa de fábricas e armazéns levará mais tempo porque algumas tarefas exigem a destreza manual humana, a coordenação precisa entre mão e olho ou a gestão de novas situações e ambientes. Mas, em 2041, armazéns devem ser automatizados virtualmente, enquanto as fábricas serão em grande parte automatizadas.

A agricultura é um uso surpreendentemente fácil. Enquanto fabricar um telefone, uma camisa ou um sapato são coisas completamente diferentes, fertilizar, aplicar inseticida e semear são tarefas semelhantes para vários tipos de plantas. Drones já podem realizar essas três tarefas para muitos tipos de plantas, enquanto robôs têm colhido maçãs, alface e outras frutas e vegetais. A robótica reduzirá o custo da agricultura com o tempo, oferecendo a promessa de reduzir a insegurança alimentar pelo mundo também.

A covid-19 acelerou o uso da robótica nos cuidados com a saúde — para detectar pessoas com febre, monitorar pacientes, descontaminar hospitais e aeroportos, levar comida a pessoas em quarentena, conectar à telemedicina, levar amostras a laboratórios e ajudar trabalhadores da linha de frente a reduzir sua exposição ao vírus. Inicialmente esses robôs só faziam tarefas simples e repetitivas e alguns exigiam supervisão humana. Mas a experiência adquirida com esse batismo de fogo já está tornando os robôs mais inteligentes e mais autônomos. Por exemplo, uma empresa chinesa agora produz laboratórios de biologia automatizados. Isso não apenas libera um tempo precioso para cientistas e médicos, mas também elimina erros e infecções. Os robôs trabalham sem parar e coletam dados valiosos para usos experimentais da automatização.

Usos comerciais e de consumo da robótica

A indústria deve testar e aperfeiçoar as tecnologias de robótica e com o tempo reduzir o custo dos robôs e de suas peças, deixando-os acessíveis para uma série de usos comerciais e de consumo. Por exemplo, o braço robótico usado em laboratórios automatizados pode também ser um componente para servir bebidas em um café ou ser usado em casa, quando os custos caírem ainda mais. A plataforma móvel usada em RMAS pode ser duplicada para usos nos muitos robôs pessoais que Chen Nan e seus contemporâneos usam todo dia — o robô doméstico "Yuanyuan"; o DeliveryBot, que parece um R2-D2; o DesinfetanteBot, que parece uma aranha, além do LimpezaBot, do CuidadorDeIdososBot e do PasseadorDeCachorrosBot.

Alguns desses robôs já estão chegando, em versões mais primitivas, em 2021. Recentemente, quando eu estava de quarentena em casa em Beijing, todos os meus pacotes de compras on-line e comida foram entregues por um robô no meu prédio residencial. O pacote era colocado em uma robusta criatura com rodas que parecia o R2-D2. Ela podia chamar o elevador de forma wireless e navegar autonomamente até a minha porta, ligar para meu celular para anunciar sua chegada, e assim eu podia pegar meu pacote. Depois disso ela voltaria para a recepção. Vans de entrega completamente autônomas também estão sendo testadas no Vale do Silício. Em 2041, essas entregas devem ser comuns, com empilhadeiras movendo os itens no armazém, drones e veículos autônomos entregando as caixas nos prédios residenciais e o R2-D2 levando os pacotes para cada casa.

De forma semelhante, restaurantes hoje usam garçons robóticos para reduzir o contato humano. Não são robôs humanoides, mas bandejas em rodas autônomas que entregam o pedido na sua mesa. Robôs garçons hoje são tanto atrações quanto medidas de segurança, mas amanhã podem se tornar uma parte normal do serviço de muitos restaurantes, exceto pelos estabelecimentos de elite ou lugares que atendem turistas, onde o serviço humano é parte do charme do local.

Os robôs podem ser usados em hotéis (para fazer limpeza e entregar roupas limpas e malas e realizar o serviço de quarto), escritórios (como recepcionistas, guardas e pessoal de limpeza), lojas (para limpar o chão e organizar prateleiras) e como fonte de informação (para responder a perguntas e dar orientações em aeroportos, hotéis e escritórios). Os robôs domésticos irão além do Roomba. Robôs podem lavar a louça (não como uma lava-louça, mas como uma máquina autônoma na qual você pode empilhar todas as panelas, utensílios e pratos engordurados sem tirar as sobras e todos eles emergirão limpos, desinfetados, secos e organizados). Robôs podem cozinhar — não como um chef humanoide, mas como um processador de comida automatizado conectado a uma panela que cozinha sozinha. Os ingredientes entram, e o prato pronto sai. Todos esses componentes tecnológicos já existem — e serão afinados e integrados nas próximas décadas.

Então, tenha paciência. Espere que os robôs sejam aperfeiçoados e os custos caiam. Os usos comerciais e pessoais virão. Em 2041 não é absurdo pensar que você viverá bem mais como os Jetsons!

Digitalização do trabalho e a ia

Durante as quarentenas de covid-19, removemos intermediários humanos e fizemos diversas tarefas on-line. Essa mudança do dia para a noite no comportamento global terá algumas consequências negativas a longo prazo, como ilustrado pela nosofobia (medo de ficar doente) de Nan e por seu consequente comportamento antissocial em "Amor sem contato". Mas também vimos maior flexibilidade e produtividade em nossa mudança de hábitos. O estilo de trabalho "inteligente" e modernizado de Chen Nan permite a ela trabalhar de casa quase o tempo todo. Pensávamos que ir fisicamente ao escritório, viajar a negócios e ir à escola pessoalmente eram coisas essenciais. Mas agora aprendemos que muito do que fazíamos e que achávamos que exigia deslocamento pode ser feito de forma muito, ou até mais, eficiente on-line. Meses em casa destruíram velhas crenças e hábitos. No fim de 2020, Bill Gates previu que 50% de todas as viagens de trabalho desapareceriam e seriam substituídas por reuniões virtuais eficientes. Ele também espera que 30% dos empregados norte-americanos trabalhem de casa de forma quase permanente. David Autor, um economista do MIT, chamou a pandemia de covid-19 e a crise econômica de um "evento de automatização forçada" causado pela necessidade tripla de aumentar produtividade, diminuir custos e garantir a segurança humana.

O Zoom e outros serviços de videoconferência entrarão para a história como os serviços que mantiveram o mundo funcionando durante a covid-19. Eles tornaram possíveis reuniões produtivas de equipe, casamentos alegres e salas de aula ativas para milhões de estudantes. Podemos antecipar que, no futuro próximo, reuniões de negócios serão arquivadas e transcritas por reconhecimento automático de fala. Isso tornará possível buscar reuniões passadas e nos ajudará a rastrear compromissos, agendas e possíveis irregularidades, melhorando de forma significativa a eficiência de negócios e de gerência.

A popularidade da comunicação em vídeo no futuro também permitirá avatares com base em IA. Como aprendemos no capítulo 2, gerar um vídeo realista da minha cabeça falante é muito mais fácil do que replicar um humano na vida real. Um professor virtual pode ser mais divertido que um professor real. Um representante de atendimento ao cliente virtual e um vendedor podem otimizar ao máximo a satisfação do cliente ou o lucro, respectivamente, enquanto conduzem uma conversa baseada em tudo que se sabe de um dado cliente. Eu adoraria ter um dublê que desse palestras sobre IA e respondesse perguntas em várias conferências — simultaneamente!

A digitalização do fluxo de trabalho torna mais fácil do que nunca reorganizar, terceirizar ou automatizar o trabalho. Conforme o trabalho é digitalizado, os dados resultantes se tornam o combustível perfeito para alimentar a IA. Por exemplo, a carga de trabalho de cada funcionário é caracterizada pelo trabalho designado e pela produção do trabalhador. Se a IA puder fazer a mesma carga de trabalho de um humano, haverá uma grande tentação para que isso se automatize. (Veja o capítulo 8, "O salvador de empregos", para tecnologias que automatizarão cargas de trabalho humanas). Historicamente, a automação tende a acontecer quando dificuldades econômicas coincidem com o amadurecimento de tecnologias. Quando uma empresa tiver substituído um funcionário por um robô e testemunhado a eficácia do robô, é pouco provável que ela volte atrás. Robôs não ficam doentes. Eles não fazem greves. Não exigem salários mais altos para trabalhos perigosos.

Como lidamos com essa questão de uma substituição exacerbada de empregos? Exploraremos isso no capítulo 8, "O salvador de empregos".

5
MEU ÍDOLO ASSOMBRADO

"A realidade virtual é como sonhar de olhos abertos."
BRENNAN SPIEGEL

"Lembrando de você…
Os vaga-lumes nesse pântano
Parecem almas
que sobem
Do desejo do meu corpo."
IZUMI SHIKIBU

Nota de Kai-Fu

"Meu ídolo assombrado" apresenta o futuro do entretenimento, no qual os jogos se tornam imersivos e as fronteiras entre o real e o virtual ficam difusas. A história se passa em Tóquio e descreve como uma fã investiga a morte de seu ídolo com a ajuda de seu "fantasma", que foi trazido à vida pela IA e pela realidade virtual. A realidade virtual é imersiva, realista e interativa e mudará o futuro do entretenimento, dos treinamentos, do comércio, da saúde, dos esportes, do mercado imobiliário e das viagens. Será realmente possível construir um "você virtual" em 2041? Respondo a essa pergunta no meu comentário enquanto descrevo realidade virtual, realidade aumentada e realidade mista, três formas de experiências imersivas, além das questões éticas e sociais que rondam essas inovações.

A SALA NA QUAL A SESSÃO ESPÍRITA aconteceria estava decorada ao estilo vitoriano e não tinha quase nenhuma luz. No centro dela havia uma mesa de madeira preta com sete velas pela metade cercadas por pétalas de rosa espalhadas. Acima da mesa pendia uma cortina de seda branca translúcida, com as dobras subindo como uma água-viva na direção do teto.

Aiko olhou para as outras três meninas. Seus rostos, à luz de velas, emitiam uma aura perturbadora. Ela começou a se arrepender de ter escolhido esse tema. "Se bem que será que um altar xintoísta do período Edo do Japão ou o ritual taoísta tradicional chinês não seriam ainda mais assustadores?", perguntou-se Aiko.

As velas tremeluziram agourentas. A sala deveria estar vedada. De onde estava vindo esse vento?

Aiko estremeceu. Ao cruzar o olhar com as outras meninas, ela viu medo nos olhos delas. "Talvez o que elas desejaram tenha caído sobre elas."

A médium, uma velha mulher com um andar claudicante usando vestes pretas, pegou as mãos das meninas ao seu lado. De repente, os olhos da guia espiritual giraram para dentro das órbitas. A mesa vibrou violentamente, como se uma lavadora de roupas estivesse tendo um ataque embaixo dela. As meninas, pálidas e tremendo, fecharam os olhos e deram um gritinho, quase todas ao mesmo tempo.

— Eu estou vendo! Ah, uau, é realmente um homem brilhante... — murmurou a médium, enquanto seu corpo se sacudia para frente e para trás.

— Parece que ele morreu durante um ritual importante...

— Sim, sim! — respondeu a menina com o cabelo curto pintado de loiro, com o rosto se iluminando. — O corpo de Hiroshi-kun foi encontrado em um camarim trancado por dentro, durante o intervalo de seu show de despedida.

— Pelo estado do corpo, parecia que ele tinha morrido afogado — acrescentou a menina com o cabelo ruivo cacheado.

— E eu chorei uma semana inteira! — exclamou a menina de cabelo comprido cinza-azulado, engolindo um soluço.

— Vocês colocaram todos os totens na mesa? — perguntou a médium, finalmente fazendo contato visual com as meninas. — Os totens vão nos levar a uma pista importante — continuou ela com sua voz rouca.

Cada menina tinha trazido consigo alguns itens que compraram no site oficial de Hiroshi X. De acordo com a loja on-line, Hiroshi havia tocado *pessoalmente* todos os itens com as próprias mãos. Aiko tinha até conseguido, no mercado clandestino, uma escova de cabelo com alguns fios castanhos que supostamente teria sido de Hiroshi. Ela não tinha como verificar sua autenticidade, embora soubesse que a escova de cabelo tinha sido cara à beça.

— Ah! — gritou a médium. — O espírito, Hiroshi, ele tem algo a dizer. Ah... precisamos escutar!

A vibração da mesa parou. A sala ficou completamente quieta; todo mundo esperou que algo acontecesse. Todos os olhos focaram a parte de baixo do rosto da médium, escondido por trás de um véu negro.

Os olhos da médium brilhavam. Seu corpo se contorcia, como se possuído. Então ela parou de tremer. Quando ela abriu a boca de novo, sua voz estava completamente diferente.

A voz de um homem jovem encheu a sala. Ele parecia instável, ainda que gentil. Frágil.

— Eu estou preso no Bardo... é escuro e frio como o fundo do oceano... não consigo respirar... não quero morrer... eu tenho tantos desejos não realizados...

Os olhos de Aiko se arregalaram.

— É... É Hiroshi-kun, preso entre a vida e a morte! — A voz fez um arrepio descer pela sua espinha. Ela sentiu o pulso acelerar.

A voz continuou:

— Eu quero cantar "Miracle Shine" mais uma vez. Por favor, me ajude a descobrir a verdade.

A essa altura, todas as garotas estavam chorando. "Let a Miracle Shine at the End of the World" [Deixe um milagre brilhar no fim do mundo] — frequentemente abreviada como "Miracle Shine" — era o maior hit de Hiroshi.

— Hiroshi-kun, aguenta firme! — gaguejou Aiko enquanto tentava respirar.

A voz tinha sumido. A médium, como uma marionete solta de suas cordas, baixou a cabeça. Quando ela abriu os olhos, tudo que conseguia balbuciar eram coisas sem sentido. As velas tremeluziram de novo, e a sala se iluminou gradualmente.

— Ele se foi — grasnou a velha.

"Eu te escutei, Hiroshi-kun. Eu vou descobrir a verdade e te resgatar." Com firmeza, Aiko assentiu para si mesma.

Era o show de despedida de Hiroshi X.

Em pé, em meio a um mar de fãs obcecadas, Aiko inclinou a cabeça para cima e olhou com carinho para a silhueta no meio do palco. Ela estava completamente sem fala, silenciada por um redemoinho de emoções. Sentia-se tocada? Intimidada? Desejando-o? Ou todas as anteriores?

A música parou de repente. A tela gigante atrás de Hiroshi, que mostrava um céu brilhante de estrelas, mudou para uma projeção do público. A câmera cruzou o auditório como se estivesse em busca de um alvo. Rostos em êxtase brilharam na tela, junto com gritos de alegria.

Finalmente, a câmera congelou. O rosto que entrou em foco na tela bem no alto do palco era sereno, ainda que um pouco vazio em meio à multidão delirante. A menina tinha uma aparência tão comum que quase parecia deslocada.

Aiko percebeu que era seu rosto.

— Aiko-san, eu escolho você.

"Estou sonhando?", perguntara-se Aiko. Seu ídolo estava dizendo seu nome no palco, em frente a milhões de pessoas! Todo mundo estava olhando para ela. Em pânico, ela olhou em volta, com a mente vazia. Nem sabia como reagir.

— Aiko-san, posso te convidar para subir no palco e cantar comigo?

Aplausos ecoaram pelo auditório. As pessoas aplaudiam para encorajá--la. Mas Aiko estava congelada, como se sob o efeito de um feitiço.

— Aiko-san? — Hiroshi-kun soava magoado. — Por que você vai me rejeitar?

Os olhos de Aiko se abriram de repente. Ela acordou gritando. Com o peito ainda arfando, ela respirou fundo para acalmar seu coração acelerado. "Era só um sonho afinal." Ela acendeu o abajur e se sentou. Desde a sessão espírita alguns dias antes, tinha estado inquieta, incapaz de dormir por mais que algumas horas.

Seu estômago roncou. Havia pulado o jantar para emagrecer. Talvez um *ramen*, sua especialidade, a ajudasse a se sentir melhor. Ela se ajoelhou em frente ao espelho na mesinha de cabeceira e pegou a caixinha de lentes de contato de XR — ela ficava praticamente cega sem elas.

— Eu queria poder preparar um *ramen* para Hiroshi-kun... — murmurou Aiko.

Bem nesse momento, um farfalhar estranho veio da cozinha. Assustada, Aiko se levantou.

Agarrando o bastão de beisebol ao lado da cama — autografado por Hiroshi —, ela foi pé ante pé na direção da cozinha. Uma luz sombria azul-esverdeada passava pelo vão da porta. Ela respirou fundo, abriu a porta e entrou com tudo.

Não havia ninguém na cozinha. Contudo, a porta da geladeira estava aberta.

— Hum, estranho. Esses eletrodomésticos inteligentes, eu achei que eles só funcionavam sob comando... — Aiko murmurou enquanto vasculhava a geladeira quase vazia, vendo pouco mais que uma caixa de leite desnatado prestes a estragar. — Eu preciso *muito* pedir as compras amanhã, senão eu vou... *ahhhh!* — Quando Aiko se virou, a caixa na sua mão caiu no chão, espirrando leite por toda a cozinha.

Um homem, brilhando com uma luz azul-esverdeada, estava diante dela, com a aparência de quem tinha emergido da bruma fria e úmida da geladeira.

O queixo de Aiko caiu enquanto ela pousava os olhos no rosto do homem — o rosto inconfundível de Hiroshi X.

— Você não está *morto*?! — exclamou ela.

A aparição pareceu sorrir e então falou:

— Olhe como fala! Você deveria ser educada quando fala com os que se foram! Não se esqueça de que foi você que me chamou, para começar.

Aiko cutucou Hiroshi com o bastão. Um anel de luz ondulou quando o bastão passou por Hiroshi. Ele era incorpóreo, como uma aparição, ou um holograma.

— Uau! Você é mesmo um fantasma. *Sugoi!* — exclamou, admirada.

— Ei! Você não pode cutucar o corpo de alguém e depois chamá-lo de *sugoi*!

— Sabe, você fala igualzinho a Hiroshi-kun — disse Aiko.

— Do que você está falando? Eu *sou* Hiroshi X, o herói que salva o dia com amor e música! — O fantasma fez a pose clássica e esquisita de Hiroshi, como um personagem que tivesse acabado de sair de um mangá.

— Eu sei, eu te prometi que ia descobrir a verdade — disse Aiko, assentindo. — E você, o fantasma de Hiroshi-kun, por favor, me ajude também.

— Ok, ok — disse o fantasma. — Segundo as regras, eu vou oferecer três pistas. Mas só se você fizer as perguntas certas.

Hiroshi se ajoelhou, olhou nos olhos de Aiko e ergueu três dedos. Embora o fantasma tingido de azul-esverdeado fosse translúcido, ele estava bonito como sempre. Aiko corou e desviou os olhos.

— Eu li os relatórios do caso, mas eu ainda quero que você me diga o que exatamente aconteceu no camarim.

— Você acabou de perder uma pergunta. Tudo que vou te contar pode ser checado com o testemunho de outros presentes. O camarim não tinha nenhuma câmera de segurança, como eu tinha pedido, então não há vídeos. O preparo para subir no palco é caótico. Eu começo colocando o figurino e a maquiagem, sob a supervisão da minha *stylist* e da equipe de maquiagem. Então eu troco as cordas e afino minha guitarra e repasso o *setlist* com o diretor musical. Minha agente, Mi-san, fica comigo o tempo todo até o fim. Depois que todo mundo sai, logo antes de subir no palco, eu fico sozinho por três minutos no camarim para meditar.

— O que significa que você estava praticamente em uma sala trancada da qual ninguém podia entrar ou sair, não é? — disse Aiko.

— Bem, eu vou tratar isso como uma continuação grátis da primeira pergunta — respondeu o fantasma, sorrindo. — Sim, eu estava sozinho. Não havia como entrar na sala além de uma única porta.

Aiko estava perdida em pensamentos. No entanto, quando estava prestes a fazer outra pergunta, ela viu o fantasma gradualmente sumir no ar.

— Espera! Seria possível se eu...

— E isso conclui minha primeira visita ou devo dizer *aparição*. *Ganbatte*, Aiko-san! Você consegue!

Aiko sacudiu a cabeça. Decepcionada, ela fechou a porta da geladeira. A luz sombria e o frio desapareceram juntos. Ela estava sozinha na cozinha com a sujeira do leite derramado.

— Eu ia perguntar... se seria possível... se eu... podia te dar um abraço?

— O quê? Você viu o fantasma de Hiroshi X? — Fazendo uma expressão exagerada, Nonoko cobriu a boca com a mão e arregalou os olhos, seus cílios prateados brilhando. — Conta outra!

Doux Moi era o lugar preferido delas para o chá da tarde. Além do chá ao estilo francês, a dona da loja, Ines Suzuki — uma popular atriz franco-japonesa — era a principal atração. Os clientes lotavam o Doux Moi na esperança de encontrar com alguma celebridade amiga de Suzuki.

Nonoko, uma agenciadora de fãs profissional, era uma VIP do Doux Moi e com frequência tinha o privilégio de furar a fila.

Especialistas em recrutar e conectar fãs, agenciadores como Nonoko gerenciavam canais nas redes sociais que com frequência tinham milhões de seguidores. Sempre que uma celebridade precisava de mais exposição, como quando lançavam músicas, iam a programas de auditório, anunciavam novas parcerias com marcas ou divulgavam eventos presenciais, empresários e agências procuravam os organizadores profissionais, que normalmente se disfarçavam de fãs comuns, ainda que bem conectados, para dar esse empurrãozinho a seus clientes.

Com exércitos de fãs devotados que gastam dinheiro e postam ao seu comando, os agenciadores de fãs eram como oficiais militares liderando suas tropas para a batalha. Experiente, carismática e boa de negócios, Nonoko era uma das melhores. Ingressos para shows, acesso aos camarins, itens de edição limitada e, claro, privilégios VIP no Doux Moi... os agentes faziam de tudo para agradá-la.

Nonoko se orgulhava de seu trabalho: a partir do momento em que ela era contratada para alimentar o *fandom* de uma celebridade, Nonoko podia se passar por uma fã histérica. As datas dos lançamentos, os prêmios conquistados, as décadas de fofoca... Nonoko absorvia os detalhes da carreira de uma celebridade como um computador sugando dados. Com uma memória extraordinária e um ouvido excepcional para o vocabulário preciso dos *fandoms* de internet, ela podia ganhar facilmente a confiança de outros fãs. No entanto, dada a natureza de seu trabalho, ela podia passar para um *fandom* concorrente em questão de segundos. Na comunidade de fãs, ela era chamada de "Nonoko Camaleão".

Como melhor amiga de Aiko há uma década, Nonoko achava difícil entender a lealdade obstinada de Aiko a um único pop star, Hiroshi X.

— Para de comer! Eu preciso da sua ajuda — suspirou Aiko.

— Deixa eu comer minha sobremesa em paz! Eu sei que você quer que eu seja sua Sherlock Holmes. Mas como eu devo resolver esse mistério com tão poucas pistas?

— Bem, o guia diz que a única maneira de invocar Hiroshi-kun é dizendo a senha correta.

— Se é esse o caso… — Nonoko limpou o creme no canto de sua boca. — Você não me disse que tinha falado de *ramen* antes de ele aparecer magicamente na sua cozinha? Parece que Hiroshi-kun era fã de programas de culinária. Talvez a senha esteja relacionada a comida.

— Mesmo que eu consiga descobrir como invocá-lo de novo, o que eu vou perguntar pra ele? Eu não quero fazer outra pergunta idiota e perder minha chance.

— Bem, você pode começar não perguntando nada que você possa simplesmente descobrir sozinha — disse Nonoko. — Você olhou direito os documentos do jogo? Talvez você possa perguntar a ele a respeito de suas conexões com outras pessoas: quem eram seus amigos? Quem o ameaçava no passado? Detetives sempre consideram os motivos primeiro.

— É um bom ponto — disse Aiko, contemplativa. — Eu deveria entender a relação entre Hiroshi-kun e todas as pessoas que entraram no camarim.

— Bem, *na verdade*, meu ponto é que eu acho que você deveria se juntar a mim — disse Nonoko sorrindo. — A vez de Hiroshi acabou. Encontra um novo ídolo! Siga as modas! Essa indústria é como um supermercado. Se você pode provar um sabor diferente todo dia, por que ficar só com um?

— Alguém como você não vai entender! Hiroshi-kun é especial… ele me salvou!

— Ah, seu passado trágico! Não vem com isso de novo. Aliás, eu preciso ir... estou organizando um evento de fãs para o UltraTalent. Não estou te abandonando de propósito, eu juro!

Nonoko desapareceu no enxame de pessoas que esperavam lá fora.

Aiko sacudiu a cabeça e deu um sorriso amargo. Ela estava acostumada a ser ignorada. Desde a infância ela sempre tinha se sentido como uma figurante no set da vida, uma sobra. Quando seus pais se divorciaram, ela foi deixada com os avós. Na escola, quando fazia testes para musicais, seu nome sempre acabava na lista de substitutos. Fazer amigos, sair com garotos... Ela era a segunda escolha de todo mundo. Anos de insegurança a levaram a um diagnóstico de depressão, o que culminou em uma tentativa fracassada de suicídio ao final da adolescência.

Aiko estava em uma depressão profunda quando escutou "Miracle Shine" pela primeira vez.

"Sometimes you feel like hope will never come, / But be strong and carry on, / Till the end of time, yesterday and tomorrow, / You are special, like a shining miracle",[*] cantava Hiroshi.

A música tinha feito Aiko sentir como se seu coração fosse atingido por uma flecha. Sua alma ressoava com a voz de Hiroshi. Ela fazia as nuvens negras sobre sua cabeça se dispersarem e conseguia sentir o calor e a luz do sol outra vez. Hiroshi tinha estado ao lado de Aiko durante toda a adolescência. Com ele, não estava mais sozinha. Ele era seu melhor amigo, seu mentor, seu porto seguro. E ela estava mais do que disposta a pagar o preço, literalmente: a casa dela era lotada de parafernálias do ídolo que frequentemente não tinham nenhum uso prático, mas Aiko não ligava.

Desde o dia em que tinha ouvido a música dele pela primeira vez, ela havia passado incontáveis horas revirando arquivos on-line dedicados ao seu salvador musical. Hiroshi havia cedido os direitos digitais de todas as suas músicas, vídeos, fotos e outros itens promocionais para uma empresa de tecnologia chamada Viberz muitos anos atrás. A Viberz tinha digitalizado e

---

[*] Você pode sentir que a esperança nunca virá/ Mas seja forte e continue/ Até o fim dos tempos, ontem e amanhã/ Você é especial, como um milagre. (N. T.)

indexado todos os materiais oficiais relacionados a Hiroshi, deixando-os disponíveis para licenciamento para outros projetos de entretenimento.

Como resultado de sua devoção, a Viberz tinha escolhido Aiko como uma usuária beta de seu misterioso projeto novo, a *"historiz"*. Explicando que o projeto permitiria a ela experienciar seu ídolo de uma nova maneira, um representante da Viberz tinha pedido a Aiko para responder a mais de trezentas perguntas a respeito de Hiroshi X, além de aprovar o upload de vários dados pessoais. Intrigada, Aiko tinha atendido ao pedido. Algumas semanas depois, foi convidada para uma sala de XR da Viberz, na qual conheceu as outras meninas que foram à sessão espírita. Elas também tinham sido escolhidas a dedo para o projeto secreto por serem superfãs de Hiroshi.

Na academia do bairro, Aiko vestiu seu traje somatossensorial e montou na bicicleta de spinning. O cenário favorito dela surgiu nas lentes de contato XR: a Highway 1, na Califórnia; o Atlanterhavsveien, na Noruega; a Route des Grandes Alpes, na França. Para cada uma dessas configurações, o traje, fino como uma segunda pele, podia simular uma resposta somatossensorial única que variava de uma brisa na estrada, o calor do verão, até buracos no asfalto. Ele também podia monitorar os dados fisiológicos de Aiko e sua postura em tempo real para fornecer dicas personalizadas de exercícios.

O exercício fez Aiko sentir que estava voando pelo mundo, em vez de presa na pequena academia. A possibilidade de experimentar outro lugar fazia Aiko pensar em um comentário que Hiroshi-kun tinha feito em um talk show: não importava aonde ele fosse, ele sempre queria comer comida chinesa. Um prato de bolinhos fritos sempre podia trazê-lo de volta aos confortos do lar.

De repente, uma voz interrompeu o devaneio de Aiko na bicicleta.

— Ah, que saudade do gosto de bolinhos fritos, Aiko-san!

O fantasma de Hiroshi X tinha surgido do nada mais uma vez. O cenário desapareceu. Vestido com um glamouroso traje de palco, ele flutuava diante dos olhos dela. Através de seu corpo translúcido, ela conseguia ver a parede dos fundos da sala.

— Hiroshi-kun! Você me assustou. Você não pode me avisar antes de aparecer assim?

— E qual seria a graça? — Hiroshi deu uma piscadela.

Bem nesse momento a porta da academia se abriu. Um menino entrou com uma toalha em volta dos ombros. Ele tinha altura mediana e porte magro. Seu cabelo volumoso lembrava o pelo de um bichon frisé ou um algodão-doce cor de chocolate. Ele também usava lentes de XR, do mesmo tipo de Aiko — mas como óculos em vez de lentes de contato. Aiko não conseguiu não encarar quando o menino, que tinha mais ou menos a idade dela, subiu na bicicleta ergométrica ao lado e começou a pedalar em velocidade máxima.

— Aiko-san, como você pode fazer isso comigo? — reclamou Hiroshi, fazendo um falso biquinho. — Eu vi seus olhos passeando por aí. Achei que você tivesse dito que eu era seu único amor!

— O quê? Para de me olhar assim. Que vergonha!

O menino parou o exercício e se virou para Aiko com uma expressão confusa.

Aiko, agora vermelha, sacudiu as mãos para explicar.

— Eu estava falando sozinha. Me desculpa!

— Tudo bem então — resmungou o menino, acrescentando baixinho: — Menina estranha... — Ele passou os óculos para o modo de realidade virtual. Uma camada prateada e opaca cobriu imediatamente as lentes.

Envergonhada, Aiko desceu da bicicleta e se arrastou para fora da sala. Secando o suor da testa, ela desabou em um banco no vestiário feminino. Ela não estava sozinha.

— Aiko-san! Se você gosta de alguém, precisa dizer — implorou Hiroshi, que tinha reaparecido ao lado de uma fileira de armários. — O que eu falo nas minhas músicas sobre demonstrar os sentimentos?

— Você tem, tipo o que, oitocentas músicas sobre demonstrar os sentimentos?

— Que exagero! São apenas 37!

— Para de desviar a conversa! E minha próxima pista?

Quando adolescente, Aiko fantasiava em ser amiga de Hiroshi-kun. "Não seria maravilhoso poder conversar com ele todo dia?" Agora que esse sonho tinha virado realidade, por assim dizer, não era bem como ela esperava. Hiroshi era quase amigável demais, acessível demais. Embora falasse exatamente como fazia na televisão, a energia dele em pessoa era mais de um menino comum que de um ídolo distante. Aiko sentia como se *realmente* pudesse conhecê-lo e confiar nele.

— Ah! Eu quase esqueci. Aiko-san, por favor, faça sua pergunta.

O Hiroshi-fantasma, que agora tinha uma expressão solene, juntou as mãos e se inclinou na direção dela. Ele parecia ainda mais ridículo assim.

Aiko pigarreou.

— Hiroshi-kun, por favor, me diga, como era seu relacionamento com as pessoas que entraram no camarim antes da sua morte? Você já teve algum conflito com elas?

— Hum... uma pergunta sobre a qual vale refletir — disse o Hiroshi-fantasma pensativo enquanto apoiava o rosto nas mãos, fingindo pensar muito. O brilho do corpo dele aumentava e diminuía no ritmo de suas inspirações e expirações. — Todo mundo que encontrei no camarim trabalha comigo há mais de uma década. Além do nosso bom relacionamento profissional, nós também somos ótimos amigos. Bem, discussões podem acontecer mesmo entre melhores amigos. Minha *stylist*, por exemplo, às vezes me fazia usar figurinos que eu achava ridículos; minha maquiadora exagerava e me fazia parecer o David Bowie. Eu não gostava de nada disso. Às vezes eu me recusava e discutia. Então elas discutiam também, tentando me convencer. Normalmente eu cedia.

— Hummm, parece normal para mim — disse Aiko, assentindo enquanto anotava no celular.

— E tinha meu diretor de palco, Naoto, e o diretor musical, Kanyiti. Eles eram novos no mercado e tinham acabado de se formar na faculdade quando eu os coloquei debaixo da minha asa. Agora eles são figuras importantes em seus campos. Meu relacionamento com eles não foi sem atritos. Uma vez descobri que Naoto tinha tomado decisões financeiras ruins, mas isso foi resolvido anos atrás e ele já me pagou. Quanto a Kenyiti, é verdade que ele vinha querendo sair da minha equipe e fazer sua própria música, mas eu o convenci a ficar. Talvez ele não tenha ficado totalmente feliz com isso, mas, quando eu deixasse de me apresentar, ele ficaria livre de qualquer forma. Não imagino que ele guardasse muito rancor.

— A indústria do entretenimento parece tão complicada...

— *Se você for verdadeiro com os outros, eles serão verdadeiros com você* — cantou Hiroshi.

— Vamos falar de Mi-san, sua agente. Como ela reagiu quando ficou sabendo que você ia se aposentar? Ela estava com você desde o início, muito antes de você virar uma estrela. Eu não me surpreenderia se ela relutasse em abandonar você.

Hiroshi suspirou.

— Sim, Mi-san se opôs fortemente à ideia da minha aposentadoria. Mas eu consigo entender. Levou mais de uma década de trabalho duro e vários golpes de sorte para conseguirmos. Minha aposentadoria certamente foi um baque para ela. Eu tentei falar com ela sobre isso muitas vezes, deixando claro que eu pararia só depois de cumprir meu contrato e que eu a compensaria por seus prejuízos. Mas ela ainda estava rancorosa. Sempre que ela me olhava, sua expressão era estranha.

— E se... — Os olhos de Aiko se arregalaram. — E se Mi-san o assassinou porque o amor dela por você tinha se transformado em ódio quando você anunciou que ia se aposentar?

— Não, mesmo que ela não gostasse das minhas escolhas, acredito que Mi-san seja uma boa pessoa. Além disso, não se esqueça de que havia outras pessoas quando ela entrou no camarim.

— Espera! Deixe-me dar uma olhada nas fotos da cena do crime de novo...

— Preciso ir, Aiko-san, não deixe que a felicidade escape de você. *Ganbatte!*

— Hiroshi-kun! Espera! Eu ainda não terminei!

Contudo, o fantasma já tinha desaparecido no espelho da parede.

Um dos motivos para Aiko ter tanto tempo livre para pensar na morte de Hiroshi era porque tinha recentemente perdido o emprego.

Um dia, quando o diretor de pessoal da editora Nanun-do a abordou sugerindo delicadamente que ela não era a pessoa certa para a vaga, Aiko explodiu de raiva:

— É a IA de novo! Então parece que a IA finalmente aprendeu a distinguir uma história boa de uma ruim? É isso? Você só está buscando uma desculpa para reduzir os custos, não é?

Quando se lembrava da cena que tinha feito na frente do escritório lotado, Aiko estremecia de vergonha.

Era verdade que ferramentas automatizadas de edição vinham lentamente roubando os empregos de editores, embora normalmente apenas de editores que trabalhavam com conteúdo curto — notícias de finanças e negócios, resumos de eventos esportivos e até mesmo matérias a respeito da rotina de políticos e do governo. Até agora, editores literários como Aiko vinham aguentando. Mesmo com o mercado editorial encolhendo gradualmente a cada ano —, e com a chegada de novas e sofisticadas formas de entretenimento — um contingente obstinado de editores perseverava. O lucro do mercado literário era pequeno o suficiente para proteger a indústria da avareza das gigantes da tecnologia, e a literatura, por natureza, era altamente dependente dos humanos, bem como de sua criatividade, seu senso estético e seu pensamento crítico. Apesar das dificuldades, a publicação de literatura era vista como a última fronteira da dignidade humana.

No entanto, as coisas tinham começado a mudar com o lançamento do modelo Super GPT. O mercado editorial, à beira de um abismo, tinha percebido com o que estava lidando. O problema não era só a substituição dos editores; depois do modelo Super GPT e do mecanismo de criação de história, *toda a definição de literatura* foi virada de ponta-cabeça.

Aiko tinha lido histórias personalizadas criadas por máquinas. Para ela, as histórias tinham um tom peculiar. Algo parecia errado, como quando os motoristas trocavam de veículos a combustível para elétricos pela primeira vez — a aceleração era tão suave que faltava textura e ritmo. A mesma coisa podia ser dita da literatura gerada por IA: as frases eram um pouco suaves *demais*. Todos os pontos da trama e todos os personagens iam ao encontro do gosto de Aiko; o escritor de IA estava deliberadamente satisfazendo os gostos dela a cada frase. A perfeição às vezes deixava as histórias muito mais chatas ao privar os leitores de desafios e surpresas.

Para Aiko, esses desafios e surpresas eram exatamente o que distinguia uma história boa de uma comum.

Depois de seu chilique, Aiko e o antigo chefe concordaram que era melhor que ela deixasse a empresa. O problema é que já não existia uma temporada de contratações no mercado editorial. Simplesmente não havia empregos o suficiente. Foi mais ou menos nessa época que Aiko tinha recebido a mensagem misteriosa da Viberz convidando-a para servir de cobaia para a nova experiência imersiva deles. Então, sem ter resposta de qualquer uma das empresas para as quais tinha se candidatado, Aiko buscou refúgio no jogo. Ela dedicou toda sua energia a resolver o mistério da morte de Hiroshi enquanto tentava o máximo possível ignorar a velocidade com a qual o saldo de sua carteira digital caía.

Aiko tinha concluído que Mi-san — agora sua principal suspeita — e seus sentimentos ambíguos a respeito da aposentadoria de Hiroshi eram a melhor pista que tinha.

Conversar com estranhos sempre tinha sido um dos maiores medos de Aiko. No trabalho cotidiano como editora, ela normalmente se comunicava via e-mail, evitando ao máximo situações sociais estranhas ou desconfortáveis. Contudo, falar com Mi-san não era tarefa para um e-mail. Depois de marcar a ligação, Aiko alugou um cubículo privado por uma hora. Do tamanho de um tatame e com um isolamento acústico ótimo, os cubículos eram frequentados por executivos dos prédios próximos que queriam descansar, meditar ou fazer ligações particulares no intervalo de almoço.

— Muito obrigada pelo seu tempo, Mi-san — sussurrou Aiko nervosa quando a agente de Hiroshi atendeu à ligação. Tinha ensaiado sua frase inicial 26 vezes antes de telefonar para Mi-san com dedos trêmulos. Logo, uma mulher de cabelo curto e maquiagem pesada apareceu na tela do celular.

— Você é a fã detetive, não é? Qual seu nome mesmo? — Mi-san tinha uma voz confiante e intimidadora. — Aiko, não é isso? Que nome *brega*!

— Sim, sim, sou eu. — Envergonhada, Aiko forçou um sorriso. — Hum, se não for muito inconveniente, seria possível que eu fizesse algumas perguntas sobre Hiroshi?

— Eu contei à polícia tudo que sei. Mas, claro, já que estou aqui...

— Bem... Na verdade, eu estava pensando em como você se sentia em relação à aposentadoria de Hiroshi — disse Aiko.

— Hã? — A expressão tensa de Mi-san se suavizou quando ela ouviu as palavras de Aiko. — Claro, posso falar disso. Já faz dez anos que as pessoas parecem não conseguir parar de fofocar sobre minha relação com Hiroshi, sobre como eu o exploro. É loucura! Eu posso ser exigente, mas minhas altas expectativas eram só para ajudar Hiroshi. Eu nunca faria nada para machucá-lo.

— Hum, entendo... — Aiko não sabia o que dizer depois disso. Ela notou que Mi-san tinha enxergado através da pergunta dela e elegantemente jogara um balde de água fria em suas suspeitas. Mi-san também não parecia estar mentindo.

Enquanto Aiko se atrapalhava com o que dizer, Mi-san falou:

— Eu também tenho uma pergunta para você, Aiko. Que tipo de fã você é?

— O... o quê? — gaguejou Aiko, pega de surpresa pela pergunta.

— Durante todo esse tempo, eu conheci milhares de fãs devotadas de Hiroshi. Elas mostram seu amor por ele de diferentes maneiras. Algumas o apoiavam em silêncio, outras economizavam e se viravam para poder pagar pelos discos e pelo merchandising. Algumas começavam guerras on-line contra *trolls* ao menor sinal de desrespeito. Outras estavam perdidas na fantasia de um relacionamento romântico com ele, talvez buscando preencher um vazio em suas vidas. E algumas foram até mandadas para a cadeia por assédio. Contudo, no fundo, eu acredito que só existem dois tipos de fãs neste mundo: o tipo que trata seus ídolos famosos como deuses e o tipo que os trata como pessoas. O primeiro tipo só aceita a perfeição. Se seus ídolos não correspondem às suas necessidades e expectativas, o amor pode se tornar ódio. Ele pode trocar o ídolo antigo por um novo ou adotar medidas mais extremas. O segundo tipo, por outro lado, vê seus ídolos como iguais, no sentido de terem defeitos humanos. Eles estão dispostos a crescer, mudar e experimentar os altos e baixos da vida com seu ídolo. Talvez um fã assim nunca cruze o caminho do ídolo, mas no fim isso não impediria que uma forte e autêntica conexão se formasse, quase como se o ídolo fosse um amigo querido.

— Conexão autêntica? — disse ela, repetindo as palavras de Mi-san.

— Aiko-san, que tipo de fã é você?

— Eu... eu não sei — respondeu Aiko.

Mi-san riu.

— Bem, para mim, se uma pessoa está disposta a ir tão longe por seu ídolo, mesmo depois da morte dele, ela é mais do que uma mera consumidora.

— Talvez você esteja certa. Eu só não tenho certeza de se mereço chamar Hiroshi-kun de meu amigo.

— Na amizade a única coisa que importa é a sinceridade.

— Eu agradeço suas palavras gentis.

— Eu espero que você consiga ir mais fundo na causa da morte de Hiroshi. Pode não ser tão simples quanto parece.

— *Causa?*

— Isso é tudo que posso te dizer. Boa sorte, Aiko.

Mi-san desligou — agora Aiko notou que ela não parecia nem um pouco ter sido gerada por uma IA. Aiko ergueu os olhos e viu seu rosto refletido no vidro de privacidade; as sobrancelhas franzidas enquanto ponderava o conselho de Mi-san.

A dica de Mi-san tinha transformado completamente a linha de raciocínio de Aiko. Em vez de entrevistar mais pessoas, ela voltou a estudar o relatório da autópsia. O que mais a incomodava, no entanto, era a pergunta que Mi-san tinha feito a ela.

"Que tipo de fã eu sou? Sou uma consumidora ou... uma amiga?"

Aiko afastou esse pensamento e se forçou a focar as pistas.

À primeira vista, parecia que Hiroshi-kun tinha morrido afogado: os lábios estavam roxos e o rosto pálido, e foi encontrado líquido na boca e no trato respiratório superior, o que indicava sufocamento. Até agora, entretanto, Aiko não tinha conseguido examinar o relatório de perto.

Ela clicou nas fotos da autópsia, controlando-se enquanto as comparava com as fotos que tinha achado na internet de corpos afogados. Não demorou muito para um problema com a suposta causa da morte de Hiroshi ficar clara: os tímpanos de Hiroshi não estavam sangrando por conta da pressão da água, nem a pele estava enrugada por ter sido imersa em água. E, mais importante, nenhum líquido foi encontrado nos pulmões. Quanto mais Aiko olhava as evidências, menos provável parecia que Hiroshi tivesse morrido afogado.

"O que foi então?"

Aiko digitou sua descoberta na caixa de respostas do jogo. Depois que ressoou um leve *ping*, ela viu que a página de conclusão do relatório da autópsia tinha sido desbloqueada e podia ser lida.

Devido a um envenenamento agudo, ele sofreu uma falência respiratória que resultou em uma queda súbita da saturação de oxigênio no sangue, o que o levou à morte.

Os olhos de Aiko se arregalaram. *Veneno!* Ela se levantou e começou a andar de um lado para o outro do quarto.

Alguém tinha *envenenado* Hiroshi-kun? Aiko pensou em seus próximos passos. Ao examinar a composição do veneno e descobrir quando Hiroshi-kun poderia ter entrado em contato com este, ela poderia delimitar os suspeitos. Então, ao analisar o histórico de compras e comunicações das pessoas ao redor dele, conseguiria descobrir o assassino.

"A verdade vai finalmente vir à tona!" Aiko, com os punhos cerrados, quase gritou em comemoração, até ela bater os olhos em outro documento, o relatório do teste do veneno.

A morte de Hiroshi não tinha sido causada por uma única substância, mas por um composto feito de duas. Uma delas permanecia desconhecida; a outra era Angellix — um antidepressivo que Aiko conhecia bem. As pessoas chamavam o remédio de "sorriso do anjo" por seus efeitos positivos no humor.

"Hiroshi-kun também estava deprimido?"

Logo quando tinha feito uma descoberta, Aiko foi confrontada com mais perguntas. Pensou em invocar o fantasma de Hiroshi de novo para pedir detalhes — mas decidiu não arriscar desperdiçar sua última pergunta. Primeiro precisava de mais informações, mais evidências.

Ela tirou todos os itens de Hiroshi X das gavetas do quarto e começou a vesti-los. Touca de banho, camisola, pantufas, mochila de lona, travesseiro de pescoço... "Vamos esperar que todo esse dinheiro que gastei seja útil e Hiroshi X me traga sorte", pensou ela, pegando o último item da coleção — um brinquedo de gato.

Ajoelhada no tatame, Aiko se curvou duas vezes, bateu palmas duas vezes, se curvou de novo e então bateu palmas de novo.

— Hiroshi-kun, por favor, me envie sua bênção para que eu possa encontrar a verdade... — murmurou ela.

No campo de visão virtual das lentes de XR, pistas e materiais estavam espalhados pelo ar como itens de um catálogo de compras e brilhavam quando o dedo de Aiko passava sobre elas. Com agilidade, Aiko moveu os ícones, categorizando-os e conectando-os. Por fim, do meio do caos, um mapa mental surgiu.

Ela colocou a palavra-chave "depressão" de lado e a rotulou "a resolver". Se Hiroshi-kun fosse um usuário antigo de Angellix, então uma certa quantidade dos químicos contidos no remédio poderia ter reagido com a outra substância desconhecida para criar um veneno. Quem quer que o tivesse envenenado deveria saber do histórico médico de Hiroshi, teorizou Aiko. Era pouco provável que uma substância desconhecida tivesse entrado no organismo de Hiroshi através da pele — como o simulador de substâncias da IA sugeria, levaria pelo menos duas horas para que a substância fizesse o efeito de venenos parecidos, e, portanto, seria difícil controlar a hora da morte. Portanto, Hiroshi deveria ter ingerido a substância oralmente. Ele teria sentido os efeitos em cerca de dez minutos, tempo perfeito para o intervalo de quinze minutos do show.

Aiko cruzou os depoimentos das testemunhas da equipe. Confirmavam que Hiroshi só tinha consumido água durante o intervalo. E o teste de laboratório da garrafa indicava que a água estava limpa.

Outro beco sem saída. Aiko puxou os cabelos.

Ela abriu um vídeo do show de despedida de Hiroshi e acelerou para alguns minutos antes do intervalo. Hiroshi X estava no palco, glamouroso como sempre, tocando guitarra enquanto levava a canção a um clímax feroz com o solo. O suor brilhava em sua testa. Segurando a palheta da guitarra entre os dentes, ele se curvou profundamente para as 48 mil pessoas no público e para as milhões que estavam assistindo em casa. As luzes do palco diminuíram. Hiroshi deu um passo para trás e desapareceu entre as cortinas.

Ninguém esperava que essa fosse sua última aparição.

"Espera." Um detalhe chamou a atenção de Aiko. Volta, play, pausa, aproxima. "O gesto clássico de Hiroshi. A pista era tão óbvia!" Sendo a maior fã dele... como ela podia ter deixado passar?

Aiko, que tinha acabado de sair da loja de instrumentos musicais Rainbow Six, caminhava pela multidão agitada de Shibuya sentindo-se perdida.

A Rainbow Six era o fornecedor exclusivo de palhetas de guitarra para Hiroshi. O último lote de palhetas tinha sido enviado mais de um mês atrás. Como elas eram fáceis de perder, Hiroshi carregava várias palhetas no bolso como reserva.

Curiosamente, ninguém tinha entrado em contato com suas palhetas no dia da performance. Nenhum rastro de veneno tinha sido detectado na palheta que ele havia usado também. Sua teoria foi por água abaixo.

As pistas que Aiko tinha descoberto eram como pérolas em um colar, unidas por um único fio de lógica. Quando esse fio se partiu, elas caíram no chão, quicando, espalhando-se e rolando, irrecuperáveis.

Aiko sentiu o desespero bater. "Eu deveria desistir?" Quando os pensamentos dela começaram a sair do controle, Aiko se lembrou de "Miracle Shine". Toda vez que ela sentia que sua vida estava em ruínas, lembranças da música salvavam seu dia como um reflexo condicionado. Hoje não foi diferente.

"Não use o destino como desculpa para o fracasso."

Tinha uma última chance — invocar o fantasma de Hiroshi e fazer sua terceira e última pergunta.

No entanto, o fantasma não apareceu, mesmo depois de Aiko pronunciar o nome de quase todas as comidas favoritas dele.

— Pelo amor de Deus, Hiroshi morreu com uma palheta envenenada? — gritou Aiko frustrada.

Os outros pedestres se viraram imediatamente para olhar para ela com expressão de espanto.

Aiko ficou tão envergonhada que teve vontade de ser engolida por um buraco no chão. Contudo, alguns segundos depois, ela viu uma silhueta azul-esverdeada familiar surgir do meio da rua mais agitada de Tóquio.

— Aha! Não acredito que Aiko-san chegou até aqui. Que surpresa! — O Hiroshi-fantasma flutuava no ar. Através de seu corpo translúcido ela podia ver os outdoors brilhantes e multicoloridos.

— Então "palheta de guitarra" era a senha? Mas por quê...

— Para! É melhor você pensar com cuidado antes de fazer a última pergunta. É sua chance final. Além disso, não se esqueça de que é contra as regras me perguntar quem é o assassino. — O Hiroshi-fantasma pressionou um dedo contra os lábios em uma expressão solene.

— Eu entendo... — murmurou Aiko levemente.

Mas então o que ela podia perguntar a ele? "Talvez exista algum ponto cego." A mente dela fervilhava, trazendo de volta o mapa mental de pistas que tinha organizado, os ícones que brilhavam em seu campo de visão virtual.

De repente, a questão marcada como "a resolver" brilhou na mente dela.

Juntando toda a coragem que podia, Aiko abriu a boca.

— Então... Hiroshi-kun, por que você precisava tomar antidepressivos?

Por um segundo, o corpo-fantasma congelou completamente, como se tivesse travado. Aiko teve medo de ter feito o jogo terminar prematuramente.

Meio minuto depois, Hiroshi-fantasma começou a se mover novamente. No entanto, sua personalidade parecia ter mudado por completo. A aura bem-humorada e despreocupada tinha desaparecido totalmente e sido substituída por melancolia.

— Eu sabia que você faria essa pergunta, Aiko-san. Você realmente se preocupa comigo, como pessoa, não só com a máscara que eu coloco para mostrar ao mundo. As pessoas dizem que a maior virtude de um ídolo é ter uma persona adorável, carismática e *perfeita*. Mas sua persona, em cada aspecto e detalhe, é criada por uma equipe de pessoas que se basearam em pesquisa de usuários. É um produto. A pessoa por trás da persona fica de lado. Você pode parecer todo glamouroso e brilhante, mas podem te rasgar, te destruir e te descartar a qualquer momento.

— Não, Hiroshi-kun, isso não é verdade! Eu gosto de você, do você *de verdade* — soltou Aiko.

— Mesmo, Aiko-san? Você ainda gostaria de mim se eu fosse uma pessoa totalmente diferente do Hiroshi X que você vê na TV? Eu estava cansado da atuação constante. Isso me fazia desprezar a mim mesmo. Eu queria parar, mas não, não havia escapatória...

— Por quê? Quem te impedia? É Mi-san? Ou os patrocinadores? Aqueles capitalistas malvados...

De repente, Hiroshi X teve um ataque de risada histérica, como se as palavras de Aiko fossem completamente absurdas.

— Hiroshi-kun, qual o problema? Não me assuste assim.

— É por *sua* causa.

— O quê?

— Você. Todos vocês. Fãs que disseram que iriam me amar e apoiar até o fim. Ao saber que eu ia me aposentar, muitas pessoas me mandaram ameaças de morte... Não era minha vida que eles estavam ameaçando, mas a deles.

Chocada e apavorada, Aiko cobriu a boca com a mão.

— Eu imaginei que cometer suicídio fosse a única forma de me redimir, me livrar da vergonha e nunca ser um fardo para outras pessoas de novo. Não é ridículo? Aquelas crianças que me mandavam seu próprio sangue, cabelos e fotos de automutilação... Elas realmente me amavam como diziam?

— Hiroshi-kun...

— A morte era minha única escolha. — O Hiroshi-fantasma ergueu a cabeça, com a voz firme. As bordas de sua figura brilhavam com uma luz suave e multicolorida. — Para preservar o melhor e último momento da minha vida nos palcos, brilhante e lindo. Era a única maneira de fazer as pessoas me deixarem ir.

— *Hiroshi-kun!* — Lágrimas escorriam pelas bochechas de Aiko.

— Eu te devo minha gratidão, Aiko-san. Obrigado por tudo que você fez por mim. Porém...

— O que foi?

— Aiko, você também não é um deles?

Sorrindo, o fantasma de Hiroshi olhou nos olhos da menina, cujo rosto ficou lívido. O movimento de Shibuya parou no mesmo momento.

Quando voltou para o seu apartamento, Aiko se sentia um pouco aérea ao entrar na cena virtual do crime de novo.

O camarim diante de seus olhos não poderia ser mais familiar. Nos últimos dias, ela havia examinado cada canto repetidas vezes, temendo deixar passar alguma pista.

"Nada disso importa mais."

A cena da morte de Hiroshi passou no campo de visão virtual de suas lentes de contato de xr em velocidade dobrada.

Hiroshi, coberto de suor, voltou ao camarim cercado por sua equipe. A maquiadora retocou a maquiagem; a figurinista o adornou com mais acessórios; o diretor musical repassou as músicas. Enquanto a equipe falava, Hiroshi lambeu a palheta, afinou de novo a guitarra e ajustou o sintetizador. Como guarda-costas de um monarca, Mi-san nunca saiu de seu lado.

Finalmente, o rei fez um gesto para que todos saíssem. Ninguém notou a palidez de suas bochechas enquanto o deixavam. Apenas momentos depois de Hiroshi ter trancado a porta, ele deslizou para o chão. Ele se ajoelhou e fechou os olhos. O corpo dele começou a tremer. Seu rosto delicadamente maquiado ficou roxo. Os olhos se arregalaram. De boca aberta, ele parecia ter algo a dizer, mas sua voz falhou. Pegou a garrafa de água ao lado, bebeu em grandes goles, engasgou de novo e teve um acesso de tosse. A água espirrou para fora da boca. Com dificuldade, ele se arrastou na direção da porta, mas seu corpo começou a convulsionar. Os dedos se contraíram. Finalmente, ele caiu no chão e seu peito parou de arfar.

Alguns momentos depois, alguém bateu na porta. A batida, suave de início, logo ficou insistente.

— Então, foi isso que aconteceu — disse Aiko suavemente.

— Você ainda não nos explicou por que não encontramos vestígios de drogas na palheta encontrada ao lado do corpo de Hiroshi — uma nova voz soou de repente nos fones de realidade aumentada dela; era o mestre de jogo gerado pela IA da *historiz*.

— Para responder à sua pergunta, nós precisamos rebobinar o vídeo e olhar para o que aconteceu minutos antes do intervalo. Eu preciso admitir que de início esse foi um ponto cego para mim.

Com a mão direita, Aiko fez um movimento giratório em sentido anti-horário. Hiroshi abriu os olhos. A água voltou para sua boca. Ele andou até a porta e a destrancou. Todos os membros da equipe voltaram para o cômodo, andando para trás, ocupados em seus afazeres. A cena diante dos olhos dela parecia ter saído de um desenho animado absurdo. Ela parou de rebobinar quando Hiroshi estava de volta no palco.

— Eu poderia assistir a isso para sempre... — murmurou Aiko para si mesma quando seu ídolo estava mais uma vez dançando sob as luzes ofuscantes do palco. — Certo, *para*.

A cena congelou quando Aiko fez outro gesto.

— Presta atenção na mão direita dele. Eu vou reduzir a velocidade pela metade.

Hiroshi, depois de tocar a última nota, segurou a palheta entre dois dedos da mão direita, que ele parou no meio do ar. Quando a luz diminuiu, ele deixou sua mão cair ao lado do corpo. Por um breve momento, a mão dele ficou completamente bloqueada pela guitarra.

— Gira noventa graus em sentido anti-horário — comandou Aiko.

Com o mestre do jogo observando, Aiko andou até o lado direito de Hiroshi, de onde era possível ver a mão dele. Escondendo a palheta no bolso da frente de seus jeans, ele puxou outra palheta do moedeiro e com elegância a colocou entre os lábios, dando seu sorriso característico.

— Ele ingeriu a substância antes de entrar no camarim e deve ter descartado a palheta que tinha a evidência. De acordo com o marcador de tempo, passaram-se exatamente doze minutos entre esse ponto e a hora em que o veneno fez efeito.

O ícone de Hiroshi desapareceu. Aiko se viu parada no meio do palco, em um grande auditório. O holofote estava no rosto dela. Instintivamente, ela colocou uma das mãos sobre os olhos. O auditório explodiu em uma onda feroz de aplausos e comemorações.

"Eles estão... me aplaudindo?", perguntou-se Aiko.

— Brilhante, brilhante! Parabéns, Aiko-san! Você descobriu a verdade. Você é uma superfã detetive! — O mestre do jogo se curvou profundamente, e sua figura desapareceu na escuridão. — Em seguida vem nossa cerimônia de encerramento. Não vá embora... é parte da história!

Embora ela já tivesse uma vaga ideia do que poderia acontecer a seguir, Aiko prendeu a respiração, ansiosa. Seu coração acelerou.

Quando o fantasma de Hiroshi X apareceu diante de seus olhos de novo, "Miracle Shine" começou a tocar no fundo, envolvendo-a como uma maré suave. Todo o corpo de Aiko tremia.

— Aiko-san, obrigado por resgatar minha alma perdida. O amor estava me sufocando, mas seu amor... seu amor me salvou. Agora posso buscar a luz do paraíso. Adeus, Aiko-san! Seja feliz.

— Eu sinto muito, Hiroshi-kun, muito mesmo...

Caindo no choro, Aiko abriu seus braços e correu na direção do homem, tentando puxá-lo para um abraço, mas tudo que ela conseguiu sentir foi o vazio. O fantasma de Hiroshi X brilhava enquanto subia lentamente. Sorrindo até o fim, Hiroshi desapareceu gradualmente, dissipando-se em um céu estrelado.

Aiko ficou sozinha no palco. Duas caixas brilhantes emergiram diante dos olhos dela: uma rosa cor de flor de cerejeira e a outra azul como um ovo de pássaro.

— Como a vencedora do nosso jogo, você pode escolher seu prêmio. Um oferecimento especial da Viberz, a caixa rosa contém um boneco inteligente de Hiroshi X que tem uma semelhança de 99,99% com o próprio Hiroshi. Note que ao falar "semelhança" eu quero dizer personalidade, voz, aparência... Você praticamente não consegue distinguir entre a pessoa e o boneco de IA. Você pode tê-lo só para você por um mês inteiro!

Com os olhos ainda ardendo das lágrimas, Aiko ergueu a cabeça e olhou desconfiada para a caixa.

— Mas ao escolher a caixa azul, porém, você terá a chance de tomar chá com Hiroshi X! O *verdadeiro* Hiroshi X. Que oportunidade rara! Agora, Aiko-san, por favor, faça sua escolha.

As duas caixas flutuavam suavemente diante dos olhos de Aiko, como uma isca subindo e descendo nas ondas, esperando ser mordida pelos peixes.

— O que você escolheu? *Mulher! Eu quero saber tudo!* — gritou Nonoko, ameaçando jogar seu crepe de *matcha* na cara de Aiko.

— Não seja tão inconveniente, Nonoko! Pelo menos não em um lugar como o Doux Moi.

Nonoko desdenhou.

— Se eu fosse você, eu teria escolhido o boneco inteligente. Um mês inteiro! Você poderia ter feito... tantas coisas com ele.

— Bem, pena que eu não sou você!

— Então você o conheceu pessoalmente! O rosto dele é mesmo tão lindo? Ele está velho agora, não está? Ele ainda é atraente? Me conta!

Perdendo-se de volta em suas memórias, Aiko sorriu.

O chá da tarde ainda estava gravado em sua mente. Ela ainda conseguia se lembrar do quão nervosa ela estava enquanto esperava sozinha no café. Uma brisa, uma pergunta do garçom enquanto ela esperava na mesa, o latido de um cachorro, o som da máquina de café moendo grãos... Cada pequeno barulho a fazia saltar da cadeira. Ela até cogitou fugir. "Por que eu escolhi a caixa azul? É irracional!", pensou ela. "Mas, pensando bem... Amar alguém que está tão distante já não é irracional, para começar?"

Uma voz suave a acordou de seu devaneio.

— Você é Aiko-san?

— S... sim! — instintivamente, Aiko gaguejou uma resposta. Aterrorizada, ela abaixou a cabeça, incapaz de olhar para o homem que se sentou diante dela.

— Prazer em conhecê-la. Eu sou Hiroshi.

Finalmente, Aiko ergueu os olhos e forçou um sorriso. Ela examinou o ídolo dos seus sonhos.

O homem diante dela tinha uns 40 e poucos anos, porte médio. O boné que ele usava escondia suas entradas. Sua pele era suave, mas as marcas que o tempo tinha deixado e a expressão cansada que ele carregava mostravam sua idade. Havia um traço de bigode no lábio superior. O maxilar tinha ficado mais largo também. Seus olhos já não brilhavam com o orgulho de um homem jovem, porém tinham a suavidade e a compostura da meia-idade.

Era Hiroshi X em pessoa, quase duas décadas mais velho do que quando tinha se aposentado dos palcos, a estrela nos sonhos de milhões de pessoas.

— Você ainda consegue me reconhecer? Eu acho que estou bem mais velho agora. Afinal, já faz vinte anos. — Hiroshi deu um sorriso autodepreciativo.

— Não! Claro que não. Você continua bonito do mesmo modo! — Aiko desviou os olhos, tímida demais para olhar nos dele.

— Não fique tão nervosa. Me trate como um cara qualquer.

— Ah... certo, claro! — gaguejou Aiko.

O garçom trouxe para eles duas xícaras de café e um prato de biscoitos. Hiroshi mordeu um biscoito e exclamou maravilhado.

— Uau! Os biscoitos ainda são os mesmos depois de tanto tempo.

— Esse é o "biscoito amanteigado crocante" que você provou quando estava filmando o episódio número 1.278 de *Comida de rua: caça ao tesouro*, não foi, Hiroshi-kun?

— Ah! Você se lembra até disso? Aiko-san, você realmente é uma fã devotada. Eu tenho certeza de que foi por isso que a *historiz* te escolheu como uma das primeiras usuárias.

— Sim, é verdade — disse Aiko. Bebendo seu café e mordiscando um biscoito, ela finalmente relaxou.

— Bem, eu queria ouvir suas opiniões sobre esse... jogo imersivo.

Aiko baixou sua xícara e respirou fundo, com o rosto pensativo.

— Eu nunca experimentei nada igual. Embora meu cérebro soubesse que era falso, os detalhes de design do jogo... a forma como o fantasma de IA falava, gesticulava e interagia comigo... eram o suficiente para que eu abandonasse a descrença. Aos poucos, me permiti mergulhar completamente no jogo. Minhas dúvidas voaram pela janela.

— Você realmente fala bem do jogo. Fico feliz em ouvir.

— Mas eu tenho uma pergunta: a IA criou tudo?

— Aiko-san, você quer dizer...

— Como editora... bem, pelo menos eu era editora até recentemente, eu entendo quão difícil é contar uma história. Você precisa conciliar forma e conteúdo, construir uma ressonância emocional. É difícil. Na narrativa do jogo, a chave não era o crime, mas a relação entre a verdade e as emoções do próprio participante. Quando Hiroshi-kun... desculpa, seu avatar-fantasma, disse "você também não é um deles?", eu quase caí no choro. A IA pode realmente criar esse tipo de história totalmente sozinha?

— Bem, deixe-me contar um pouco sobre como foi — disse Hiroshi. — Lembra-se das infinitas perguntas que você respondeu para o funcionário da *historiz* antes de entrar no jogo? Isso ajudou a IA a gerar um perfil detalhado da sua personalidade. Ela aprendeu o tipo de história que você preferia, como você reagiria e até seus antigos traumas. De certa forma, a IA te conhece melhor do que você mesma. Mas você fez uma boa pergunta... a IA não contou essa história sozinha. Um escritor humano ajudou.

Os olhos de Aiko se acenderam de admiração.

— Eu quero conhecer o escritor! Ele é um gênio!

— Bem, você está olhando para ele — disse Hiroshi. Ele colocou um biscoito entre os lábios e sorriu para ela, como se ainda fosse o jovem rock star de vinte anos atrás.

— Hiroshi-kun!

— A *historiz* me mostrou os perfis de todos os usuários. Com base na decisão da IA, escolhi a trama mais interessante e apropriada. Sou muito fã de histórias de detetive também! Fiz parte do projeto de vários pontos da trama. Por exemplo, joguei um truque narrativo em você, bem no início, para desviá-la do caminho de propósito. A IA não pode fazer isso.

Aiko ficou boquiaberta.

— Um truque narrativo!

— Sim — prosseguiu Hiroshi. — Lembra-se de quando o Hiroshi-fantasma fez seu primeiro discurso, através da médium, durante a sessão espírita? Ele disse "eu não quero morrer". Você poderia ter interpretado essa frase tanto como "alguém me assassinou, mas eu não quero morrer" ou "eu não quero morrer, mas não tenho escolha". Naturalmente, todo mundo presumiu que ele havia sido assassinado e, portanto, eliminou a possibilidade de suicídio. Isso foi um truque! Mas, Aiko-san, eu preciso dizer que você é muito boa em fazer deduções!

— Graças às histórias de detetive que leio no trabalho — respondeu Aiko, corando. — Eu tenho outra pergunta, porém, e eu venho pensando nisso há anos. Hiroshi-kun, por que você desapareceu de repente de vista e por que você escolheu voltar assim?

— Ah... para responder à sua pergunta, eu preciso contar uma história que começou vinte anos atrás.

Hiroshi assumiu uma expressão sonhadora.

O Hiroshi X do jogo era tanto virtual quanto real.

Vinte anos atrás, quando Hiroshi X estava no auge da fama, ele ficou cansado de sustentar essa persona cuidadosamente fabricada que os fãs esperavam. Ele decidiu se despir de seu disfarce e aparecer em público como realmente era. O mercado, no entanto, não aprovou essa decisão. As vendas de seus discos e o merchandising despencaram. Matérias negativas apareceram na imprensa. Um por um, seus patrocinadores encerraram os contratos com ele. No entanto, o último golpe para Hiroshi não foi a perda financeira, mas a reação de seus fãs.

Fãs devotados não aceitavam a perda da persona de Hiroshi X. Eles especulavam que sua carreira havia sido manipulada ou mal gerenciada por seus conselheiros e começaram guerras em fóruns on-line. O debate ficou tão acirrado que dominou os sites e programas de entretenimento. O debate sem fim dos fãs inspirou uma reação, com críticos argumentando que celebridades deveriam ser responsáveis pelo comportamento de seus fãs. No olho do furacão estava Hiroshi X. Ele era uma má influência para a nova geração? O principal culpado do vazio da indústria de entretenimento? Ou um cara tentando fazer a coisa certa?

O escrutínio e a pressão pesaram sobre Hiroshi. Ele foi diagnosticado com depressão. Por fim, ele decidiu que só desaparecendo completamente ele poderia reconquistar seus fãs e acalmar as hordas de críticos de sofá.

Com Hiroshi fora da vida pública, fofocas e conversas sobre ele morreram. Hiroshi X foi gradualmente esquecido. Novas estrelas surgiram e criaram seus próprios *fandoms*.

Depois de se recuperar, Hiroshi trocou o nome e foi finalmente abençoado com a liberdade de ser verdadeiro consigo mesmo. Ele voltou a estudar e fez um bom amigo — Taiyo, o futuro cofundador e CTO da Viberz.

Taiyo era um nerd típico que acreditava profundamente no poder da tecnologia. Entusiasta de jogos, ele sempre sonhara com fazer um jogo que pudesse impactar o mundo. Uma noite em um bar, Hiroshi, depois de vários drinques, revelou sua verdadeira identidade para Taiyo e desabafou a respeito da dinâmica de poder insalubre entre ídolos e fãs. A reclamação de Hiroshi atingiu Taiyo como um raio.

— Você acha que os fãs conquistaram o poder de controlar seus ídolos, mas a verdade é que os fãs são tão obcecados com personas pré-fabricadas porque eles *não têm* o poder de contar suas próprias histórias. Pensa nisso. Os fãs em essência não têm nada além de uma persona, a personalidade e a narrativa dada a eles pelos empresários e a mídia, sobre a qual projetar suas emoções. Quando você revela a eles que essa persona é, na verdade, falsa, você destrói os sonhos deles! Para eles, isso é enganação, traição, um tapa na cara!

Hiroshi precisava admitir que Taiyo tinha razão. Mas o que Taiyo tinha proposto a seguir parecia simples demais: criar um jogo com IA no qual todo mundo pudesse participar na construção de um ídolo personalizado e decidir como gostariam de interagir com ele.

— Eu acho que você não entendeu o que um ídolo representa. Alguém só se torna um ídolo quando um grupo de pessoas se junta e estabelece um ritual coletivo de adoração — explicou Hiroshi. — Seu jogo não pode criar um ídolo. Como isso é diferente daqueles jogos em que você constrói seu próprio personagem?

A dupla continuou a discutir essa ideia de negócios durante os anos que passaram estudando juntos. Finalmente, eles chegaram a uma solução: usariam tecnologia digital e mecanismos de IA para criar ídolos virtuais baseados em ídolos da vida real e personalizá-los de acordo com a necessidade de cada fã. Taiyo até imaginava a possibilidade de criar um jogo altamente personalizado e interativo no futuro.

Mas onde eles encontrariam uma celebridade disposta a abraçar a ideia inovadora e participar de seu experimento? A indústria do entretenimento que Hiroshi conhecia só se importava com dinheiro e ganhos de curto prazo. Ninguém teria a visão para apoiar uma ideia tão radical — e apostar nela como o futuro da indústria de entretenimento.

— Eu acho que já temos um candidato — disse Taiyo, sorrindo enquanto olhava nos olhos de Hiroshi.

No começo, Hiroshi foi intransigente: não poderia ser ele. Ele queria ficar o mais longe possível de seu *fandom* tóxico e sufocante. Mas Taiyo tinha conseguido convencê-lo. Afinal, seria a chance de Hiroshi provar que estava certo: nunca deveria se esperar que um ídolo cumprisse a tarefa impossível de sustentar uma persona única pré-fabricada, e não deveria haver uma relação única entre o ídolo e seus fãs. A melhor solução era entregar o poder completamente para os fãs. Eles poderiam contar suas próprias histórias.

Os dois homens fundaram a Viberz. Eles não esperavam, contudo, que desenvolver a tecnologia da empresa fosse levar uma década.

A parte difícil não era construir os avatares digitais a partir de escaneamento e modelagem de alta definição, nem estabelecer um banco de dados de movimentos físicos através da captura de movimentos. Até simulação de expressões não era muito difícil — era só uma questão de precisão. O verdadeiro trabalho envolvia o processamento de linguagem natural e treinar o modelo de IA com uma quantidade enorme de dados. Apenas ao alcançar esse objetivo eles poderiam criar uma interação fluida e natural entre humanos e máquinas. No momento em que a conversa soasse errada para os usuários, Hiroshi e Taiyo sabiam que isso seria seu fim. Por último, eles precisariam encontrar alguma forma de descobrir os sonhos específicos dos usuários. Utilizando as pesquisas de dados e ferramentas de modelagem mais acessíveis, eles geraram perfis de personalidade de seus usuários-alvo e mapearam esses resultados no produto. Forjar e sintetizar todas essas tecnologias em um único produto exigiu infinitos dias e noites.

No entanto, o timing deles tinha sido bom. Alguns anos antes de Aiko se tornar uma usuária beta, uma onda nostálgica trouxe de volta a música de gerações anteriores e reacendeu o interesse por Hiroshi X.

Visto pelas lentes generosas do tempo, Hiroshi X se mostrou a estrela mais popular de sua época. Ao contrário das celebridades que tinham envelhecido diante das câmeras, o nome de Hiroshi ainda significava o menino bonito e glamouroso no palco, com sua voz angelical, congelado em âmbar.

A Viberz tinha aproveitado a oportunidade. Equipada com um produto maduro, além dos direitos exclusivos de imagem e fisionomia de Hiroshi, eles conseguiram mandar o Hiroshi X virtual para telas digitais de todos os tipos e tamanhos, além de experiências de realidade virtual, aumentada e mista... vários tipos de campos de visão de realidade estendida. Os itens de merchandising começaram mais uma vez a vender aos montes.

Empresários de celebridades correram para a Viberz, pedindo a eles para criar mais ídolos virtuais. Foi aí que Hiroshi e Taiyo souberam que tinha chegado a hora de darem seu passo final. Eles lançaram a *historiz*, uma subsidiária da Viberz dedicada a jogos imersivos e interativos.

— Espera, você está dizendo que não saiu em um encontro *de verdade* com ele? — Nonoko suspirou enquanto sacudia a cabeça em desaprovação.

— Para! Meu amor por ele é puramente platônico — argumentou Aiko.

— Você podia pelo menos ter pedido itens de edição limitada ou algo assim!

— Bem, na verdade... ele me mandou um convite.

Nonoko quase cuspiu seu chá.

— Para fazer *o quê*?

As bochechas de Aiko ficaram rosadas, brilhando de felicidade.

— Ele perguntou se eu gostaria de colaborar com ele em histórias.

— Hum?

— Hiroshi-kun disse que a *historiz* precisa de escritores e editores com talento para contar histórias que toquem corações.

— Você recebeu uma oferta de emprego da Viberz, a empresa de entretenimento tecnológico do momento! Não me diga que você rejeitou!

— Eu aceitei a oferta com uma condição — disse Aiko.

— O quê? Aiko, você está doida? — Os olhos de Nonoko estavam brilhando de inveja.

— Minha condição foi que, da próxima vez, seria minha vez de decidir como Hiroshi-kun morre no jogo.

— O que ele disse?

Mexendo o café com a colher, Aiko ergueu os olhos. Seu olhar pousou em um ponto atrás de Nonoko, como se ela pudesse ver uma silhueta translúcida brilhando com uma luz azul-esverdeada. Ela sorriu.

— Hiroshi-kun disse: "Fechado".

ANÁLISE

Realidade virtual (VR), realidade aumentada (AR), realidade mista (MR), interface cérebro-computador (BCI) e questões éticas e sociais

No início de "Meu ídolo assombrado", a figura do pop star Hiroshi parece ser um "fantasma" invocado por um grupo de superfãs depois de sua morte precoce durante um show de despedida. Nós conhecemos Aiko, uma dessas superfãs, que tem a intenção de investigar a morte misteriosa de seu ídolo. Hiroshi aparece na cozinha de Aiko mais tarde naquela noite para oferecer pistas para ajudá-la a buscar a verdade e até passeia pelas ruas agitadas de Tóquio enquanto Aiko atravessa a cidade para resolver o enigma.

Então, perto do fim da história, descobrimos que Hiroshi era, na verdade, um personagem virtual movido por IA, visível, mas intocável. Mas, para Aiko e para os leitores, Hiroshi parece real — ou real o suficiente para produzir suspense e excitação genuínos. Como retratado, Hiroshi não é apenas verossímil fisicamente, mas ele se integra perfeitamente ao mundo. Essa "naturalidade" está a caminho de ser produzida por visão computacional e processamento de linguagem natural nos próximos anos, bem como tecnologias de simulação imersiva, conhecidas normalmente como realidade X ou XR.

XR significa muito mais do que só expandir para uma tela maior. Nas palavras do dr. Brennan Spiegel, a XR "é como sonhar com seus olhos abertos". Essas tecnologias geram uma experiência intensa conhecida como "presença". Cenas virtuais, objetos e personagens são realistas e mágicos. A tecnologia leva o usuário a uma experiência imersiva que parece uma realidade paralela. Nos próximos vinte anos, a XR vai revolucionar entretenimento, treinamentos, comércio, cuidados com a saúde, esportes e viagens.

Vamos agora explorar as fronteiras entre o real e o virtual e levantar o véu das misteriosas tecnologias de XR.

O QUE É VR/AR/MR (XR)?

XR é um termo que engloba três tipos de tecnologia: VR, AR e MR. A realidade virtual (VR) cria um ambiente virtual completamente sintético no qual o usuário é imerso. O mundo da VR é separado do mundo do corpo do usuário (pense em como as lentes de contato de XR de Aiko a transportaram virtualmente para os Alpes enquanto ela se exercitava). Do outro lado, a realidade aumentada (AR) é baseada no mundo em que o usuário está fisicamente, capturando-o através da câmera e então sobrepondo outra camada em cima disso. Algoritmos de AR sobrepõem conteúdo (objetos em 3D, textos, vídeos e por aí vai) para criar uma "lente" que dá ao usuário uma visão "extrassensorial" de seu mundo. Por exemplo, um turista em uma cidade desconhecida poderia perguntar a um sistema de AR quais os pontos históricos próximos, e o sistema poderia sobrepor balões às ruas reais para mostrar o que você deveria ver. Na história, quando Aiko usa pistas e materiais que, vistos através das lentes, parecem flutuar em seu quarto, ela está usando AR (se você gosta de filmes, lembre-se de como OASIS transforma Samantha em Art3mis em *Jogador número um*).

Nos últimos anos, outra tecnologia, a realidade mista (MR) emergiu como uma forma mais avançada de AR. A MR mistura mundos virtuais e reais em um mundo híbrido. Os ambientes virtuais sintéticos da MR não são a simples soma do real com o virtual, mas um ambiente complexo construído a partir da decomposição completa e da interpretação da cena de forma que ela ofereça interatividade com os objetos que contém. Em "Meu ídolo assombrado", a MR integra Hiroshi naturalmente à cozinha e à academia de Aiko (sem falar das ruas de Tóquio), e de forma tão realista que Hiroshi "olhou nos olhos de Aiko" e a fez corar. Para funcionar, a MR precisa entender bem seu cenário e os objetos e pessoas nele. Por exemplo, a geladeira precisava ser reconhecida com suas portas e funções para que um Hiroshi virtual pudesse surgir quando a porta se abrisse, aparecendo "na névoa fria e úmida da geladeira". O escopo da compreensão que a MR tem de seu ambiente sugerido na história está além da visão computacional de hoje, mas deve ser factível em duas décadas. Na história, Aiko sugere que ela se sente "praticamente cega" sem suas lentes de contato de XR, e eu imagino que esse se torne o caso de muitos de nós nos próximos anos.

A MR é uma tecnologia que ainda está em sua infância, mas estamos vendo uma trajetória positiva e constante de melhorias. Em 2041, prevejo que as tecnologias de visão computacional serão capazes de quebrar uma cena em seus componentes e entender o papel de quase todos eles. Além disso, prevejo que a MR desenvolva a capacidade de acrescentar novos objetos virtuais aos ambientes, apresentando-os de forma que eles pareçam obedecer às leis da física, o que lhes permitirá parecer natural, tornando possíveis os cenários descritos em "Meu ídolo assombrado".

TECNOLOGIA DE VR/AR/MR (XR): NOSSOS SEIS SENTIDOS

Uma experiência imersiva deve ser aquela na qual o usuário experimenta as mesmas sensações que teria em um ambiente da vida real e é incapaz de distinguir entre o que é real e o que é sintético. Para que tal experiência sensorial seja realista, precisamos enganar nosso sentido mais aguçado, a visão.

Considere como o "jogo de AR" Pokémon Go usou uma tela de celular como janela para o mundo real com personagens sintéticos de desenho, fazendo um uso inteligente dos giroscópios e sensores de movimento do celular para modificar sua visão e até mesmo interagir com a cena. Foi um jogo popular porque era uma novidade, mas a experiência do usuário estava presa na pequena tela dos celulares. Ele não era plenamente imersivo e não revolucionou a experiência dos usuários.

Uma experiência muito mais imersiva pode ser conquistada com o uso de *head-mounted displays* (HMD), que se parecem com capacetes ou óculos. Um HMD tem duas telas na frente de nossos olhos. As duas telas mostram imagens que são levemente diferentes para enganar nossos olhos a "verem em 3D" (de forma parecida aos óculos 3D usados com TVs 3D ou em salas de cinema). Uma experiência de XR também é imersiva e interativa. A imersão requer um campo de visão com, pelo menos, oitenta graus de amplitude, normalmente mais. E a interação exige que, quando a cabeça e o corpo se moverem, o usuário tenha uma vista diferente correspondente. Note também que, para a VR, o HMD normalmente não é "transparente" porque toda a cena é sintética. Mas, para AR e MR, o HMD tem lentes transparentes (seja direta ou opticamente), e o mundo real é mesclado com objetos sintéticos e então refletido para os olhos do usuário. Na história, vimos o menino na academia passar seus óculos do modo MR para o modo VR e uma camada prateada opaca cobrir suas lentes.

O primeiro dispositivo imersivo foi criado muitas décadas atrás. Esses primeiros dispositivos eram desengonçados e usavam pesados capacetes como HMD, conectados a uma estação de trabalho ou *mainframe* principal por meio de cabos físicos. Nesse início, não havia smartphones ou conexões sem fio, então esse esquema era necessário para que se usassem a força computacional de um *mainframe*, a velocidade dos cabos físicos e os displays grandes e pesados instalados em HMDs ainda maiores. Embora fosse inconveniente e feia, sem uso ou valor comercial, essa configuração teve um papel importante: oferecer o ambiente laboratorial para que cientistas testassem e aprimorassem as tecnologias.

Nas últimas décadas, melhorias significativas foram feitas em termos de rede, resolução, taxa de atualização e latência. Com a chegada do wi-fi e do 5G, os dispositivos se tornaram sem fio. Novas tecnologias eletrônicas e de telas encolheram os HMDs de capacetes para óculos. E melhorias nas CPUs tornaram possível remover o *mainframe* e fazer a computação em chips no HMD. Assim começou a comercialização da XR.

Mas esses esforços não foram nada fáceis. Empresas desenvolvendo usos de AR/VR se tornaram uma área promissora de investimento em torno de 2015, mas muitas startups badaladas fracassaram. Os produtos de empresas grandes também fracassaram, levando a uma queda catastrófica. Um produto que sobreviveu à bolha de AR/VR foram as HoloLens da Microsoft. O HMD HoloLens é razoavelmente utilizável, com um peso de apenas 579 gramas, e um poder computacional considerável. Mas ele ainda custa muito caro (3.500 dólares), e parece um par de óculos enormes de natação, o que significa que o usuário fica significativamente ridículo. Por esses motivos, as HoloLens foram relegadas a usos corporativos verticais, como treinamentos, cuidados com a saúde e aeronáutica. Qualquer coisa como capacetes e óculos grandes não pode se tornar um produto de massa e uso diário, como o Apple Watch.

Paralelamente, esforços para tornar menos ridículo o hardware de AR/VR, tornando-o parecido com óculos normais, foram prematuros e também fracassaram. O Google Glass e o Snapchat Spectacles não tiveram sucesso por muitos motivos. O principal foi que produtos tão comprimidos não ofereciam mais a experiência de alta fidelidade das HoloLens.

As limitações técnicas serão, em algum momento, superadas. A cada ano dos últimos cinco, a largura de banda, a quantidade de quadros por segundo, a resolução e a faixa dinâmica melhoraram significativamente, enquanto o hardware se tornou mais leve e mais barato. As HoloLens da Microsoft podem se tornar mais leves e baratas, ou o Snapchat Spectacles pode se tornar mais poderoso. De qualquer maneira, chegaremos a um par de óculos leves e de alta qualidade. Em 2020, a equipe do Facebook Oculus demonstrou seu protótipo de pesquisa para óculos de VR com lentes com apenas um centímetro de largura. Esses desenvolvimentos sugerem que um par de óculos de XR de produção em massa deve entrar no mercado em 2025, talvez com a Apple mais uma vez tomando a dianteira (existem rumores de que a Apple está trabalhando em um produto assim). Produtos Apple pioneiros, como o iPod, o iPhone e o iPad, aceleraram categorias inteiras de vendas, e suas cópias subsequentes derrubaram os preços dos componentes.

Para além dos óculos, acredito que lentes de contato de XR podem ser a primeira tecnologia de XR a conquistar a aceitação pública. Várias startups já estão trabalhando para desenvolver lentes de contato de XR. Seus protótipos mostram que displays e sensores podem ser incluídos em lentes de contato, tornando textos e imagens visíveis. Essas lentes de contato ainda exigem uma CPU externa para processamento, o que pode ser feito em um celular. Em 2041, nós antecipamos que a "invisibilidade" das lentes de contato realmente fará com que o mercado aceite o produto e que desafios como custo, privacidade e regulamentações serão superados. Esse é o pressuposto de "Meu ídolo assombrado", história na qual Aiko usava lentes de contato o tempo todo e ocasionalmente colocava óculos de verdade e outros dispositivos para experiências imersivas.

Se o estímulo visual será oferecido por óculos e lentes de contato, o estímulo de áudio pode ser conseguido com fones de ouvido, que melhoram a cada ano. Em 2030, bons fones serão quase invisíveis por conta da condução por osso, som imersivo omni binaural e outras tecnologias, talvez a ponto de que eles possam ser usados o dia todo com conforto.

A combinação descrita anteriormente provavelmente se tornará suficiente para evoluir em um *"smartstream* invisível" (ou o smartphone de 2041). Quando você abre seu *smartstream*, o display visual cobre seu campo de visão, talvez de forma semitransparente. Você poderia manipular conteúdo e aplicativos do *smartstream* usando gestos, como o personagem de Tom Cruise no filme *Minority Report*. O som do *smartstream* será ouvido com seus "fones invisíveis" e operado por voz, gestos e digitação "no ar". Esse *smartstream* de XR sempre presente pode fazer mais do que um *smartstream* (ou um celular) com uma tela. Ele pode lembrá-lo do nome de um conhecido com o qual você cruzou, alertá-lo quando uma loja próxima tiver o que você quer comprar, traduzir para sua língua quando você viajar para o exterior e guiá-lo para escapar de um desastre natural. Além dos normais "seis sentidos", nosso corpo pode "sentir" sensações como o vento e um abraço, além de calor, frio, vibrações e dor. Luvas hápticas permitirão que você pegue objetos virtualmente e os sinta. E trajes somatossensoriais (às vezes também chamados de hápticos) podem fazê-lo sentir frio ou calor e até mesmo que está levando um soco ou sendo acariciado. Por meio de tecnologias na superfície fina do traje, Aiko experimenta a brisa, o calor do som e os buracos na estrada de sua bicicleta ergométrica de VR. Trajes podem usar motores ou exoesqueletos para simular toque, ou eles podem estimular terminações nervosas para causar contração muscular. Quando o corpo colide com um objeto no espaço virtual, impulsos são enviados para a região apropriada do traje somatossensorial para simular a colisão. O traje somatossensorial também monitora os dados fisiológicos de Aiko e sua postura corporal em tempo real, possivelmente transformando gestos em comandos. Esses trajes podem ser usados em aplicações verticais, como jogos, treinamento ou simulação de mundo real. As tecnologias já estão em produtos comerciais iniciais e devem amadurecer muito antes de 2041 para diversos usos.

Emissores de cheiro, simuladores de paladar e luvas hápticas que simulam toque estão emergindo para cobrir nossos seis sentidos (na verdade cinco, já que não esperamos um simulador de percepção extrassensorial).

Além dos nossos seis sentidos

A análise anterior trata de dispositivos que estimulam nossa percepção, mas como alimentamos ou controlamos a XR? Hoje, o dispositivo de controle para a XR é manual, parecido com um controle de Xbox, mas normalmente para uma só mão. É fácil de aprender a usá-los, mas eles parecem pouco naturais, enquanto o resto da experiência se torna imersiva e parecida com a vida real. O dispositivo futuro ideal deveria ser puramente natural. Rastreamento de olhos, rastreamento de movimentos, reconhecimento de gestos e compreensão de fala serão integrados para se tornarem os dispositivos primários.

Como lidamos com o movimento no mundo virtual? Se usamos movimento natural no mundo real para correlacionar com movimento no mundo virtual, então precisamos de grandes espaços. Mas, mesmo assim, como corremos, rastejamos, subimos e descemos? E como eliminamos o risco de cair? A melhor solução hoje é usar uma esteira omnidirecional (ODT), que aparece em *Jogador número um*. As ODTs já estão disponíveis no mercado. Elas incluem uma cinta, vestida nos ombros e montada em uma estrutura que detecta a força aplicada pelo corpo do usuário e o protege de cair. Essa ODT roda na mesma velocidade que o movimento do usuário, então ele se mantém sempre centralizado. A esteira pode ser inclinada para simular colinas ou escadas. Isso permite basicamente qualquer movimento sem risco de queda.

Com essas habilidades em mente, vislumbro que o uso mais provável será relacionado ao entretenimento; por exemplo, jogos hiper-realistas nos quais nossos gêmeos digitais jogam jogos, competem, lutam contra os gêmeos digitais de outras pessoas em competições atléticas e simulações de batalha. Os usuários também poderiam interagir e lutar com seres completamente sintéticos (como Hiroshi em "Meu ídolo assombrado"). Com uma experiência assim à nossa disposição, os humanos de 2041 podem viver cada vez mais em vários mundos, um real, alguns virtuais e outros uma mistura dos dois.

Prevejo vários usos para além dos jogos também. Treinamentos serão uma grande área de aplicação da XR. A Microsoft acabou de vender 22 bilhões de dólares em HoloLens para o Exército norte-americano para treinamento de consciência situacional, compartilhamento de informações e tomada de decisões, ao longo dos próximos dez anos. A vr também será usada para o tratamento de problemas psiquiátricos como o tept. Teremos ambientes educacionais nos quais professores reais e virtuais levarão os alunos para viajar no tempo e ver os dinossauros, conhecer as maravilhas do mundo, escutar Stephen Hawking e interagir com Albert Einstein. Videoconferências no Zoom podem oferecer reuniões muito mais realistas nas quais as pessoas pareçam que estão realmente em volta de uma mesa (mas elas podem estar na verdade vestindo pijamas em casa) e trabalhar juntas em um quadro branco virtual (que parece real). Nos cuidados com a saúde, a ar e a mr podem permitir que cirurgiões realizem cirurgias, enquanto a vr pode ajudar alunos de medicina a operar pacientes virtuais. No comércio, os clientes podem experimentar roupas e acessórios, decorar casas e escritórios e selecionar destinos de férias ao experimentá-los primeiro em vr.

Um grande obstáculo para conquistarmos essas experiências é a criação de conteúdo. A criação de conteúdo em um ambiente de xr é parecida com a criação de um jogo 3D complexo; convém considerar todas as permutas de escolhas do usuário, modelar a física dos objetos reais e virtuais, simular os efeitos da luz e do clima e entregar versões realistas. Esse nível de complexidade mostra-se muito maior do que é necessário para fazer videogames e desenvolver aplicativos. Mas, sem conteúdo profissional de alta qualidade, as pessoas não comprarão os dispositivos. E, sem a proliferação de dispositivos, o conteúdo não será bem monetizado. Esse problema tipo ovo e galinha exigirá um processo interativo que finalmente criará um círculo virtuoso, assim como a televisão e a Netflix levaram uma quantidade considerável de tempo e investimento para se tornarem dominantes. Dito isso, uma vez que as ferramentas forem inventadas e testadas, a proliferação será muito rápida. É possível imaginar que ferramentas profissionais como o Unreal e o Unity possam, um dia, evoluir para uma versão em xr dos filtros de foto.

Finalmente, a xr precisará superar os problemas de náusea, que em geral é causada pela latência da experiência, ou o sentimento desconcertante causado pelo "mundo se movendo mais lentamente". Conforme a tecnologia e a largura de banda melhorarem, esse problema também será amenizado.

Grandes desafios da XR: olho nu e interface cérebro-computador

A forma mais natural de ver um ambiente virtual seria a olho nu, como uma imagem holográfica. Em 2015, a empresa de MR Magic Leap lançou um vídeo que mostrava uma baleia saltando por um ginásio. As pessoas presumiram que esse efeito holográfico poderia ser visto sem o uso de óculos, e isso tornou a Magic Leap uma das empresas mais comentadas do ano. Contudo, quando a Magic Leap finalmente lançou seus produtos, acabou que os óculos ainda eram necessários. Mas esse "mal-entendido" claramente mostra o apelo de uma MR a olho nu.

Infelizmente, a MR a olho nu só é possível com restrições extremas. Em 2013, um famoso cantor chinês que morreu em 1995 foi trazido de volta à vida em um show usando um holograma 3D de campo de luz que parecia quase real da perspectiva da plateia. No entanto, o holograma não era fotorrealista e só podia ser visto de longe, sem interatividade. A holografia está melhorando com o tempo, mas é pouco provável que a holografia a olho nu se torne tão boa quanto a XR assistida por óculos ou lentes de contato até 2041.

Se a XR a olho nu é a "resposta" mais natural, então o controle mais natural deve ser a interface cérebro-computador (BCI). Em 2020 saíram grandes notícias da Neuralink, de Elon Musk, que demonstrou uma BCI prática ao instalar três mil finíssimos eletrodos — que podem monitorar a atividade de mil neurônios — no cérebro de um porco. Essa linha de pesquisa é promissora para o tratamento de lesões da espinha dorsal e doenças neurológicas, como o Alzheimer. Mas a observação que chamou a atenção da mídia foi a crença otimista de Musk de que possibilitasse o download e o upload de atividade cerebral, o que nos permitiria salvar e repassar memórias, inserir memórias em outras pessoas ou guardá-las para a imortalidade.

Correndo o risco de destruir as esperanças dos leitores, podemos dizer que uma análise lúcida das possibilidades dessa tecnologia mostrará que a visão de Musk está em um futuro distante. Vários problemas seguem sem resolução. Por exemplo, o procedimento só cobre uma pequena fração do cérebro. A intervenção constante pode causar danos cerebrais. Nós ainda não descobrimos como interpretar esses sinais, então, por enquanto, tudo que temos são sinais crus sem nenhum sentido. Fazer o upload é ainda mais difícil porque isso alteraria um cérebro humano vivo — o que claramente teria implicações de saúde, de privacidade e de ética. A Neuralink fez um protótipo interessante, mas não é provável que tenha conquistado as ambições de amplificação humana de Musk até 2041.

Questões sociais e éticas da xr

Discutimos os desafios técnicos e de saúde da popularização da xr. Igualmente preocupantes são as questões sociais inerentes a essa tecnologia.

Em "Meu ídolo assombrado", Hiroshi aparece pela primeira vez diante de Aiko quando ela fala as palavras mágicas que o invocam sem querer. Hiroshi apareceu na cozinha quando Aiko estava pegando uma caixa de leite da geladeira. Como o sistema saberia que esse é um momento conveniente, em oposição a quando Aiko estivesse tomando banho? Para escolher um momento conveniente, o sistema deve conhecer e observar Aiko o tempo todo. Isso é aceitável?

Se usamos dispositivos como óculos ou lentes de contato durante o dia inteiro, então estamos capturando o mundo todos os dias. Por um lado, é maravilhoso ter esse "repositório infinito de memórias". Se um cliente quer voltar atrás em um compromisso, ele poderá buscar e encontrar o vídeo de sua promessa. Mas nós queremos mesmo que cada palavra que dizemos seja guardada? E se esses dados caírem nas mãos erradas? Ou forem usadas por um aplicativo em que confiamos, mas que tem uma externalidade desconhecida?

Sem dúvida, precisamos desenvolver regulamentações para o gerenciamento da xr e nos prepararmos para um mundo com muito mais questões de privacidade e externalidades do que existem hoje. Muitas pessoas acham que smartphones e aplicativos já sabem demais sobre nós, mas a xr levará as coisas a outro nível.

A xr vai nos fazer repensar o que viver significa. Os humanos vêm buscando a imortalidade há milhares de anos. Com essas tecnologias, nós podemos refletir a respeito da possibilidade de uma "imortalidade digital". Em um episódio da popular série de tv *Black Mirror*, uma mulher que perdeu o namorado usa a informação digital dele para trazê-lo de volta à "vida".

Conforme a MR se tornar mais realista e popular, a situação retratada nesse episódio pode se tornar realizável em um futuro não tão distante. Discutimos anteriormente o uso do GPT-3 para conversarmos com figuras históricas (a tecnologia ainda tem falhas, mas vem melhorando rapidamente). Já existe também um número cada vez maior de *influencers* virtuais nas redes sociais. É só uma questão de tempo antes de a maioria ser movida por IA e VR.

Essa "imortalidade digital" ou "reencarnação digital" desencadeará muitas questões éticas e de privacidade. É apenas uma violação de copyright quando alguém usa os dados de outra pessoa para criar um personagem virtual? Se esse personagem disser ou fizer coisas ruins, é meramente uma calúnia ou algo pior? Quem é responsável quando um personagem virtual engana pessoas? Ou comete um crime?

Se aprendemos alguma coisa com as preocupações recentes a respeito das externalidades das redes sociais e da IA, deveríamos começar a pensar logo em como abordar as questões inevitáveis que surgirão quando essas externalidades se multiplicarem com a XR. A curto prazo, expandir as leis pode ser a solução mais eficiente. A longo prazo, nós precisaremos criar uma série de soluções, incluindo novas regulamentações, letramento digital mais amplo e a invenção de novas tecnologias para cuidar de questões tecnológicas.

O resumo é que, em 2041, muito de nosso trabalho e nosso entretenimento envolverá o uso de tecnologias virtuais. Nós deveríamos nos orientar para essa inevitabilidade. Haverá desenvolvimentos imensos no campo da XR, provavelmente começando com o entretenimento. Todas as indústrias, por fim, adotarão e farão um grande esforço para usar a XR, assim como acontece hoje em dia com a IA. Se a IA transforma dados em inteligência, a XR coletará uma quantidade ainda maior de dados dos humanos, em uma qualidade melhor — a partir de nossos olhos, ouvidos, membros e, mais adiante, nossos cérebros. Juntas, a IA e a XR realizarão nosso sonho de compreender e amplificar a nós mesmos — e, no processo, expandir as possibilidades da experiência humana.

6
O MOTORISTA ABENÇOADO

"Então, tem dois tons rolando. É como se você estivesse tocando duas guitarras ao mesmo tempo. Você precisa deixar, mas também controlar."

JIMI HENDRIX, citado em *Jimi Hendrix: a brother's story*, de Leon Hendrix

Nota de Kai-Fu

"O motorista abençoado" se passa no Sri Lanka e imagina uma sociedade daqui duas décadas no processo de transição de motoristas humanos para veículos autônomos com o uso da IA. Na história, um talentoso jovem jogador é recrutado para um projeto misterioso que revela a capacidade dos humanos e da IA de cometerem erros, mas de formas muito diferentes. Em meu comentário, descrevo como veículos autônomos funcionam e como e quando veículos totalmente autônomos surgirão.

O RELÓGIO DE PULSO VIBROU e a tela piscou com uma luz vermelha urgente. Chamal precisava correr.

Cliente regular do Café VR, ele tinha desenvolvido uma rotina pré-corrida. Com uma expressão solene, Chamal se vestia com o justíssimo traje háptico, penteava o cabelo com cuidado e então colocava o capacete em forma de concha na cabeça. Antes de se enfiar na cabine de comando — apertada, estreita, parecida com como Chamal imaginava que o assento do motorista de um carro de Fórmula 1 deveria ser —, ele juntou as mãos, fechou os olhos e rezou. Ele fez uma oração ao Buda pedindo por uma boa corrida — e que ninguém chegasse nem perto de tocar sua sombra virtual.

"Respire fundo. Esvazie sua mente. Verifique se todas as medidas fisiológicas estão na zona de segurança."

Quando Chamal começou a dirigir, sua ansiedade se dissipou.

As cores do mundo simulado dançavam diante de seus olhos. Chamal ia na direção de mais uma vitória.

Mais tarde naquele dia, tio Junius apareceu na porta de Chamal. Junius entrou na sala, tomando cuidado com sua perna ruim, que nunca tinha se recuperado totalmente depois de um acidente muito tempo atrás. Enquanto se sentava em uma cadeira, Junius se virou para Chamal, que estava fazendo a lição de casa na mesa da cozinha, e disse que tinha uma proposta para discutir com ele. Chamal, declarou tio Junius, deveria encontrar um sócio chinês dele para falar sobre um trabalho.

Ouvindo da cozinha adjacente, os pais de Chamal imediatamente urraram de rir.

— Os chineses! — exclamou o pai de Chamal. — O que eles iriam querer com Chamal?

O pai começou um de seus discursos a respeito dos negócios chineses no Sri Lanka.

— Eles querem reconstruir as estradas entre Colombo e todas as grandes cidades. E, quando terminarem de fazer isso, eles não vão mais precisar de nós, motoristas. Você consegue imaginar? — desdenhou.

A mãe fez um gesto de desinteresse com a mão.

— Seu chefe confiou nos chineses, e olha o que aconteceu! — disse ela, encarando o marido.

O pai ficou em silêncio. Dois anos antes, ele tinha sofrido um acidente de trabalho. Mesmo não sendo grave, seu chefe usou o acidente como desculpa para demiti-lo do emprego de motorista de entregas, em que trabalhava havia mais de uma década. Segundo o chefe, conforme os veículos autônomos se tornavam mais práticos e baratos, a empresa só poderia empregar os motoristas humanos com históricos perfeitos. Agora sua única fonte de renda era o trabalho como guia em meio período, levando turistas pelo Sri Lanka.

Chamal, que logo faria 13 anos, deveria começar os anos finais do ensino fundamental, mas sua matrícula ainda não tinha sido paga — sem falar nas mensalidades dos dois irmãos mais novos de Chamal. A perspectiva de um trabalho de meio período, Chamal sabia, não era uma piada.

— Dessa vez é diferente — disse Junius ao grupo. — E eu sei que vocês precisam de dinheiro. — Junius explicou que seu sócio chinês estava buscando garotos como Chamal para ajudar a desenvolver um jogo que poderia mudar o futuro da condução de veículos. — Ele não vai correr nenhum perigo e é um bom dinheiro. Eu juro pelo Buda! — explicou Junius. Ele disse que seus sócios queriam conhecer Chamal naquele mesmo dia.

Diferentemente dos outros adultos em sua vida que faziam promessas vazias, Chamal sabia que o tio sempre cumpria com sua palavra. Quando Junius dizia que algo ia acontecer — um passeio no parque de diversões ou um sorvete —, sempre acontecia.

Sem querer desapontar o filho, os pais de Chamal cederam. A mãe o vestiu em sua melhor camisa, colocando-a para dentro das calças e então, meio abaixada, engraxou seus sapatos. Ela penteou o cabelo dele até estar perfeito. Os cingaleses nunca saíam de casa desarrumados.

— Lembre-se de sorrir, Chamal — disse a mãe, acariciando o rosto dele. — Um sorriso verdadeiro é o melhor presente que você pode dar aos outros.

Um sorriso mais brilhante que o sol surgiu no rosto de Chamal.

***

Enquanto tio Junius os levava para o centro da cidade, Chamal se lembrou de uma das máximas favoritas do pai, que ele dizia com frequência enquanto reclamava na mesa de jantar. "A coisa mais importante ao dirigir não é o carro, mas a estrada."

Só havia um punhado de autoestradas em todo o Sri Lanka. Nas ruas lotadas de Colombo, carros e *tuk-tuks* competiam com lambretas e carroças de boi, lutando por espaço nas vielas estreitas. As estradas fora das grandes cidades frequentemente estavam em más condições: sem pavimento, com pouca iluminação. Durante a estação de monções, os deslizamentos de terra às vezes cobriam as estradas do interior de detritos. Embora um motorista cingalês experiente soubesse quais caminhos evitar, mapas de papel e até mesmo o GPS poderiam fazer os visitantes se perderem.

No Sri Lanka, escolher a estrada certa não significava apenas poupar tempo, mas às vezes a própria vida.

No ano anterior, extremistas políticos tinham feito ataques a muitos lugares em torno da capital para pressionar o governo a libertar um de seus líderes da prisão. Surpreendido por uma explosão no meio de um passeio, o pai de Chamal tinha pilotado sua van cheia de turistas pelas estradas secundárias até que a barra ficasse limpa.

Antes de cada viagem, o pai sempre rezava para Buda. Ele tinha decorado seu retrovisor com pingentes e contas de oração que ondulavam no ar quando ele passava pelo terreno irregular. Quando Chamal era pequeno, ele tinha concluído que rezar era algo tão necessário para se dar a partida em um carro quanto girar a chave na ignição.

Graças ao pai, Chamal conhecia os fabricantes e os modelos de carro. O pai havia descrito como, décadas atrás, as estradas do Sri Lanka eram quase dominadas pelos carros japoneses; então vieram os carros europeus e norte-americanos e finalmente os chineses. Ele acabou trocando o Toyota usado da família por um novo Geely com motor a hidrogênio.

Desde pequeno, Chamal adorava observar carros: de sua varanda, ele os via passando e se imaginava atrás do volante. Ocasionalmente, raros carros antigos que ainda funcionavam com gasolina passavam. Ele adorava o cheiro doce e pungente e o ruído do motor. Mas Chamal nunca tinha pegado o volante. Nem mesmo de um carro de brinquedo. Tudo que se relacionava a dirigir um carro acontecia apenas em sonhos e devaneios — e em seu aplicativo de *smartstream* e nos jogos de corrida do Café vr.

Chamal era o melhor jogador do seu grupo de amigos. Ele era quase invencível e batia recorde atrás de recorde. Ele adorava ver seu nome ao lado de um novo recorde na tela do Café vr. Às vezes ele sentia que o talento para a direção corria pelas suas veias como sangue: mudar as marchas, ultrapassar, frear, fazer *drift*... essas táticas estavam entranhadas nele, como um instinto primitivo. Ele também sabia como navegar uma rota da forma mais eficiente possível, fazendo microajustes aos seus movimentos para conseguir pequenas vantagens, acumulando pontos durante o trajeto.

Graças à sua direção furtiva, os outros jogadores o chamavam de "o fantasma". Sempre que alguém mencionava seu apelido, Chamal erguia o queixo e sorria. Para ele, o apelido era a maior honra do mundo.

Então, quando o tio Junius havia explicado a Chamal que ele dirigiria para os chineses, Chamal imaginou algo como os jogos do café. Só que dessa vez ele ganharia dinheiro.

Chamal e o tio Junius pegaram o elevador até o terceiro subsolo do ReelX Center, um novo prédio reluzente de quatro andares no centro de Colombo. Assim que as portas se abriram, uma jovem cingalesa de uniforme os cumprimentou com um sorriso gentil. Então tio Junius falou:

— Chamal, eu vou te deixar com a srta. Alice. Ela vai cuidar bem de você. Mostre a eles o ótimo motorista que você é, certo? — Junius deu uma piscadela para Alice, que o ignorou.

— Diga tchau para seu tio, Chamal — disse Alice. — E venha comigo.

Chamal trotou atrás de Alice por um amplo corredor. As paredes e o chão do escritório — ou era um laboratório? — eram imaculados, brilhando com o reflexo das luzes do teto. Funcionários de jaleco branco corriam de um lado para o outro. Eles carregavam tablets que mostravam números, gráficos e tabelas. Quando alguém precisava ter as mãos livres, eles pressionavam o tablet delicado e flexível contra o uniforme, e o tablet se adequava ao corpo como uma roupa.

Apesar de todos os funcionários, o lugar era estranhamente quieto, pensou Chamal. Ele não conseguia ouvir nada além de sussurros suaves. Diferentemente do Café VR ou das ruas lá fora, não havia ruído de motor nem pneus cantando, nem sequer o *clique* ou o *bang* das portas se abrindo e fechando.

Alice levou Chamal até uma pequena sala do tamanho de um consultório médico e disse a ele para se trocar. Um traje háptico preto estava pendurado na porta, junto a um capacete combinando. Chamal franziu a testa. Ele não gostava muito de preto. A mãe costumava dizer que a cor branca representava o sagrado, enquanto o preto era má sorte. Os cingaleses raramente se vestiam de preto. Normalmente preferiam cores vivas e usavam branco apenas nos feriados e para rituais religiosos.

O traje era feito de um material extremamente elástico e parecia uma segunda pele contra o corpo de Chamal. Coube perfeitamente. A temperatura estava perfeita. Chamal girou algumas vezes, torcendo o corpo enquanto observava seu reflexo. O menino no espelho quase parecia um daqueles super-heróis de seus gibis favoritos. Chamal pensou consigo mesmo — embora uma versão homem-palito e com um capacete comicamente grande.

— Chamal, eu vou te mostrar uma coisa importante agora. Preste atenção, ok? — disse Alice, que estava esperando do lado de fora do cômodo. Ela fez um sinal para que Chamal a seguisse por outro corredor.

Por baixo do pesado capacete, Chamal observava Alice. "Ela tem olhos castanho-escuros iguais aos da mãe", pensou ele.

Eles entraram em uma sala grande. Luzes coloridas piscavam de quase todos os cantos. Oito cabines de comando se espalhavam pela sala em duas fileiras, cada uma delas conectada a motores por fios e cabos grossos como galhos de árvores antigas. Atrás de cada cabine, havia uma enorme tela. Em uma das telas, havia um display — para Chamal, parecia ser a transmissão ao vivo de algum jogo de corrida. Ao lado do vídeo, Chamal via um *feed* que se atualizava constantemente com o que pareciam ser medidas fisiológicas.

— Logo você vai entrar em uma cabine de comando de realidade virtual — disse Alice enquanto Chamal olhava maravilhado para a sala, com todos aqueles estímulos. — Seu tio diz que você é um gênio dos jogos de corrida de VR. Pense nessa cabine como um console de jogos, só que essa pode fazer muito mais. Ela vai se inclinar, vibrar e ganhar velocidade conforme você dirigir, mas não se assuste... é só uma simulação. Tudo que você precisa fazer é seguir as instruções que escutar no fone e vir na tela. Como hoje é nosso primeiro dia, só pediremos para que você teste o equipamento e faça um test drive. Se algo der errado, ou se você ficar cansado, nos avise e pararemos imediatamente, tudo bem?

Alice terminou de falar. Chamal tinha muitas perguntas fervilhando em sua mente — que tipo de jogo era esse, exatamente? Mas, antes que ele pudesse abrir a boca, Alice fez um gesto para que ele baixasse os óculos de seu capacete sobre os olhos. Chamal se enfiou na cabine. Como um verdadeiro piloto de corrida, ele afivelou o cinto de segurança, examinou o volante e testou os pés no freio e no acelerador. O painel estava surpreendentemente vazio. Chamal colocou as mãos diante dele e balançou os braços. Em um piscar de olhos, o painel mudou. Um mundo reluzente surgiu diante de seus olhos. Chamal percebeu que ele podia mudar seu desenho com gestos — ele podia adicionar novos itens ao painel e mover partes para que aparecessem no vidro.

De repente, uma contagem regressiva começou: números coloridos brilharam no painel enquanto uma voz recitava os números nos fones de ouvido.

— Dez, nove, oito, sete...

O coração de Chamal acelerou. Ele sentia como se a cabine fosse levantar voo a qualquer momento e flutuar para o espaço sideral como um foguete, deixando para trás apenas uma trilha de fumaça.

— ... três, dois, um, vai!

A cabine não foi lançada para o espaço, mas todo um cenário surgiu a sua volta. Chamal se viu dentro de um carro. Mas não qualquer carro — ao olhar em volta, ele notou que o modelo virtual era um simulacro do Geely Future F8, o mesmo carro que sua família tinha. Para espanto de Chamal, todos os detalhes tinham sido reproduzidos com precisão, até mesmo a costura no revestimento das portas.

Quando Chamal olhou pela janela, ele teve outra surpresa. O veículo estava parado no estacionamento público do bairro, em frente à casa dele. No entanto, havia uma grande diferença dessa vez: ele não estava no lugar do passageiro, mas do motorista, onde seu pai sempre se sentava.

Mais surpresas o aguardavam. Quando Chamal pegou o volante, ele viu que não estava mais usando seu traje preto e sem graça, mas luvas de corrida com cores ousadas. Ele ajustou o retrovisor e viu que seu capacete agora estava coberto de manchas de tinta, exatamente como no jogo de corrida que ele adorava jogar.

Uma onda de euforia tomou conta do corpo dele.

— Preparar... já! — gritou ele, da mesma forma que dava comandos de voz nos jogos.

O Geely não se moveu.

A voz de Alice surgiu nos fones.

— Não entre em pânico, apenas siga as instruções.

Hologramas tridimensionais de palavras e números começaram a se espalhar pelo campo de visão de Chamal. Flutuando no ar, eles mudavam de forma e brilhavam em cores diferentes, direcionando sua atenção como os outdoors digitais no centro de Colombo. Seu olhar seguiu uma seta que apontava para baixo e encontrou o pedal do acelerador. O pedal brilhava com uma luz verde suave. Quando ele o pressionou com o pé, uma barra no formato de um termômetro, como uma barra de vida em um videogame, se tornou visível. Quando ele pisou ainda mais fundo no acelerador, a cor da barra mudou de verde para azul, e então para amarelo.

"Isso é divertido!" Chamal deu a partida. "Mudar as marchas, ajustar o freio de mão e então uma leve pisada no acelerador..." Uma vibração correu pelo corpo dele e por seu campo de visão ao mesmo tempo. O carro começou a se mover.

— Muito bem. Controle sua velocidade e cuidado com o tráfego — instruiu Alice.

— Essa rua me lembra de uma perto da minha casa, mas... Eu não sei, tem algo errado com ela — disse Chamal hesitante.

Era a mesma rua que o pai pegava todos os dias para levá-lo para a escola, exceto que não havia pedestres atravessando, nenhum *tuk-tuk* cortando seu caminho. Chamal dirigiu por algumas quadras, mantendo a velocidade baixa. Ele sabia que estava se aproximando do cruzamento no qual o pai normalmente virava, mas a transversal nunca apareceu. Só podia ir em frente.

A voz de Alice surgiu em seus ouvidos de novo.

— Nossa IA gerou essa paisagem de realidade virtual baseada em dados reais. Será familiar, mas um pouco diferente do que você está acostumado. Como é seu primeiro dia, nós baixamos o nível de dificuldade para você. Quando completar o treinamento, você poderá dirigir como quiser.

"Completar o treinamento? Treinamento para quê?" Antes que Chamal tivesse a chance de fazer essas perguntas, sua atenção estava de volta à estrada.

Não demorou muito para Chamal pegar o espírito do jogo. Dirigir aqui era quase exatamente igual a dirigir nos jogos do Café VR, exceto que o motor era, bem, *muito* melhor. Ele reagia mais rápido aos comandos, havia menos *lag* e a linha entre jogo e realidade era assustadoramente sutil. Mas Alice estava certa: quanto melhor ele dirigia, mais difícil o jogo se tornava. O tráfego aumentava; idosos caminhando lentamente e passeadores de cachorros apareciam nas faixas de pedestres e nas curvas; quando ele passava por um parquinho, uma criança chutava uma bola para o meio da rua. Até mesmo os semáforos eram imprevisíveis, acendendo-se com a cor errada. "É real demais", pensou Chamal. O suor escorria pelo seu pescoço. Suas palmas, agarrando com força o volante, estavam pegajosas. Seus olhos ardiam por não piscar. "Preste atenção..." Por algum motivo, o jogo fazia Chamal sentir que ele não podia perder nem o menor detalhe.

Por sorte, tudo correu bem. A estrada que ele pegava para a escola pareceu infinita. Chamal conseguia sentir sua atenção se dissipando. Seu pé afundou mais ainda no acelerador. O carro acelerava de modo uniforme — 80, 100, 120 quilômetros por hora —, enquanto ele entrava em um estado automático. Ele se sentia imerso em uma rede de energia, como se seu corpo, a cabine e a paisagem virtual tivessem se fundido em um círculo harmonioso. Não estava dirigindo; na verdade, o carro estava respondendo à sua mente como se fosse parte do seu corpo.

Quanto tempo tinha passado? Chamal deu uma olhada rápida no painel. A seta do velocímetro havia chegado na zona vermelha, indicando que ele estava se aproximando da velocidade máxima.

Os olhos de Chamal se arregalaram. O sentimento de perigo o atingiu imediatamente, como um raio. Ele soltou o acelerador e pisou com tudo no freio. De repente, o veículo foi tomado por uma onda poderosa de energia que o fez capotar e bater no chão. Chamal gritou e agarrou o volante. Seu corpo parecia estar pegando fogo. Tudo em seu campo visual estava girando rapidamente, e ele precisou fechar os olhos para combater a tontura. Então, o movimento gradualmente parou enquanto o mundo ao redor dele escurecia.

De longe uma voz chegou aos ouvidos dele — Alice? — chamando seu nome. Então alguém o puxou da cabine e removeu seu capacete. Ele arfava em busca de ar fresco.

Quando voltou a si, no fundo de seu coração sabia que essa realidade sólida e tangível não era o que ele queria. Desejava voltar para o mundo virtual. Queria aquela sensação de perda de controle de novo.

Do bar vermelho no topo do Cinnamon Red Hotel, era possível ver a silhueta da cidade.

Era o fim das monções, e um eventual relâmpago iluminava as camadas de nuvens pesadas, indicando uma tempestade iminente.

Junius girava seu copo de uísque. Quase derretida dentro do líquido âmbar, a pedra de gelo antes redonda agora estava quebrada e espalhada. Como as calotas do polo Sul, ele pensou.

A mão pousou no ombro direito de Junius, quase fazendo-o cair da cadeira. Yang Juan. Com seu cabelo *pixie* e sua figura atlética, vestida em trajes de corrida, Yang Juan poderia ser confundida com uma ginasta ou estrela do futebol, em vez de chefe de uma empresa chinesa de tecnologia com base no Sri Lanka.

— Desculpa o atraso. Trânsito.

— Típico de Colombo! *Single malt* para você?

— Na verdade, recentemente eu me apaixonei por uma das suas bebidas locais. — Yang Juan fez um sinal para o garçom, que pareceu entender imediatamente. Logo, um copo cheio de um líquido leitoso chegou à mesa.

— Não acredito que você gosta de *arak* de coco barato! — exclamou Junius.

— Doce e azedo. Saúde!

Eles tocaram os copos e terminaram suas bebidas em um único gole.

— Mas a doçura é só uma enganação — disse Junius com um sorriso. — A quantidade de álcool nessa bebida é igual à dos destilados mais fortes, como o *erguotou*. Estou pronunciando certo?

Yang Juan estalou os lábios e olhou diretamente para Junius.

— Exatamente. Seu *arak* é como seu povo. *A doçura é só uma enganação*.

Junius ficou sem palavras por um momento.

— Yang, eu já te dei o que você quer. — Ele pigarreou e começou. — Aquelas crianças...

— São as melhores que você consegue encontrar em todo o Sri Lanka?

— Eu fiz tudo que você pediu, fui ao café de jogos e...

— Não são boas o suficiente. Eu preciso de mais crianças, crianças melhores. As taxas de aprovação delas são baixas demais. Se não conseguirmos motoristas o suficiente, bons motoristas, nossos investidores vão cair fora. Junius, pense nisso: por que você acha que escolhemos desenvolver o projeto aqui?

Junius baixou os olhos.

— Era mais barato...

— Outra bebida para mim, por favor. — Yang Juan acenou para o garçom. — Uma para o meu convidado também.

Junius ficou em silêncio.

— Eu até dei meu sobrinho Chamal para você — disse ele.

— Ele é seu sobrinho? Eu ouvi falar desse. Bem, esse é um menino brilhante.

— O pai dele costumava dizer que Chamal cresceu respirando vapor de gasolina, mesmo quando ainda estava na barriga da mãe. — O sorriso de Junius congelou ao pensar em seu pequeno sobrinho. — Espera, Yang, eu preciso te perguntar uma coisa. É sério.

— O quê?

— Você me prometeu que o sistema atualizado garantiria segurança absoluta para todos os motoristas, certo?

Yang Juan desviou seus olhos para a paisagem noturna de Colombo.

— Você se lembra de por que estamos começando de novo com tudo isso? — Ela deu um gole em seu copo.

Junius ficou em silêncio. Sua mão caiu sobre a coxa esquerda. Em algum lugar no fundo de seus músculos, entranhado nos nervos, ele conseguia sentir o ponto. Ele irradiou uma dor aguda por todo o corpo, como se reagisse às palavras de Yang. Os médicos não tinham encontrado nenhum dano físico; disseram que a dor poderia ser psicológica. Junius continuou calado.

Yang Juan girou o copo.

— Ou você conta a verdade para as pessoas e deixa que elas arquem com as consequências, ou você conta mentiras em troca de dar a elas uma vida melhor.

— Eu entendo — disse Junius com um suspiro.

— Mas, por favor, cuide de Chamal. Ele é a esperança de toda nossa família.

Ele se levantou, juntou as mãos e se despediu. No copo abandonado, o gelo derreteu até virar água.

— Mais sobras? — O pai lançou um olhar na direção dos quartos. A mãe sacudiu a cabeça. O prato de *kottu roti* que ela havia trazido do quarto de Chamal não tinha sido comido nem pela metade. Ela o levou para o quintal, onde os corvos famintos da vizinhança estavam sempre prontos para um banquete.

— Você acha que deveríamos levá-lo ao templo Gangaramaya e deixar os sacerdotes darem uma olhada? — A mãe franziu a testa. Ela juntou as mãos e murmurou uma rápida prece.

— Dê mais uns dias para ele — respondeu o pai. — Junius disse que todo mundo passa por um período de ajuste. Qual foi a expressão que ele usou mesmo? *Uma curva de aprendizado...* é isso. Além disso, Chamal logo receberá seu salário. Os chineses estão dispostos a pagar!

A mãe ficou em silêncio por um momento.

— Eu o vi parado ao lado do nosso carro outro dia com uma expressão estranha no rosto, e parecia como se...

— Como se o quê?

— Como se ele estivesse falando com o carro.

O pai caiu na gargalhada.

—Agora eu acho que é você que está com algum problema, não Chamal!

— Chamal é seu filho! Para de ser idiota. Se ele não quiser mais fazer esse trabalho, vamos parar. Deve haver outras opções... eu posso arranjar um trabalho de meio período.

— Mas, Lydia, escuta, Chamal está feliz. Todo dia ele fica animado para ir trabalhar, se é que podemos chamar assim. Você já o viu tão entusiasmado com *qualquer coisa*?

— Mas...

— *Shhh.* Ele está vindo.

Chamal cambaleou escada abaixo, com os sapatos desamarrados. Ele nem pareceu notar os pais — seus olhos estavam fixos no chão. Abriu os braços, e por um breve momento parecia que estava prestes a abraçar o chão, ou que era um piloto de caça se preparando para um ataque. Finalmente, ele se virou devagar e se espremeu pelo espaço entre os pais, com a mão direita fazendo um gesto de puxar, como se estivesse trocando a marcha.

— Chamal! — gritou a mãe.

O menino parou de repente. Em vez de se virar, porém, ele deu alguns passos para trás, até ficar de frente para os pais de novo.

— O que eu te disse sobre cumprimentar os mais velhos?

Os olhos redondos de Chamal se arregalaram, como se ele estivesse acordando de um transe.

Assim como tinha acontecido no Café VR, Chamal logo chegou ao topo do ranking do centro de treinamento.

Ele não era mais o iniciante que tinha entrado em pânico ao ver tráfego e pedestres. E não era só dirigir por dirigir. Chamal começou a receber missões, com instruções dos técnicos do centro de treinamento. As missões eram sempre parecidas em termos de estrutura, mas com variações na história. Às vezes elas eram absurdas, como uma invasão alienígena. Às vezes eram assustadoramente realistas, como um ataque terrorista que tinha provocado desmoronamentos nas estradas e colisões de veículos.

Paisagens complexas, motoristas alucinados... nada abalava Chamal. Ele rapidamente juntou o maior número de pontos do grupo de jogadores que Yang Juan recrutara em todo o Sri Lanka. Os jovens motoristas logo se tornaram amigos durante seus treinamentos diários. Ainda assim, os companheiros observavam Chamal com olhos invejosos enquanto ele saía da sala a cada dia — todo mundo sabia que mais pontos significavam mais dinheiro.

Outros motoristas tentaram arrancar dicas e táticas dele. Chamal jogou o cabelo para o lado.

— Eu nasci para dirigir — disse ele, um pouco confiante demais.

Chamal descobriu que o jogo não lhe oferecia rotas infinitas. As paisagens que mais apareciam eram basicamente réplicas de cidades reais do Oriente Médio e do leste da Ásia: cidades-satélite de Abu Dhabi, Hyderabad, Bangcoc, a ilha artificial de Singapura, a área da baía de Guangdong-Hong Kong-Macau, Xangai Lingang, a nova área de Xiong'an, Chiba no Japão — lugares que, até agora, Chamal só tinha lido a respeito na internet.

Um dia, Chamal recebeu instruções para completar uma missão na ilha artificial de Singapura. Uma perturbação no fundo do oceano ao norte de Java tinha causado um tsunami, e o infrassom havia paralisado completamente o sistema automatizado de transporte inteligente da ilha. Um tsunami de dez metros atingiria a ilha em exatamente seis minutos. Mais de cem carros autônomos disfuncionais e seus passageiros estavam desgovernados na estrada, prontos para baterem, ou, como patos, serem levados pela água.

Chamal e os outros corredores foram instruídos a assumir o volante desses veículos, passá-los para o controle manual antes que mais acidentes acontecessem e ajudar a conectar os carros à rede de emergência. A rede então assumiria o controle e dirigiria os carros até a zona de evacuação mais próxima, salvando a vida dos passageiros.

Era o jogo mais difícil e excitante que Chamal já tinha jogado.

Seu avatar virtual saltava de um banco do motorista para outro, assumindo o volante em questão de segundos e desviando dos destroços que caíam enquanto corria para um lugar mais seguro. *Salte.* O procedimento era simples e natural, como se fosse parte de seu reflexo nervoso. *Salte de novo.* Enquanto a contagem regressiva em vermelho-sangue se aproximava rapidamente de zero, uma linha branca e brilhante emergiu no horizonte azul-acinzentado na periferia do campo visual de Chamal, mais grossa e mais perto a cada segundo.

Chamal não tinha tempo para apreciar a violência sublime da natureza, nem de sentir medo. Ele era como um fantasma possuindo aqueles enormes e robustos corpos de aço e ferro, conectando-os à rede e conduzindo-os para um lugar seguro. O som delicioso de moedas soava de forma incessante enquanto o placar disparava no topo da tela. Os cantos da boca dele se curvaram para cima. Ele conseguia sentir o estado de *flow* tomando conta de seu corpo.

O tsunami fatal de Java estava mais perto agora. *Mais rápido.* Chamal queria ganhar o máximo possível de pontos antes que o jogo terminasse. Cada milissegundo que escorresse por entre seus dedos significava menos dinheiro para a mensalidade escolar dos irmãos mais novos e para o orçamento da família. O mundo e a família dele dependiam da velocidade de suas reações físicas e mentais.

Quando Chamal estava prestes a saltar para dentro de uma SUV, a barulhenta parede de água e espuma finalmente o alcançou. Os gráficos do jogo não eram os melhores; ele até conseguia ver as linhas e os pixels quando a onda o engoliu por inteiro. Antes de a tela escurecer, ele conseguiu notar alguns carros próximos que tinham sido levados imediatamente pela onda implacável. Ele soltou um suspiro pesado de lamento. Cada carro que ele não tinha salvado era pontos a menos.

Game over.

Chamal, agora de volta à realidade, se viu coberto de suor. Ele estava tão exausto que nem conseguia sair da cabine de controle. Dois membros da equipe precisaram carregá-lo.

Alice disse a ele para tirar uma folga. Nos dias seguintes, até mesmo tarefas simples como comer com uma colher eram difíceis para Chamal. Suas mãos não paravam de tremer. A onda enorme e feroz assombrava seus sonhos. Aquela missão parecia ter sugado toda sua energia, criando um vazio em sua mente e em seu corpo.

Chamal normalmente não se interessava muito pelas notícias, mas deitado em seu quarto enquanto se recuperava ele ouviu uma reportagem vindo da televisão da cozinha, onde seus pais estavam sentados com o tio Junius. O âncora estava falando de um tsunami que havia ocorrido em Kanto, no Japão.

Lentamente, Chamal se levantou da cama e cambaleou até a cozinha. Na tela da TV ele viu filmagens de segurança dos últimos momentos antes que o tsunami atingisse a estrada costeira. Carros, leves e impotentes como brinquedos feitos de papel e argila, eram virados e devorados pelas ondas, desaparecendo nas águas escuras.

O coração de Chamal acelerou. A cena diante de seus olhos era assustadoramente familiar. O estado das estradas, a posição dos carros, os destroços espalhados... era uma réplica exata da cena final do jogo, que tinha sido tatuada em sua mente naquele dia.

"Não! Isso é impossível! Eu só joguei um jogo!"

— Tio, aquilo era só um jogo, não era?

Junius ficou em silêncio por um momento.

— Chamal, eu quero que você conheça uma pessoa.

De volta ao centro de treinamento do ReelX, tio Junius levou Chamal por uma porta e por um corredor que o menino nunca tinha visto antes. Ao final do corredor, eles entraram em um escritório exuberantemente decorado com arte e ornamentos locais, a ponto de parecer uma coleção absurdamente grande de lembranças de férias.

— Querido Chamal, finalmente estamos nos conhecendo.

Uma mulher vestida toda de branco se levantou do sofá, se inclinou e estendeu a mão para Chamal. Timidamente, Chamal ofereceu a sua. O aperto da mulher era firme, e sua mão estava quente.

Ela fez um sinal para que se sentassem.

— Meu nome é Yang Juan. Você pode me chamar de Yang ou Jade. Eu fiquei sabendo que te chamam de "fantasma", Chamal.

Chamal corou e Yang Juan seguiu falando.

— Eu sou a responsável pela filial do Sri Lanka da ReelX. Eu vi todos os seus dados do jogo. Sem dúvida, você nasceu para ser piloto.

A essa altura, as bochechas de Chamal estavam queimando.

— Bem, seu tio me disse que talvez você tenha algumas perguntas. Farei meu melhor para respondê-las.

Chamal mordeu o lábio. "O que eu devo dizer? Como posso soar respeitoso, educado e digno como minha mãe me ensinou?" Ele queria escolher suas palavras com cuidado, mas estava cansado demais para pensar direito.

— O tsunami... era real... — As palavras saíram antes que ele pudesse contê-las. — Tudo isso é uma farsa — gaguejou Chamal.

— Isso não é exatamente uma pergunta, é? — Yang Juan deu uma piscadela. — Você espera um certo tipo de resposta de mim. Você quer que eu diga se o jogo é verdadeiro ou falso, que escolha um ou outro, certo?

A cabeça de Chamal tinha começado a girar.

— Existe uma terceira possibilidade?

— Deixe-me fazer uma pergunta primeiro: você acha que o tsunami era real?

— Claro.

— O tsunami *no jogo* era real?

— Esse era falso.

— E os carros?

— A paisagem parecia real, e o curso de ação que eles assumiram parecia real, mas os carros em si eram falsos.

— Então, você acha que realmente ajudou a salvar aqueles carros e pessoas?

— Eu... eu... — balbuciou Chamal. — Eu não sei.

Yang Juan deu de ombros, mas sua expressão era simpática.

— Mas eu *sei* que você está mentindo! — soltou Chamal. — Se o tsunami aconteceu no Japão, por que você precisava dizer que era em Singapura? Se nossas ações afetavam a realidade, por que você precisou contar que era um jogo?

Yang Juan ficou sentada em silêncio, deixando as perguntas no ar. Finalmente, ela falou:

— Antes de responder, eu preciso perguntar uma coisa. Só responda com sim ou não. — Abaixando-se, Yang Juan curvou seu corpo de forma a olhar diretamente nos olhos de Chamal.

— Você quer ir pra China?

— O quê? — Chamal tinha sido pego de surpresa.

— Lembre-se: é uma pergunta de sim ou não. — Yang Juan sorriu ao ver a expressão de choque e desconforto no rosto do menino. — Você é nosso melhor piloto. Uma viagem à China é a recompensa pelo seu trabalho. Eu acho que você vai encontrar a resposta para sua pergunta lá.

— Você quer dizer dirigir na China? — Chamal franziu a testa. — Se for esse o caso, então eu já estive em muitos lugares da China.

Foi a vez de Yang Juan ficar chocada. Ela levou alguns segundos para entender que Chamal estava falando de realidade virtual.

— Eu não estou tentando enganar você. — Yang Juan riu. — Eu quis dizer ir à China de verdade. Você vai *fisicamente* pegar um avião e ir à China, respirar o ar, comer a comida e testar nossa paisagem com seus próprios pés. Você quer ir?

Chamal baixou os olhos e considerou. Por fim, ele ergueu o olhar para Yang Juan, acenou que sim e deu à mulher um sorriso *digno*.

Uma forte vibração acordou Chamal. Pensando que ainda estava no jogo, ele levou a mão na direção do capacete por instinto, mas não havia nada na sua cabeça. Ele abriu os olhos e piscou contra o sol forte da manhã que entrava pela janela tipo escotilha. Do lado de fora havia fileiras de jatos modernos.

O avião tinha chegado ao Aeroporto Internacional Shenzhen Bao'an. Enquanto Chamal e seu tio caminhavam pela passarela até o terminal, ele olhou em volta maravilhado. Tudo era colossal e novo em folha; raios de sol passavam pelas aberturas hexagonais do teto branco como uma chuva de meteoros, iluminando os viajantes que corriam de um destino para outro.

Zeng Xinlan, uma funcionária jovem e tagarela do escritório da ReelX em Shenzhen os buscou no aeroporto. Ao encontrar Chamal e Junius, ela juntou as mãos e disse *"Ayubowan"*, cumprimentando os visitantes cingaleses em sua língua natal. Junius retribuiu a bênção e Chamal copiou o tio.

Eles caminharam até a zona de embarque de veículos autônomos juntos. Assim que chegaram, uma SUV branca deslizou para a pista e parou diante deles. Suas portas se abriram. Chamal entrou no espaçoso banco de trás com Junius. A brisa fresca do ar-condicionado do carro aliviou o abafamento do ar úmido do lado de fora quase imediatamente.

O carro deu a partida. Diferentemente dos carros com os quais Chamal estava acostumado, o motor da SUV era silencioso, e a aceleração era tão suave que era quase imperceptível.

— A maior parte das estradas e veículos de Shenzhen já tem suporte para direção autônoma nível N5. Com o assento do motorista não sendo mais exclusivo para direção, não apenas cabem mais pessoas no carro, mas todo mundo pode ficar mais confortável. Minicarros para um ou dois passageiros também estão disponíveis. — Zeng Xinlan sorriu. — O sistema de controle inteligente decide qual carro disponível mandar e calcula o melhor caminho com base na localização dos passageiros e em seu ritmo de caminhada para maximizar a eficiência do aeroporto e reduzir o tempo de espera dos passageiros. A estrada na qual estamos foi desenhada especificamente para comportar veículos autônomos. Os sensores inteligentes instalados ao longo da estrada se comunicam em tempo real com o sistema de controle de cada carro e com a infraestrutura de gerenciamento de trânsito na nuvem, que assim garante segurança e ordem.

Chamal pensou que ela soava um pouco robótica enquanto recitava essa explicação.

Junius pressionou seu rosto contra o vidro.

— Shenzhen está tão diferente desde a última vez que vim! — exclamou ele.

— Você já tinha vindo a Shenzhen? — perguntou Chamal surpreso.

— Muitos anos atrás. Eu me lembro de ver homens trabalhando na construção da primeira dessas estradas "inteligentes"… e agora elas estão por toda parte!

— Típico da velocidade de desenvolvimento de Shenzhen — disse Zeng Xinlan com um sorriso. — Espera até ver o resto!

Chamal olhou atordoado para a cidade estrangeira do outro lado da janela. Arranha-céus se estendiam para cima como se fossem infinitos, com o topo desaparecendo entre as nuvens. As paredes externas dos prédios eram feitas de um material suave e brilhante que refletia a luz do sol, fazendo parecer que tinham sido embrulhadas em capas de luz que mudavam de padrão e desenho conforme o ângulo do sol. Shenzhen era impecável e organizada. Ele não conseguia entender como isso era possível. Era como se milhões de cordas invisíveis de marionete descessem do céu e controlassem cada rua, cada carro e cada pessoa dessa cidade enorme, tecendo-as em uma grande rede.

"Mas quem controla essas marionetes?"

— Olhem! — gritou Zeng Xinlan.

Chamal e Junius olharam na direção que ela estava apontando. Nas pistas da direção oposta, os veículos subitamente se afastaram. Um por um, os carros deslizaram para as laterais da estrada, deixando uma pista vazia no meio. Uma sirene distante ficou mais alta quando uma ambulância de repente passou correndo pelo buraco no trânsito. Assim que ela passou, os carros voltaram às suas posições originais como se nada tivesse acontecido. Todo o processo levou apenas alguns segundos e, exceto pela sirene, foi praticamente silencioso, sem uma única buzina.

— Como isso é possível? — Chamal estava quase sem fala.

— Pense assim: nós humanos não batemos uns nos outros quando corremos porque nossos olhos observam, nossos cérebros calculam a distância e nossas pernas ajustam velocidade e postura. A mesma coisa acontece com esses carros — disse Zeng Xinlan dando de ombros. — Os sensores, câmeras e LIDARS são os olhos; o sistema de controle é o cérebro. Tudo isso se conecta ao motor e às marchas, as pernas do carro.

— Chamal, imagine se essa tecnologia estivesse disponível no Sri Lanka... — murmurou Junius. Ele se lembrava do que tinha acontecido com sua mãe. "Ela poderia ter sido salva do infarto se a ambulância tivesse conseguido chegar no hospital a tempo. Não foi o infarto que a matou. Foi o trânsito."

Um alerta de nova mensagem surgiu no painel, e a mensagem foi lida em um mandarim padrão perfeito.

— Ah, é a maratona — explicou Zeng Xinlan.

Antes que Chamal pudesse pedir mais detalhes, o carro mudou de direção, desviando para a rampa de saída mais próxima. Na verdade, todos os carros da estrada pareceram receber o mesmo alerta ao mesmo tempo: como um esquadrão de caças mudando de formação, o trânsito se dispersou em novas formações conforme os veículos seguiram para as saídas.

Chamal olhou para Zeng Xinlan, que estava sentada no lugar do motorista, com uma expressão de choque. Os veículos autônomos no Sri Lanka, apesar de amplamente usados hoje em dia, não conseguiam mudar de caminho com tanta precisão sem auxílio de motoristas humanos. No entanto, Zeng Xinlan, com as mãos fora do volante, obviamente não estava operando o carro.

— O que está acontecendo agora? — perguntou Chamal.

— Ahá! É seu dia de sorte. Você chegou bem na hora para ver o sistema de trânsito atualizado em ação. A maratona anual da cidade vai começar logo, e todos nós estamos sendo desviados.

Chamal encarou atordoado o trânsito, tentando digerir tudo que estava vendo e ouvindo. Ele se sentia imerso em um mundo de sonho.

Antes de visitarem a sede da ReelX, Zeng Xinlan os levou a um restaurante cantonês em Qianhai.

Chamal se entupiu da comida estrangeira e deliciosa, enquanto Junius olhava fixamente pela janela.

— O que é tão interessante lá fora? — perguntou Zeng Xinlan, pegando um bolinho de camarão e colocando no prato de Junius.

— Até... até o horizonte mudou... — murmurou Junius, espantado.

— Bem, o aterramento marítimo é um dos projetos a longo prazo de Shenzhen. Eu ouvi dizer que está acontecendo o mesmo no Sri Lanka, não?

Toda vez que Chamal passava pela avenida costeira em Colombo, ele notava as enormes dragas de sucção perto da costa do distrito financeiro. As imensas criaturas erguiam seus longos focinhos e cuspiam arcos de lama e areia que brilhavam como ouro sob o sol. Todas as dragas tinham vindo da China; elas estavam ajudando o Sri Lanka com essa tarefa colossal de criar novas terras e reformular o horizonte.

— "Sri Lanka, uma pérola brilhante na rota marítima da seda" — comentou Zeng Xinlan, fazendo graça do tom dos âncoras de notícias chineses.

Chamal baixou seus palitinhos.

— Sobrou algum carro para os humanos, então? — questionou ele, formulando timidamente a pergunta que estava na sua cabeça há horas.

— Nem todos os carros podem ser passados para o modo manual — disse Zeng Xinlan. — Nós também temos motoristas humanos, mas eles ficam limitados a estradas apenas para humanos e precisam usar um dispositivo de IA complementar enquanto dirigem. É muito mais difícil passar na prova de habilitação hoje em dia. Não há mais lugar para os valentões.

— Se é esse o caso, por que precisam de nós? — Chamal se virou para Junius, olhando diretamente nos olhos dele.

Junius e Zeng Xinlan trocaram olhares.

— Claro que você é importante — respondeu Zeng Xinlan. Ela olhou para Chamal com uma expressão solene. — Até mesmo a IA mais avançada comete erros. E se uma explosão destruir uma estrada, tornando impossível seguir o mapa digital, ou se acontece um desastre natural que cria o caos de repente? É aí que as pessoas entram... um herói para salvar o dia.

— Mas eu não quero ser um herói — disparou Chamal. — Eu só quero jogar, ganhar uns pontos e ajudar minha família.

Junius evitou o olhar de Chamal.

De repente, Zeng Xinlan soltou uma risadinha e quebrou o silêncio incômodo.

— Olhe para vocês dois! Tal tio, tal sobrinho. Chamal, quando seu tio entrou no nosso projeto, ele disse exatamente a mesma coisa. Estou certa, Junius?

Junius, corando, cutucou a sopa com a colher.

— Espera, você também...? — Os olhos de Chamal se arregalaram.

— Ele nunca te contou? — Zeng Xinlan olhou, surpresa, para Junius.

Chamal sacudiu a cabeça.

— Eu não queria dar a impressão errada — sussurrou Junius, finalmente encontrando as palavras certas. — Eu sei o que outras pessoas dizem pelas minhas costas. Acham que eu tenho ajudado a ReelX a fazer coisas ruins, então Buda decidiu me punir aleijando minha perna.

Chamal conhecia essa fofoca, mas ele nunca tinha imaginado a verdade.

— Seu tio era nosso melhor motorista. Antes de se aposentar por conta da lesão, ele salvou muitas vidas.

— Então você era um motorista-fantasma, como eu — repetiu Chamal. — Mas como fantasmas podem se machucar?

— Isso foi uma década atrás, Chamal. Era uma versão anterior do programa, uma versão mais primitiva — disse o tio. — Sempre houve riscos, mas eles são menores agora.

— É por isso que é necessário chamar o procedimento de *jogo* — interrompeu Zeng Xinlan, em um tom sério mais uma vez. — A espécie humana é muito mais delicada que as máquinas. O tempo de reação e nível de performance de um motorista humano pode ser afetado até pela menor das respostas emocionais.

— Então foi por isso que meu tio mentiu para mim e me disse que era só um jogo — murmurou Chamal. "Eu achava que o tio nunca mentiria para mim."

— Chamal... — disse Junius com um suspiro. — Me deixe te contar uma história.

Uma década atrás, Junius estava conduzindo uma missão na região de Sichuan–Tibete depois de um grande terremoto. Seu objetivo era transportar itens médicos de emergência para as vítimas soterradas. Os tremores residuais não paravam; o GPS estava falhando por conta das estradas que haviam sido bloqueadas por deslizamentos. Motoristas-fantasmas eram a única opção. De início, Junius conseguiu evitar o perigo, mas, depois de um tremor especialmente poderoso, destroços começaram a cair da montanha como uma chuva mortífera. Com dificuldade para desviar das pedras e da lama e ainda manter o controle na estrada sinuosa, Junius não notou um enorme rochedo despencando à sua esquerda. Ele atingiu o capô do carro, esmagando seu lado esquerdo.

Uma dor aguda atingiu a perna esquerda de Junius; era o feedback de força trabalhando. Ele sabia que seu corpo físico estava ileso. Era sinestesia. Uma quantidade saudável de sinestesia corporal — uma simulação de sensações reais por meio de realidade virtual — era boa para os motoristas de resgate virtual porque ela estimulava a capacidade cognitiva a liberar adrenalina, o que melhorava suas performances. No entanto, o que constituía uma "quantidade saudável" variava de motorista para motorista, de missão para missão. Ao ver a região de Sichuan–Tibete destruída, Junius tinha deliberadamente aumentado a quantidade de sinestesia. Muitas vidas dependiam dele; ele não suportaria deixá-las na mão.

Com a perna latejando de dor, Junius tentou formas diferentes de fazer o carro se mover novamente, mas ele não andava; as rodas só giravam inutilmente. A cada segundo, sua esperança ficava menor. Ele estava tomado de culpa e desespero. "Eu falhei com eles." Sua perna ferida estava anestesiada agora, como se não fosse mais parte de seu corpo.

Ao final, o exército conseguiu realocar drones de outros setores e mandar um regimento de emergência. Os itens médicos chegaram às pessoas que precisavam. Contudo, desde esse dia, a perna de Junius tinha ficado presa em um limbo entre o real e o virtual, como se o tempo tivesse se esquecido dela, congelando-a para sempre naquele momento de dor e culpa.

— Se pensamos que é um jogo, sentimos menos dor — disse Chamal depois que Junius terminou de falar. Ele conseguia entender o ponto de vista de Junius, porém ainda havia uma coisa que ele não conseguia compreender. — Mas *por quê?* Por que precisamos suportar tudo isso?

— Para ganhar a vida, eu acho, e salvar algumas vidas no caminho. É importante investir no nosso karma — disse Junius com um sorriso autodepreciativo. — Um dia talvez nós também precisemos ser salvos.

Depois do almoço, eles visitaram a sede da ReelX. Enquanto estavam no laboratório, Chamal não conseguia tirar seus olhos do novo traje de feedback de força e do capacete de conexão a ondas cerebrais exibidos na vitrine. Zeng Xinlan, notando os olhos arregalados do menino, prometeu a ele um conjunto de equipamento feito sob medida — desde que ele estivesse disposto a ficar e completar as missões da ReelX.

Chamal, acariciando o tecido de grafeno leve como seda, mas impenetrável como aço, refletiu silenciosamente a respeito de tudo que ele tinha aprendido naquele dia.

De fato, Chamal sentia que havia testemunhado o futuro em uma tarde — embora ele não tivesse certeza se era o mesmo futuro que Junius havia mencionado. O futuro, aos seus olhos, era exótico, grandioso e muito confuso. Os carros autônomos e estradas inteligentes que ele vira ao longo da viagem eram apenas a ponta do iceberg. Chamal costumava pensar que a tecnologia era como o carro do pai, no qual componentes simples e palpáveis como válvulas, engrenagens e cabos tinham sido montados, um a um, e tudo era claro e aparente ao olhar. Agora ele tinha percebido que a tecnologia era mais parecida com o sári favorito da mãe: as dobras eram um tecido delicado, bordadas com uma variedade de padrões, e ainda assim, quando a mãe o dobrava e enrolava em volta do corpo, o sári parecia diferente, como se camadas de nuvens vaporosas tivessem se unido e solidificado em uma forma definitiva e concreta.

Seguindo a linha azul pontilhada no mapa eletrônico, Chamal observava o desenho do avião entrar no espaço aéreo do Sri Lanka. A ilha na tela em frente ao seu assento parecia uma gota de água ao lado do oceano Índico.

Chamal, espichando o pescoço, olhou pela janela do avião. Ele queria uma visão de casa, mas só viu nuvens brancas e grossas.

Yang Juan foi buscá-los no aeroporto. Contudo, em vez de levar Chamal e Junius para casa, ela os levou até um canteiro de obras ao lado do centro de treinamento; um novo projeto da Corporação Estatal de Construção e Engenharia da China. Os operários já tinham instalado a fundação e estavam desempacotando partes pré-construídas do prédio. Sob a luz do crepúsculo, o prédio parecia o esqueleto de um animal gigantesco, lentamente sendo trazido à vida conforme pedaços de carne, feita de aço e tijolo, eram anexados aos seus ossos. Em menos de uma quinzena, uma torre comercial reluzente e modernista se ergueria ali.

— Olha, Chamal, no futuro nossa empresa será dona de muitos andares desse novo prédio. Nós vamos transformá-los em escritórios, centros de treinamento e salas de operação. Eu prometo que então você terá sua própria sala de operações e cabine de controle virtual, só para você. E poderá decorá-las como quiser. — Yang Juan fez um gesto, como se estivesse invocando um holograma de uma sala de operações chique e totalmente mobiliada com o nome "Chamal" na porta para que o menino pudesse ver.

— Eu... — começou Chamal a falar, mas sua voz falhou. Ele voltou seus olhos para Junius em busca de confirmação, e Junius sorriu de volta para ele de forma encorajadora. — Eu... me desculpa, Yang, mas eu não quero mais ser um motorista-fantasma.

Ele estava nervoso demais para olhar no rosto da mulher. Yang Juan ficaria surpresa? Decepcionada? Furiosa? Mas o rosto de Yang Juan estava calmo como sempre. "Talvez ela só seja boa em esconder o que sente", pensou Chamal.

— Não, não peça desculpas. Eu entendo. — Yang Juan tocou o ombro de Chamal. — Nós mentimos e enganamos você para que assumisse um fardo pesado demais para sua idade, e ainda assim aqui estamos nós, desejando que ainda volte e seja nosso melhor motorista.

— Eu só não estou pronto ainda — sussurrou Chamal.

— Então deixa eu te contar uma coisa... algo que nem seu tio sabe — disse Yang Juan com um sorriso nostálgico.

Ela andou até uma pilha de materiais de construção e se sentou, parecendo indiferente à sujeira que poderia manchar suas calças brancas. Erguendo os olhos para o prédio pela metade, ela começou sua história.

— Quando cheguei no Sri Lanka pela primeira vez, eu detestei. Eu estava sozinha e não me encaixava. Nem conseguia distinguir cingalês de tâmil. Morar aqui me frustrava; era muito diferente da minha casa. Eu queria ir embora. Mas, depois de alguns meses, meus sentimentos começaram a mudar. Me disseram que, quando vespas fizeram um ninho no queixo do grande Buda dourado no templo da caverna de Dambulla, os sacerdotes as deixaram lá em vez de tirar o ninho. Eu nem podia imaginar algo assim acontecendo na cidade de onde eu vinha, uma daquelas grandes cidades tecnológicas e industriais que só se importam com o *desenvolvimento*. Senti o poder da religião e a sensação de paz interior. Não cresci com uma religião, mas tentei rezar também: quando aconteceu o terremoto em Sichuan–Tibete, rezei para que seu tio cumprisse a missão e voltasse em segurança.

Lembrando-se da história que Junius tinha contado a ele em Shenzhen, Chamal deu uma rápida olhada para a perna do tio.

— Por fim, eu consegui perceber, por baixo das diferenças aparentes, coisas em comum que os cingaleses e os chineses compartilhavam. Eu fiquei sabendo que o Sri Dalada Maligawa em Kandy e o templo Lingguang em Beijing são os únicos dois templos budistas do mundo que possuem relíquias do dente de Buda. É como se o Buda tivesse mordido a maçã que é a Terra e deixado seus dois dentes da frente no Sri Lanka e na China. É o destino, não é?

Chamal e Junius juntaram suas palmas quando Yang Juan mencionou o Buda.

— Então eu decidi ficar e desenvolver a filial da ReelX de Colombo. Você esteve em Shenzhen; Shenzhen é o futuro que imaginei para Colombo, mas com uma pitada cingalesa.

Os olhos de Chamal se arregalaram. Ele nem conseguia imaginar Colombo transformada em algo como Shenzhen. Sua primeira reação, porém, foi uma pergunta direta:

— Quando esse dia chegar, motoristas como meu pai vão perder o emprego?

Yang Juan ficou em silêncio por um segundo.

— As pessoas dizem que melhorar o sistema de IA no país prejudicará a sociedade cingalesa, que as pessoas vão perder seus empregos. A terminologia que usamos é "choque do salto". Quando você constrói uma torre, você precisa começar com a fundação e subir a partir daí, em vez de saltar para o andar mais alto. E, quando você começa a seguir o caminho do desenvolvimento, não há outra saída. A ReelX quer ajudar o Sri Lanka a conquistar a mesma proeza. Mesmo que alguns empregos desapareçam, mais empregos serão criados para preencher o vazio. Entende? O trabalho que você vem fazendo é importante. É *abençoado*. — Yang Juan abriu os braços e olhou para Chamal e Junius.

— Mas... mas agora que sei que não é um jogo... eu não consigo mais fazer — gaguejou Chamal. — Sempre que eu penso nos carros engolidos pelo tsunami e todas aquelas pessoas que eu podia ter salvado, sinto-me culpado. Eu sinto que cometi algum tipo de ofensa cármica horrível. Eu não consigo mais dirigir, Yang.

Tremendo, Chamal deu um passo para trás. Junius amparou o menino e puxou seu corpo magro para um abraço.

Yang Juan baixou os olhos. Uma pontada de derrota finalmente surgiu em seu rosto.

— Talvez tecnologia e pessoas não funcionem do mesmo jeito...

De repente, o celular de Yang Juan tocou, interrompendo seu discurso. Yang Juan atendeu e então olhou rapidamente para Chamal e Junius. A dupla não podia entender o chinês de Yang Juan, mas, pelo rosto dela, sabiam que algo tinha dado errado.

— Eu vou fazer o possível — disse Yang Juan, desligando depois do que pareceu uma eternidade.

— O que aconteceu? — perguntou Junius.

— Houve um ataque no templo Gangaramaya, no centro de Colombo. Homens armados. E o templo está cheio por causa do feriado. Segundo as câmeras de segurança, sacerdotes e turistas estão se escondendo na escola budista e nos dormitórios, mas é só uma questão de tempo...

Chamal congelou. "O Gangaramaya? O lugar onde a mãe costumava levá-lo para rezar?"

O Gangaramaya era um museu de estátuas do budismo asiático. Além do Sri Lanka, as milhares de estátuas tinham origens na Tailândia, na Índia, em Myanmar, no Japão, na China e mais além. O Gangaramaya sempre tinha sido o coração da vida espiritual do Sri Lanka, atraindo visitantes de todo o mundo. Para um terrorista potencial, era o lugar perfeito para uma manifestação violenta.

Para Chamal, o Gangaramaya era ao mesmo tempo um paraíso infantil e um lugar sagrado. "Como alguém pode pensar em atacar o Gangaramaya?"

— Onde está a polícia?

— A polícia está respondendo, mas eles querem minha ajuda.

— Como você pode ajudar?

— Nossa empresa tem um veículo autônomo estacionado lá perto, uma SUV *off-road* reformada. Nós podemos levar o carro até o portão lateral e resgatar as pessoas presas em levas. — Essa era a primeira vez que Junius ouvia a voz de Yang Juan tremer.

— A IA dá conta? — perguntou Junius. — Se há fumaça no prédio e existe a possibilidade de outra explosão... isso pode afetar a eficiência do LIDAR. E se, além disso, houver terroristas escondidos entre os sacerdotes e turistas? O que você pode fazer?

— Nós não temos tempo de pensar em uma alternativa. Vamos ter que arriscar.

— Se minha perna não fosse machucada... você acha que tem alguém no centro de treinamento?

— Não, por causa do feriado... está fechado.

Os três ficaram em silêncio quando um sentimento de impotência tomou conta deles.

— Eu vou — disse uma voz baixa.

Era Chamal. Com a cabeça meio abaixada, ninguém podia ver a expressão do seu rosto.

— Não é seguro — respondeu Junius.

— Seu tio está certo. Seu estado mental vai ter um grande impacto negativo na sua performance — disse Yang Juan.

De repente, Chamal ergueu a cabeça para olhar para Yang Juan.

— Eu vou ao Gangaramaya desde que era criança. Eu posso navegar por ele até vendado. — Os olhos do menino brilhavam como safiras. Antes que os adultos pudessem responder, Chamal estava correndo para o centro de treinamento.

Yang Juan e Junius se olharam por um momento e então o seguiram.

O centro de treinamento estava assustadoramente calmo.

Em frente à sua cabine de controle, Chamal uniu as mãos e baixou os olhos, rezando para o Buda, do fundo de seu coração.

Ele baixou os óculos do capacete e fechou os botões das luvas de direção. Então, ele entrou lentamente na cabine de controle e afivelou o cinto.

"Respire fundo. Acalme seus batimentos. Esvazie a mente. Ignore qualquer pensamento que possa causar ansiedade. Foque a tela e apenas a tela."

Uma batida interrompeu sua meditação. Chamal levantou os óculos e viu Yang Juan. Ela fez um gesto para que ele estendesse sua mão esquerda e então amarrou uma fita vermelha no pulso dele.

— Me disseram que dá boa sorte — falou a mulher. Depois de uma pequena pausa, ela assentiu, solene. — Obrigada, Chamal.

Chamal sorriu. Quando ele deu a partida no motor, ele se lembrou da primeira vez que o tio o levara até o centro de treinamento.

Conectando. Sincronizando. Ajustando campo de visão.

No instante seguinte, ele se viu em um carro autônomo estacionado a apenas cem metros do Gangaramaya. Seguindo pela rua estreita, ele virou à esquerda na avenida Sri Jinarathana, passando pelo bloqueio policial. Quando passou pelo portão da frente, ele diminuiu a velocidade para observar: a pequena praça perto do portão estava um caos, cheia de sapatos abandonados e destroços. O portão em si estava coberto de fumaça.

Chamal podia notar vagamente as silhuetas do Guanyin Bodhisattva e da estátua de Guan Gong nas laterais do portão.

Mais fumaça. Os batimentos dele aceleraram. Ele examinou o entorno com a câmera externa, buscando feridos, mas não havia nenhum à vista. Continuou, virando à esquerda na avenida Hunupitiya Lake. Estava perto do lugar de encontro designado, o portão lateral perto da réplica de Borobudur.

Lembrou-se do choque e do espanto que tinha sentido da primeira vez que viu a réplica de Borobudur com seus próprios olhos. O Borobudur original ficava em Java Central, na Indonésia. Os arquitetos do Gangaramaya tinham modelado a réplica a partir de uma porção do Borobudur original, diminuindo o tamanho em escala para que os fiéis que não pudessem viajar à Indonésia pudessem rezar para o Borobudur em Colombo. A mãe tinha dito que o Borobudur original tinha aguentado erupções vulcânicas, explosões de bombas e terremotos calamitosos e ainda assim estava firme e forte no coração de Java Central.

Chamal estacionou ao lado do portão lateral e deixou o motor ligado. Ele focou o olhar no portão, temendo que os terroristas o escutassem. Seu coração martelava no peito. Sua boca estava seca e seus olhos queimando; por um segundo, ele achou que fosse vomitar.

— Relaxe, seus batimentos estão altos demais — a voz de Yang Juan veio pelos fones. — Encare como um jogo. Nós mandamos uma mensagem para os turistas presos, eles sabem que você está chegando.

"Um jogo. Certo. É só um jogo."

Nenhum sinal de homens armados.

De repente, um rosto apareceu no portão. Um homem espiou para fora com uma expressão tensa. Quando seus olhos notaram o grande logo da ReelX pintado na lateral do carro, ele desapareceu. Alguns minutos depois, um grupo de pessoas saiu tropeçando pelo portão, segurando-se umas nas outras. Chamal deu o comando para que o carro abrisse as portas traseiras. Por instinto, o homem guiando o grupo hesitou quando viu o assento vazio do motorista, mas se recompôs imediatamente e começou a ajudar os feridos a entrarem no carro.

Mais pessoas, alguns idosos e umas poucas crianças com suas mães lotaram o veículo. O homem no comando fechou a porta, acenou com a mão e voltou pelo portão. Uma criança no carro deu um grito agudo.

O som do choro fez o coração de Chamal se apertar. Cada segundo perdido era um passo mais perto do perigo. Ele pisou no acelerador e o carro disparou. "Siga reto pela rua, vire à esquerda, vire à direita." A aproximadamente um quilômetro de distância, estava o Colombo Cinnamon Red Hotel, o lugar seguro designado.

"Uma volta, duas e então uma terceira." Chamal repetiu as orientações como se estivesse jogando um jogo. "Siga o caminho designado. Cumpra a ação instruída no tempo determinado." A única diferença era que agora ele podia ver os rostos das vítimas e escutar seus gritos.

Finalmente, quando Chamal já tinha perdido a conta de quantas viagens havia feito, o último passageiro se enfiou no banco de trás. A última leva. Bem quando ele estava prestes a sair, no entanto, uma rajada de balas atingiu a lateral do carro. O som ensurdecedor de vidro quebrando, metal se retorcendo e pessoas berrando fez os ouvidos de Chamal zumbirem.

Chamal acelerou abruptamente e então pisou com força no freio e mudou de direção, evitando por centímetros dois homens armados vestidos de preto. Um estrondo alto veio da frente. Quando ele ergueu os olhos, ele viu que um terceiro terrorista mascarado tinha saltado sobre o capô do carro e estava agarrado ao topo do automóvel.

Chamal notou alguns objetos pretos quadrados presos ao corpo do terrorista. Apesar do campo visual embaçado, ele conseguiu ver outra coisa: pontos vermelhos piscantes. "Uma bomba."

Acelerou, serpenteando pelo trânsito, jogando nas curvas, subindo no meio-fio, tentando todos os truques que conseguia pensar para se livrar do intruso. As pessoas no banco de trás do carro estavam gritando. Ele sabia que qualquer decisão que tomasse poderia determinar o destino delas.

"Isso não é um jogo."

— Isso não é um jogo! — gritou Chamal.

— O quê? — gritou Yang Juan de volta, do centro de treinamento.

Chamal não respondeu. Ele deveria virar à esquerda no próximo cruzamento para chegar ao Cinnamon Red, mas ele fez a volta em vez disso e desceu a toda velocidade pela autoestrada A4, que margeava o lago Beira, voltando por onde tinha vindo. Em sua visão periférica, ele podia ver árvores verdes e pássaros brancos voando acima da superfície do lago azul-claro.

— Chamal! Para onde você está indo? — a voz de Junius tremia.

Os pontos vermelhos diante de seus olhos estavam piscando mais rápido. Chamal sabia que seu tempo estava acabando. O terrorista agarrado ao teto começou a orar.

Finalmente, Chamal viu o lugar que estava procurando. Ele fez uma curva fechada, cruzando para a pista oposta e descendo por uma ladeira. O carro quase voou no ar quando passou por cima de um pequeno degrau de tijolos. "Lá está!" O Seema Malaka, um templo que parecia estar levitando no meio do lago Beira, conectado à margem por uma ponte de madeira. Os reluzentes azulejos azuis do telhado do templo e as estátuas do Buda folheadas de dourado brilhavam no crepúsculo que se apagava, sereno e etéreo.

O carro aterrissou na ponte com um tranco, mas as tábuas aguentaram. Bem na frente de Chamal estava o pavilhão de mármore que guardava a entrada do templo, decorado com padrões de animais sagrados e lótus. Moedas jogadas pelos turistas estavam espalhadas pelo chão do pavilhão. Abaixo da delicada arquitetura, ficava um modelo entalhado em pedra branca da pegada do Buda e atrás dela ficava uma estátua do Buda reclinado com mais ou menos metade do tamanho real, sua postura elegante e relaxada, como se ele estivesse recepcionando os visitantes do templo.

— Todo mundo, segure firme! — gritou Chamal.

Os pontos vermelhos das bombas pararam de piscar. Eles pareciam olhos injetados e diabólicos encarando Chamal.

Chamal pisou no acelerador com toda força e se lançou à frente. Os dez metros que o separavam do pavilhão pareciam infinitos.

"Me desculpa, Buda."

Sua oração cheia de culpa foi abafada por um estrondo ensurdecedor.

O bar Nuvem Vermelha, no 26º andar do Cinnamon Red Hotel estava calmo, sem a agitação habitual da música dançante e das luzes psicodélicas. Mas não estava vazio. Os hóspedes espichavam o pescoço para ver a tela de projeção, que mostrava um vídeo em câmera lenta gravado pelas câmeras de segurança.

Uma SUV *off-road*, com a lataria amassada e as janelas partidas, se lançava na direção do pavilhão de mármore a toda velocidade. No instante do impacto, o carro se inclinava para frente, com a traseira flutuando no ar. A cena acontecia em câmera lenta, como um projeto artístico hiper-realista: o capô do carro lentamente se amassava, o vidro do para-brisa se partia pedaço a pedaço, o corpo dos passageiros ia para frente e para trás como numa dança esquisita. Os airbags se abriam, soltando uma fumaça branca. A forte força inercial jogou o homem preso ao para-brisa no ar. Seu corpo desceu em uma parábola suave na direção da estátua de Guanyin Bodhisattva no centro do Seema Malaka, sua sombra passando pelo entalhe da pegada e da estátua do Buda reclinado. No entanto, antes que o corpo dele pudesse traçar o trajeto final do arco da parábola, uma luz branca ofuscante enchia a tela. No momento seguinte, o homem era engolido por uma bola de fogo. Seu corpo se desintegrava em uma nuvem de carne e sangue.

O movimento do carro cessava gradualmente. Os passageiros começavam a sair um a um. Ninguém tinha se ferido — não mais que alguns hematomas e cortes.

A cena congelou. As luzes se acenderam novamente. Alguns aplausos esparsos soaram no canto, e então mais pessoas se juntaram, e uma onda de aplausos ecoou pelo bar.

— Vamos fazer um brinde a nosso herói, Chamal! — Yang Juan ergueu sua taça de champanhe no ar.

O líquido dourado borbulhava enquanto as taças tilintavam umas contra as outras.

— E desejamos o melhor para o começo dele na sexta série também!

O som de risadas e provocações bem-humoradas encheu o ar. O convidado de honra, o menino magrelo e bronzeado com uma expressão tímida, estava no centro da sala. Todo mundo queria apertar sua mão, abraçá-lo, tirar fotos com ele ou lhe dar coroas de orquídeas, como ditava a tradição do Sri Lanka. O menino se remexia, desconfortável.

A mão o agarrou e o salvou de ser sufocado. Era Yang Juan, vestindo um terninho branco, elegante e composta como sempre. Ela fez um gesto para que a orquestra começasse a tocar e para que os garçons trouxessem comida e mais bebidas.

— Aproveitem, caros convidados! Mas nosso herói aqui precisa pedir licença por alguns minutos para dar algumas entrevistas. — Yang Juan deu uma piscadela. — Jornalistas! Não podemos deixá-los esperando.

A multidão caiu na risada. Yang Juan levou Chamal até o lounge VIP. Para surpresa dele, a sala estava vazia. Confuso, ergueu os olhos para Yang Juan, que sorriu para ele e serviu mais duas taças de champanhe.

— Eu menti de novo. A entrevista foi só uma desculpa para te tirar dali. Saúde!

A mulher e o menino juntaram suas taças. Yang Juan terminou a bebida em um só gole, mas Chamal só provou.

— Se você acha que estou aqui para te convencer a ficar, preciso dizer que você está errado. — Yang Juan deu um tapinha no ombro de Chamal. — Eu só queria te dar uma lembrança.

Ela deu um passo para o lado, revelando uma caixa preta atrás de si.

Chamal deu um passo à frente e pressionou a mão contra a caixa, acariciando os entalhes. A caixa, ao reconhecer as digitais dele, se abriu lentamente. Dentro dela, estava a versão mais recente do equipamento de corrida: o capacete preto, o traje justo e as luvas. Chamal pegou o capacete, levou-o até o nível dos olhos e examinou seu próprio rosto refletido nos óculos. Ele olhou para Yang Juan, sorriu e abriu a boca.

— Obriga...

— Não me agradeça — interrompeu Yang Juan.

— Obrigado — O sorriso de Chamal se alargou.

— Eu só queria que soubesse que você não é o custo de criar o futuro — disse Yang Juan com uma expressão solene. — Você *é* o futuro. Ah, e uma última coisa... — Yang Juan puxou seu celular e o passou para Chamal. — Leia isso. O que você acha de seu novo título, hein?

A manchete dizia "O motorista abençoado: menino cingalês salva onze vidas pilotando veículo autônomo". A foto abaixo era a silhueta de Chamal, vestindo seu famoso capacete.

ANÁLISE

Veículos autônomos, autonomia completa e cidades inteligentes, questões éticas e sociais

De *A Super Máquina* a *Minority Report*, a ficção científica vem apresentando a chegada dos veículos autônomos (vas) como inevitável. Mas os vas são, na verdade, o Santo Graal da inteligência artificial. Dirigir é uma tarefa complexa, com muitas subtarefas e controles, além de ter potencial para acontecer em ambientes incertos e durante eventos improváveis. É por isso que em "O motorista abençoado" prevemos que a tecnologia de va não alcançará sua maturidade até 2041, 32 anos depois de o Google ter iniciado seu esforço para um va comercial e 52 anos depois de a Carnegie Mellon ter demonstrado o va acadêmico em uma estrada.

Veículos autônomos se tornarão realmente autônomos, não como resultado de uma única grande descoberta, mas por meio de décadas de melhorias. Freios automáticos de emergência foram uma das primeiras introduções da tecnologia autônoma que finalmente se tornará "adulta". Outra consideração importante é que não devemos pensar nos vas simplesmente como carros melhorados, mas como partes de uma estrutura completa de cidades inteligentes, o tipo de infraestrutura tecnológica interconectada mostrada na história. No caminho para essa visão, os vas — como "O motorista abençoado" sugere — desestabilizarão muitas profissões e indústrias e levantarão questões éticas e legais significativas. Vamos analisar essas questões em mais detalhes.

O QUE É UM VEÍCULO AUTÔNOMO?

Em sua forma mais básica, um va, ou veículo autônomo, é um veículo controlado por computador que dirige a si mesmo.

Os humanos levam mais ou menos 45 horas para aprender a dirigir, então é uma tarefa complicada. A direção humana envolve percepção (observar os arredores e escutar sons), navegação e planejamento (associar o entorno a lugares em um mapa e nos levar do ponto A ao ponto B), inferência (prever a intenção e ação dos pedestres e outros motoristas), tomada de decisões (aplicar as regras da estrada a situações) e controle do veículo (traduzindo intenção ao virar o volante, pisar no freio, e assim por diante).

Um veículo autônomo dirigido por IA, diferentemente de um humano, usa redes neurais em vez do cérebro e partes mecânicas em vez de mãos e pés. Por exemplo, a percepção da IA usa câmeras, LIDAR e radar para sentir seu entorno. A navegação por IA faz o planejamento de rotas ao associar cada ponto da estrada a um ponto em um mapa digital de alta definição. A inferência da IA usa algoritmos que preveem a intenção dos carros e pedestres. O planejamento da IA usa regras especializadas ou estimativas estatísticas para tomar decisões como o modo de reagir à presença de um obstáculo quando detectado e o que fazer se esse obstáculo se mover.

Os veículos autônomos devem amadurecer um passo por vez, de ajudarem o motorista humano até, em algum momento, não precisarem mais de um motorista humano. Esses passos são classificados pela Sociedade de Engenheiros Automotivos como indo do "Nível 0" ao "Nível 5" da seguinte forma:

- N0 (sem automação) — O humano faz *toda* a condução, enquanto a IA observa a estrada e alerta o motorista quando achar apropriado.
- N1 (com as mãos) — A IA pode fazer uma tarefa específica apenas se o motorista humano a ativar; por exemplo, somente controlar o volante.
- N2 (sem as mãos) — A IA pode fazer múltiplas tarefas (como controlar o volante, frear e acelerar), mas ainda espera que um humano supervisione e assuma caso necessário.
- N3 (sem os olhos) — A IA pode assumir a direção, mas precisa de que um humano esteja pronto para assumir caso a IA peça. (Existem céticos que se perguntam se uma transição abrupta aumentaria o perigo, ao invés de diminui-lo).
- N4 (sem a mente) — A IA pode assumir a direção completa por todo um trajeto, mas apenas em estradas e ambientes que a IA conhece, como ruas e estradas urbanas que foram mapeadas em alta definição.
- N5 (volante opcional) — Nenhum humano é necessário, independentemente da estrada ou do ambiente.

Você pode encarar os níveis N0 a N3 como opções adicionais em um carro novo, que um humano continuará a dirigir com auxílio de ferramentas de IA. Eles terão apenas um impacto limitado no futuro do transporte. A partir do N4, o carro começa a parecer que tem uma mente própria, e isso levará a um impacto revolucionário em nossa sociedade. Um veículo N4 poderia ser um ônibus autônomo que circulasse em uma rota fixa e um carro N5, um táxi-robô chamado por um aplicativo similar ao Uber.

Quando surgirão veículos totalmente autônomos (N5)?

Os níveis N0 a N3 já estão disponíveis em veículos comerciais, e o N4 começou a ser usado de forma experimental em partes delimitadas de algumas cidades no fim de 2018. Mas o N5 (e um N4 menos restrito) ainda está distante.

Um grande obstáculo para se chegar ao N5 é que a IA precisa ser treinada com quantidades grandes de dados que representem "a direção real" em muitos cenários. No entanto, a quantidade de cenários e o grau de variabilidade exigidos são imensos — atualmente, não existe uma forma factível de se coletar todas as permutações de todos os objetos na estrada, movendo-se em todas as direções e em todas as condições climáticas.

Existem algumas formas de se lidar com esses cenários de "cauda longa". Nós poderíamos sintetizar dados cada vez mais complexos: por exemplo, acrescentar virtualmente idosos se movendo devagar, passeadores de cachorros, crianças correndo e tudo que for imaginável a todos os dados. Além disso, poderíamos programar algumas regras a respeito da "noção da estrada" na direção (como as dinâmicas de um semáforo em um cruzamento com quatro vias), sem precisar que a IA aprenda essa noção da estrada com os dados. Mas essas soluções não são uma panaceia, já que dados sintetizados não são tão bons quanto dados reais, e as regras podem falhar ou se contradizer. O maior desafio para o N5 é que, uma vez que a direção for atribuída totalmente à IA, o custo de um erro pode ser muito alto. Se a IA da Amazon erra ao recomendar um produto, não tem importância. Mas, se um VA comete um erro, ele pode custar vidas.

Por causa desses desafios, muitos especialistas veem o N5 a mais de vinte anos de distância. Mas poderíamos acelerar seu desenvolvimento se questionarmos uma de suas principais suposições: a de que o N5 precisa lidar com as estradas e as cidades como elas são. Em vez disso, como será se tivermos "estradas e cidades aumentadas" nas quais sensores e comunicação wireless sejam integrados às ruas de forma que a rua possa dizer ao carro que há perigo à frente ou que ele está derrapando? E se uma nova cidade for projetada de forma que o centro tenha duas camadas — uma para automóveis e outra para pedestres (evitando assim que os carros atinjam pessoas)? Ao reconstruir a estrutura para minimizar as chances de haver pedestres perto das estradas de vas, poderíamos aumentar substancialmente a segurança dos veículos N5, permitindo que eles fossem lançados com segurança mais cedo. Você lembra em "O motorista abençoado" quando os carros mudaram o caminho para evitar a ambulância e a maratona? Uma va em estradas aumentadas é como um trem em trilhos "virtuais" — construído com sensores, software e controles mecânicos. É assim que o lançamento do N5 foi acelerado nessa história.

Mesmo que um va N5 dirigido por ia seja mais seguro que veículos com motoristas humanos, ainda existem problemas que poderiam confundir a ia, como desastres naturais ou atos de terrorismo que podem tornar o gps ineficaz. Nesses cenários, a melhor solução seria trazer um motorista humano especialista para assumir o carro, ao replicar a cena em um centro de teleoperações no qual motoristas humanos remotos trabalham em centrais de controle individuais. Podemos usar a realidade aumentada (ar) para projetar tudo que está em volta do carro (e é visto pelas muitas câmeras do va) em telas panorâmicas do centro de controle remoto. As ações do motorista reserva (como um movimento no volante) é capturada e mandada de volta para o va para que o carro seja controlado. É assim que Chamal dirige "virtualmente" na história. A transmissão de vídeo em alta fidelidade com latência mínima consumirá bastante largura de banda, mas o 6G deve oferecer isso até 2030.

A confluência de tecnologias aprimoradas de N5, estradas aumentadas e comunicação 6G conectadas por meio de ar deve ser utilizável de forma experimental até 2030. Com uma série de melhorias, prevemos que o N5 possa ser usado de forma ampla e segura por volta de 2040 (considerando questões éticas e de responsabilidade sejam resolvidas — veja mais sobre isso adiante).

A forma como as tecnologias de N5 amadurecerão será por meio das tecnologias de N0-N4 aplicadas em usos cada vez mais complexos durante os próximos anos, em conjunto com a coleta de dados e o aperfeiçoamento constante das tecnologias. Por exemplo, o uso mais simples de VA existente inclui robôs móveis autônomos (AMRs) e empilhadeiras autônomas porque esses VAS funcionam em ambientes internos. Em seguida, estão caminhões autônomos de transporte que estão começando a ser usados agora em lugares com rotas fixas, como minas e terminais de aeroporto. Várias cidades na China recentemente começaram a testar ônibus-robôs e táxis-robôs. Táxis-robôs ainda precisam lidar com questões complexas como chegar a qualquer lugar, mas ônibus-robôs devem se tornar uma realidade nos próximos três anos. Muitos carros são vendidos com funcionalidades de N1 a N3, como o estacionamento autônomo ou o Smart Summon (convocação inteligente) da Tesla. Além disso, há situações relativamente previsíveis, como dirigir caminhões em estradas rurais ou rotas semifixas (como os *shuttles* de aeroportos para hotéis). Cada um desses usos vai coletar mais dados, melhorar os algoritmos da IA, reduzir "surpresas" e criar uma fundação sólida para a chegada gradual do N5.

Implicações dos veículos plenamente autônomos (N5)

Quando os VAS N5 começarem a andar pelas estradas, haverá uma revolução no transporte — serviços de carros que levam você até seu destino com menor custo, maior conveniência e segurança.

Quando sua agenda notar que você precisa ser levado para uma reunião daqui a uma hora, um aplicativo de transporte autônomo, como o Uber ou o Lyft, poderia pedir um carro assim que você estiver pronto para sair. Os algoritmos de IA do Uber moverão sua frota autônoma de forma a ficar mais perto de pessoas que possam precisar logo de um carro (por exemplo, quando um show estiver prestes a terminar). As rotas dos veículos podem ser otimizadas com base na diminuição do tempo total de espera de todos os usuários e o tempo total que os VAS do Uber passam vazios, garantindo que as baterias do carro estejam carregadas durante todo o tempo. Ao remover o motorista humano, a frota totalmente automatizada e gerenciada por IA terá um uso muito melhor, conforme as incertezas humanas forem eliminadas.

Quando os carros de aplicativo se tornarem autônomos, os serviços de transporte poderão reduzir radicalmente os custos porque 75% da tarifa atual vai para o motorista. Essa redução de custo levará a corridas muito mais baratas, o que incentivará as pessoas a dispensar seus próprios carros.

Você provavelmente está pensando na segurança. Um motorista humano experiente pode ter dez mil horas de experiência em direção, mas um VA pode ter um trilhão de horas de experiência porque ele aprende com todos os carros e nunca esquece! Então, a longo prazo, certamente poderemos esperar muito mais segurança dos VAs.

Mas como os VAs farão a curto prazo? Governos aprovarão o uso amplo de VAs apenas quando forem "mais seguros que pessoas". Hoje, 1,35 milhão de pessoas morrem todo ano em acidentes de carro. Então qualquer lançamento de tecnologia de IA deve vir com a prova de que é pelo menos tão seguro quanto um motorista humano. Depois do lançamento inicial, quando forem "mais seguros que pessoas", a IA vai continuar a aprender com base em mais dados e melhorar a si mesma. Em uma década, essa taxa de 1,35 milhão de vítimas pode cair drasticamente.

O norte-americano médio dirige oito horas e meia por semana. No mundo futuro dos VAs as pessoas ganhariam essas oito horas e meia de volta para suas vidas. O interior dos VAs, será configurado para trabalho, comunicação, lazer e até sono. Muitos VAs em serviços de compartilhamento podem ser designados como minicarros, já que normalmente andamos em carros com apenas uma ou duas pessoas. Mas até mesmo um carro para uma pessoa pode ser equipado com um assento reclinável, uma geladeira com bebidas e lanches e uma tela grande.

Mais dados levam a uma IA melhor, mais automação leva a uma eficiência maior, mais uso leva a custos reduzidos e mais tempo livre leva a maior produtividade. Tudo isso criará um círculo virtuoso que contínua e rapidamente aumentará a adoção dos VAs.

Conforme as taxas de automação crescerem, os carros serão capazes de se comunicar uns com os outros instantaneamente, de forma precisa e sem esforço. Por exemplo, um carro com um pneu furado pode dizer aos carros próximos para manterem distância. Além disso, considere que um carro passando por outro comunique seu movimento de forma precisa para os carros próximos. Aassim dois carros podem estar a centímetros um do outro e não correr risco de colisão. Ou, se um passageiro estiver com pressa, o carro dele pode oferecer um incentivo (digamos, cinco centavos) para que os outros carros desacelerem e deem passagem. Essas melhorias criarão uma infraestrutura para uma maioria de motoristas de IA, o que em algum momento pode tornar pouco seguro ou ilegal que humanos dirijam. A direção humana pode seguir os passos da condução sob a influência de substâncias: um dia será proibida em ruas públicas, talvez começando por autoestradas e centros urbanos. A essa altura, as pessoas que amam dirigir farão o que hipistas fazem hoje — irão até áreas particulares designadas para entretenimento ou esporte.

Conforme veículos autônomos, carros elétricos e aplicativos amadurecem juntos, menos pessoas comprarão carros (reduzindo efetivamente os gastos mensais das famílias), os estacionamentos podem ser reformulados de forma ampla (liberando grandes espaços desperdiçados, pois carros passam 95% do tempo estacionados) e o número total de carros pode ser reduzido significativamente (pois VAs podem operar 24 horas por dia). Coletivamente, essas mudanças reduzirão os congestionamentos, o consumo de combustível fóssil e a poluição do ar.

Além das vidas salvas e da produtividade ganha, haverá mudanças em outros aspectos da nossa sociedade. Taxistas, motoristas de ônibus e caminhões e entregadores estarão sem sorte em um mundo de direção autônoma. Há mais de 3,8 milhões de norte-americanos que operam diretamente caminhões e táxis como forma de ganhar a vida e muitos mais que dirigem em meio período para o Uber ou o Lyft, correios, serviços de entrega, armazéns e por aí vai. Esses trabalhos serão gradualmente substituídos pela IA. Mudanças também surgirão em outras profissões tradicionais. A manutenção de carros será menos uma questão de reparos mecânicos e exigirá conhecimentos de eletrônica e software. Postos de combustível, revendedoras de veículos e estacionamentos serão reduzidos de forma considerável, assim como seus funcionários. Muitas vidas mudarão para sempre, assim como aconteceu durante a transição de carruagens puxadas por cavalos para automóveis.

QUESTÕES NÃO TECNOLÓGICAS QUE PODEM IMPEDIR O N5

Para tornar os veículos autônomos populares, certos desafios precisarão ser superados, como questões éticas e de responsabilidade e o sensacionalismo.

Isso é esperado porque existem milhões de vidas em jogo, sem falar nas muitas indústrias e centenas de milhões de empregos.

Haverá circunstâncias que forçarão os VAs a fazer decisões éticas torturantes. Talvez o mais famoso dos dilemas éticos seja "o problema do bonde", que se resume a um cenário em que uma decisão precisa ser tomada entre fazer algo e matar a pessoa A ou não fazer nada e matar as pessoas B e C. Se você pensar, a resposta é óbvia, mas e se a pessoa A for uma criança? E se a pessoa A for seu filho? E se o carro for seu e a pessoa A for seu filho?

Hoje, quando motoristas humanos causam acidentes, eles respondem a um processo judicial que decide se agiram da forma correta e, se não, determinam as consequências. Mas o que acontece se a IA causar um acidente? A IA pode explicar sua tomada de decisão de uma forma que seja humanamente compreensível e legal e moralmente justificável? Uma "IA explicável" é difícil de alcançar porque a IA é treinada com dados, e a resposta da IA é uma equação matemática complexa que precisa ser drasticamente simplificada para se tornar compreensível para humanos. Algumas decisões da IA parecerão completamente estúpidas para as pessoas (porque a IA não tem bom senso), bem como algumas decisões humanas parecerão estúpidas para a IA (porque as pessoas podem estar bêbadas ou cansadas).

Outras questões são: como deveríamos equilibrar o ofício de milhões de motoristas de caminhão contra as milhões de horas ganhas com veículos autônomos? É aceitável ter uma IA intermediária que cometa erros que os humanos não cometeriam se, daqui a cinco anos, o número total de vítimas pudesse cair pela metade porque a IA vai se aprimorar depois de aprender com bilhões de quilômetros de experiência? E a questão mais fundamental: devemos permitir que uma máquina tome decisões que podem prejudicar vidas humanas? Se a resposta for não, seria o fim dos veículos autônomos.

Como vidas estão em jogo, as empresas devem prosseguir com cautela. Há duas abordagens possíveis, cada uma com méritos diferentes. Uma é ser bem cuidadoso e coletar dados devagar em ambientes seguros, evitando acidentes, muito antes de lançar um produto VA (a abordagem Waymo). Outra é lançar assim que possível uma IA que seja razoavelmente segura e coletar muitos dados, sabendo que com o tempo o sistema salvará muitas vidas, mesmo que no início algumas sejam perdidas (a abordagem Tesla). Qual é melhor? Pessoas sensatas discordarão.

Outra questão é: se houver uma vítima em um acidente com um VA, quem é o responsável? É o fabricante do carro? Quem formulou o algoritmo? O engenheiro que criou o algoritmo? O motorista reserva? Não existe resposta óbvia, mas os órgãos reguladores terão que tomar uma decisão logo, porque sabemos pela história que apenas quando a responsabilidade está clara um ecossistema pode ser construído. (Por exemplo, empresas de cartão de crédito são responsáveis por perdas com fraude, não o banco, ou a loja, ou o dono do cartão de crédito. Essa decisão de responsabilidade permitiu às empresas de cartão de crédito cobrarem das outras partes e usarem essa renda para prevenir fraude, criando o ecossistema de cartões de crédito).

Digamos que a responsabilidade é designada a quem formulou o software e que a Waymo tenha feito o software que resultou na fatalidade. Por quanto dinheiro a família da pessoa falecida pode processar a companhia dona da Waymo, a Alphabet, que tem mais de 100 bilhões de dólares em caixa? Isso pode se tornar o paraíso para advogados oportunistas. Precisamos de leis que protejam as pessoas de softwares inseguros, mas também precisamos garantir que a evolução tecnológica não seja impedida por indenizações excessivas.

Por fim, acidentes de trânsito raramente são notícia nacional. Mas quando um veículo autônomo do Uber matou um pedestre em Phoenix, em 2018, foi notícia nacional durante vários dias. Embora o sistema do Uber provavelmente tenha sido o culpado, haverá uma cobertura assim para todas as fatalidades do futuro? Se a mídia anunciar cada morte causada por um VA com manchetes condenatórias, isso pode destruir a indústria dos VAs, mesmo que estes possam, um dia, salvar milhões de vidas.

Essas questões podem causar medo no público, resultando em regulações governamentais e medidas conservadoras que podem tornar mais lenta a aceitação geral de VAs. Todas são questões legítimas, e precisamos aumentar a consciência sobre elas, encorajar o debate e buscar soluções assim que possível para garantir que, quando as tecnologias para VAs estiverem prontas para nós, nós também estejamos prontos para elas. A longo prazo, eu acredito que, assim como Chamal descobriu em "O motorista abençoado", um VA N5 será um grande benefício para a humanidade em muitos sentidos, apesar dos custos.

# 7
Genocídio quântico

"Não precisamos da IA para nos destruir;
temos nossa própria arrogância."
Ex Machina (2014)

"Tudo está interligado e a rede é sagrada."
Marco Aurélio

Nota de Kai-Fu

Tecnologias disruptivas podem se tornar nosso fogo de Prometeu, ou caixa de Pandora, dependendo de como são usadas. O vilão em "Genocídio quântico" é um cientista da computação europeu — abalado depois de uma tragédia pessoal relacionada a mudanças climáticas — que usa dois avanços tecnológicos para o mal, embarcando em uma busca por vingança como o mundo nunca viu. Em meu comentário ao final do capítulo, descrevo talvez o maior avanço que podemos ver até 2041: a computação quântica e como ela pode dar superpoderes à IA e à computação. Eu também descrevo como armas autônomas comandadas por IA, que são o maior perigo advindo da IA, podem até se tornar uma ameaça para a existência da humanidade.

KEFLAVÍK, ISLÂNDIA
25 DE AGOSTO, 2041
21H38 HORA LOCAL

As NOITES DE VERÃO NA ISLÂNDIA eram pálidas, brilhantes e frias como uma geladeira.

Keflavík, uma cidade-satélite a cinquenta quilômetros de Reykjavík, era o lar do centro de dados mais seguro do continente, Hrosshvalur. Movida a energia geotérmica, essa fortaleza para armazenamento de dados continha milhares de servidores refrigerados por ventos polares de doer os ossos. Quinhentas das maiores empresas europeias guardavam seus dados ali. A instalação era conectada ao continente europeu e à América do Norte através de doze artérias de fibra ótica de alta performance. O tempo de trânsito até Nova York era de aproximadamente sessenta milissegundos.

As emissões de carbono do lugar eram quase zero. Para Robin, parecia um milagre.

A hacker estava se escondendo em um barco de pesca encalhado e dilapidado em uma praia na extremidade sudoeste da baía de Faxa, a cinco quilômetros do centro de dados de Hrosshvalur. O barco, com um buraco para observação a estibordo, se parecia com uma grande baleia com a barriga aberta. Cabos pretos e grossos entravam por esse buraco para uma escuridão pontilhada por lampejos de luzes azuis e brancas.

Essa toca enferrujada era a base de operações de Robin e seus dois amigos, o lugar em que eles guardavam o tipo de equipamento com o qual todos os hackers sonhavam. Eles tinham passado seis meses no local, "pegando emprestado" os recursos locais baratos — energia geotérmica, ar frio e poder computacional quântico redundante do centro de dados — tudo isso para verem um milagre naquela noite.

Will, o especialista em hardware do trio, flexionou as mãos sobre um teclado. Suas roupas de inverno estavam tão largas que ele parecia um urso-pardo.

— Não acredito que esse momento finalmente chegou — disse ele, tremendo de frio. — De novo, quantos bitcoins Satoshi tinha guardado?

Lee, prodígio da matemática de 16 anos de idade, respondeu de modo direto, sem tirar os olhos das linhas de código que desciam diante dele.

— Uma estimativa conservadora é que não menos do que 260 bilhões de dólares, talvez 500 bilhões, dependendo de qual estratégia de troca escolhermos usar.

— Não deixe o dinheiro subir à cabeça de vocês. — O piercing no lábio de Robin balançou quando ela falou. — Fortuna *e* glória, amigos, fortuna e glória.

Os boatos no submundo hacker eram que Satoshi Nakamoto, o misterioso pai do bitcoin, havia morrido em uma cela de Guantánamo duas décadas atrás. Ele tinha deixado para trás nada menos do que um milhão de bitcoins, minerados em seus primeiros anos.

O dinheiro estava supostamente escondido em uma carteira digital que usava um script conhecido como P2PK — ou "pagar para chave pública". Se os rumores fossem verdade, o tesouro era uma oportunidade de ouro para os garimpeiros. Os usuários de bitcoin tinham deixado o P2PK para trás porque todas as transações de bitcoin iniciadas com o P2PK deixavam sua chave pública visível na rede. Em comparação a scripts posteriores para transações de bitcoin — como o P2PKH, que revelava apenas o código da chave pública, em vez da chave pública em si —, o P2PK era menos seguro. Ao menos na teoria. Um algoritmo inventado por Peter Shor em 1994 poderia quebrar a chave privada resolvendo o "problema do logaritmo discreto de curva elíptica" com uma chave pública de 16 bits. Uma assinatura digital poderia então ser forjada e os bens protegidos, roubados.

Considerando, é claro, que o ladrão tivesse poder computacional suficiente.

Antes da invenção dos computadores quânticos, até mesmo o mais rápido dos supercomputadores levaria mais ou menos $6,5 \times 10^{17}$ anos para quebrar uma chave privada a partir de uma chave pública. Isso é cinquenta milhões de vezes o tempo restante de vida para o universo conhecido, um intervalo de tempo que o cérebro humano nem sequer consegue compreender.

Quando Robin compreendeu pela primeira vez o enorme abismo entre o possível e o teórico, ela teve um arrepio. Parecia que algum ser divino havia deliberadamente criado essa matemática além da nossa cognição para demonstrar a insignificância da civilização humana.

Na época, Robin era conhecida como Umit Elbakyan, uma hacker cazaque talentosa de 16 anos que se dava bem perturbando a ordem e roubando contas on-line desprotegidas dos ricos para dar aos pobres. Um dia, ela recebeu um e-mail anônimo com filmagens de todas as pessoas da família dela. De acordo com o e-mail, Umit nunca mais as veria de novo se ela não concordasse em trabalhar para o remetente: o famoso grupo Vinciguerra. Naquele dia, apagou todos os registros da sua identidade, dando a si mesma o pseudônimo Robin e indo trabalhar para os Vinciguerra.

Robin tinha se tornado parte de um submundo digital de caçadores de recompensas, dedicados a escavar tesouros das ruínas da era digital. Mas, só porque você conseguia localizar um tesouro, isso não significava que você soubesse como abrir o baú. Outros tinham medo de descobrir os segredos ali guardados. Então, em vez de pilhar, Robin e seus amigos trocavam, transferindo seus tesouros para outros usuários da *dark web*. Os compradores precisavam obedecer a um rígido regulamento de oferta, e seus bens precisavam ser verificados repetidas vezes. Os vendedores também precisavam provar o valor do que tinham.

Seis meses antes, Robin tinha comprado a informação a respeito da carteira perdida de Nakamoto por um alto preço de um velho vendedor do Rota da Seda XIII. Ela estava disfarçada dentro de uma obra de arte criptografada de edição limitada chamada *Hal sonha com ouro criptografado?*. Apenas aqueles que conheciam muito bem a história do bitcoin entenderiam a referência a Philip K. Dick: "Hal" não se referia à máquina assassina HAL 9000 em *2001: Uma odisseia no espaço*, mas ao primeiro uso do sistema de provas de trabalho reutilizáveis (RPOW) e ao homem que recebeu a primeira transferência de bitcoin saída da carteira de Satoshi Nakamoto. O lendário Hal Finney morreu em 2014, de ELA, e optou pela criopreservação em nitrogênio líquido na esperança de uma eventual ressurreição.

Os endereços de carteiras ligadas a Satoshi Nakamoto tinham sido descobertos muitas vezes, mas nunca havia muito dinheiro nelas. O peixe grande nunca tinha mostrado a cara.

Talvez nessa noite, nesse barco quebrado no fim do mundo, o leviatã finalmente emergisse.

Dentro da toca dos hackers, o ar era viciado. O fedor de ferrugem e peixe permeava tudo.

A barra verde de progresso no monitor principal estava chegando a 100%. O momento de revelação estaria próximo?

— Lee, Will, tudo normal? — disse Robin.

Lee soltou um grunhido de confirmação enquanto Will simplesmente bateu com o punho no peito.

A barra de progresso parecia estar travada em 99,99%. Todos prenderam a respiração.

— Qual o problema? — Robin estava ansiosa.

— Talvez seja um delay no *feed*? — Os dedos de Lee dançavam no ar, digitando no teclado virtual.

— Vamos lá, vamos lá — Will murmurou em incentivo.

Bem quando eles sentiram que não aguentariam mais, o trio ouviu um som como moedas de ouro caindo. A barra de progresso tinha desaparecido. Uma sequência de números e informações de conta corria pelas telas. O assombroso novo saldo da conta conjunta deles confirmou. A aposta tinha funcionado.

Comemorações explodiram no espaço apertado. Até mesmo Robin, normalmente fria e distante, ofereceu um breve sorriso antes de dar sua próxima ordem:

— Transfira o saldo!

Robin sabia que, se a grande soma ficasse no endereço P2PK indefeso, era como um patinho na lagoa. No mundo hacker, era bom considerar cada pessoa, cada máquina, cada senha como potencialmente comprometida.

Lee rapidamente submeteu um pedido de transação para mover os bitcoins da conta antiga para uma mais nova. O endereço P2PK era tão longo e o arquivo da transação tão grande que levariam cerca de dez minutos para processar. Durante esses dez minutos, a chave pública do endereço estaria vulnerável. A boa notícia era que os computadores quânticos com o processador exigido para interceptá-la não existiam ainda — na teoria.

Will tamborilava no casco de aço do navio enquanto eles esperavam, o som ecoando como granizo batendo no metal.

Lee estava grudado na tela, seus óculos refletindo a luz azul e verde.

— Robin! — gritou ele. Ela o conhecia há muito tempo e nunca o tinha visto em tamanho pânico.

— O quê? — Robin correu para a tela, na qual diagramas mostravam um sinal anônimo.

— Nós fomos sequestrados... Alguém invadiu a chave privada. Eles estão transferindo nosso dinheiro para fora da conta!

— Merda! Eu corto a linha? — disse Will, parado ao lado do cabo grosso, esperando a ordem.

— É tarde demais — disse Lee. — Você não tem como ser mais rápido que a fibra ótica.

A cabeça de Robin girava. Hackear a conta deles exigiria 4 mil qubits de poder computacional.

— Como isso é possível? Não existe uma máquina assim na Terra...

Todas as telas do esconderijo apagaram ao mesmo tempo. Só se ouvia o zumbido da corrente elétrica e ninguém dizia nada.

— Acabou — Lee suspirou com uma expressão derrotada.

Will bateu com o punho contra o casco.

Robin saiu do barco para o vento polar, abandonando sua cautela. Todas as superfícies reflexivas em volta dela — céu, geleira, mar — pareciam refletir uma luz falsa, como se a cena tivesse sido processada e filtrada. Havia medo no coração dela.

Os pensamentos de Robin se voltaram para a única pessoa que talvez fosse capaz de resolver esse mistério. Mas ele não era exatamente um amigo.

HAIA, HOLANDA
9 DE SETEMBRO, 2041
15H59 HORA LOCAL

Quando o relógio mostrou 16h, a simulação antiterrorismo começou, uma operação conjunta do Centro Europeu de Crimes Cibernéticos — EC3 — e da rede ATLAS, a plataforma cooperativa formada por 42 unidades de intervenção especial dos membros da UE e países associados.

O inimigo da aliança antiterrorismo era um grupo terrorista chamado Dolce Vita. Após terem tomado o controle de um pequeno navio de cruzeiro, amarrado bombas em si mesmos e feito duas dúzias de turistas de reféns, os membros do Dolce Vita exigiam um grande resgate e a soltura de seu líder, preso na Baviera, na Alemanha. O navio de cruzeiro estava no mar do Norte, a um quilômetro da praia de Scheveningen. Qualquer navio ou drone que tentasse se aproximar seria detectado, o que levaria a consequências desastrosas.

Parado no topo de um observatório remoto na costa, Xavier Serrano, um agente sênior da EC3, espiava através de um telescópio o navio que brilhava ao longe. Ele tinha se acostumado com esse dispositivo ótico antiquado, preferindo-o à câmera protética para o olho. O peso e o toque do telescópio o acalmavam.

Ainda assim, era difícil relaxar enquanto ele esperava a situação piorar.

Todos os planos possíveis de resgate para uma situação como a que o EC3 enfrentava agora haviam sido gerados pelo sistema antiterrorismo de IA em questão de segundos. O papel dos seres humanos era escolher entre essas opções, com base na previsão de sucesso provável dada pelo algoritmo e pelo grau de potencial dano colateral.

Para determinar a localização dos reféns e terroristas no navio, a abordagem costumeira da EC3 seria assumir os controles do navio e acessar suas câmeras de segurança. Contudo, o Dolce Vita se antecipou e destruiu as câmeras. Portanto, o sistema antiterrorismo sugeria um método não convencional: estabelecer uma rede de vigilância remota hackeando os implantes cirúrgicos dos reféns, como olhos artificiais e cócleas eletrônicas.

Em uma era em que implantes eletrônicos de baixa latência e interferência de sinal estavam por todas as partes, esses meios independentes de comunicação davam ao EC3 uma chance de passar pelas linhas de defesa dos terroristas. Assim, os reféns se tornaram olhos e ouvidos independentes.

Enquanto alguns integrantes da equipe trabalhavam acessando essas imagens, outros moviam o *seaglider*, que carregava um grupo de agentes de elite da Unidade de Intervenção Especial. Um novo modelo de transporte submarino, o *seaglider* se parecia com uma toninha e usava dispositivos inteligentes para monitorar e controlar a entrada de fluidos, postura, direção e profundidade. Como não usava motor, um sonar o leria como um peixe grande.

O *seaglider* se afastou deles a uma profundidade de vinte metros, emergindo ao lado do navio e lançando seu drone tático. O drone se ergueu do mar e abriu fogo contra os cinco homens que patrulhavam o deque, neutralizando-os. Com a barra limpa, os agentes subiram pelo casco por uma escada de acesso e saltaram para o deque do navio. Através da visão 3D em seus dispositivos oculares de MR, os agentes puderam determinar as posições relativas tanto dos terroristas quanto dos reféns. Logo, os agentes miraram mais três terroristas; eles usaram balas inteligentes e tiveram resultados rápidos.

Ao notar um homem segurando um detonador em sua visão 3D, um agente de pensamento rápido invadiu a cabine para disparar uma arma de pulso eletromagnético e destruir a função de comunicação do detonador.

O restante do exercício seguiu a trajetória normal: tiros soaram, criminosos caíram, reféns foram resgatados e alguns minutos depois o drama terminou.

Xavier sabia que o exercício era mais uma ação de relações públicas do que qualquer coisa, uma demonstração do poder da EC3 e da rede ATLAS para beneficiar políticos, a mídia e os cidadãos pagadores de impostos. Na vida real, as condições nunca eram ideais. Qualquer atraso de mais de vinte milissegundos poderia levar ao fracasso e a perdas.

Sob a luz da IA, os modelos humanos de comportamento eram quase transparentes. Se terroristas desenvolvessem suas próprias contramedidas com IA, porém, a situação se tornaria exponencialmente mais complicada.

Tudo que Xavier podia fazer era aceitar os aplausos e elogios pelo treinamento bem-sucedido.

Três anos atrás, Xavier tinha chegado em Haia vindo de Madri após uma tragédia familiar. Ao contrário dos outros, ele não tinha se juntado à EC3 pelo prestígio ou atrás de aventuras. A irmã dele havia sido sequestrada e vendida pela rede criminosa europeia Vinciguerra muitos anos antes. Seu paradeiro ainda era desconhecido. Nos pesadelos que o assombravam na madrugada, os olhos de safira de Lucia brilhavam no escuro, lembrando-o de não esquecer sua missão: encontrá-la.

Xavier passava seu tempo livre buscando pistas a respeito do sequestro da irmã. Até então, as pistas não tinham dado em nada — exceto por uma dica a respeito de uma hacker chamada Robin. De acordo com as fontes de Xavier, Robin havia projetado um conjunto de mecanismos de criptografia para o sindicato Vinciguerra, escrevendo códigos para gerenciar informações transacionais e evitar a detecção da polícia. Ao capturar Robin, ele poderia derrotar o sindicato e encontrar sua irmã mais nova, tudo de um só golpe.

Do monte Kazbek até Lisboa, da Sardenha até o cabo Nordkinn, Xavier e Robin estavam brincando de gato e rato há mais de um ano.

A vigilância dele não tinha passado despercebida pelo alvo. Duas semanas atrás, Xavier havia recebido um e-mail criptografado assinado "Robin". A mensagem contava uma história incrível. Alguém havia roubado a carteira dela, que tinha mais dinheiro do que a maioria dos países do mundo possuía em seus cofres, usando um poder computacional quântico impossível. "Se existe alguém que pode usar esse tipo de poder por aí, vocês estão com sérios problemas. Me ajude a chegar ao fundo disso." Após considerar cuidadosamente, ele tinha decidido não relatar o e-mail a seus supervisores. Era sua melhor chance de pegar Robin, afinal, e de seguir o rastro de sua irmã desaparecida. Intrigado pelas pistas que Robin havia dado, ele tinha pedido a uma amiga, Kasia Kowalski, uma pesquisadora de dados polonesa da EC3, para investigar grandes instituições de pesquisa de computação quântica sem chamar a atenção de seus superiores.

Vários dias depois, Kasia foi até Xavier com um relatório detalhado feito com ajuda de IA que incluía todas as instituições de pesquisa em computação quântica e seus diretores. Essa pesquisa dos canais públicos não se alinhava ao poder supercomputacional descrito no e-mail de Robin.

Um dos últimos nomes na lista, no entanto, chamou a atenção de Xavier. Uma vaga memória despertou. Ele se inclinou na direção de Kasia.

— Quem é esse?

— Marc Rousseau? Você não ouviu falar dele? Pobre coitado...

Xavier sacudiu a cabeça, franzindo a testa.

Kasia começou a história trágica do brilhante físico Rousseau, que havia basicamente desaparecido da vida pública depois da morte precoce de sua mulher e seu filho em um incêndio. Ele tinha sido uma estrela em seu campo e todo mundo tinha se perguntado se seria ele a fazer a descoberta essencial da computação quântica.

Xavier logo decidiu começar sua investigação pelo instituto de pesquisa de Rousseau, na Alemanha. Havia algo nos olhos desse físico enlutado que tinha despertado os neurônios-espelho de Xavier. Ele precisaria ir a Munique.

MUNIQUE, ALEMANHA
11 DE SETEMBRO, 2041
10H02 HORA LOCAL

O instituto Max Planck não parecia tão futurista quanto Xavier havia imaginado. O prédio cinza-amarelado tinha limpos contornos Bauhaus, comuns nas ruas de Munique. Quando passou pela estátua de bronze de Planck no hall, Xavier se demorou, surpreso por sua proximidade a uma estátua de Santa Bárbara. O que significava esse símbolo católico aqui? Xavier só podia imaginar que fosse emblemático da admiração que os pesquisadores tinham pelos indivíduos que aderiam às suas crenças mesmo diante de oposição.

Um integrante da equipe havia levado Xavier escada acima e por um longo corredor até uma pequena sala de reuniões. Lá dentro, Marc Rousseau esperava por ele.

Xavier sabia que, desde a morte de sua esposa e seu filho, Marc Rousseau havia se tornado uma pessoa solitária, ainda importante, porém não mais envolvido no cotidiano do centro.

Como ele passava os dias era algo que ninguém sabia ao certo.

— Dr. Rousseau, prazer em conhecê-lo. — Xavier sorriu e sentou-se diante dele, examinando o homem que havia feito um duplo doutorado em informação quântica e física da matéria condensada aos 27 anos.

Um murmúrio baixo emergiu da barba malfeita de Rousseau. Mesmo em comparação ao mais largado dos doutorandos, ele parecia esfarrapado. Sua camisa de lã estava manchada e amarrotada, e o cabelo comprido e oleoso estava preso de forma descuidada. Seus olhos estavam injetados, mas havia uma luz fria neles.

"Que figura!", pensou Xavier.

— Você tem dez minutos — a voz de Marc Rousseau era áspera e gasta.

— Bem, sou um representante da EC3 e meus colegas e eu encontramos algo que estamos tendo dificuldades para entender. Nós gostaríamos de sua opinião profissional.

Xavier abriu uma tela flexível e a empurrou pela mesa, observando atentamente o rosto de Rousseau enquanto ele lia o e-mail de Robin. Segundos se passaram, então minutos, mas a expressão dele permaneceu imóvel.

— Que raios você quer me mostrando essa merda?

— Aconteceu só duas semanas atrás. É real.

— Eu preciso de provas. Eu sei que os contribuintes europeus gastaram bilhões de euros para construir aceleradores gigantes, um após o outro, só para evitar que a ciência caísse em discussões metafísicas a respeito de quantos anjos podem dançar na cabeça de um alfinete.

— A prova está aqui. Uma chave privada desse endereço P2PK foi quebrada em dez minutos e150 bilhões em bitcoins desapareceram. Os registros estão aqui, precisos até nos milissegundos.

— É impossível — insistiu o doutor, esfregando os olhos e estudando a tela. — Eu poderia ensinar a matemática em uma semana, mas não acho que você entenderia. A menos que...

— A menos que...?

— A menos que os norte-americanos tenham dominado tecnologias que não conhecemos. A menos que tenham aumentado seu poder de computação quântica de 100 mil para 1 milhão de qubits. Mas, se esse for o caso, por que eles iriam atrás de uma carteira antiga? Seria mais a cara deles fazer uma coletiva de imprensa e grasnar sobre isso para o mundo todo ouvir.

Xavier não conseguia afastar a sensação de que Rousseau, agora com um sorriso de desdém, estava escondendo algo. Deveria haver alguma forma de quebrar a pose dele.

— Marc... Posso te chamar de Marc? Você fuma? — Xavier sabia que Rousseau era um fumante de longa data pelas manchas em seus dedos.

Marc aceitou um cigarro, acendeu-o, tragou, soltou lentamente um anel de fumaça e relaxou.

— Dizem que, se a Europa tem alguma esperança de competir com a China e os Estados Unidos pela supremacia quântica, ela está em você. Então, qual seu campo de pesquisa?

— Dizem isso, é? — Rousseau pareceu satisfeito. — Você sabia que duas folhas de grafeno podem se tornar supercondutoras se a colocarmos em certo ângulo e as sobrepusermos?

— O chamado ângulo mágico? — Xavier tinha ouvido falar disso, mas não conseguia entender bem.

— Precisamente. A mesma coisa acontece no campo quântico, mas é mais complexo, tridimensional. Com base no trabalho do professor Xiao--Gang Wen sobre ordem topológica quarenta anos atrás, talvez consigamos aumentar bastante o poder computacional acrescentando qubits limitados.

— Rousseau ficou em silêncio por um momento. — Você sabe por que os antigos egípcios construíam pirâmides com quatro lados, entre todas as formas que poderiam ter escolhido?

— Imagino que não foi pela beleza.

— Porque eles acreditavam que essa forma podia maximizar e focar a energia cósmica e trazer as múmias lá dentro de volta à vida.

Xavier deu de ombros. Ele não tinha interesse em misticismo.

— Talvez estivessem certos. Até certo ponto, a topologia pode, de fato, afetar a distribuição de energia ou informação e até mesmo melhorar a eficiência da conversão de formas que os humanos nem podem imaginar. Nós fizemos experimentos e usamos a IA para descobrir a topologia quântica mais eficiente. É uma descoberta preliminar, nada mais, e ainda está longe de estar pronta para uso prático.

Era como se Rousseau soubesse com antecedência o que Xavier pretendia perguntar e tivesse respondido diretamente. Mas isso não havia afastado as suspeitas de Xavier. Na verdade, ele estava em alerta.

— Eu tenho uma pergunta que não sei se devo fazer ou não. É sobre sua família.

— Minha família? Eu não vejo como isso pode ser relevante para nossa discussão.

A sala de reuniões ficou em silêncio. Xavier não esperava que a resposta de Rousseau fosse tão ríspida. Sentindo os olhos de Rousseau sobre si, ele se levantou da cadeira.

De repente, um zumbido rápido surgiu na direção dos dois simultaneamente.

Xavier clicou em sua interface e lá estava o alerta vermelho de "Notícia urgente". Ele encarou o aviso com o corpo enrijecendo.

Marc olhou pela janela, sem se movimentar, tragando suavemente anéis de fumaça, como se ele soubesse o que estava acontecendo.

Um anjo havia soado as trombetas do apocalipse.

O ataque tinha acontecido a dois fusos horários de distância, no estreito de Hormuz, uma via para um terço do petróleo do mundo.

Um conjunto de drones havia descido do céu como um enxame de abelhas negras. Eles foram na direção do porto, atacando com precisão cirúrgica os elos mais críticos do sistema de transporte de petróleo. Tanques explodiram, bombas de oleodutos foram danificadas, supercaminhões capotaram. O porto estava paralisado enquanto o fogo se espalhava pela baía. A frota norte-americana estacionada no golfo Pérsico não tinha tido tempo de reagir. Agora ela também estava em chamas.

— É bonito, não é?

Xavier ergueu os olhos das notícias, atordoado, e viu o físico sentado imóvel como uma estátua. Marc se virou lentamente e disse com um ar sonhador:

— Como um grande show de fogos de artifício.

ESPAÇO AÉREO DO MAR DO NORTE, AMSTERDÃ – HAIA
15 DE SETEMBRO, 2041
MEIA-NOITE

Sons de espanto se espalharam pela cabine de passageiros do avião, acordando Robin com um susto. Ela, sonolenta, encostou o rosto contra a janela e viu as luzes vermelhas brilhando lá embaixo, como feridas na noite distante.

Eram os estreitos dinamarqueses, ainda se recuperando dos ataques de três dias antes.

A destruição tinha sido sem precedentes. Ataques terroristas tinham sido planejados em sete grandes rotas de petróleo do mundo. Mais de 60 milhões de barris de petróleo eram transportados das grandes áreas produtoras para o resto do mundo todos os dias, e a maior parte disso passava por um punhado de trajetos marítimos apertados: o estreito de Hormuz, o estreito de Malaca, o canal de Suez, os estreitos dinamarqueses, o estreito de Bab el Mandeb, os estreitos Turcos e o canal do Panamá.

Estrangular esses gargalos era como cortar o oxigênio de um corpo humano. As consequências seriam imediatas: disparada dos preços, pânico no mercado, inflação, congestionamentos. O colapso dos sistemas de distribuição e serviço e então dos sistemas financeiros. Nenhum carro, nenhum avião, nenhum navio, nenhum plástico, nenhuma fonte alternativa de energia. Pilhagem dos recursos locais. Revolta. Guerras locais. Guerra total.

Nenhum bem de consumo ou serviço existia independente do petróleo, exceto pela agroeconomia. Investimentos em pesquisa e desenvolvimento de novas tecnologias de energia eram arriscados demais para que muita gente levasse a sério. Vários avanços haviam chegado tarde demais. Eles não poderiam evitar a iminente crise de larga escala.

A Agência Internacional de Energia exigia que os países-membros mantivessem uma reserva de petróleo de pelo menos noventa dias, em caso de emergência. A última vez que essas reservas foram usadas tinha sido durante o grande movimento das placas do Círculo do Pacífico; antes disso, no furacão Katrina e, antes disso, na guerra do Golfo.

A humanidade não tinha tido tanta sorte dessa vez. O sonho de uma civilização construída com base no petróleo estava prestes a se tornar um pesadelo. Uma avalanche devia vir com tudo.

Quem estava por trás dela? Nenhuma organização havia reivindicado a responsabilidade ainda.

Até então, os militares haviam derrubado um punhado dos chamados Drones do Apocalipse. Seus sistemas de autodestruição sempre eram disparados antes que engenheiros pudessem romper suas defesas, deixando incontáveis perguntas.

De onde tinham vindo os drones? Como eles tinham passado pelos sistemas de alerta de defesa aérea? Qual era seu propósito?

Ninguém sabia.

Era por isso que Robin estava voando para Haia.

Xavier tinha enviado dados criptografados para ela. A EC3 tinha capturado um drone que não havia se autodestruído, mas eles precisavam de hackers de elite. Dados sugeriam que os culpados poderiam ser as mesmas forças que haviam levado o estoque de bitcoins de Robin. O registro de tempo indica que o sistema de controle de drones havia sido ativado pela primeira vez no mesmo dia em que Robin tinha sido roubada. Além disso, Xavier precisava das habilidades de hacker de Robin para ajudar na prisão e no interrogatório de um suspeito, o professor Marc Rousseau.

— Precisamos de você — dizia a mensagem. — Você é a primeira e única pessoa que já combateu esse inimigo.

Robin não via o encontro no navio encalhado exatamente como um "combate". Depois de hesitar um pouco, porém, ela decidira aceitar, com a promessa de anistia da EC3. Tarefas delicadas assim não podiam ser feitas remotamente via robôs.

Will e Lee eram contra. Sabiam que Xavier vinha caçando o grupo deles há anos. Pode ser uma armadilha, disseram a ela. Mas Robin tinha seus motivos.

— Às vezes, para ganhar, você primeiro precisa perder — era uma frase que Robin já tinha ouvido sua avó falar.

Ela conhecia Xavier melhor que qualquer pessoa no mundo, melhor até que ele mesmo. Havia coletado o passado dele a partir de todo o detrito que flutuava no mar da internet. Os dados, triviais e abrangentes, haviam sido digeridos por uma IA e transformados em um modelo holográfico para o cálculo de emoções e comportamentos em uma interação humana real. O algoritmo tinha sido desenhado para uso em contraterrorismo, mas Robin o tinha "pegado emprestado" para cuidar de sua contrainteligência pessoal.

Quanto mais Robin entendia, mais difícil era abandonar uma certa ambivalência. Ela se sentia como um inseto preso no centro de uma teia de aranha, surpresa ao notar que tinha empatia pela aranha. Sabia que Xavier estava tentando achar a irmã. Também sabia que Xavier receberia más notícias. Robin sabia da situação das garotas que haviam sido traficadas, um verdadeiro inferno na Terra. Talvez a ignorância de Xavier fosse para seu próprio bem, pensou Robin.

O grupo Vinciguerra havia fugido da EC3 repetidas vezes usando sistemas de confronto, desenhados por Robin, que escondiam, criptografavam e destruíam traços de crimes. Fosse tráfico de pessoas, abuso on-line de crianças, roubos de dados ou fraude financeira, tudo desaparecia como água na água, sem sombra, sem forma. Os sistemas eram a barganha para proteger a família dela de ameaças de morte. Se ela ajudasse Xavier, isso seria uma declaração pública de guerra contra seu empregador, o que violaria o espírito contratual do mundo hacker. Ela passaria o resto da vida fugindo dessa decisão, talvez apenas para acabar morta. Não podia deixar que o mesmo destino se abatesse sobre sua família.

Um baque violento anunciou que eles haviam aterrissado no aeroporto Schiphol, em Amsterdã.

"Não dá tempo de me arrepender agora", pensou Robin, emergindo da cabine para a escuridão além dela.

Quando o homem esperando no desembarque olhou nos olhos de Robin, ela notou a surpresa dele. Talvez fosse seu gênero que o tivesse pegado de surpresa, ou sua pouca idade, ou a boa aparência ou os três.

Momentos mais tarde, o par improvável estava em silêncio dentro de um veículo autônomo a prova de balas a caminho de Haia.

Robin sabia que Xavier tinha dúvidas que queria expressar. Ela gostava do controle quase sobre-humano dele. Robin voltou sua atenção para a tela diante de si, os dados do drone que a EC3 tinha coletado de várias fontes. Nada que ela visse parecia fora do lugar: as armas e os sistemas elétricos pareciam normais. O sistema de controle de voo era operado por um programa inteligente embutido que usava câmeras de percepção de profundidade de alta performance para calcular trajetórias otimizadas de voo e resolver ambientes e alvos. A sofisticada criptografia que evitava interferências era resistente à última geração para cracking de protocolos de rádio cognitivo — ou CRPC. Um enxame de drones poderia manter seus dados sincronizados em alta velocidade e tempo real. Eles coordenavam posições para evitar colisões.

Um enxame era quase impossível de se detectar com antecedência, mais ainda de identificar e combater.

O sistema lembrava Robin do sr. Blink, um hacker lendário que havia vivido isolado durante anos. Os rumores eram que ele tinha comandado a incursão ao centro de controle da NASA em 2034, atrapalhando o lançamento de um foguete. Mas ele tinha desaparecido anos atrás, talvez estivesse aposentado da vida de fora da lei ou — como muitos acreditavam — morto.

— Quando você chegar no hotel, descanse — disse Xavier finalmente, impassível. — Eu vou te pegar às nove amanhã de manhã.

— Vamos agora. — Robin não ergueu os olhos.

— O quê?

— Eu não estou de férias. Cada minuto conta. — Robin olhou com frieza para Xavier.

Ele ergueu as sobrancelhas e instruiu o carro a mudar de curso.

Vinte minutos mais tarde, chegaram ao laboratório secreto da EC3, o Vulcano 7. O nome era inspirado pela raça de seres racionais de *Jornada nas estrelas,* em razão do comportamento tipicamente vulcaniano dos trabalhadores do laboratório, que primavam pela lógica e desprezavam especulações.

Quando Xavier e Robin entraram na sala, luzes automáticas acenderam e revelaram uma criatura mecânica preta como carvão deitada em uma estação de trabalho de liga de titânio. A coisa era amarrada por cabos multicoloridos. O drone era tão frágil e pequeno que era difícil para Robin associá-lo ao caos reinando ao redor do mundo.

Robin foi até o painel central e pediu a Xavier para abrir os registros de testes. Com um gesto, ela fez os dados rolarem em uma velocidade atordoante antes de parar de repente, como um maestro imóvel ao final de uma apresentação.

— Encontrou alguma coisa? — disse Xavier, quebrando o silêncio.

— Está morto. Precisamos trazê-lo de volta à vida.

— Não entendi.

— Não temos chance de penetrar no sistema anti-interferência e acessar o programa de reescrita interna a menos que o drone esteja em modo de missão. Vai ser difícil mesmo assim, é como tentar acertar uma carta no vidro de uma Ferrari a quinhentos quilômetros por hora. — Robin sorriu, seu rosto estava pálido.

Xavier afundou em uma cadeira. Seria uma longa noite.

SCHEVENINGEN, HOLANDA,
16 DE SETEMBRO, 2041
13H31 HORA LOCAL

A apenas cinco quilômetros de Haia, Scheveningen era um amado destino de férias dos holandeses. Quando o tempo estava bom, suas praias cristalinas ficavam cheias de pessoas praticando windsurfe e soltando pipas coloridas.

Ninguém suspeitaria de que nesse lugar idílico ficaria uma casa segura da EC3. Dentro dela estava Marc Rousseau, mais esfarrapado do que nunca.

— Tem certeza de que não quer experimentar? — Xavier colocou um pote com arenque cru na mesa. O cheiro de peixe era pungente. Um palito de dente com a bandeira holandesa estava cravado no peixe para garantir que os turistas soubessem que aquela era uma especialidade local.

— Eu quero um advogado. Essa prisão é ilegal — a voz de Marc era rouca, mas ainda ameaçadora.

— Segundo a cláusula para proteção especial de testemunhas da UE, nós temos direito de te prender assim. — Xavier andou na direção de Marc e baixou a voz. — Você é procurado. Esses hackers querem que você desapareça, Marc. Enquanto for esse o caso, vamos te manter nessa casinha bonitinha para seu próprio bem. Entendeu?

Furioso, Marc se lançou contra Xavier. A detenção inteligente o impediu a tempo. Em milissegundos, suas roupas se tornaram algemas. Marc caiu sobre a mesa, com os braços abertos e o rosto espremido contra a mesa. Apenas seus olhos injetados podiam se mover.

— Você não conseguiu me incriminar, estou certo? — sussurrou Marc, quase rindo.

Xavier estava jogando um jogo perigoso, usando Marc para atrair Robin e Robin para conter Marc. "Proteger" Rousseau com base em ordens falsas de assassinato havia funcionado, mas a farsa não poderia continuar para sempre. Evidências do envolvimento de Rousseau com os ataques terroristas chamariam a atenção de todas as agências de inteligência do mundo. Por enquanto, Xavier usaria sua autoridade limitada. Mas, se o envolvimento de Rousseau não pudesse ser provado, teria sido tudo em vão.

Xavier estava apostando apenas na intuição. Ele sentia ódio nos olhos de Marc, o tipo de ódio que leva as pessoas a fazerem todo tipo de coisas loucas. Xavier também tinha perdido alguém da família. Entendia esse sentimento. A IA não.

Mas a questão era como Marc havia feito. Precisava haver uma força maior por trás de tudo.

Xavier não podia perder mais tempo. Era hora de aumentar a aposta.

— Marc, você não me deixa escolha. Eu vou ter que usar um método extraordinário para garantir que você se lembre de algo que não quer lembrar. Se isso te fizer sofrer, sinto muito. Existem coisas que máquinas fazem melhor do que pessoas.

— Do que você está falando?

— Você talvez seja o melhor mentiroso do mundo, mas o sistema de interrogatório da IA captura até a mais sutil das microexpressões e variações no tom de voz. É uma tecnologia notável que eu odeio usar. Não porque ainda esteja em estágio experimental e não porque muitos interrogados sofreram um dano cerebral irreparável por causa dela, mas porque ela exige que eu preencha muitos formulários chatos. Mas, como eu disse, você não me deixou escolha.

Xavier não estava mentindo. Essa tecnologia de interrogatório por IA, a BAD TRIP, usava interferência neuroeletromagnética não invasiva no sistema límbico para induzir experiências muito dolorosas, tanto física quanto intelectualmente — incluindo frequentemente a repetição de memórias traumáticas. Essa repetição era mais realista e imersiva do que a maioria das experiências cuidadosamente projetadas de XR. Era como um pesadelo que amplificava todas as reações emocionais e reprimia qualquer pensamento racional. A BAD TRIP era conhecida por deixar seus interrogados com trauma psicológico de longo prazo, e seu uso estava ligado a tentativas de suicídio. Alguns dentro da EC3 queriam abolir o método, mas o crescimento do terrorismo extremo na Europa havia dado fôlego à tecnologia.

Técnicos trouxeram o equipamento para a sala. Parecia um polvo de metal e cabos. Eles começaram a instalá-lo em volta da cabeça de Marc.

— Espera. — A pose de Marc estava começando a desmoronar.

Xavier, enquanto isso, se sentia apenas com nojo de si mesmo. O que tinha se tornado? E em nome da justiça? Mas era tudo para encontrar sua irmã, disse a si mesmo. Era por Lucia.

— Espera! — gritou Marc. — Se eu te contar onde a próxima onda de ataques vai acontecer...

Xavier ergueu a mão e o técnico parou.

— Minha paciência tem limites.

— Me traga papel e caneta! Me desamarre!

Alguns minutos depois, Xavier estava segurando uma lista manuscrita de horas e lugares, tentando se conectar com o canal criptografado que tinha com Robin. Marc grunhiu ao fundo.

— Eu te disse tudo que sei! Me solta!

Xavier parou e acenou com a mão. O técnico obedeceu a ordem. Ele continuou prendendo o polvo mecânico na cabeça de Marc.

— Seu desgraçado! Você vai se arrepender! Você não conseguirá mudar nada. — Os olhos de Marc se arregalaram. Ele se debateu, as veias em seu pescoço e sua testa saltando, enquanto o técnico apertava a última cinta da máquina.

— Desculpa — disse Xavier, em uma voz quase inaudível, saindo da casa.

A BAD TRIP começou a funcionar com um leve zumbido, como o compressor de uma velha geladeira. Um raio de luz verde brilhou diante dos olhos de Marc Rousseau. Ele tentou com toda sua força se libertar, mas congelou. Parecia que uma lança de gelo havia mergulhado em seu cérebro e começado a furá-lo lentamente.

Seus olhos estavam cheios de lágrimas, mas ele não conseguia mais fechá-los.

BRUXELAS, BÉLGICA
17 DE SETEMBRO, 2041
7H51 HORA LOCAL

A 25ª Conferência Global de Ciência Tecnologia e Inovação (G-STIC) estava acontecendo no Centro de Convenções Internacionais NEO II, ao lado do estádio Rei Balduíno no Parque de Exposições do Atomium de Bruxelas. Elites tecnológicas, investidores, líderes do mercado, figuras políticas e celebridades de todo mundo estavam reunidos na sala lotada.

No terceiro e último dia da conferência, o clima era tenso. A segurança sempre havia sido alta na G-STIC, mas depois dos ataques recentes à infraestrutura global de petróleo a polícia estava especialmente atenta. Além disso, Ray Singh, cuja empresa, IndraCorp, era avaliada em mais de 1 trilhão de dólares deveria dar a palestra final. Nos últimos anos, ele não tinha poupado esforços para construir uma cidade marítima e havia sido atacado diversas vezes por organizações ambientalistas extremistas. Os veículos autônomos antitumulto da rede ATLAS circulavam no espaço. Agentes de preto estavam de guarda em intersecções movimentadas, formando um perímetro em volta dos principais prédios. Eles olhavam para o céu através de próteses oculares, atentos a qualquer sinal fora do normal.

Xavier e Robin estavam sentados em um dos carros, observando os dados de monitoramento do espaço aéreo. De acordo com a dica de Marc, uma onda de ataques começaria em dez minutos.

O sistema de contraterrorismo por IA, tendo analisado ataques anteriores para encontrar os padrões, havia concluído que a probabilidade de um ataque aqui ser similar ao das centrais de petróleo era quase zero. O local não era uma base de energia ou central de distribuição. Não tinha o mesmo perfil dos outros alvos. A maior parte dos recursos militares e policiais do mundo havia sido movimentada nos últimos dias para proteger importantes infraestruturas de energia. Essa estratégia era apoiada pelos dados e pela lógica. Não tinha sido fácil para Xavier convencer seus superiores na EC3 e na rede ATLAS a levar sua informação a sério.

Ele tinha apostado seu futuro nisso.

Robin bebia seu café com uma expressão preocupada.

— Eu não vejo nada além de aeronaves registradas.

— Não, Rousseau estava falando a verdade.

— Mas por que ele atrapalharia seus próprios planos desse jeito?

Xavier não tinha contado a Robin da BAD TRIP. Ele sacudiu a cabeça.

—Talvez ele seja tão arrogante que queira nos ver tentando impedi-lo.

Robin deu de ombros.

— Parece que a arrogância dele estava errada.

Uma ligação entrou. Era Dom, o chefe de operações. A voz dele era tensa:

— Algo está vindo do oeste, uma revoada de pássaros ou algo...

Robin abriu os parâmetros da interface e começou a digitar. A tela passou a mostrar um grupo de luzes densas, piscando em vermelho e se aproximando rapidamente.

— Parecem mesmo pássaros. Eles devem ter imitado o padrão de voo de pássaros para despistar nosso sistema de detecção!

— Merda! Reforça o lado oeste do círculo de fogo! Implementa o plano Alpha! — ordenou Xavier a Dom, então se virou para Robin. — Você está pronta? Não adianta só ficar sentada em frente à tela escrevendo códigos. Nós podemos morrer aqui.

Robin deu um sorriso sombrio e vestiu de volta seu capacete preto.

Quando o carro antitumulto começou a avançar, uma motocicleta tática poderosa se destacou do meio do veículo, com Xavier e Robin montados nela. A revoada de macabros pássaros pretos enchia o céu. Eles eram ágeis e rápidos demais para os lentos veículos antitumulto. Para acompanhá-los, Xavier e Robin precisavam da moto, mesmo que isso significasse que ficariam expostos.

Xavier deu a partida no motor. Robin se segurou quando a moto se lançou para fora do carro, rugindo. O veículo quicou duas vezes no chão, espalhando cascalho, antes de disparar em busca da revoada do apocalipse.

Robin ergueu as mãos. Os transmissores em seus pulsos lançavam fortes ondas eletromagnéticas de curto alcance sobre os drones, mas estes estavam se movendo tão rápido que ela sabia que as ondas talvez não chegassem ao alvo. Por menor que fosse a chance, Robin sabia que era o único jeito de explorar as falhas nos protocolos de comunicação dos drones e dar a Robin e Xavier alguma chance de assumir o controle por meio de engenharia reversa.

Enquanto isso, os agentes lançavam fogo automático de onde estavam. Estranhamente, os drones não tinham retaliado. Mesmo quando o fogo os transformou em metal retorcido, os drones restantes não alteraram sua estratégia ou rota.

O belo cenário havia de repente se tornado um campo de batalha. Fumaça subia e explosões estavam por toda parte.

— Depressa! — gritou Robin.

Xavier acelerou. A moto rugiu, empinou como um cavalo selvagem e então desceu com um baque.

— Quarenta e cinco graus! — enquanto Xavier ainda estava gritando, a moto já tinha se lançado na direção de um drone isolado que voava baixo. Ele parecia um pássaro ferido, despedaçando-se. Robin ergueu os punhos e lançou as ondas EM de novo.

— Mais perto! — gritou ela.

Xavier xingou, navegando o veículo em torno dos obstáculos, subindo escadas, perseguindo o drone de perto. Eles precisavam alcançá-lo antes que caísse, ou seus esforços teriam sido em vão.

A interface do capacete de Robin acendeu. O sinal havia funcionado? Ela rapidamente mandou instruções, disfarçadas como uma troca inócua de informação entre drones. Com certeza, ele pareceu desacelerar.

— Quase lá, não o perca de vista!

Xavier agarrou o guidão com as mãos suadas. Ele se sentia como um dublê em um filme absurdo de Hollywood.

— Faltam cinco segundos! — gritou Robin. — Quatro, três... cuidado! — Ela prendeu a respiração.

O drone voou para dentro do lobby de um hotel. Para baixo, havia seis andares de espaços de exposição, e os andares eram conectados por escadas rolantes. Os belgas, sempre conscientes da harmonia ecológica, haviam plantado árvores e vegetação em todos os andares, criando terraços com jardins suspensos. Olhando pelo vidro para esse paraíso artificial, Xavier tinha uma escolha de menos de um segundo: desistir da perseguição ou seguir o drone se lançando em queda livre.

— Caralho! — gritou Xavier. — Se segura!

A moto se chocou com a divisória de vidro e entrou no espaço aberto.

O coração de Robin congelou. Ela se agarrou a Xavier enquanto a moto mergulhava no ar.

Com o pensamento rápido, Xavier ativou os jatos de ar comprimido nas laterais do corpo da moto, ajustando a trajetória deles. Uma árvore chamou sua atenção, três andares abaixo e chegando mais perto. Ele quase não teve tempo de reagir. Agarrando Robin e saltando da moto no último segundo, ele atingiu a copa como uma bala de canhão, com Robin em seus braços.

As costas dele absorveram quase todo o impacto, embora estivessem protegidas por seu airbag traseiro, que havia se enchido instantaneamente de ar comprimido para amortecer o impacto.

Eles caíram pelos galhos e aterrissaram com força em uma plataforma de vidro. Xavier grunhiu de dor quando Robin saiu de cima dele.

— Você está bem? — A preocupação dela o surpreendeu.

— Vivo — conseguiu dizer. — O passarinho... como ele está?

Robin olhou em volta e sua apreensão deu lugar a uma esperança. O drone preto flutuava perto da cabeça deles. Ela havia conseguido domá-lo? De repente, uma transmissão em vídeo do comandante da EC3 os interrompeu.

— Xavier! Robin! Onde vocês estão? O que essas coisas querem aqui?

O vídeo cortou para uma tomada exterior: atrás da parede de vidro do hotel NEO II Panorama, três drones sobreviventes tinham recuado e formado um triângulo equilátero que girava em volta do prédio, como se estivesse escaneando o hotel andar por andar.

Xavier olhou com raiva para a máquina flutuando acima da sua cabeça.

— Você consegue pará-los? Infectá-los?

— Posso tentar, mas vai levar um tempo — disse Robin. — Por que não só atirar neles?

— Ainda tem gente no hotel.

— O quê? Eu achei que o prédio tinha sido evacuado!

— Ainda ficaram alguns funcionários, além de VIPs da G-STIC que não conseguiram ser retirados suficientemente rápido.

— Merda!

Encontraram um atalho para o veículo blindado, no qual Robin digitava com seu teclado virtual. Ela sentia uma apreensão cada vez maior. Quem ou o que esses drones estavam procurando?

O drone domesticado começou a subir, indo na direção de seus três companheiros. Apenas a uma certa distância o protocolo de comunicação intraenxame era ativado, e assim a isca de dados de Robin poderia fazer efeito. Ela prendeu a respiração.

O hotel Panorama se erguia, dezoito andares acima deles. Quando o tempo estava bom, do topo era possível ver Bruxelas inteira e o Senne reluzente. Se nesse momento um hóspede da cobertura olhasse pela janela, ele teria visto um estranho ponto negro, como uma mancha no vidro que não era possível limpar. O ponto iria lentamente sumir de vista e ser substituído por outro, vindo da mesma direção, e então outro.

Esse trio de drones era como três olhos que observam, um por vez, brilhando com uma luz fria e maligna.

— Rápido! — pediu Xavier, espiando o drone reprogramado. Mas ele claramente não conseguia subir o suficiente. Ainda faltavam cinco andares para o topo e ele precisava subir mais três.

Houve um leve ruído acima, como se uma bolha tivesse estourado, e cacos de vidro começaram a cair do lado de fora do hotel. De repente, tudo estava em movimento. Os três drones tinham aberto fogo e giravam no ar atirando nas janelas que iam do chão ao teto na suíte presidencial.

— Começar transferência de pacote de dados! — Quando eles se abrigaram embaixo do veículo blindado, Robin franziu a testa, examinando o progresso. — Executando!

Xavier se levantou com uma careta e ergueu os olhos para a batalha acontecendo lá no alto. De repente, os drones congelaram, como quatro pausas musicais inscritas no azul do céu.

Outra atualização chegou pelos fones. Robin e Xavier trocaram olhares. Estava claro que os três drones não tinham cessado fogo porque Robin havia se infiltrado no seu código, mas porque haviam completado sua missão.

Ray Singh, escondido na suíte presidencial, tinha se tornado o primeiro nome a ser riscado da Lista Negra do Apocalipse.

SCHEVENINGEN, HOLANDA
16 DE SETEMBRO, 2041
15H00-21H00 HORA LOCAL

Marc não sabia há quanto tempo ele vinha passando por ciclos de BAD TRIP. Podiam ser minutos ou décadas. A pior parte não era a sensação física, mas a agonia na sua mente: o looping infinito de momentos que seu cérebro havia lutado para reprimir. Ou melhor, um único momento devastador.

Cinco anos antes, Marc tinha levado sua esposa, Anna, e seu filho, Luc, para a Califórnia em uma viagem de férias, uma fuga do frio do inverno alemão. Eles dirigiram até a cidade reconstruída de Paradise para visitar o mentor de Marc, Paul Van de Graaff. Eles não se viam havia muitos anos, então a reunião foi emocionada. Luc estava obcecado com a ideia de caminhar por uma trilha da Pacific Crest Trail, então Anna decidiu deixar Marc e o amigo imersos em suas discussões físicas e levar o filho para o topo da montanha, até a Floresta Nacional de Plumas.

— Nós voltamos para o jantar — disse Anna, sorrindo ao sair. — E espero não ouvir a palavra "quantum" na mesa de jantar.

Marc se lembrava de cada palavra com clareza. Foi a última frase que ele tinha ouvido Anna dizer.

Depois que Anna saiu com Luc, Marc tinha explicado seu último trabalho e Paul havia sugerido um novo protocolo de transformação para a fórmula topológica do quantum. Um entrave na pesquisa havia sido desvendado. Marc estava tão animado que nem vira o tempo passar. Já estava tarde quando ele finalmente emergiu da envolvente discussão acadêmica. Ele ligou para a esposa, mas não conseguiu completar a chamada. Foi então que uma estranha cor laranja-avermelhado apareceu no horizonte. Como um pôr do sol na direção errada.

No mesmo instante, seu *smartstream* soou um alarme estridente, assim como o de Paul. Era um aviso para a evacuação de emergência: um incêndio florestal.

Marc seguiu Paul até seu Mustang de câmbio manual. Eles ligaram para a polícia enquanto Paul dirigia, serpenteando por pistas congestionadas pelas pessoas fugindo do incêndio. Marc esperava localizar o veículo de sua esposa via satélite. A ligação foi transferida para a IA do serviço de resposta de emergência e uma voz doce e sintética disse:

— De acordo com a proteção de privacidade de dados da Califórnia, não podemos fornecer a localização do veículo.

Marc desligou frustrado. Paul pisou fundo, acelerando até o limite do carro.

Eles não tinham andado quinze quilômetros quando foram parados por um bloqueio da polícia estadual. Os policiais disseram que era extremamente perigoso seguir em frente e não era permitido aos veículos civis. Enquanto Paul tentava acalmar Marc, um comboio de bombeiros estacionou. Eles concordaram em levá-lo com eles, deixando Paul com o carro.

— É inverno! — exclamou Marc incrédulo.

— É a Califórnia. — Os bombeiros sorriram diante da inocência dele.

Essa região já havia tido um clima mediterrâneo, incluindo os invernos tépidos e chuvosos. Mas, com os padrões climáticos globais se tornando mais extremos, os invernos tinham ficado quentes e secos. Vinte e três anos antes, um enorme incêndio havia destruído a cidade de Paradise. Onze mil casas tinham se transformado em cinzas, 85 pessoas tinham morrido e o incêndio havia atingido mais de 63 mil hectares. Com o acréscimo de ventos fortes, o risco de incêndios florestais de grandes proporções era constante agora.

O comboio passou por uma ponte de ferro laranja-avermelhado. Lá embaixo, um rio claro e aparentemente sem fundo serpenteava para longe. As colinas em ambos os lados eram verdejantes.

Finalmente, Marc viu o Ford da sua esposa estacionado na beira da estrada. Estava vazio. Ela e Luc tinham se aventurado pela floresta? Depois de ele implorar, dois bombeiros se voluntariaram para acompanhar Marc na busca por sua família — mas o tempo estava se esgotando.

O vento carregava pedaços de carvão queimando, que poderiam colocar fogo na vegetação próxima em uma velocidade inimaginável. Em circunstâncias extremas, um incêndio na montanha podia viajar a oitenta quilômetros por hora. Pode ser difícil escapar em um carro, mais ainda a pé.

Marc e os dois bombeiros gritaram por Anna e Luc. Os três homens se espalharam para cobrir mais área enquanto se moviam pela floresta. Eles já conseguiam ver o céu de um vermelho raivoso diante deles, a floresta sob uma auréola dourada. A temperatura do ar estava subindo rápido, e eles conseguiam sentir o cheiro de queimado.

— Não podemos ir mais longe — disse um dos bombeiros, parando com seu parceiro. — O fogo vai chegar aqui a qualquer minuto.

— Por favor — disse Marc, praticamente implorando. — Eles têm que estar aqui perto... me ajude!

— Sinto muito — disse o outro bombeiro, sacudindo a cabeça.

Marc ouviu um som fraco, o chamado de um pássaro talvez. Ele olhou para o caos da floresta diante dele, chamando sua mulher e seu filho, gritando até ficar rouco. Ele ouviu de novo uma voz, mais clara agora, o grito de um menino. Marc disparou nessa direção e os bombeiros saíram atrás dele.

O vento mudou de repente.

Uma onda de calor cruel quase os derrubou no chão. A floresta inteira estava brilhando. A luz vermelha os cercava, como um monstro abrindo sua mandíbula ensanguentada.

Marc viu duas silhuetas indistintas, uma deitada e a outra ajoelhada. Estavam na base de um rochedo. Ele tinha certeza de que eram Anna e Luc. Enquanto se preparava para partir na direção deles, dois bombeiros o seguraram. O trio caiu no chão enquanto Marc lutava para se libertar.

— Que merda é essa? — rosnou.

Mal tinha dito essas palavras quando um dragão de chamas passou por onde ele estava. O dragão cavalgava o vento, transformando tudo em carvão vermelho e chamas. As duas figuras, não muito longe dali, estavam bem no seu caminho.

E então elas sumiram sem deixar rastros.

Foram necessários dezessete dias para apagar o incêndio.

No funeral, tudo que Marc tinha para se despedir era um punhado de terra queimada. Logo depois, ele desistiu do trabalho; não conseguia focar nada além do incêndio que havia levado sua mulher e seu filho. Como um racionalista, ele não podia aceitar isso. Era tão injusto; uma pessoa, instituição ou sistema precisava ser responsabilizado. Todo mundo culpava o clima extremo, mas isso não era suficiente para Marc.

Raiva e culpa distorciam a mente dele como um veneno lento. Ele passou a odiar os outros seres humanos. Ele passou a acreditar que a arrogância e a ganância humana haviam matado sua família. Anna e Luc eram vítimas de uma civilização que tinha escolhido o caminho da autodestruição. A epifania de seu mentor, compartilhada logo antes da tragédia, se tornaria sua arma de vingança.

No mundo quântico, a causalidade funcionava de forma contrária à intuição humana. Causa e efeito se interligavam.

Marc trabalhava dia e noite. Começou a se comunicar em fóruns extremistas da *dark web*, onde recursos ilegais e informação sensível eram trocados livremente. Um esquema por meio do qual poderia ter sua vingança tomou forma lentamente.

Se Marc fosse ser bem-sucedido em seu plano, precisaria de uma descoberta inovadora no campo do poder computacional quântico. Ele dedicou toda sua pesquisa a isso. Mas, na *dark web*, poder computacional era um recurso escasso, buscado por todos, a moeda mais procurada. Precisava esconder os frutos da pesquisa para mantê-la em segurança. Escolheu desaparecer do público.

Para a maioria das pessoas, era só um pobre coitado afogado no luto, preso em seu passado doloroso, no caminho da autodestruição. Eles não faziam ideia de que ele estava no centro de uma conspiração chocante.

A BAD TRIP arrastava Marc de volta para a noite devastadora na Califórnia de novo e de novo, forçando-o a vivenciar a perda de seus entes queridos mais uma vez. Repetidas vezes ele viu sua mulher e seu filho se transformarem em carvão. Se não tivesse sido quebrado antes, estava quebrado agora.

Quando os técnicos o soltaram da BAD TRIP, a noite havia caído. Ele finalmente podia fechar os olhos.

A única fraqueza de Marc Rousseau não existia mais, e o massacre na Terra havia só começado.

ROTA DA SEDA XIII
SALA DE CHAT CRIPTOGRAFADO [000137]
17 DE SETEMBRO, 2041
20H51MIN34 TEMPO UNIVERSAL COORDENADO (UTC)

No chat criptografado, Robin usava seu avatar habitual, uma boneca estranha com olhos de peixe morto e uma cara de nojo criada pelo artista japonês Yoshitomo Nara. Seu parceiro Will era agora uma encarnação de Lone Sloane, o andarilho interestelar de cabelo comprido e olhos vermelhos.

Lee ainda não tinha aparecido, o que era estranho. Ele normalmente era o mais pontual dos três.

O ambiente virtual que tinham escolhido era uma masmorra do século XVIII em York, fria e escura. Velas pálidas tremeluziam em nichos nas paredes de pedra. De vez em quando, lamentos fracos ecoavam por esse subterrâneo profundo.

Robin: Lugar adequado

Will: Não é? Pessoas estão morrendo por toda parte. Essa Lista Negra do Apocalipse está saindo de controle. A IA previu um saldo total entre 1.200 e 1.500 mortes. Todos figurões.

Robin: Então, você encontrou um padrão?

Will: Nós colocamos as informações das vítimas na máquina para que ela fizesse uma análise cruzada, mas não encontramos correlações claras. Nada. Essas pessoas basicamente cobrem todas as demografias, indústrias, grupos etários... O único fio comum é que estão todas no topo de seus respectivos campos, são todas muito influentes. Talvez seja simples assim?

Robin: Eu não acredito. Primeiro os drones atacam centrais de petróleo, depois essas elites. Deve haver alguma outra relação.

Will: Poderia ser uma tática de distração?

Robin: O que você quer dizer?

Will: Para fazer o coelho desaparecer, chame a atenção do público para a cartola. O velho truque de mágica.

Robin: Hummm...

Will: Você mesma disse que é lento demais hackear espalhando os vírus digitais pela rede de comunicação dos drones. Você me perguntou se havia uma forma de entrar pelo hardware. Bem, eu pesquisei. Parece que o problema não tem nada a ver com hardware. Tem a ver com epidemiologia.

Robin: O que isso quer dizer?

Will: Quando um enxame de drones voa em conjunto, como são programados para fazer, a frequência de comunicação entre os indivíduos normalmente é bem alta. Uma vez que um drone é infectado e muda seu comportamento, a comunicação entre ele e o enxame cai a quase zero.

Robin: Então, não importa o quanto a gente tente, não podemos salvar muitas pessoas.

Will: A chave é encontrar a fonte dos drones. De qualquer forma, o que está acontecendo com Lee? Cadê aquele palhaço?

Uma raposa branca tinha entrado na sala enquanto conversavam. Ela se transformou em um garoto diante dos olhos deles, um avatar modelado no próprio Lee.

Will: Finalmente você chegou.

Lee: Precisei de um certo esforço e um pouco de kung fu para me livrar de uns ratos me seguindo.

Robin: Xavier não pode continuar escondendo o dedo de Marc Rousseau nisso tudo, a menos que ele se passe por uma espécie de profeta que consegue prever os próximos ataques. Nós só temos algumas horas para descobrir como deter Marc antes que os poderes em ação completem os procedimentos de entrega. Eu preciso confrontá-lo. Essa pode ser nossa última chance.

Will: Você tem uma queda por esse Xavier, não tem? Não se esqueça de que ele sempre quis te pegar e te jogar na cadeia.

Robin: Que tal você calar a boca, Lee?

Lee: Parem de brigar, vocês dois. Tenho novidades.

Lee fez um gesto e criou uma tela na parede de pedra da masmorra simulada. Um desenho animado começou a passar, mostrando operações criminosas descentralizadas, mas organizadas em escala global, em um mundo baseado em IA e *blockchain*. Todas as transações eram criptografadas. Toda manufatura e todo transporte eram automatizados. Os crimes e os criminosos eram totalmente separados no tempo e no espaço, desde que as tarefas de criptografia de interligação tivessem sido configuradas. Armas podiam ser fabricadas e obtidas automaticamente. Substâncias podiam ser cultivadas, colhidas, purificadas e repassadas por robôs em regiões inabitadas, transferidas para o mercado por veículos autônomos e entregues — tudo por drones. Os compradores só precisavam acessar a *dark web* e clicar no que desejavam, como se fizessem um pedido em um cardápio. Sem intermediários humanos, toda a traição, vazamentos e agentes infiltrados dos velhos filmes de gângster não existiam mais. Mesmo que a polícia ficasse sabendo de um empreendimento criminoso, cada passo do processo acontecia no vácuo, permitindo uma substituição eficiente e perdas mínimas.

Lee: Em um mundo de terrorismo automatizado, uma pessoa pode destruir esse mundo.

Will: Se ele tiver dinheiro suficiente.

Robin: Bem, vamos nos concentrar na nossa carteira de Nakamoto afanada. Lee, me explica.

Lee: Eu revisei dados de tecnologia de drones dos últimos cinco anos no Rota da Seda. Embora as transações sejam criptografadas, publicações, navegação e discussões não são. Eu usei um programa de análise semântica para agrupar o conteúdo das discussões de acordo com a relevância, e um grupo é bem suspeito. Estou falando de montagem automatizada de drones, algoritmos para voo em enxame, sistemas criptografados anti-interferência, módulos de campo de energia ultralongos e por aí vai. Empilhe essas tecnologias e você tem o protótipo do Drone do Apocalipse. A maior parte dos membros do grupo é de usuários anônimos com IPs criptografados, mas um IP ainda está exposto, mesmo depois de centenas de medidas de disfarce. Graças a esse IP, descobri que essa pessoa tem um interesse nítido por duas coisas. Algum chute?

Will: Continua com esse suspense e eu te estrangulo!

Lee: Calma aí, fera. Um é plutônio, a coisa que sai das bases nucleares ex-soviéticas. A outra coisa é ainda mais aterrorizante: como construir um modelo inteligente que possa entender linguagem natural e se comunicar como uma pessoa real, com base nos dados sociais de uma pessoa morta.

Os dois ficaram em silêncio. Outro lamento inumano ecoou de uma câmara distante. As chamas das velas estremeceram em seus candelabros. Era como aquele momento em um filme de terror logo antes de o fantasma aparecer.

Robin: Eu não estou surpresa por ele querer construir uma bomba para destruir o mundo. Mas a outra coisa... isso é interessante. Ele quer criar um fantasma. Talvez seja nossa chance.

Will: O que você quer dizer com isso?

Robin: Lee, você tem duas horas.

Lee: Para fazer um fantasma?

Robin: Para fazer dois.

TREM DE ALTA VELOCIDADE THALYS PLUS
BRUXELAS-SCHEVENINGEN, HAIA
18 DE SETEMBRO, 2041
00H32 HORA LOCAL

Um Xavier exausto colocou os óculos para dormir. Havia um zumbido leve em seus fones de ouvido, como se ele estivesse voando a milhares de pés de altitude.

Uma fumaça negra se erguia ao longe. Mudava de forma como uma revoada de estorninhos brilhando ao sol. Era o enxame de Drones do Apocalipse, que levantava voo de cantos remotos e escondidos do mundo, de fábricas vazias disfarçadas de colinas. Eles se alimentavam de energia solar e assombravam montanhas e campos durante a noite. Sua programação os fazia imitar as formações e rotas de voo dos pássaros, tornando-os invisíveis para os satélites.

Enquanto Xavier observava, o enxame de drones aumentou e se aproximou rapidamente. De repente, estavam ameaçando engoli-lo. Ele não poderia escapar. Ele estava sendo vencido pelo enxame, se tornando parte de uma nova entidade terrorista que descia à Terra para executar um plano maligno.

Salas de reunião, coberturas luxuosas, campos de golfe, navios de cruzeiro, limusines, comitês de bancos: lugares que fediam a dinheiro e status, transformados pelo ceifador de almas em um campo de jogo. Vendo rostos distorcidos pelo medo, balas inteligentes que furavam cabeças e peitos, sangue brotando, Xavier havia percebido que talvez a coisa mais cruel da vida fosse a igualdade de oportunidades.

A violência tinha se tornado insuportável. Xavier desviou os olhos, como se pudesse escapar. Ele viu a figura ao longe — era sua irmã, igualzinha ao que era anos atrás, como se o tempo não tivesse passado.

Xavier tentou passar pelo enxame, pegar a mão da irmã. Mas os pássaros pretos frenéticos bateram contra ele, impedindo-o de dar outro passo adiante. As arestas afiadas das máquinas cortaram seu corpo. Ele sangrou petróleo preto e pegajoso.

Xavier gritou. Ele acordou e viu Robin com uma expressão preocupada.

— Pesadelo?

— Hum... — Xavier estava zonzo, incerto de onde estava.

— Você disse "Lucia". É sua irmã?

Com o coração se partindo de novo ao pensar na irmã, Xavier se virou para olhar pela janela do trem.

— Eu me lembro dela — disse Robin. — Tinha lindos olhos azuis.

— Você a viu? — Ele pegou a mão de Robin.

Robin se retraiu. Claro que tinha visto Lucia. As velhas fotos que Xavier encarava quando acordava no meio da noite, os vídeos de pessoas desaparecidas postados por toda parte... Aqueles olhos de safira eram inesquecíveis. Mas Robin decidiu mentir. Ela não sabia bem por que: empatia, talvez, ou culpa, ou quem sabe a convicção de que nesse mundo horrível ninguém deveria ser privado de esperança, mesmo que não fizesse sentido.

— Quando tudo isso acabar, eu vou te ajudar a encontrar Lucia.

Ela havia conquistado a atenção de Xavier. O homem tinha estremecido, mas logo seu controle esmoreceu e ele não conseguiu conter o choro.

Robin queria confortá-lo, mas suas mãos flutuaram impotentes no ar.

Uma hora mais tarde, chegaram à casa segura em Scheveningen.

Marc Rousseau parecia uma pessoa totalmente diferente do homem que Xavier havia deixado com a BAD TRIP. Estava sentado no escuro como um rei louco, com a barba desgrenhada, os olhos penetrantes.

— Bem-vindos — disse ele. — Quantos morreram? — Direto ao ponto e quase orgulhoso.

— Que te importa? — disse Xavier.

— Não me importa. Importa para o algoritmo.

— O algoritmo? — Robin olhou com raiva para Marc. — É o algoritmo que rouba carteiras ou o que mata?

Marc se virou para Robin com um sorriso estranho.

— Sinto por ter precisado expropriar sua propriedade, mas não era sua de verdade, era? Pensa assim: você comprou uma indulgência, uma cota de reparação.

— É você que precisa de uma porra de reparação! — Xavier bateu com o punho na mesa.

— Sim, imagino que sim. Eu preciso de reparação, assim como vocês dois e todos esses aceleracionistas cheios de si, toda a humanidade. Todos nós precisamos de reparação. E a hora chegou.

— Espera — disse Robin. — Você disse "aceleracionistas". É esse seu motivo para matar aquelas pessoas?

— Rá! Sua preciosa IA antiterrorismo só vê pessoas quantificadas e seus dados: idade, renda, posição, raça, orientação sexual, valor de mercado da empresa, preferências de consumo, status de saúde... não consegue ir além disso. Vocês acham que o avanço tecnológico pode resolver todos os problemas do mundo, mesmo que traga mais problemas. Vocês estão sempre tentando resolvê-los com força bruta, sem se importar com a pegada de carbono. A civilização humana é um carro indo na direção de um penhasco. Aceleracionistas continuam pisando fundo. — Marc fez um gesto exagerado de explosão.

— Então seu plano é punir os humanos criando mais explosões? O que você pretende ganhar com isso? — Robin queria irritá-lo, desequilibrá-lo.

O sorriso de Marc desapareceu. Ele se inclinou para trás, apertando os olhos e dizendo suavemente:

— Você vai ver.

Xavier não fez progresso algum. Para conseguir a informação que queria, ele sabia que precisaria atacar Marc em seu ponto fraco. Ele seguiria o plano de Robin.

— Marc, eu sinto muito por Anna e Luc...

— Não — disse Marc, fuzilando-o com o olhar. — Nem mencione o nome deles. Estou te avisando.

— Você não pode culpar a humanidade toda por um acidente.

— Acidente! Mesmo? — O tênue autocontrole de Marc evaporou. Ele estava tremendo. — A merda da PG&E deixou a rede elétrica sem manutenção. Foi isso que causou o incêndio. Mas ninguém vai admitir isso, nem o governo, nem a empresa, nem a mídia, nem mesmo a maldita população. Todo mundo culpa a natureza, como se não fôssemos parte da natureza! Como se só fôssemos vítimas de uma anomalia climática global nas últimas décadas. Como se não fosse nossa culpa. É idiota!

Xavier e Robin trocaram olhares, então se levantaram para sair.

— Marc, você precisa de um tempo para se acalmar — disse Xavier. — Vamos voltar mais tarde para continuar de onde paramos.

Marc ficou sozinho de novo, um tirano chorando baixinho para si mesmo.

Ele ergueu os olhos confuso quando as luzes piscaram e então se apagaram. Duas fracas chamas azuis apareceram na penumbra. Conforme se aproximavam, rostos começaram a se tornar reconhecíveis sob seu brilho frio. Eram sua esposa e seu filho mortos.

— Anna? Luc? — Marc encarou boquiaberto. Ele não sabia se sentia terror ou alegria. — São vocês mesmo? Eu estou alucinando?

— Não somos fantasmas quânticos — disse Anna, com o característico tom de autoridade e calma de que ele se lembrava. — Claro que somos nós, Marc. E você não mudou nada.

— Pai... — o menino chamou timidamente, como se tivesse feito algo errado. — Eu senti tanta saudade...

— Luc... — Marc desejou tomá-los nos braços, mas se viu amarrado na cadeira. Ele amaldiçoou sua prisão, com lágrimas escorrendo pelas suas faces. — Eu senti tanta saudade. Se ao menos eu tivesse ido com vocês...

— Não se culpe, Marc. Era para ser. Você vai precisar seguir em frente um dia.

— Eu estou bem, Anna. E estaremos juntos logo, logo.

— Pai... — começou Luc. — Por que você está matando todas aquelas pessoas?

— Elas estão destruindo o planeta. Você amava a natureza e os animais mais do que tudo, certo? Eu quero devolver a Terra aos seus habitantes originais, eu estou fazendo isso por você.

— Mas... matar todas essas pessoas vai impedir o planeta de ser destruído?

— Luc, escuta. Essa é só a primeira fase do plano. Quando a última pessoa da lista estiver morta, é quando o estágio final começa.

— Por favor, me conta, pai. O que acontece depois?

A expressão de Marc mudou. Ele pareceu mais alerta. Robin e Xavier, monitorando a conversa da sala ao lado, estavam com o coração na garganta. Será que essas duas imagens holográficas, reconstruídas a partir dos dados residuais de Anna e Luc, seriam convincentes o suficiente para enganar a mente torturada de Marc? Talvez ele já tivesse enxergado através da ilusão. Talvez só estivesse fingindo porque sentia falta da mulher e do filho ou porque queria dar aos seus observadores uma sensação falsa de segurança.

— Luc... — disse Marc na outra sala. — Lembra-se da história que eu te contei quando você foi ao instituto?

— A farsa acabou — a garganta de Xavier estava seca. — Ele sabe.

— Então mudamos de estratégia. — Robin digitou no teclado, buscando o Instituto Max Planck.

— Eu me lembro da estátua de Planck — disse Luc. — Você disse que ele criou a teoria quântica. Você disse que todas as tecnologias quânticas no mundo hoje vieram das suas ideias radicais 140 anos atrás.

— Marc, talvez não seja hora para uma palestra — disse Anna.

— Não, eu estou falando do que estava ao lado da estátua: Santa Bárbara. O pai dela era pagão e a traiu e a assassinou porque ela não queria abrir mão de sua crença em Cristo. Planck e Santa Bárbara são parecidos... essas são histórias sobre o poder da crença. Apenas nos comprometendo incondicionalmente com nossas crenças nós podemos mudar o mundo e criar o futuro.

— Pai... eu não entendo.

— Anna, Luc, eu amo vocês. Eu amo vocês demais, mas é hora de dizer adeus.

Marc fechou os olhos enquanto as lágrimas continuavam a escorrer. Sua voz era sofrida quando ele recitou:

— Fogo cor de ouro do céu visto na terra; herdeiro atingido de cima, bem maravilhoso completo; grande assassino humano, o sobrinho do grandioso levado; de morte espetacular o orgulhoso escapou.

— Marc, o que é isso? — disse Anna. — Eu quero falar um pouco mais com você. — Ela parecia triste, segurando Luc nos braços. A expressão suplicante do menino era igual à da mãe.

— Parem de me testar, seus demônios! — gritou Marc com a voz trêmula. — Sumam da minha frente! Do outro lado, eu verei os verdadeiros...

Ele fechou a boca pela última vez. Cuidadosamente, raspou um dos dentes. Levou apenas dez microssegundos para que a neurotoxina dentro dele atingisse seu sistema nervoso central. A cabeça de Marc caiu, e sua respiração ficou lenta. Ele afundou na cadeira de contenção. O pessoal da emergência não tinha chance de salvá-lo.

Os fantasmas de Anna e Luc desapareceram na escuridão.

Robin estava horrorizada, mas também confusa.

— O que acabou de acontecer?

Xavier disse em voz baixa:

— O que ele quis dizer... aqueles versos?

— As profecias de Nostradamus. Parece que os franceses têm uma tradição de brincar de profeta. Acho que é o que está acontecendo agora. — Robin se lembrou de algo que Lee tinha dito a ela: — Espera! Fogo dourado no céu? Talvez seja isso que estamos procurando. A última etapa do algoritmo...

Xavier a interrompeu. Uma notificação tinha chegado mostrando que os Drones do Apocalipse tinham parado de atacar. Eles estavam recuando.

O último nome na lista havia sido riscado: o próprio autor do algoritmo.

HAIA, PARIS, BAIKONUR, PLESETSK, SRIHARIKOTA, JIUQUAN, XICHANG, TANEGASHIMA, LOS ANGELES, CABO CANAVERAL...
18 DE SETEMBRO, 2041
3H14MIN51 TEMPO UNIVERSAL COORDENADO (UTC)

Com a ajuda do mais sofisticado canal de dados criptografados no quartel-general do EC3, Xavier foi capaz de acordar Eric Koontz, chefe da Agência Espacial Europeia, com base em Paris. Por intermédio de Eric, Xavier emitiu um aviso para todas as bases de lançamento de foguetes do mundo. Era apenas uma frase: "Interrompam todos os lançamentos".

Se Robin estivesse certa, a conclusão do plano de assassinatos por drone automaticamente daria início à próxima fase, como em um videogame. Juntando as últimas palavras de Marc às pistas que Lee havia descoberto on-line, Robin acreditava que havia identificado a próxima ameaça. Seu alcance era quase inimaginável: um número desconhecido de bombas nucleares que seriam disfarçadas de carga espacial comum, levadas por foguetes comerciais e lançadas no espaço ao mesmo tempo.

— Por que não detonar no chão? — perguntou Xavier.

Porque Marc não comprou material bruto suficiente — disse Robin. — Ele não estava mirando em países ou regiões específicas. Ele queria erradicar a humanidade. Poeira radioativa de uma explosão em grande altitude seria um veneno que se espalharia por todo o mundo com as correntes atmosféricas. Ninguém escaparia. Armagedon total.

— Nesse caso, por que ele não fez isso logo? Por que toda essa bobagem de Lista Negra do Apocalipse?

— Você está certo. Por que matar alguns e *depois* matar todo mundo? — Robin franziu a testa.

Os principais locais de lançamento do mundo estavam respondendo, um após o outro. Relatos de descobertas suspeitas começaram a emergir. Onze projetos de lançamentos comerciais foram adiados quando cargas não autorizadas foram detectadas. Os lugares estavam uniformemente espalhados por várias longitudes. A intuição de Robin estava certa.

Dois centros de lançamento ainda não tinham respondido: o centro Kuru na Guiana Francesa, na América do Sul, e o centro San Marco, a cinco quilômetros de Formosa Bay, na costa do Quênia. Nos dois casos, a comunicação entre equipe e mundo exterior havia sido cortada. O Exército local estava a caminho.

Ao redor do mundo, o silêncio era ensurdecedor.

ESA, NASA, CNSA: as agências espaciais de vários países estavam paralisadas com a indecisão. Elas jogaram a batata quente para as Nações Unidas, onde o secretário-geral e sua equipe corriam contra o tempo, negociando com urgência com chefes de vários países e reunindo um conselho interdisciplinar para buscar soluções.

Will e Lee também esperavam conseguir reverter isso. Eles estavam tentando invadir os sistemas centrais de controle dos dois centros de lançamento, que era como o mundo hacker resolvia os problemas.

Robin revirava sua mente. Devia haver algo que tinha deixado passar. Marc não elaboraria um plano em duas fases sem necessidade. Ele ou o algoritmo tinham um motivo para cada passo dado.

— Os Drones do Apocalipse não completaram a missão — disse Xavier de repente. Ele estava folheando o último relatório da EC3.

— O quê?

— Eles não mataram todas as pessoas na lista. Nós resgatamos 274, mas o próximo passo foi lançado mesmo assim. A menos que... — Uma possibilidade terrível surgiu para ele. Ele olhou nos olhos de Robin. — A menos que fosse uma lista com nomes extras. A menos que ela tivesse alvos de distração junto de alvos reais!

Robin rapidamente recuperou os dados da última vítima dos drones: Hikari Oshima, um importante cientista em segurança da informação, uma das 23 pessoas do mundo que tinham uma chave para religar o sistema DNS.

Lançado em 2010, o DNS era um projeto de cooperação multinacional para garantir a segurança da internet e a integridade dos sistemas de nomes de domínios. Robin continuou a estudar os nomes dos mortos, encontrando ainda mais especialistas e acadêmicos em campos relacionados a tecnologia de redes.

— Ele não estava só mirando em aceleracionistas — murmurou ela. — Era a internet!

— A internet?

— Marc, na verdade, estava mirando em qualquer um que pudesse manter a segurança da rede, qualquer um com o conhecimento e as habilidades para reiniciar a rede.

— Reiniciar... você quer dizer que ele quer derrubar toda a rede? Como isso é possível?

Existiam centenas de milhões de servidores de rede na Terra, dezenas de bilhões de aparelhos com funcionalidade de rede — sem falar em um Starlink composto de dezenas de milhares de satélites de comunicação no espaço, e alguns centros de dados controlados por governos e exércitos. O projeto era redundante em algumas formas, mas esse reforço evitava que fosse completamente derrubado. Mesmo que os servidores-raiz fossem atacados e as linhas de fibra ótica submarinas fossem cortadas, era apenas uma questão de tempo até a rede global ser restaurada, desde que os sistemas de reserva pudessem assumir.

— Talvez ele só queira pisar no freio da humanidade.

Robin se lembrou das palavras de Marc na casa segura: aceleracionistas pisando no acelerador, levando o carro da humanidade para um penhasco. Se ele realmente acreditava nisso, tudo fazia sentido. Ele não queria destruir o planeta e exterminar a raça humana. Só queria levar a civilização de volta ao estado pré-digital. Queria tornar a humanidade incapaz de cooperação global em grande escala. Queria reduzir as emissões de carbono, acabar com a poluição, parar o dano ecológico causado pela queima do petróleo. Ele queria tempo para que a natureza se recuperasse.

Robin comandou o sistema de IA para simular o impacto ao longo do tempo de duas bombas nucleares, detonadas em alturas diferentes, na rede global. Dois pontos vermelhos brilhantes surgiram nos hemisférios leste e oeste da Terra digital. Quando ela apertou play, a luz vermelha se espalhou como um câncer. Ela tomaria o mundo todo em trinta minutos. O planeta azul estava rapidamente se tornando uma macabra estrela vermelho-sangue.

— O que é isso? — disse Xavier.

— Pulso eletromagnético de alta altitude, HEMP. Uma detonação na estratosfera média emite raios gama que causam o efeito Compton. Os átomos da atmosfera superior geram uma ionização secundária. O campo magnético da Terra acelera os elétrons livres de alta energia, simulando pulsos eletromagnéticos mais intensos.

— E então o quê?

— Redes de energia ficam sobrecarregadas e entram em colapso. Servidores pifam, junto a roteadores, *switches*, torres de transmissão e todos os equipamentos eletrônicos.

— Mas ainda teríamos satélites.

— Sem infraestrutura no solo para receber e processar os sinais. Se fosse eu, eu lançaria um ataque a protocolos de comunicação na camada de enlace de dados, além dos ataques físicos. Então, mesmo que você conseguisse se conectar à internet, ainda não poderia completar a verificação de ID ou obter qualquer informação.

Xavier encarou Robin como se ela fosse uma terrorista. Sem dizer uma palavra, ele se conectou ao canal de informação de emergência da EC3.

Se Robin estivesse certa, centenas de milhões de pessoas morreriam. Software de controle de tráfego, aplicativos de navegação e sistemas de segurança médica seriam paralisados. Aviões colidiriam. Veículos perderiam o controle. Navios afundariam. O setor financeiro despencaria. A reação em cadeia acabaria com indústrias inteiras.

Sem internet e sem comunicações de longa distância, seria difícil coordenar a logística de alimentos, medicamentos e combustível e a distribuição de outros itens essenciais. Caos e pânico viriam a seguir. A polícia local e as guardas nacionais fariam seu melhor para manter a ordem, mas seu alcance seria bastante reduzido, já que não poderiam mais transmitir ordens ou receber atualizações. Eles teriam que confiar apenas na tomada de decisões local.

Em algumas semanas, as comunicações de onda curta poderiam ser restauradas e uma ordem social básica reconstruída. O resto da rede perdida poderia ser restaurada também, em anos ou décadas, conforme os profissionais com as habilidades e os conhecimentos relevantes. A comunicação e a colaboração humana em larga escala, no entanto, seriam coisas do passado.

Enquanto isso, o mundo mergulharia em uma noite profunda.

Will e Lee finalmente conseguiram acessar o sistema central de controle das plataformas de lançamento de Kuru e San Marco. Eles encontraram um comando que havia passado os sistemas para o modo de lançamento automático, sem supervisão humana. O pessoal estava trancado fora dos centros de controle, com os movimentos restritos. Os dois foguetes estavam sendo abastecidos — o estágio final da preparação para o lançamento. Qualquer interferência de sinal poderia causar erros nos dados de lançamento: inclinação, danos físicos, explosão do corpo do foguete — coisas que iam além do que um hacker poderia resolver.

— Só resta uma opção — disse Robin, olhando impotente para Xavier.

O Conselho Especial para Serviços de Emergência Planetários mandou suas recomendações para a ONU. O conselho tinha sido fundado em 2025 e era composto por centenas de especialistas em todas as disciplinas que buscavam lidar com questões que exigiam colaboração global, como mudanças climáticas e ataques terroristas. Eles pediram que satélites militares em órbita baixa atirassem com lasers nos foguetes antes que as armas entrassem na estratosfera. O plano exigia uma votação com representantes de todos os países. Executá-lo minimizaria o dano global, mas uma explosão nuclear em grande altitude ainda causaria centenas de milhares de mortes no solo. As regiões mais próximas das explosões, com certeza, sofreriam perdas maiores.

Sem contar o ajuste de altitude dos satélites, o tempo estimado para que os alvos estivessem na mira era menos de sessenta segundos.

Os políticos tinham um minuto para determinar o destino da humanidade. Para eles, pareceu uma vida inteira. Para a maior parte da população do planeta, porém, era só mais um dia comum. Eles não sabiam de nada.

Quando a contagem regressiva para a ignição dos foguetes começou, o resultado da votação chegou: o grupo a favor de atirar nos foguetes havia ganhado por uma margem estreita. O sistema de defesa por IA calculou as janelas ideais para o ataque, considerando as baixas em solo e o dano geral às redes. Ainda assim, uma recessão global seria inevitável; e o dano colateral subsequente, incalculável.

Ninguém sabia como as gerações futuras veriam esse minuto decisivo.

Cinco, quatro, três, dois, um, ignição.

Dois foguetes subiram aos céus com suas chamas flamejantes. Estavam a 257 segundos da estratosfera.

Xavier olhou para Robin, desesperado. Colocou a mão no ombro dela.

— Você fez tudo que podia. Agora a única coisa que podemos fazer é rezar.

Os pensamentos de Robin voltavam ao passado. Desde a infância, seu treinamento a havia transformado em uma máquina sofisticada. Ela havia sido criada para escolher o melhor entre muitos caminhos confiando na razão. Tinha aprendido, contudo, que havia certos defeitos intransponíveis em sua estrutura cognitiva. Esses defeitos eram chamados de jogos finitos. Ela fazia escolhas olhando a situação através de uma lente de perdas e ganhos. Mas a vida devia ser um jogo infinito, uma busca da continuidade, não uma única grande perda ou vitória.

Duzentos e vinte e quatro segundos.

Talvez houvesse uma terceira opção, uma alternativa a bombardear os foguetes e deixá-los acabar com incontáveis vidas. A internet global estava prestes a ser aniquilada de forma desastrosa e ainda não estava claro se ela um dia se recuperaria. Deveria haver outra forma. Mas qual?

"Às vezes, para ganhar, você primeiro precisa perder."

Ela se lembrou das palavras da avó, aparentemente ao acaso, e então ela entendeu.

— Me conecta com quem quer que tome a decisão final! — gritou Robin. — Agora!

O secretário-geral da ONU escutou a teoria da hacker fora da lei. E então, quando o Conselho Especial confirmou que o plano era possível, ele deu sua aprovação à Robin.

176 segundos.

O plano de Robin era que humanos desligassem a rede de energia e os cabos de conexão submarinos eles mesmos. Eles precisariam desligar servidores-raiz, instalações para transferência de sinal e todos os equipamentos eletrônicos para minimizar o impacto das EMPs de alta altitude e diminuir o tempo subsequente de recuperação.

Seria uma terapia de choque para a internet global. Isso tornaria real o ideal anarquista com que incontáveis hackers haviam sonhado desde o início da era da internet.

Para garantir que os lasers dos satélites mirassem e destruíssem os foguetes com precisão, a rede principal de comunicação teria que ser mantida até o último momento. Ela só poderia ser desligada quando os foguetes fossem atingidos e após terem sido transmitidas as instruções para que se cortasse a rede de energia e os servidores fossem desativados. Em resumo, mesmo que a automação pudesse executar as operações, o tempo de reação deixado para os humanos no momento decisivo não seria mais que 750 milissegundos.

Robin havia pedido para segurar a chave que desligaria tudo. Ela estava pronta.

88 segundos.

Com a ajuda da IA, várias nações foram rapidamente divididas em regiões. Redes de energia e comunicação em áreas remotas foram cortadas primeiro. Continentes brilhantes no hemisfério oriental rapidamente se apagaram. A escuridão se espalhou pela Terra.

31 segundos.

O corpo de Robin ficou tenso enquanto ela observava a trajetória dos foguetes em um monitor. Os satélites militares ajustaram sua posição. As armas de laser estavam firmes em seus alvos, esperando que os foguetes entrassem no espaço definido. Com alguma sorte, um fino laser de alta energia atravessaria o vácuo, penetraria na atmosfera e cortaria o corpo do foguete em movimento, partindo-o ao meio com a eficiência de uma foice. O foguete explodiria. Os destroços se tornariam uma chuva de fogo caindo sobre a Terra.

Os pensamentos de Robin estavam caóticos. A testa e as mãos suavam frio. Ela nunca tinha experimentado nada assim.

Algo pousou em seu ombro, quente e sólido: a mão de Xavier.

Havia algo complexo nos olhos dele: preocupação, esperança, admiração, talvez até uma ponta de ternura.

— Eu acredito em você — disse ele.

Robin ficou comovida, mas não sabia como responder. Ela assentiu, comprimindo os lábios, e voltou sua atenção para a tela.

9, 8, 7...

O dedo de Robin tremia, flutuando acima do botão, pronto para dar o comando que transformaria a vida como a conheciam.

3, 2, 1...

Era como se dois fios de uma teia de aranha tivessem cortado o céu. O corpo do primeiro foguete se partiu em duas partes, então duas se tornaram quatro. A luz branca da detonação encheu a tela.

— Agora!

O dedo de Robin desceu.

Xavier olhou pela janela horrorizado. Nada parecia ter mudado, e ainda assim nada nunca mais seria igual.

A rede que conectava o mundo desmoronou, e a chuva começou a cair.

HAIA, HOLANDA
18 DE SETEMBRO, 2041
6H42 HORA LOCAL

Robin e Xavier estavam em uma praia vazia, os rostos cansados iluminados pela luz da manhã.

No céu distante, chamas floresciam como fogos de artifício, ou como uma chuva de fogo, lentamente se expandindo e caindo na Terra.

Xavier olhou para seu *smartstream*, mas continuava sem sinal. A cidade deveria estar acordando a essa hora. Mas reinava um silêncio mortal.

Não havia eletricidade nem internet, e ninguém sabia como reiniciar o sistema. Metade das pessoas da Terra estava começando a acordar e um mundo desconhecido as aguardava. Enquanto isso, a outra metade da humanidade já havia mergulhado no caos.

Muitas coisas haviam mudado, mas outras não. A força da gravidade era a mesma, assim como as formas de gerar eletricidade. O sol ainda nascia e se punha. Ainda havia livros e ainda havia conhecimento, mas ele estava espalhado e isolado pelo espaço e pelas mentes. Havia escolas e professores, como sempre tinha havido. Enquanto houvesse novas gerações, elas herdariam velhas tradições e inventariam novas histórias que mudariam a civilização. Esses futuros humanos reconstruiriam o que seus pais haviam feito, trazendo um mundo novo e melhor.

Xavier, de repente, ouviu o riso de uma criança. Soava como a voz da sua irmã. Ele virou a cabeça em busca de Lucia, mas não havia nada além do mar lambendo a praia. Sabia que era hora de seguir em frente.

— Existem coisas que não podem ser destruídas para sempre — disse Xavier. — Elas vão voltar, mas vai ser preciso tempo e paciência.

— E fé — acrescentou Robin, olhando para onde o mar encontrava o céu.

— Sim, e fé.

ANÁLISE

Computação quântica, segurança de bitcoin, armas autônomas e ameaça à existência

A tecnologia é inerentemente neutra — são as pessoas que a usam para propósitos tanto bons quanto maus. Tecnologias disruptivas podem se tornar o fogo de Prometeu ou a caixa de Pandora, dependendo do humano que a usa. É disso que fala "Genocídio quântico".

Essa história inclui várias tecnologias, mas vou focar em duas. Primeiro, vou descrever a computação quântica, que eu acredito que tenha 80% de chances de funcionar até 2041. E, se isso acontecer, pode ter um impacto maior na humanidade que a IA. É uma verdadeira tecnologia de uso generalizado (como o motor a vapor, a eletricidade, a computação e a IA) que pode nos ajudar a aperfeiçoar consideravelmente a ciência e a compreensão da natureza. A computação quântica promete um impacto imenso e benéfico para a humanidade, como todas as tecnologias de uso geral ofereceram no passado. Os computadores quânticos serão grandes aceleradores da IA, e a computação quântica tem o potencial de revolucionar o aprendizado das máquinas e resolver problemas antes vistos como impossíveis. Essa história foca um uso negativo: quebrar criptografia de bitcoins, que provavelmente será um dos primeiros usos importantes da computação quântica. Mas, enquanto ponderamos como prevenir um crime como o retratado na história, não devemos perder de vista o fato de que a computação quântica tem muito mais oportunidades de fazer o bem.

Armas autônomas, como toda tecnologia, também serão usadas para o bem e para o mal. Armas autônomas podem salvar a vida de soldados humanos em uma era na qual as guerras serão travadas por máquinas. No entanto, a ameaça do massacre geral, ou focado, de humanos feito por máquinas supera qualquer benefício. Armas autônomas podem inspirar uma nova corrida armamentista que pode sair do controle. Elas também podem ser usadas por terroristas para assassinar líderes de estado ou qualquer um. Eu espero que as atrocidades nessa história sirvam como um alerta para que se compreenda as graves consequências desse uso da IA.

Computação quântica

Um computador quântico (ou CQ, sigla usada para se referir à computação quântica no geral) é uma nova arquitetura computacional que usa mecânica quântica para realizar certos tipos de computação de forma muito mais eficiente do que um computador clássico seria capaz. Computadores clássicos baseiam-se em "bits". Um bit é como um interruptor — ele pode ser zero (se estiver desligado) ou um (se estiver ligado). Todo aplicativo, site ou fotografia é formado por milhões desses bits. Usar bits binários torna os computadores clássicos fáceis de serem construídos e controlados, mas também limita seu potencial para lidar com problemas verdadeiramente difíceis da ciência computacional.

Em vez de bits, CQs usam bits quânticos, ou qubits, que são normalmente partículas subatômicas como elétrons ou fótons. Os qubits seguem os princípios da mecânica quântica em relação a como partículas atômicas e subatômicas se comportam, o que inclui propriedades incomuns que lhes dão capacidades de superprocessamento. A primeira dessas propriedades é a *superposição* ou a possibilidade de que cada qubit esteja em diversos estados em um certo ponto no tempo. Isso permite que múltiplos qubits superpostos processem um número grande de resultados simultaneamente. Se você pedir a uma IA em um computador clássico para descobrir como ganhar um jogo, ela vai tentar vários movimentos e então reprocessá-los em sua "cabeça" até descobrir um caminho vencedor. Mas uma IA construída em um CQ tentará todos os movimentos de forma extremamente eficiente, levando em conta a incerteza, o que resulta em uma redução exponencial da complexidade.

A segunda propriedade é o *entrelaçamento*, que significa que dois qubits se mantêm conectados de forma que as ações feitas em um afetam o outro, mesmo quando eles estão separados por grandes distâncias. Graças ao entrelaçamento, cada qubit acrescentado a uma máquina quântica aumenta exponencialmente seu poder computacional. Para duplicar o poder de um supercomputador clássico de 100 milhões de dólares, você precisa gastar mais 100 milhões de dólares. Para duplicar o poder de um computador quântico, você só precisa acrescentar mais um qubit.

Essas propriedades incríveis vêm com um custo. A CQ é muito sensível a pequenas perturbações no computador e em seus arredores. Mesmo leves vibrações, interferências elétricas, mudanças de temperatura ou ondas magnéticas podem fazer a superposição decair ou até desaparecer. Para fazer um CQ utilizável e replicável, os pesquisadores precisam inventar novas tecnologias e construir câmaras de vácuo sem precedentes, supercondutores e geladeiras de super-resfriamento para minimizar essas perdas na coerência quântica ou "descoerências" causadas pelo ambiente.

Por conta desses desafios, levou muito tempo para que os cientistas aumentassem o número de qubits da CQ — de 2, em 1998, para 65 em 2020, o que ainda é muito pouco para fazer qualquer coisa útil. Entretanto, mesmo com algumas dezenas de qubits, certas tarefas computacionais podem ser feitas com a CQ 1 milhão de vezes mais rápido que em computadores clássicos. O Google demonstrou a "supremacia quântica" pela primeira vez em 2019, provando basicamente que um CQ de 54-qubit pode resolver um problema (nesse caso, um problema que por acaso é inútil) em minutos, enquanto um computador clássico levaria anos. Quando teremos qubits suficientes para lidar com problemas reais ao invés de problemas inúteis? O mapa da IBM mostra o número de qubits mais do que dobrando a cada ano pelos próximos três anos, com um processador de mil qubits previsto para 2023. Como 4 mil qubits lógicos podem ser suficientes para alguns usos úteis, incluindo, por exemplo, quebrar a criptografia de bitcoins como descrito na história, alguns otimistas projetam que computadores quânticos chegarão nos próximos cinco ou dez anos.

No entanto, os otimistas podem ter subestimado alguns desafios. Os pesquisadores da IBM reconhecem que o controle de erros causados por descoerências vai ficar muito mais difícil conforme qubits forem acrescentados. Para lidar com esse desafio, equipamentos complexos e frágeis devem ser construídos com novas tecnologias e engenharia de precisão. Além disso, erros de descoerência exigirão que cada qubit lógico seja representado por muitos qubits físicos que ofereçam estabilidade, correção de erros e tolerância a falhas. É estimado que um CQ provavelmente vá precisar de 1 milhão ou mais de qubits físicos para poder entregar a performance de 4 mil qubits lógicos. E, mesmo quando um computador quântico funcional for apresentado com sucesso, a produção em massa é outra questão. Por fim, computadores quânticos são programados de forma completamente diferente dos computadores clássicos, então novos algoritmos precisarão ser inventados e novas ferramentas de software precisarão ser construídas.

Considerando as questões do parágrafo anterior, a maior parte dos especialistas acredita que levará de dez a trinta anos para termos um CQ funcional. Com base nas opiniões de especialistas, acredito que há uma chance de 80% de que até 2041 exista um computador quântico funcional com 4 mil qubits lógicos (e mais de 1 milhão de qubits físicos) que possa fazer o que foi descrito em "Genocídio quântico", pelo menos no que se refere a quebrar a criptografia usada nos bitcoins de hoje.

Quando um CQ com milhões de qubits começar a funcionar, uma aplicação que sofrerá mudanças revolucionárias será a descoberta de fármacos. Os supercomputadores de hoje podem analisar apenas as moléculas mais básicas. Mas o número total de moléculas que podem formar um fármaco é exponencialmente maior do que todos os átomos no universo observável. Lidar com um problema nessa escala exige computadores quânticos, que operarão usando as mesmas propriedades quânticas das moléculas que eles estão tentando simular. Um CQ pode simultaneamente simular novos compostos como novos medicamentos e modelar relações químicas complexas para determinar sua eficácia.

Como o famoso físico Richard Feynman disse em 1980: "Se você quer criar uma simulação da natureza, é melhor usar mecânica quântica". A CQ será capaz de modelar muitos fenômenos naturais complexos que os computadores clássicos nem podem imaginar, mesmo além da descoberta de fármacos: por exemplo, descobrir como atenuar as mudanças climáticas, prever riscos de pandemia, inventar novos materiais, explorar o espaço, modelar nossos cérebros e entender a física quântica.

Por fim, o impacto dos computadores quânticos na IA não será só uma questão de tornar o aprendizado profundo mais rápido. Programar um CQ envolve dar a ele todas as soluções potenciais representadas com qubits e então pontuar cada solução potencial paralelamente. Então, o CQ tentará encontrar a melhor resposta em muito pouco tempo. Isso pode revolucionar o aprendizado de máquina e resolver problemas que eram vistos como insolúveis.

Usos de computação quântica em segurança

Em "Genocídio quântico", o físico desequilibrado Marc Rousseau usa uma descoberta na computação quântica para roubar bitcoins. O bitcoin é, de longe, a maior criptomoeda que pode ser trocada por outras coisas como ouro ou dinheiro vivo. Mas, diferentemente do ouro, não tem um valor inerente. Diferentemente do dinheiro em espécie, não é garantido por nenhum governo ou banco central. Os bitcoins existem virtualmente na internet, com as transações garantidas por uma computação impossível de ser quebrada por computadores clássicos. Também são limitados computacionalmente para não ultrapassarem 21 milhões de moedas, o que evita o excesso de oferta e a inflação. Tornaram-se particularmente atraentes depois da covid-19 porque mais corporações e indivíduos estão buscando investimentos seguros imunes à inflação causada pelo relaxamento quantitativo dos bancos centrais. Sendo um ativo seguro, os bitcoins se valorizaram substancialmente. Em janeiro de 2021, o valor total dos bitcoins excedia 1 trilhão de dólares.

O roubo de bitcoins parece fútil se comparado aos grandes usos descritos anteriormente para a CQ, mas é, na verdade, um problema que se sabe que seria resolvido com um CQ modesto, e assim provavelmente seria seu primeiro uso lucrativo. Enquanto alguns dos usos quânticos podem levar anos para serem desenvolvidos, quebrar certos tipos de criptografia é algo relativamente simples. Basta implementar o algoritmo quântico ao artigo fundamental escrito em 1994 pelo professor do MIT Peter Shor. Se esse algoritmo for rodado em um CQ com 4 mil qubits ou mais, ele pode quebrar uma classe de algoritmos de criptografia com "criptografia assimétrica", sendo o RSA o mais conhecido desses algoritmos. Algumas pessoas creditam esse artigo como o início do interesse em computadores quânticos.

O algoritmo de RSA é usado para bitcoins e algumas outras transações financeiras na internet, assim como assinaturas digitais. O algoritmo RSA, como todo algoritmo de criptografia assimétrica, usa duas chaves, a chave pública e a chave particular. Essas duas chaves são sequências muito longas de caracteres que se relacionam matematicamente. A transformação da privada para a pública é muito simples, enquanto o reverso é praticamente impossível de se conseguir com computadores clássicos. Quando você me envia bitcoins (digamos, para fazer uma compra), você os envia com um script de informação que efetivamente serve como um "recibo de depósito" (ou transação) postado publicamente em um registro e que possui minha conta (ou endereço de carteira de bitcoins) como chave pública. Enquanto todo mundo pode ver essa chave pública, apenas quem possui a chave privada que serve como a assinatura digital pode abrir o recibo de depósito. Eu completo a transação ao assinar com minha chave privada. Esse processo é perfeitamente seguro, desde que ninguém tenha minha chave privada.

Com a computação quântica tudo isso muda, porque diferentemente dos computadores clássicos um CQ pode rapidamente gerar a chave privada a partir de qualquer chave pública para um RSA ou algoritmo similar usado para os bitcoins hoje. Assim, o computador quântico simplesmente acessa o registro público (no qual todas as transações são postadas), pega cada chave pública, usa a CQ para gerar uma assinatura digital de chave privada e tira todos os bitcoins das contas que não estejam vazias.

Você pode estar se perguntando: por que as pessoas postariam o endereço de sua carteira e sua chave pública de forma aberta para o mundo? Essa foi uma antiga falha de design. Os especialistas em bitcoin descobriram depois que isso era tanto desnecessário quanto perigoso. Em 2010, basicamente todas as novas transações passaram para um novo formato que inclui o endereço, mas o esconde, o que é muito mais seguro (embora não completamente imune a ataques). Esse novo padrão é chamado de P2PKH. Mas ainda existem 2 milhões de bitcoins guardados no formato antigo e vulnerável (chamado de P2PK). E ao preço de janeiro de 2021, que era de 60 mil dólares por bitcoin, isso chega a 120 bilhões de dólares em bitcoins. Era disso que os ladrões estavam atrás em "Genocídio quântico". Se você possui uma velha conta P2PK, pare este livro agora e vá proteger sua carteira!

Por que as pessoas usando os velhos scripts P2PK não levam seu dinheiro para carteiras seguras? Bem, elas poderiam, mas a maior parte não fez isso. Eu consigo pensar em três explicações. Primeiro, muitos dos proprietários das carteiras perderam suas chaves privadas, porque as chaves eram longas demais para serem lembradas e as pessoas não se importavam tanto quando bitcoins não eram tão valiosos, uma década atrás. Segundo, esses proprietários de bitcoins não sabiam dessa vulnerabilidade. Terceiro, mais ou menos metade dos 2 milhões pertence ao lendário Satoshi Nakamoto, o misterioso inventor do bitcoin, que parece ter desaparecido. Por isso a referência dessa história ao "tesouro de Satoshi".

Por que todas as transações eram postadas em um registro público? Porque isso foi pensado para proteger os bitcoins de uma única empresa ou indivíduo. Esse registro público é armazenado de uma forma descentralizada em muitos computadores, o que torna impossível para que um único computador o modifique ou falsifique. É um projeto brilhante desde que ninguém possa fazer engenharia reversa das chaves privadas a partir das chaves públicas no registro. Essa abordagem também tornou *blockchains* possíveis, o que terá muitos usos úteis em manter informações inalteráveis (como escrituras, contratos e testamentos).

Quando um roubo de bitcoins acontece, não existe como relatar o crime ou processar os culpados porque os culpados não podem ser identificados com facilidade. Bitcoins não são controlados por nenhum governo ou empresa, e suas transações não são regidas pelas leis bancárias. Qualquer um com a chave privada correta pode tirar bitcoins de uma carteira. Não existe arcabouço legal.

Por que Marc Rousseau não foi atrás dos bancos? Primeiro, os bancos não têm um registro público com chaves públicas a partir das quais chaves privadas podem ser computadas. Segundo, os bancos contam com software para monitorar anomalias, como grandes transferências suspeitas. Terceiro, o movimento de dinheiro entre contas pode ser rastreado e processado se leis forem transgredidas. Finalmente, transações bancárias são protegidas por um algoritmo de criptografia diferente, que exigirá um pouco mais de esforço para ser decodificado.

O que pode ser feito para dar um "upgrade" na nossa criptografia? Existem algoritmos resistentes à computação quântica. Na verdade, o professor Shor também mostrou que uma criptografia impenetrável pode ser construída com a CQ. Um algoritmo de criptografia simétrica baseado em mecânica quântica é impenetrável, mesmo que os intrusos tenham poder computacional quântico. A única maneira de se infiltrar nessa criptografia é se os princípios da mecânica quântica estiverem incorretos.

Mas algoritmos resistentes à computação quântica são muito caros computacionalmente, então não estão sendo considerados agora pela maioria das entidades comerciais e de bitcoins. Talvez apenas depois que o inevitável roubo quântico de bitcoins aconteça as pessoas acordem e reformulem os algoritmos. Eu espero que não leve tanto tempo!

O QUE SÃO ARMAS AUTÔNOMAS?

O armamento autônomo é a terceira revolução militar, depois da pólvora e das armas nucleares. A evolução de minas terrestres até mísseis teleguiados foi só um prelúdio para uma autonomia verdadeira movida por IA — todo o processo de morte: busca, decisão de confrontar e obliterar uma vida humana, totalmente sem envolvimento humano.

Um exemplo de arma autônoma usada hoje é o drone Harpy israelense, que é programado para voar até uma área designada, buscar alvos específicos e então destruí-los usando uma ogiva altamente explosiva, apelidada de "Atire e Esqueça".

Mas um exemplo muito mais provocativo é ilustrado no vídeo viral chamado "Slaughterbots" [Robôs Assassinos], que mostra um drone do tamanho de um pássaro buscando ativamente uma pessoa em particular e, quando ele a encontra, atira uma pequena quantidade de dinamite à queima-roupa no crânio da pessoa. Esses drones voam sozinhos e são pequenos e ágeis demais para serem pegos, impedidos ou destruídos.

Um "Slaughterbot" como o que quase matou o presidente da Venezuela pode ser construído hoje por um amador experiente por menos de mil dólares. Todas as peças podem ser compradas on-line, todas as tecnologias são *open source* e estão disponíveis para download. No futuro próximo, robôs poderão fazer o mesmo trabalho, quando os custos baixarem. Isso é uma demonstração de como a IA e a robótica estão se tornando acessíveis e baratas, um fato que tentei destacar neste livro. Imagine: um assassino político por mil dólares! E isso não é um perigo do futuro distante, mas um perigo claro e presente.

Nós vimos com que rapidez a IA avançou, e esses avanços acelerarão o futuro próximo das armas autônomas. Considere a velocidade com que veículos autônomos evoluíram de N1 para N3/N4 (conforme mostrado no capítulo 6). O mesmo inevitavelmente acontecerá com as armas autônomas.

Não apenas esses robôs assassinos se tornarão mais inteligentes, mais precisos, mais capazes, mais rápidos e mais baratos, mas eles também aprenderão novas habilidades, como formar um enxame, usando trabalho em equipe e redundância, o que tornaria suas missões virtualmente imparáveis. Um enxame de 10 mil drones capazes de eliminar uma cidade inteira poderia teoricamente custar apenas 10 milhões de dólares.

Argumentos a favor e contra armas autônomas

Existem benefícios nas armas autônomas. Primeiro, armas autônomas podem salvar a vida dos soldados se as guerras passarem a ser combatidas por máquinas. Além disso, nas mãos de um Exército responsável, elas podem ser usadas para ajudar os soldados a atacarem apenas combatentes e evitar que acertem sem querer Forças Armadas aliadas, crianças e civis (de forma parecida a como veículos autônomos N2 e N3 podem evitar que um motorista cometa um erro). Além disso, podem ser usadas de forma defensiva, contra assassinos e agressores.

Mas os riscos ultrapassam de longe esses benefícios. O maior desses riscos é moral — basicamente todos os sistemas éticos e religiosos humanos consideram tirar uma vida humana um ato questionável que exige forte justificativa e escrutínio. O secretário-geral da ONU, António Guterres, afirmou: "A perspectiva de máquinas com o critério e o poder de tirar uma vida humana é moralmente repugnante".

A armas autônomas baixam o custo para quem mata. Embora ocorram atentados suicidas, dar a própria vida por uma causa com certeza ainda é um obstáculo significativo para todo mundo. Mas com assassinos autônomos não haverá mais vidas sendo dadas para matar.

Outra grande questão é ter uma linha clara de responsabilidade — saber quem é responsável em caso de erro. Isso é bem estabelecido com soldados no campo de batalha. Mas quando a responsabilidade é dada a um sistema de armas autônomas, a responsabilidade fica incerta (de forma parecida com a ambiguidade de responsabilidade quando um veículo autônomo atropela um pedestre). Para piorar, agressores podem ser absolvidos por injustiças ou violações de leis humanitárias internacionais. E isso baixa os padrões da guerra.

Outro perigo é que armas autônomas podem marcar indivíduos usando reconhecimento facial ou de modo de andar e rastreando sinais de telefone ou da internet das coisas. Isso permite não apenas o assassinato de uma pessoa, mas um genocídio de qualquer grupo de pessoas. Em "Genocídio quântico", vimos o assassinato seletivo de elites financeiras e indivíduos importantes.

Maior autonomia sem um entendimento profundo das metaquestões aumentará ainda mais a velocidade da guerra (e, portanto, o número de vítimas) e levará potencialmente a escaladas desastrosas, incluindo uma guerra nuclear. A IA é limitada pela falta de bom senso e da habilidade humana de raciocinar considerando diferentes domínios. Não importa o quanto você treine um sistema de armas autônomo: a limitação de domínio impedirá que ele entenda por completo as consequências de suas ações. É por isso que, na história, as operações antiterrorismo de Xavier e da EC3 ainda são exercidas por humanos, e não por robôs.

Armas autônomas: uma ameaça à existência?

Desde a corrida armamentista naval anglo-alemã até a corrida armamentista nuclear americano-soviética, alguns países desejam a supremacia militar e a tornaram uma prioridade nacional. Isso certamente será exacerbado pelas armas autônomas porque existem muito mais formas de se "ganhar" (com a arma menor, mais rápida, mais silenciosa, mais letal, e assim por diante). Também pode custar menos, diminuindo os entraves. Países menores com tecnologias poderosas, como Israel, já entraram na corrida com alguns dos robôs militares mais avançados que existem, incluindo robôs do tamanho de uma mosca. Com a quase certeza de que seus adversários construirão armas autônomas, países ambiciosos se sentirão obrigados a competir.

Para onde essa corrida armamentista nos levará? O professor de Berkeley Stuart Russell diz: "As capacidades das armas autônomas serão limitadas mais pelas leis da física — por exemplo, por restrições de alcance, velocidade e carga útil — do que por deficiências no sistema de IA que as controla [...] É possível esperar plataformas [...] com uma agilidade e uma letalidade que deixarão os humanos completamente indefesos". Essa corrida armamentista multilateral, se lhe for permitido seguir seu curso, no fim se tornará uma corrida em direção ao extermínio.

Armas nucleares são uma ameaça à existência, mas elas foram mantidas sob controle e até ajudaram a reduzir a guerra convencional por conta da teoria da intimidação. Intimidação significa que ter armas nucleares pode deter um adversário mais poderoso, desde que suas armas nucleares não possam ser neutralizadas em um primeiro ataque surpresa. Como uma guerra nuclear leva a uma garantia de destruição mútua, qualquer país que inicie um primeiro ataque nuclear provavelmente enfrentará retaliação e, portanto, autodestruição. Mas com as armas autônomas a teoria da intimidação não se aplica, pois um primeiro ataque-surpresa pode ser impossível de ser rastreado, e não existe a ameaça da destruição mútua garantida. Na história, a dificuldade de se rastrear os Drones do Apocalipse é um exemplo. Embora hackear os protocolos de comunicação de um Drone do Apocalipse possa oferecer pistas, isso só funcionaria se um "drone vivo" pudesse ser capturado.

Como discutido antes, armas autônomas podem rapidamente desencadear uma resposta e a escalada pode ser muito rápida, levando talvez à guerra nuclear. O primeiro ataque pode nem ser feito por um país, mas por terroristas ou algo diferente de um estado. Isso exacerba o nível de perigo das armas autônomas.

Soluções possíveis para armas autônomas

Existem diversas soluções já propostas para evitarmos esse desastre existencial. Um é a abordagem com interação humana, ou garantir que toda decisão letal seja tomada por um humano. Mas o poder das armas autônomas vem em geral da velocidade e da precisão ganhas de não se ter um humano envolvido. Essa concessão debilitante pode ser inaceitável para qualquer país que queira vencer a corrida armamentista. Além disso, é uma solução difícil de aplicar e com muitas brechas.

Uma segunda solução proposta é um banimento, que foi proposto tanto pela Campanha para Impedir Robôs Assassinos quanto por uma carta assinada por 3 mil pessoas, como Elon Musk e o finado Stephen Hawking, além de milhares de especialistas em IA. Esforços similares foram feitos no passado por biólogos, químicos e físicos contra armas biológicas, químicas e nucleares, respectivamente. Um banimento não será fácil, mas banimentos anteriores contra lasers que causam cegueira, armas químicas e armas biológicas parecem ter sido efetivos. O principal obstáculo hoje é que a Rússia, os Estados Unidos e o Reino Unido se opõem ao veto contra armas autônomas, afirmando que é cedo demais. Em 2021, a Comissão de Segurança Nacional dos Estados Unidos para IA, um grupo dirigido pelo antigo presidente da Alphabet, Eric Schmidt, recomendou que os Estados Unidos rejeitem pedidos para o banimento de armas autônomas.

Uma terceira abordagem é regulamentar as armas autônomas. Isso provavelmente será complexo por causa da dificuldade de se criar especificações técnicas efetivas sem que elas sejam amplas demais. O que define uma arma autônoma? Como se fiscalizam violações? Essas questões são obstáculos difíceis a curto prazo. Mas, como este livro fala de longo prazo, por favor me permita fantasiar com um tratado em 2041 — até lá, será que todos os países conseguiriam concordar que todas as guerras futuras sejam combatidas *apenas* com robôs (ou, melhor ainda, em software), com a promessa de nenhuma baixa humana, mas oferecendo os clássicos espólios de guerra? Ou talvez um futuro em que as guerras sejam combatidas por humanos e robôs, mas os robôs só possam usar armas que neutralizem combatentes robôs, porém sejam inofensivas para soldados humanos (como *laser tag*)? Essas ideias obviamente não são factíveis hoje, mas talvez elas inspirem algo viável mais cedo.

Eu espero ter demonstrado que armas autônomas já são um perigo claro e presente e se tornarão mais inteligentes, ágeis, letais e acessíveis, em uma velocidade sem precedentes. O uso de armas autônomas será acelerado por uma corrida armamentista inevitável que não terá o limite natural das armas nucleares. As armas autônomas são o uso de IA que mais entra em um conflito claro e profundo com nossa moral e ameaça a existência da humanidade. Precisamos mobilizar os especialistas e líderes para que diferentes soluções sejam ponderadas a fim de evitar a proliferação de armas autônomas e o extermínio da nossa espécie.

8

O SALVADOR DE EMPREGOS

"Antes de deixar que aquela perfuratriz a vapor me vença, vou morrer com o martelo na mão."

"John Henry", popular canção norte-americana

Nota de Kai-Fu

Esta história explora uma questão que vem causando muitas disputas: o que acontecerá com os empregos humanos conforme a marcha constante da IA alcançar mais indústrias, tornando tarefas humanas desnecessárias? Enquanto a IA dizima postos de trabalho rotineiros, uma nova indústria surge — empresas de realocação de empregos, que são contratadas para treinar e realocar os trabalhadores substituídos. Mas o que exatamente são os novos empregos — e eles poderão satisfazer o desejo humano de se sentir produtivo e útil? Quem está mais em risco, e como os humanos podem prosperar em uma era pós-automação? Compartilho minhas ideias a respeito dessas questões no comentário ao final do capítulo, descrevendo de que modo tecnologias como a robótica e a automação de processos continuarão a evoluir e assumir tarefas tanto de trabalhadores braçais quanto especializados.

Na sala de treinamento escura, Jennifer Greenwood e outros doze trainees olhavam com atenção para a imagem girando no ar diante deles. Com os gráficos vinha uma voz masculina, narrando-os suavemente, como um oráculo enunciando adivinhações.

— Tudo começou a mudar em 2020 — dizia a voz. — A epidemia levou ao isolamento social e a restrições de viagem. Donos de empresas foram forçados a evoluir, recorrendo à robótica e à IA para substituir o pessoal humano.

A cena flutuando mudou para uma Times Square abandonada, um shopping decadente, uma Disneylândia vazia, imagens de fábricas lacradas e linhas de montagem silenciosas. Em seguida, vieram imagens de multidões na rua usando EPI e erguendo cartazes em protesto contra as demissões em larga escala, além de imagens mais perturbadoras de revoltas e saques.

A narração continuou:

— Em 2024, a Casa Branca trocou de mãos e a nova administração comandou um programa de renda básica universal. A RBU garantia a cada cidadão um auxílio mensal, pago com a taxação dos ultrarricos e magnatas bilionários que tinham feito fortuna com empresas movidas pelas novas tecnologias e pela coleta de dados. Buscar uma solução para o desemprego estrutural causado pelos avanços da IA tinha se tornado urgente.

Uma colagem de manchetes da época apareceu na apresentação virtual acima de Jennifer e seus colegas trainees, acompanhada de efeitos sonoros dramáticos de programas de notícias. Um gráfico animado mostrava o mercado de ações flutuando violentamente e a seguir imagens de cidadãos reagindo a uma notificação de depósito da RBU em seus smartphones.

A voz continuava:

— Apesar da popularidade inicial, a RBU levou a consequências não desejadas. Muitos ex-trabalhadores, com muito tempo ocioso, acabaram viciados em jogos de VR, apostas on-line, drogas e álcool. Os centros urbanos mais uma vez se tornaram ímãs para o crime conforme as grandes empresas, e os ricos abandonavam o coração das cidades. Gente demais havia se tornado dispensável pelo desenvolvimento rápido e agressivo da IA, com pouca orientação dos líderes quanto a novos caminhos para empregabilidade. Uma onda de falências levou a uma alta taxa de suicídio. Alguns começaram a pedir a revogação da RBU. Em 2028, as redes sociais estavam consumidas pelo Grande Debate a respeito dos prós e contras da RBU. O Senado e a Câmara mergulharam em uma longa disputa com idas e vindas a respeito de um plano proposto para abolir a RBU. O programa da RBU foi formalmente extinto em 2032. Em seu lugar, foi aprovada uma legislação que incentivava um novo campo, a restauração ocupacional, para lidar com os desafios desse momento histórico. Os "realocadores" de emprego ajudavam a treinar pessoas em novas habilidades vocacionais e a identificar novas oportunidades de trabalho. O governo usou parte da arrecadação de impostos antes destinada à RBU para incentivar a indústria da realocação de trabalhos na esperança de resolver os males sociais que tinham se tornado fatos comuns da vida moderna. Foi por volta dessa época que me senti inspirado a fundar a Synchia.

Jennifer já conhecia a história da Synchia tão bem que ela mesma poderia ter feito o discurso. Agora — na era da restauração ocupacional — as empresas precisavam contratar os serviços de uma firma como a Synchia para cuidar das demissões.

As empresas de restauração ocupacional, além de serem subsidiadas por incentivos do governo, negociavam os termos das demissões com empregadores. Em geral, o custo era mais baixo do que os empregadores gastariam com indenizações em larga escala. Empresas como a Synchia compensavam a diferença cobrando de agências de contratação terceirizadas para lhes encaminhar trabalhadores desempregados ocupacionalmente restaurados, de forma similar aos custos arcados pelos "headhunters" tradicionais. O lucro era destinado a novos treinamentos para aqueles que não eram imediatamente reempregáveis.

Encontrar novos empregos para as pessoas não era tão simples quanto combinar vagas e candidatos. Conforme a quantidade de carreiras sustentáveis diminuía, os realocadores de empregos como a Synchia conduziam testes de habilidades e personalidades com aqueles que tinham sido afetados pelo desemprego estrutural de forma a criar mapas abrangentes de pesquisas vocacionais, que incluíam os últimos dados econômicos de modo a rastrear mudanças na sociedade. Munidos com dados, os realocadores ofereciam àqueles que buscavam trabalho um plano customizado para um novo emprego — com uma boa dose de empatia. Era aí que o charme de Michael entrava em cena.

Quando a aula introdutória a respeito da realocação de empregos e da Synchia terminou, a imagem holográfica de Michael Saviour apareceu, como mágica, no meio da tela. Ele começou a falar com Jennifer e os outros trainees. Era a voz suave de Saviour que vinha narrando o vídeo. Ele parecia não ter nem 50 anos, era um pouco gorducho, estava ficando grisalho nas têmporas e tinha as costeletas cuidadosamente aparadas. Vestia um terno azul-marinho, elegante, mas não luxuoso.

Foi a reputação de Michael Saviour, não sua aparência, que tinha atraído Jennifer a procurar um emprego na Synchia. Jennifer tinha devorado tudo que encontrou on-line sobre ele, vídeos dele em palestras e fóruns de discussão em que outras pessoas analisavam as técnicas da empresa. Nos comentários as pessoas se maravilhavam com como Saviour parecia cativar o público em todo lugar que entrava. Talvez fosse esse controle sutil do ambiente e dos ânimos que o tornavam o melhor realocador de empregos do país. As palavras de Saviour eram comedidas; seu tom, sua expressão, sua postura, tudo contribuía para uma sensação do quanto ele era profissionalmente confiável. Ele sabia como fazer as pessoas se sentirem melhores.

"Se eu pudesse ser assistente de Michael..." A ideia ainda parecia muito ridícula. Jennifer tentava não fantasiar com isso. Afinal, era só a primeira semana do seu estágio na Synchia.

"Não seja tonta." Jennifer se forçou a focar a tarefa que tinha em mãos.

Flutuando no ar, Michael ainda estava falando enquanto gesticulava graciosamente com as mãos, como um maestro. A janela do vídeo obedecia a seus gestos e flutuava, crescendo, encolhendo e se curvando em harmonia com os movimentos de Saviour.

— Como vocês viram, sinais de mudança já estavam aparecendo antes da pandemia. O vírus simplesmente acelerou as coisas. Uma boa parte da atividade econômica que antes era conduzida off-line passou a ser on-line enquanto as pessoas mantinham o distanciamento social. As indústrias tradicionais de serviços e manufatura sofreram graves perdas. Eram campos nos quais as máquinas tinham vantagem.

Enquanto Michael gesticulava, um conjunto de pessoas de diferentes profissões aparecia e desaparecia no vídeo flutuante: operadores de caixa, caminhoneiros, costureiras, operários, trabalhadores rurais, funcionários de telemarketing, trabalhadores bem-vestidos de escritórios e até médicos. As imagens continuaram surgindo, cada vez mais rápido; as multidões como fantasmas, vagos e indistintos.

— O concorrente da humanidade era a IA, que podia aprender e melhorar continuamente, 24 horas por dia, sem descanso — continuou Saviour.

— Trabalhos que eram feitos por humanos até um mês antes foram súbita e cruelmente tomados pela IA. Essa corrida vinha acontecendo havia mais de vinte anos, mas de repente ela se tornou aparente para todos. Estamos hoje nesse ponto. Não há um fim em vista, pelo menos não no futuro próximo. Muitos empregados são como perus numa fazenda, esperando nervosos pelo Dia de Ação de Graças. E, claro, nessa era de ansiedade, alguns comportamentos extremos se tornaram o novo normal.

Imagens de protestos e conflitos violentos encheram a tela mais uma vez. Para Jennifer, essas cenas ainda eram chocantes. O pior do Grande Debate tinha sido escondido das crianças na época.

— O governo tentou a RBU. Eles tentaram diminuir a semana de trabalho. A história mostra que políticas como a RBU apenas prolongam o desespero. Elas não conseguem resolver o problema fundamental: que as pessoas, sem o senso de realização obtido do trabalho significativo, se sentem perdidas e sem esperança. Sem um senso de valor, elas buscam narcóticos literais e figurativos. E quem pode salvá-las desse destino?

Michael fez uma pausa, com um leve sorriso em seu rosto, e olhou em volta para os rostos na sala de treinamento.

Jennifer não conseguia evitar sentir que Michael estava olhando diretamente para ela. Ela ergueu a mão.

— Ah! A jovem ali na frente. Por favor, nos diga seu nome.

— Jennifer Greenwood, de São Francisco.

— Excelente, Jennifer. E qual sua resposta?

— Nós, sr. Saviour. Nós somos como seu nome. Nós somos os salvadores.

Todo mundo riu e Jennifer corou. Ela não estava tentando ser puxa-saco.

— Obrigado, Jennifer. Existe uma lição importante aqui. As pessoas não são máquinas — entoou Michael diante dos trainees. — Nós somos mais complexos, mais adaptáveis, mais movidos por emoções, então haverá grandes exigências para todo mundo aqui. Vocês devem se tornar os melhores restauradores ocupacionais. O trabalho de vocês é salvar pessoas, restaurar não apenas seus empregos, mas sua dignidade.

Em meio aos aplausos que se seguiram ao discurso de Michael, a luz na sala se acendeu. Então, para surpresa de Jennifer, o próprio Michael emergiu de trás da tela em São Francisco. A apresentação não estava sendo transmitida da sede de Seattle no fim das contas — ao que parece, esse era mais um de seus truques de mágica.

A aparição repentina de Saviour era emocionante, mas também deixou Jennifer um pouco nervosa. Ela se perguntou o que o tinha levado até ali. Entendia intuitivamente que, com algumas exceções, quando alguém com a importância de Saviour aparecia pessoalmente, era porque inevitavelmente havia uma grande crise precisando ser resolvida. Jennifer tinha ouvido rumores a respeito de um grande projeto que a Synchia estava buscando: milhares de demissões de trabalhadores da Landmark, uma das maiores construtoras do país. Seria por isso que Michael estava ali em pessoa?

Enquanto a mente dela revirava as possibilidades, Jennifer não conseguiu impedir o pensamento de que Michael a lembrava um pouco de seu pai, funcionário de uma empresa de seguros que amava instilar na filha uma atitude proativa, de quem aproveita as oportunidades e "dá sempre seu melhor". Pelo menos, esse era o mantra do pai.

Naquele momento, Jennifer decidiu adotar o espírito do pai. Ela rapidamente escreveu uma mensagem curta no smartphone e, depois de hesitar um momento, apertou "enviar".

Três meses depois, na praça em frente à imponente sede da Landmark, Jennifer abriu passagem por uma multidão de manifestantes, parecendo fora de lugar em seu terninho formal.

Seu e-mail impulsivo durante a semana de treinamento tinha lhe rendido um café com o próprio Michael Saviour. Este admitiu que a mensagem dela, com sua falta de formalidade, o tinha tocado. Na mensagem, ela havia mencionado as perdas e derrotas do pai e como isso a tinha inspirado a entrar na Synchia. Michael disse a Jennifer que sua ousadia o tinha impressionado. O café de vinte minutos se esticou para uma hora. E, por acaso, a posição de assistente de Michael estava disponível. Depois da reunião, ele a tinha convidado a fazer um teste para a vaga, dependendo, é claro, da avaliação do RH. Afinal, vários jovens funcionários da Synchia queriam essa oportunidade. Por sorte, Jennifer não tinha decepcionado Michael, nem a si mesma.

Jennifer tinha se juntado à empresa em uma época de grandes oportunidades — e estresse. Michael estava determinado a ganhar o contrato da Landmark. Com a indústria de construção tradicional evoluindo no sentido da digitalização, a Landmark tinha optado por uma substituição em larga escala dos papéis humanos tradicionais por componentes pré-fabricados impressos em 3D e arquitetos de IA. O resultado seria uma grande rodada de demissões, primeiramente de trabalhadores braçais. Para prosseguir com o plano, o governo exigia que a Landmark contratasse os serviços de uma empresa de restauração ocupacional. Com um só golpe, milhares de trabalhadores precisariam ser reconduzidos a novos empregos. Se a Synchia ganhasse a licitação, isso seria um de seus maiores contratos de realocação até o momento. Mas havia concorrência.

Michael tinha recebido uma dica de que uma nova empresa misteriosa também estava atrás do contrato da Landmark. Quem era? Eles tinham algum tipo de vantagem? Michael havia mandado Jennifer colher informações. Até agora, ela havia pesquisado canais públicos e saído de mãos vazias. Alguns dias antes, no entanto, em seu caminho para o escritório, tinha notado uma pichação misteriosa no tapume de um canteiro de obras da Landmark que ficava no trajeto. Para sua surpresa, quando Jennifer ergueu o celular na direção da imagem, ele detectou um QR code que a levou para um fórum on-line secreto. Enquanto navegava pelo fórum, ela rapidamente percebeu que era a base on-line de um grupo de trabalhadores da Landmark que estava se organizando contra as demissões — um tipo de movimento clandestino de resistência à automação.

No fórum, funcionários anônimos tinham organizado um dia de protestos. Agora, Jennifer se via no meio de um grupo de trabalhadores da construção civil que estava protestando e obstruindo o tráfego no centro de

São Francisco, em frente à Torre Landmark. E eles não tinham trazido só placas. Guindastes pesados, betoneiras e bolas de demolição estavam alinhados como tanques se preparando para um desfile militar. Os trabalhadores, de capacete laranja e coletes reflexivos, tinham trazido consigo suas ferramentas de trabalho e carregavam marretas nos ombros e caixas de ferramentas, além das placas do protesto. Um cartaz dizia: "As máquinas opressoras devoram O Povo!". Organizadores com megafones guiavam a multidão em um canto:

— Fodam-se os robôs! — Era ensurdecedor.

A polícia, com equipamento de proteção, tinha formado uma linha defensiva como um dique indestrutível, mantendo os manifestantes longe das portas da sede.

Jennifer percebeu que era um cabo de guerra de quatro lados. O governo queria estabilidade. A Landmark queria custos mais baixos; empresas de restauração ocupacional, como a Synchia, queriam ganhar um contrato lucrativo, e os mais vulneráveis, os trabalhadores, queriam manter seus empregos ou no mínimo ter a sensação de que estavam cuidando deles, em vez de só dispensá-los em favor das máquinas. Quando três jogadores formavam uma aliança por baixo dos panos, a parte que sobrava usava a única carta que tinha, um blefe, uma demonstração de força, para fazer pressão sobre todas as partes.

Ocorreram casos esporádicos de manifestações antidemissões nos últimos anos, mas nada dessa magnitude. Os trabalhadores tinham pegado em armas contra a última oferta da Landmark. O rumor era que, se a Landmark não oferecesse um plano de demissão que fosse satisfatório para os trabalhadores, os protestos poderiam se agravar. Enquanto os olhos dela iam dos enormes veículos de construção para a polícia — armada até os dentes —, Jennifer ficou preocupada com a perspectiva de violência.

Ao abrir caminho pela multidão, Jennifer sentiu seu celular vibrar. Ela atendeu, segurando o pequeno aparelho com agilidade em uma das mãos enquanto agarrava uma bolsa preta de couro falso com a outra.

— Jenny, onde você está? — Era Michael. — Estamos correndo contra o tempo aqui e você desapareceu.

— Eu estou fazendo o trabalho que você me ensinou a fazer! — gritou Jennifer, esforçando-se para ser ouvida por cima do clamor do protesto.

— Parece que você está em um show? Um jogo de futebol? Ou uma festa? Mas são dez da manhã, então eu sei que não pode ser.

— Desculpa, estou fazendo uma certa pesquisa de campo... — Jennifer deixou a frase no meio. Tinha visto o que estava procurando em meio à multidão de manifestantes: um homem usando um boné do St. Louis Cardinals. — Pesquisa de oposição!

— Cristo! Não me diga que você... olha, sai já daí e volta pra cá! É perigoso!

— Até logo. — Jennifer desligou e abriu caminho até o homem com o boné do Cardinals. — Ei, você é... SLC422? — Era o ID do homem no fórum, talvez seu aniversário ou um número da sorte, Jennifer imaginara.

O homem se virou e assentiu de forma quase imperceptível.

— Foi você quem me mandou mensagem no fórum... a repórter? — O homem olhou para a roupa de Jennifer. — Você não parece muito uma repórter.

— Nosso trabalho exige um pouco de disfarce. — Ela deu uma piscadela e pescou da bolsa um caderno e uma caneta. — Eu estou do lado de vocês. Não podemos deixar essas grandes corporações ficarem impunes!

— Bom saber. Milhares de empregos tirados pelos robôs. Nós não pretendemos aceitar isso sem lutar!

— No seu post você disse que falam de uma empresa por trás do programa de demissões... uma empresa que diz que pode garantir 100% de realocação ocupacional. Isso é real?

— É, é real. Eu tenho um amigo que trabalha no RH. Ele comprovou. Ele disse que a empresa se chama alguma coisa tipo Ômega. AliançaÔmega. Foi o que eu ouvi.

— Uau! Parece que pode ser bom se eles conseguirem o contrato.

— Eu não sei. Essas empresas de realocação normalmente oferecem trabalhos de merda, ou requerem que você se mude, faça um treinamento e sei lá mais o quê. Não gosto da ideia de ser realocado para fora da minha vida atual. Queremos algo *bom*, não só melhor do que nada. — Ele ergueu um punho e olhou para a multidão inquieta ao seu redor.

— Certo, sr. SLC422, você tem meu e-mail. Se ficar sabendo de mais alguma coisa, entre em contato quando quiser. Boa sorte. — Quando Jennifer se virou para sair, um turbilhão de corpos quase a carregou.

— Se cuida!

A fraca bênção foi rapidamente engolida por ondas de sons de protesto.

Trinta minutos depois, Jennifer estava de volta ao escritório de Michael, os dois se olhando em choque.

— Você diz 100%, mas o que isso significa? — Michael estava incrédulo.

— Significa literalmente 100%. — Jennifer se apoiou na porta, incapaz de não revirar os olhos.

— Mas não faz nenhum sentido, cacete. Você sabe o quanto trabalhamos para conseguir nossa porcentagem... o treinamento, as realocações. Mesmo que a Califórnia não precise de trabalhadores de construção civil, talvez a Pensilvânia precise. Mesmo que os Estados Unidos não precisem, talvez a Europa precise. Nós trabalhamos sem parar para conseguir 28,6%. Cem por cento? Ah! Melhor você me dar logo um tiro.

Naquele momento, Michael parecia mais um velho desgrenhado do que um visionário, pensou Jennifer.

— Mas foi o que ele disse. Ele não tinha por que mentir. Quer dizer, quem acreditaria numa mentira assim?

— Mas essa... AliançaÔmega... é um nome péssimo, aliás, e eu nunca ouvi falar deles. É isso que você chama de informação depois de uma manhã suando e indo de um lado pro outro?

Michael tinha mandado sua assistente de IA checar potenciais concorrentes, mas a assistente tinha voltado de mãos vazias. Ou a empresa não tinha sido registrada há muito tempo, ou algo suspeito estava acontecendo. "Um codinome? Uma empresa de fachada? Mas por que toda essa dissimulação?" Michael estava perplexo e irritado.

Sozinho em seu escritório, Saviour encarava o celular vibrando. O identificador de chamadas dizia "Allison Hale". Os olhos dele se arregalaram. Ele e Allison, que era seis anos mais nova, tinham saído na época da faculdade. Tinham acabado na mesma profissão e se tornaram rivais de certa forma. Fazia muito tempo que ele não tinha notícias dela.

— Olá, Allison. Que inesperado! Você está na cidade? Almoço? Deixe-me dar uma olhada... bem, por que não? Eu conheço um bom lugar.

Michael desligou, intrigado e um pouco confuso. Essa ligação inesperada tinha algo a ver com a chegada de um concorrente inesperado? Ele se sentia impelido a descobrir.

O almoço foi em um restaurante de estilo cantonês chamado Três Tesouros. Os pequenos pratos de *dim sum* se espalhavam sobre a toalha de mesa vermelha, como flores de lótus se abrindo em um lago no verão. Michael chegou primeiro. Enquanto ele observava o recepcionista trazê-la até sua mesa, ele se admirou como Allison parecia não ter mudado nada. "Talvez ela tenha feito terapia de restauração de telômeros", especulou ele.

— Então, desembucha — disse ele depois de conversarem amenidades sobre os rolinhos de frutos do mar e pãezinhos no vapor. — Eu sei que você não viria atrás de mim se estivesse tudo bem.

— Ah! Você acha que não posso só querer conversar? — Allison baixou seus palitinhos.

— É que tenho outra reunião daqui a pouco. Tenho certeza de que você entende.

— Certo, Michael. Você me pegou. Aí vai. Faz quanto tempo que você fundou a Synchia? Cinco anos? Oito?

— Então você veio fuxicar, é? — Michael examinou Allison do outro lado da mesa. — Isso não pode ser uma coincidência. A bagunça da Landmark faz surgir um rival de quem eu nunca ouvi falar e, de repente, você aparece aqui e sugere um almoço. Você está trabalhando para essa tal de Ômega agora? Não me diga que você acredita nesse papo de 100% de conversão.

— Para ser exata, 99,73%. E, sim, eu acredito nesse papo.

— Parece suspeito para mim. É legal? E como ficam os trabalhadores?

— Bem, se você assinar alguns documentos, poderá descobrir todos os nossos segredos comerciais. Existe muita coisa que você não sabe. O que me diz?

— Você está me oferecendo um emprego. Ou tentando comprar minha empresa? E se eu me recusar?

— Então eu vou ter que supor que o velho e triste Michael está confortável há tempo demais e não consegue mais distinguir um filé de um osso.

Michael encarou Allison. Ele se lembrou daqueles anos de debates acalorados em sala de aula. Ela era inteligente e radical, o tipo de aluna de MBA que amava *A revolta de Atlas*. Allison sempre tinha gostado de atacar a visão de mundo de Michael, sugerindo que ele era uma farsa hipócrita, que seu "espírito de comunidade" mascarava a busca pelo lucro, que ela via como a virtude humana fundamental.

Essas disputas tinham o efeito de criar faíscas românticas, mas as diferenças fundamentais dele desgastou rapidamente o relacionamento.

— Você não mudou nada — disse Michael, rindo.

Allison sacudiu a cabeça.

— Olhe, eu estou oferecendo a chance de ajudar muito mais pessoas do que você ajuda agora. Não é sua doutrina? Por que não dizer sim? Pensa nisso e me liga.

Michael observou enquanto Allison saía do Três Tesouros. Não importava o que fosse necessário: ele precisava descobrir que raios estava acontecendo com essa AliançaÔmega. E sua ousada assistente era a pessoa certa para isso.

— Então, sua nova assistente está dando certo?

— Ela é muito competente. Mais competente do que eu me sinto no momento!

Deitado numa espaçosa e confortável poltrona Le Corbusier LC4, com a gravata afrouxada e os olhos fechados, Michael focou sua respiração. O almoço com Allison tinha causado uma crise de ansiedade e ele tinha ligado em pânico para sua psiquiatra, a dra. Trisha X. J. Deng. O rosto de Deng, por baixo de um capacete de cabelo grisalho bem arrumado, aparecia agora na tela à sua frente.

— Esse ataque não teve nenhum gatilho direto. Foi completamente diferente da outra vez... do incidente com Elsa.

Michael comprimiu os lábios, repassando a cena na sua mente.

Embora ele fosse o CEO, Michael gostava de se gabar de ainda encontrar com os clientes da Synchia pessoalmente. Em sua memória, uma mulher, Elsa, entrava no escritório da Synchia e sentava-se. Michael examinava o arquivo dela.

— Srta. Gonzales, posso chamá-la de Elsa? Parece que nossa situação não é tão boa, mas você tem muita sorte...

— Nós já nos conhecemos, sr. Saviour — interrompeu ela.

—Ah, é mesmo? — Michael ergueu os olhos, examinando o rosto dela, buscando em vão por uma lembrança.

— Você não se lembra? Eu fui mandada para seu escritório uns cinco anos atrás, quando perdi meu emprego. Eu era gerente de um armazém e você me passou para um trabalho como atendente de parque temático no Adventure World porque achou que eu era paciente e gostava de crianças. Você me disse que esse trabalho seria estável, que duraria até minha aposentadoria. Seu escritório era bem menor na época. Mas agora aconteceu de novo. — A voz de Elsa transmitia todo seu desânimo.

— Elsa, eu acredito na sua memória, acredito que isso aconteceu, mas foi uma mudança estrutural imprevista. Eles chegaram atrasados, mas parques temáticos e locais de entretenimento de grandes proporções começaram a usar atendentes robóticos. Custa menos e é mais eficiente. E eu acho que as crianças talvez prefiram os robôs. — Michael piscou com uma expressão de desculpas.

— Então... para onde você vai me mandar dessa vez?

— O zoológico da cidade tem vagas abertas. Eu acho que é uma combinação excelente.

— Então, que sorte a minha, vou poder recolher merda de elefante todos os dias! E quanto tempo eu tenho dessa vez? Três anos? Um? Nove meses?

Elsa estava tremendo. A voz dela ficou mais alta.

— Todos os pais querem ser heróis aos olhos dos filhos. Mas nesse momento eu me sinto mais como uma barata. Eu corro de um lado pro outro, pegando qualquer sobra que me derem para sobreviver. Eu não quero que meus filhos me vejam como uma barata, sr. Saviour.

Ver essa mãe à beira de um colapso emocional trouxe à tona as memórias do próprio Michael. A mãe de Michael, Lucy, era uma contadora talentosa que conheceu a mesma vergonha. Naquela época, o inimigo não era a IA. Era só um software normal de contabilidade que fazia contas muito rápido. A mãe dele mudou de emprego diversas vezes, cada vaga pior do que a anterior, até que os empregos acabaram.

Michael fechou os olhos, lutando para expulsar as visões do que veio a seguir: a mãe desempregada, derrotada, afogando suas mágoas em álcool. Ele se lembrava claramente do que tinha sentido por ela na época. Pesar, compaixão... e, embora não pudesse evitar, uma estranha repulsa.

— Michael?

A voz da dra. Deng trouxe Michael de volta ao divã, ao mundo real. Ele abriu os olhos e olhou para a psiquiatra na tela, perplexo.

— Você queria salvar Elsa, assim como você queria salvar sua mãe. — disse Deng. — E assim como você quer salvar todas as pessoas que entram na Synchia.

Michael considerou a análise dela.

— Nós somos apenas uma válvula de escape, eu acho, para aliviar os problemas sociais, dando às pessoas uma falsa esperança. Estamos constantemente baixando as expectativas delas, como um veneno lento que gradualmente as leva a aceitar o destino de ser banida e marginalizada pela tecnologia. Nós realmente ajudamos as pessoas? Ou somos cúmplices?

— Me escuta, Michael. Você ajuda a resgatar um senso de dignidade nessas pessoas.

— Mas quando isso vai acabar? Não é segredo para ninguém que não podemos acompanhar a IA. Não importa o quanto a gente tente: é como regar flores no deserto. Esse caso da Landmark é só o começo. Toda a indústria de construção civil vai passar por um tremendo terremoto. — Michael puxou o colarinho como se uma força imaginária estivesse se apertando em volta do seu pescoço.

A dra. Deng estava prestes a dizer alguma coisa, mas um alarme soou. Ela apertou um botão em seu tablet, e um diagnóstico gerado automaticamente, junto a uma prescrição de tratamento, surgiu na caixa de entrada de Michael.

— Como médica, eu só posso dizer... mesma hora semana que vem. Como amiga, eu recomendo que você aceite suas imperfeições.

Michael já tinha começado a arrumar sua gravata. Nenhum sinal da tormenta interna transparecia em seu rosto. Ele estava de volta ao modo salvador.

No sábado à noite do bar Silverline, você precisava ficar rouco para conseguir a atenção do barman. O boteco parecia ter sido esquecido pelo tempo. Além da tv e da caixa registradora digital — dinheiro vivo não era aceito há anos na maior parte dos estabelecimentos da Bay Area —, não havia quase nenhum equipamento tecnológico à vista. Embora a popularidade do futebol americano viesse caindo há décadas nos Estados Unidos por conta das preocupações com segurança, nesse pé sujo de bairro os locais, em geral trabalhadores braçais de meia-idade, ainda lotavam o lugar aos sábados à noite para ver os jogos da usc. A entrada de Jennifer causou alguns assobios. Mesmo que a tecnologia tivesse evoluído, os homens não.

Ela foi um pouco mais esperta dessa vez e trocou o terninho por um moletom da usc e jeans.

Ela viu slc422, ou Matt Dawson, no bar. Ele não estava usando o boné dessa vez, então sua cabeça calva estava plenamente à vista. De alguma maneira, Jennifer achou que isso o fazia parecer mais maltratado. Matt deu uma olhada em volta e chamou quando viu Jennifer. Ela ocupou o banco vazio ao lado dele e fez um gesto para que o barman lhe servisse uma cerveja. Os dois ficaram sentados, desconfortáveis, bebericando suas cervejas.

Finalmente, Jennifer quebrou o silêncio.

— Você provavelmente não me chamou aqui só para beber cerveja. Você está sozinho? Tem esposa... ou namorada?

— Meus filhos vivem com minha ex-mulher em Ohio. — Matt deu um gole e a espuma branca ficou em seu lábio superior.

— Ah, entendo. — Jennifer deu um gole, perguntando-se qual seria a história por trás dessas palavras. — Então, qual é especificamente seu trabalho?

— Dez anos subindo em andaime, quinze anos como encanador-chefe. Sem querer me gabar, eu só preciso dar uma olhada na planta e minhas mãos sabem o que fazer. Eu não sou mais lento que essas máquinas.

— Entendo.

Eles caíram novamente no silêncio desconfortável, até que Matt começou a falar de novo:

— Quando eu era jovem, sempre ouvia as pessoas dizendo "os robôs vão roubar nossos trabalhos". Da forma como diziam, parecia que os operários estavam na forca, mas os gerentes ficariam bem. Mas eu descobri que não é tão simples. As coisas que são difíceis para humanos… acaba que é coisa simples para a IA, coisas com números, analisar documentos, encontrar padrões. E trabalho que parecia simples era o calcanhar de aquiles da IA, como cuidar de outras pessoas ou descobrir como enfiar um cano de água em um lugar apertado. Então meio que me convenci de que eu teria sorte de trabalhar até a aposentadoria. Mas acho que os robôs ficaram um pouco mais sofisticados.

Jennifer bebia sua cerveja enquanto absorvia as palavras de Matt.

— Então, qual o plano agora?

— Sei lá — Matt deu de ombros. — Os protestos chamaram alguma atenção, mas ninguém no fórum tem um plano de verdade para os próximos passos. Eu acho que vou ver o que acontece. Eu escutei mais algumas coisas lá de dentro. Meu amigo no RH, ele está em posição de saber um pouco do que está acontecendo. O que eu ouvi é que existem duas empresas de realocação de empregos por trás dessa bagunça. Uma tem menos vagas a oferecer, mas talvez eu possa continuar fazendo o trabalho que sei, embora eu vá precisar me mudar de cidade ou até de país.

— Não parece tão ruim. E a outra empresa?

— A outra, sim. É a que eu te falei, AliançaÔmega. Eu realmente não entendo. Aparentemente todo mundo vai conseguir um novo emprego depois de um treinamento simples, mas não na área de construção. Em vez disso, vamos trabalhar de casa, com computadores, e completar trabalhos em um portal de VR, o que quer que isso seja. De início o pagamento é baixo, mas o contrato é de três anos e depois disso um pouco maior. O que você acha?

— Eu não sei, Matt. Depende de que tipo de vida você quer.

— É. Eu passei a maior parte da minha vida em canteiros de obras, batendo em metal, e eu estou bem contente com essa vida. Eu sei lá se aguento usar um headset todos os dias e ficar mexendo as mãos no ar. Parece meio ridículo.

De repente, Jennifer teve uma ideia. Ela ergueu a caneca de cerveja e a tocou na de Matt.

— Um viva às boas perspectivas. Mas, se fosse eu, talvez eu pedisse à AliançaÔmega uma chance de experimentar antes. Afinal, é algo novo. Quem sabe o que pode acontecer? Melhor fazer um teste antes de assinar um contrato do que se arrepender depois, certo?

Matt olhou para Jennifer, considerando a ideia.

— É fácil falar. Mas... talvez possamos contatar o sindicato, exigir que alguns representantes tenham a oportunidade de fazer um teste. Pode já ser tarde demais, porém. O prazo para o sindicato responder à última oferta é amanhã.

— Bem, me prometa que, se conseguir, você vai guardar algum... material para mim?

— Certo. Você é repórter, não é, Jen? — Matt apertou os olhos e sorriu. — E, se eu conseguir esse material, o que eu ganho em troca?

"Merda, por favor não diga isso."

Jennifer respirou fundo. A sugestão a deixou furiosa... e um pouco triste.

— O que você quer, Matt?

— Espera aí, Jen, você não achou... Jesus! Eu só quero companhia, uma amiga. Esses dias esperando por um trabalho estável são difíceis.

Jennifer deu um suspiro de alívio. Ela colocou a mão no ombro de Matt, como uma filha confortando um pai.

— Eu entendo, Matt. Quando precisar de companhia, me liga.

A multidão explodiu mais uma vez em aplausos. O jogo tinha acabado.

A noite de domingo estava sufocante.

Michael estava sentado em um banco no parque em frente ao escritório da Synchia. O lugar lhe dava uma vista da baía, os cabos suspensos da Bay Bridge e, mais ao longe, o Pacífico. Michael precisava desesperadamente de ar fresco, mas não estava ajudando a clarear sua cabeça.

Informações privilegiadas diziam que a gerência da Landmark estava tendendo a fechar com a AliançaÔmega, embora fosse mais caro. Ela prometia encontrar posições para mais funcionários, eliminado os riscos de uma disputa trabalhista. E era mais seguro politicamente.

Naquela tarde muitos executivos da Synchia tinham desabafado com Michael, um após o outro, pressionando-o a encontrar uma forma de fechar o negócio. A IA e as tecnologias de robótica que estavam transformando o campo da construção civil eram só o início de uma grande mudança. Se outras companhias vissem a Landmark ser bem-sucedida em se livrar de seus trabalhadores humanos sindicalizados, mais delas seguiriam o mesmo caminho. E isso era apenas uma indústria. Outros campos e funções que se pensava serem imunes à automação agora estavam em jogo. Centenas de milhares de empregos poderiam estar envolvidos. Uma crise muito maior poderia ser desencadeada, o que prejudicaria os lucros da Synchia. E, se a Synchia perdesse o contrato da Landmark, a notícia se espalharia. A reputação de fazer mágica da Synchia desapareceria como fumaça.

— E então, Michael... — disse um de seus subordinados diretos abruptamente. — Seu nome vai ser lembrado para sempre, não como o ideal da realocação de empregos, mas como um perdedor.

A fachada de vidro do prédio da Synchia refletia a imensa cidade abaixo, brilhando sob o sol poente. Michael olhou intensamente para sua superfície. Ela havia sido construída por incontáveis trabalhadores durante os últimos duzentos anos, tijolo por tijolo, azulejo por azulejo. Havia passado por terremotos, revoltas, pestes, poluição... mas tinha se mantido atual como sempre, sem entrar em colapso, fervendo de vitalidade. Hoje em dia, toda vez que ele pensava nesses trabalhadores se tornando desnecessários, bens descartáveis, uma multidão de pessoas inúteis, o coração dele apertava. Ele tinha dado tudo o que possuía e ainda era impotente. Revirou os bolsos inconscientemente, em busca de um cigarro para aliviar as preocupações, antes de se lembrar de que tinha parado anos atrás. "Humanos são tão imperfeitos...", refletiu.

— Eu achei que te encontraria aqui — era a voz clara e límpida de Jennifer atrás dele.

— Senta aqui comigo um pouco. Há quanto tempo você não vê um pôr do sol? Um de verdade, não uma simulação ou cena de jogo.

— Faz um tempo, eu acho... — Jennifer sentou-se no banco, deixando mais ou menos um palmo de distância entre ela e Michael, sem saber por quê.

— Você fez o seu melhor, Jennifer. Você sabe o que mais me tocou naquela carta de apresentação que a levou a esse trabalho? Não foi inteligência, iniciativa ou determinação. Foi a história sobre seus pais. Não era mentira, era?

— Claro que não! — O rosto de Jennifer ficou vermelho.

— Desculpa, não quis ofender. Eu só queria saber. Às vezes as pessoas mentem para alcançar seu objetivo. Eu, por exemplo. Todos os dias eu minto para os desempregados, digo a eles para não abandonarem a esperança. — Michael ficou em silêncio por um momento e então se virou para Jennifer. — Me conta sobre o seu pai. Você disse que ele foi reempregado várias vezes?

— Isso mesmo. De início. Uns doze anos atrás ele fez parte das primeiras demissões, quando ainda não havia a ideia de um especialista em restauração ocupacional. Eu tinha dez anos. — Jennifer, olhando o mar, mergulhou nas memórias.

Depois de seu trabalho ter sido tomado pela IA, o pai de Jennifer foi transferido. Ele foi de analista de crédito que trabalhava com dados de *back-end* para um cargo de corretor de seguros lidando com público. Os trabalhos quantitativos estavam desaparecendo — eram os mais facilmente substituíveis por IA. Outros funcionários de longa data da empresa do pai tinham optado por uma aposentadoria precoce, virando-se com a RBU e a seguridade social. Alguns dos mais jovens e aventureiros escolheram caminhos totalmente diferentes e se formaram como assistentes sociais ou assistentes de enfermagem, trabalhos que exigiam empatia e fortes habilidades sociais. Mas o pai dela era um introvertido. Ele também era teimoso — e orgulhoso. Ele não era bom com pessoas. Trabalhar como corretor era o limite das suas capacidades.

A empresa exigia que ele usasse um software interno para gerenciar os dados dos clientes. Um programa de auxílio semi-inteligente, movido por aprendizado de máquina, surgia de tempos em tempos para ajudá-lo a fechar ou organizar os números, preencher formulários e gerar notas — trabalho braçal de funcionários iniciantes. O sistema, chamado de automação robótica de processos (RPA), se tornou a gota d'água para o pai dela. Aos poucos, ele notou que esse ajudante ficava cada vez mais esperto e fazia cada vez mais coisas, às vezes até corrigindo seus pequenos erros humanos.

Quando o pai finalmente acordou para a realidade, ela o chocou. Cada vez que o ajudante inteligente fazia uma correção em uma tarefa, a IA anotava a correção como um ponto que a ajudava a se tornar mais esperta no processo, cada vez mais perto de substituir seu colega humano. Alguns anos mais tarde, ele foi demitido de vez. O processo de contratação passou a ser completamente on-line. Relatórios podiam ser gerados em segundos, sem necessidade dos ineficientes funcionários humanos.

Essa experiência havia mudado o pai de Jennifer.

— Ele se tornou um estranho completo para mim — disse ela a Michael. — Não era mais o pai terno que eu conhecia, mas um cínico que passava seus dias bebendo e mexendo em coisas na garagem. Ignorava minha mãe, e ela o deixou. Eu me ressentia dele, pensando que tudo era culpa da sua falta de iniciativa, que ele tinha atraído isso tudo sobre si mesmo por ter se deixado levar pelo desespero. Eu pensava isso até agora, na verdade.

Michael passou um lenço de papel para ela.

— Obrigada. Agora que eu conheci todas essas pessoas na mesma posição do meu pai, eu entendo. Trabalho não é só um salário constante. Significa dignidade e valor. Talvez tenha sido isso que derrotou meu pai, a sensação de impotência, de que ele não podia mais se manter de cabeça erguida.

Naquele momento, Michael sentia essa exata sensação de impotência. Ele sentiu o peso da idade.

— É por isso que eu admiro tanto você e o que você faz, sr. Saviour. — Jennifer olhou para Michael com o rosto manchado de lágrimas.

— Talvez eu te decepcione, Jenny. — Michael suspirou profundamente. — Amanhã de manhã, a Synchia vai perder. Eu vou me tornar só mais um empregado supérfluo na massa inútil.

Jennifer encarou, chocada e de olhos arregalados, essa figura diante dela, um herói após o apogeu. De repente, o celular dela vibrou. Michael viu sua expressão se iluminar.

— Sr. Saviour, talvez o jogo ainda não tenha acabado.

Mais cedo naquele mesmo dia, sob pressão dos negociadores do sindicato, a Landmark tinha feito um pedido de teste à AliançaÔmega: que pegassem uma amostragem dos funcionários que haviam sido dispensados por conta da IA e conduzissem um teste fechado de um dia inteiro, para que eles pudessem experimentar o trabalho realocado de VR. Com a resposta desse teste, a Landmark — e os negociadores dos sindicatos — poderiam avaliar esse novo método de realocação em relação aos métodos estabelecidos da Synchia.

Graças ao seu amigo no RH, Matt estava entre as cobaias. Ele assinou um acordo de confidencialidade, entregou seu celular e foi levado para um parque industrial remoto.

E não se esqueceu da promessa que tinha feito a Jennifer. Antes de sair, Matt instalou uma câmera miniatura no boné dos Cardinals. A partir de sua posição, no olho do pássaro bordado, a câmera podia mandar dados continuamente para a nuvem. A bateria de óxido de lítio do tamanho de um botão durava uma semana inteira.

— Não se esqueça, Jen — disse a ela antes de sair. — Eu estou infringindo a lei para te ajudar, não vaze minhas informações pessoais, não importa o que aconteça. Você encontrou os dados sozinha, entendeu?

— Mas Matt... o conteúdo do vídeo vai deixar óbvio quem filmou.

— Ah... é. Bem, merda.

No fim, Matt decidiu confiar em Jennifer. Oito horas depois, telefonou para ela, que estava sentada no banco do parque com Michael. Jennifer correu para encontrá-lo no bar.

Quando Jennifer chegou, Matt parecia exausto, com os olhos vermelhos como se ele não dormisse direito há dias. Ele começou a falar assim que ela se sentou.

— Eu realmente não poderia viver assim. Quer dizer, é ridículo, as tarefas que nos dão, os desenhos, os números... não tem nenhum sentido. Eu não conseguia entender nada daquilo.

— Deixe-me ver o vídeo, Matt. Deixe-me entender. O que você precisa fazer é ir para casa e ter uma boa noite de sono. Ok?

Ela pegou o ponto de memória líquida de dentro da câmera e correu de volta para a sede da Synchia, onde Michael a esperava em seu escritório.

A IA tinha editado o vídeo para manter só os momentos-chave, um resumo de trinta minutos. Podiam pausar a qualquer momento, reproduzir em câmera lenta e aproximar.

No vídeo, Jennifer e Michael viram cinquenta funcionários reunidos em um grande salão de jantar em um hotel. Cada um tinha uma escrivaninha com um computador e um traje de VR. Um treinador da AliançaÔmega estava na frente da sala. Na primeira hora houve treinamento básico, e então começou o trabalho oficial. Mas havia uma pegadinha. O sistema pontuava o trabalho — oferecendo recompensas e penalidades. As recompensas vinham em forma de pontos de créditos equivalentes a dinheiro.

Tudo que os trabalhadores precisavam fazer era vestir os óculos e as luvas de VR. Não haveria sujeira nesse trabalho. As telas estavam sincronizadas com a imagem nos óculos, só que na tela era 2D, para que a equipe pudesse detectar problemas e reorientar os trabalhadores. Matt colocou seu boné na escrivaninha, a câmera escondida apontando para a tela. Então ele começou a trabalhar.

Nos clipes de vídeo que se seguiram, Jennifer e Michael viram Matt correr para seguir as instruções na tela, aprendendo a mover seu ponto de vista no espaço simulado, aumentar e reduzir, acrescentar componentes. A interface de trabalho parecia quase projetada para alguém com dificuldades de raciocínio, usava cores brilhantes, vozes e efeitos visuais para guiar esse operário especializado veterano. A tarefa: montar um sistema de aquecimento de água para uma residência de noventa metros quadrados. Parecia que ele estava em um jogo.

Jennifer e Michael se entreolharam:

— O que você acha? — perguntou Jennifer ao chefe.

Michael sacudiu a cabeça com as sobrancelhas franzidas.

— Esse tipo de fluxo de trabalho virtual, humanos e máquinas cooperando, foi desenvolvido anos atrás em campos altamente digitalizados, como finanças e bancos. Por que fazer isso na indústria de construção civil? Existem ferramentas de IA que podem fazer o que Matt está fazendo, sem precisar de nenhum Matt. Eu não entendo.

— Talvez... os custos sejam mais baixos? — Jennifer estava pensando.

Michael apontou o dedo e o vídeo continuou.

Seguindo a orientação de áudio que acompanhava as cenas, Michael e Jennifer começaram a deduzir a lógica por trás delas. Se acreditassem na AliançaÔmega, esses trabalhadores estavam criando planos preliminares de componentes e montagem para projetos de construção com "integração de ponta a ponta" em países em desenvolvimento. Foi o que uma empresa chamada Katerra havia tentado mais ou menos uma dezena de anos antes. Só que agora existia tecnologia de vr com pouco atraso e alta precisão. Operários experientes podiam usar diretamente os movimentos de suas mãos para controlar remotamente os robôs e conduzir operações precisas, satisfazendo as necessidades de clientes de ponta.

Todo tipo de trabalho — carpintaria, pintura, alvenaria, mistura de concreto — era transformado em um fluxo de trabalho cooperativo entre homem e máquina. Como o treinador da AliançaÔmega havia explicado, trabalhadores que passassem pelo treinamento básico do sistema poderiam, com base em seus anos de experiência real, "editar" os planos de construção. "Editar" era a palavra certa porque eles não empregariam força física nem tocariam inutilmente os materiais verdadeiros de construção. O sistema analisaria o trabalho em tempo real, dando pontos com base na velocidade e na qualidade do feedback. Na frente do salão do hotel, havia um placar mostrando os nomes dos trabalhadores com mais pontos.

Estava claro para Jennifer e Michael que alguns dos trabalhadores no teste aprendiam rápido. Eles observaram Matt virando impacientemente em todas as direções e conversando com seus colegas. Alguns pareciam apostadores sentados diante de caça-níqueis, as mãos em movimento constante, as expressões vidradas. Notando seu lugar no placar, um trabalhador fez o que parecia uma dança da vitória. Outros tinham uma cara fechada.

— Isso é um videogame, só que o nome do jogo é "trabalho". — Jennifer não conseguia esconder a repulsa por tudo aquilo. A reação dos trabalhadores à tecnologia a lembrava de seu pai triste e derrotado.

Michael ficou sentado, em silêncio.

— É isso! — A reação dele despertou Jennifer de seu devaneio. Ele pegou a mão de Jennifer. — Talvez isso não só *pareça* um videogame. Talvez realmente *seja* um. Você precisa me ajudar a descobrir.

— Descobrir o quê?

— Os desenhos arquitetônicos nesse vídeo... eles estão mesmo sendo implementados em algum lugar?
— Você quer dizer... — Jennifer entendeu de repente. — Matt tinha dito que parecia que algo suspeito estava acontecendo.
— Jen, você estava certa.
— Sobre o quê?
— É um jogo. E ainda não acabou. — Michael tinha recuperado seu sorriso confiante.
Na tela, a simulação de trabalho havia acabado e os organizadores estavam anunciando os resultados. Alguns dos trabalhadores pareceram deliciados com o que ouviram. Mas, conforme a multidão se dispersava, Jennifer não pôde deixar de notar Matt. Ele não tinha ido bem. Ela observou a mão dele pegando o boné.
De repente, a câmera ficou escura.

Naquela noite, no bar Mark, situado no 19º andar do hotel Mark Hopkins Intercontinental, Allison observava a vista panorâmica do centro de São Francisco.
A IA tinha proposto um lugar perfeito para Allison. As cores principais da decoração, dourado, vermelho e preto, contribuíam com a atmosfera retrô do bar, com seu carpete bordô, papel de parede amarelo-claro e móveis de madeira escura.
Enquanto um champanhe Le Rêve Blanc de Blancs de 24 anos borbulhava em sua taça, Allison observava Michael finalmente entrar pela porta. Estranhamente, ele não estava usando gravata e seu colarinho estava desabotoado.
— Desculpa, uma reunião atrasou.
Allison sorriu. Conhecia as táticas de guerra psicológica de Michael bem demais. Jantaram em uma espécie de *pas de deux* cauteloso, fingindo despreocupação e civilidade. Allison, finalmente, não conseguiu resistir a morder a isca.
— Então, onde você conseguiu aquele vídeo?
— Você admite que é uma fraude? — disse Michael.

Depois que Jennifer e Michael tinham assistido ao vídeo de Matt, ela havia usado um software de reconhecimento de padrões para analisar todos os planos e dados revelados pela gravação ilícita de Matt: desenhos arquitetônicos, ângulos de luz do sol, horários, elevações, latitude e longitude, condições atmosféricas e outros parâmetros para calcular as posições de forma reversa. Ela não encontrou estruturas correspondentes no mundo real. Era, como Michael havia declarado, uma farsa. A AliançaÔmega tinha dado aos trabalhadores dispensados da construção civil nada mais do que um jogo de simulação excessivamente bem-feito.

— O que você planeja fazer com sua pequena descoberta? — Allison deu um gole em seu champanhe, como se não se incomodasse com essa reviravolta. Sua postura gélida mascarava um medo interior. Se a conduta da AliançaÔmega fosse revelada para as massas, poderia ser difícil controlar a opinião pública, e todos os esforços da empresa poderiam ter sido em vão.

— O público tem o direito de saber a verdade.

— Então você escolheria ter mais pessoas sem emprego para satisfazer sua necessidade mórbida de bancar o herói. Ah, Michael, passaram-se tantos anos e você não mudou nada...

— Vamos lá, Allison. Ataques pessoais não vão resolver nada.

— Pensa comigo... A Synchia gasta muito tempo e dinheiro com transferências e treinamento. Você é como uma carruagem apostando corrida com um trem. Encare os fatos. Você não pode vencer a IA. Por que não usar um método definitivo?

— Você realmente quer viver num mundo em que todas aquelas pessoas simplesmente se enganam com um trabalho falso pelo resto de suas vidas?

— Michael, você entende algo deles? Você entende sentimentos humanos normais? Olhe as pessoas ao seu redor, usando roupas da moda, entrando e saindo desse lugar nobre e luxuoso, profissionais que cobram por hora. Quem não se distrai durante o trabalho, para se divertir, para bater papo? Você acha que elas se sentem culpadas quando seu pagamento cai na conta?

— Você as está privando do direito de criar um valor real na sociedade.

— Manter a estabilidade das nove às cinco é o maior valor do trabalho.

— O que você está fazendo é fraude!

— Confia em mim. Se você deixar as pessoas escolherem entre a pílula vermelha ou azul, elas vão escolher a azul. Quem quer lidar com o fato de que são inúteis e precisam da caridade da IA para passar o dia? Você está errado, Michael. Isso não é fraude. Isso é nossa chance de preservar um resquício de dignidade para a humanidade.

As bolhas de champanhe se dissiparam gradualmente, dissolvendo-se no ar.

Michael sacudiu a cabeça e sorriu.

— Do que você está rindo? — disse Alisson, fuzilando-o com o olhar.

— Desculpa... eu só percebi que toda vez que discutimos, acaba em uma encruzilhada. Como se esse fosse um jogo de soma zero, como se apenas um de nós pudesse continuar de pé. É só engraçado.

Allison riu. O clima ficou mais leve.

— Eu não sei por quê. Talvez no fundo do meu coração eu sempre sinta que tenho algo a provar pra você?

— Você quer ouvir uma verdade?

— Por favor.

— Você não precisa provar nada para mim, porque no meu coração você sempre foi perfeita. — Michael não conseguia mais sustentar o olhar dela. — Talvez você não acredite em mim. Bem, meu plano era ir a público, forçar a AliançaÔmega a abandonar esse negócio, mas mudei de ideia.

— Por quê?

— Talvez esse não seja mesmo um jogo de soma zero.

— Você está falando em... cooperar?

— Eu fiz as contas. Deixe-me adivinhar. Vocês pegam os benefícios para desempregados e subsídios de treinamento do governo, acrescentam o pacote de compensação da Landmark. E aí o quê? Repassam para os trabalhadores em prestações? E depois? Seu modelo resolve alguns dos problemas, mas cria outros. A margem de lucro é estreita. Trabalho real e atividade econômica não estão sendo gerados. Você não pode contar com as taxas das empresas que demitem funcionários ou subsídios do governo para sempre. Então seu plano é assinar contratos com os trabalhadores em uma base anual, roubando de Pedro para dar a Paulo. Mas qual o objetivo? Voltar a RBU, mais do mesmo. Estou certo?

A expressão de Allison concedeu razão a ele.

— Você entende melhor do que eu por que a RBU vai falhar. É laissez-faire demais. Mas talvez exista uma outra maneira.

— Estou ouvindo.

— E se o trabalho simulado produzisse valor real?

Allison franziu a testa.

— Mas como? Você sabe como a Landmark está esperando uma resolução agora. Eles não podem deixar o impasse com o sindicato se intensificar.

— Convença seus chefes a se sentarem à mesa de negociação. Quanto ao sindicato, eu vou pensar em algo.

Um ano mais tarde, Jennifer encontrou Michael de novo no parque em frente ao prédio da Synchia em São Francisco, mas dessa vez era de manhã cedo. Tudo — a cidade, a ponte distante e o mar — estava coberto por uma névoa dourado-avermelhada.

Ela estava trazendo dois copos de café quente, andando por um caminho estreito e se lembrando dos eventos estranhos do dia anterior.

Jennifer tivera uma videoconferência com uma mãe solo desempregada, Lucy.

Jennifer havia sido promovida do posto de assistente de Michael depois do Grande Acordo, como Michael passou a chamar. Por meio de intensos esforços de mediação da parte deles, ela e Michael tinham conseguido que a Synchia e a AliançaÔmega assumissem em conjunto o projeto Landmark, garantindo que cuidariam de todos os funcionários. Era o início de um novo método de restauração de ocupação, um que combinava as especialidades humanas e da IA.

Jennifer era agora especialista júnior em realocação. Tinha dezenas de consultas on-line por dia. Mas essa jovem mulher, Lucy, não tinha sido como as outras.

Lucy era bartender, mas seu chefe tinha vendido o estabelecimento para uma cadeia de restaurantes que o transformou em um refeitório automatizado e Lucy perdeu sua posição quando ainda tinha um menino faminto de seis anos em casa.

Mas sua escolha de palavras, sua cadência calma, sua maquiagem refinada e até mesmo sua necessidade de parar e considerar as perguntas antes de responder, como se seu cérebro tivesse um certo atraso de reação, tudo isso fez Jennifer sentir que ela não trabalhava realmente em um bar.

Mas por que ela mentiria?

Enquanto Jennifer tentava encerrar a conversa, Lucy parecia despreocupada, como um ator recitando um roteiro, fazendo uma pergunta após a outra, todas elas sobre pontos-chave. Como Jennifer avaliaria suas habilidades? Que recursos de treinamento poderiam ser oferecidos? Jennifer conseguiria ajudá-la a encontrar um posto novo no período de carência? Diferentemente de outros trabalhadores demitidos, Lucy não mostrava ansiedade com sua situação, nenhuma inquietação. E, embora fosse mãe, ela não tinha mostrado preocupação com as necessidades do filho enquanto considerava suas escolhas de emprego. Isso era estranho.

"Uma espiã da concorrência, talvez, reunindo informações?" Jennifer ficou preocupada que estivesse experimentando o gosto da sua própria "pesquisa de campo".

— Me desculpa, Lucy, mas tenho outra reunião. Que tal terminarmos por hoje? Se surgir uma oportunidade adequada, entraremos em contato.

Lucy finalmente tinha parecido entender. Ela assentiu. Sua despedida foi intrigante:

— Obrigada. As informações que você me deu foram muito úteis. Estou ansiosa para nosso próximo encontro.

Ela era uma secretária eletrônica ou o quê? A irritação de Jennifer com o encontro havia durado até a manhã seguinte, quando ela viu uma figura familiar sentada em um banco. O homem bem-vestido de meia-idade estava sorrindo consigo mesmo. Jennifer correu até lá.

— Michael? — Não o chamar de sr. Saviour foi algo difícil de se acostumar. — Não acreditei que era mesmo você. Está aqui a trabalho?

Jennifer estava exultante. Depois do acordo com a Landmark, Michael a tinha promovido a sócia — a mais jovem na história da Synchia —, mas ela tinha recusado a chance de ir com ele para Seattle trabalhar na sede conjunta da AliançaSynchia e preferiu começar como especialista em realocação focada em negócios locais de pequeno e médio portes.

— Há quanto tempo, Jenny! Parece que você está se saindo bem.

— Obrigada. Você tem um minuto? Por acaso eu tenho um café extra.

— Claro. Quem recusaria um café quente em uma manhã de São Francisco?

Os dois se sentaram em um banco, separados por mais ou menos um palmo. Jennifer segurava seu copo com as duas mãos, como se estivesse tentando vencer alguma barreira psicológica. Enfim, ela falou.

— Michael, eu sei que isso é muito idiota, mas ainda quero pedir desculpas sinceras para você.

— Pelo quê?

—Você me deu uma oportunidade ótima, mas eu recusei. Eu espero que você não tenha encarado isso como uma traição.

— Ah, Jen, não me diga que você vem remoendo isso esse tempo todo. — Michael deu um sorriso contrariado e fez um gesto para que ela deixasse isso para lá. — Honestamente, eu fiquei muito feliz com a sua decisão. Todo mundo dizia que meus assistentes eram amaldiçoados e inevitavelmente saíam da empresa em menos de um ano, então eu fico feliz por você ter quebrado a maldição.

— Certo, já que é isso que você sente... Como vão as coisas com a Allison?

— Ela é ótima. Nós estamos ótimos. Pelo menos agora estamos. Entrar em um relacionamento é um pouco como começar um novo emprego. Você sempre precisa de um período de adaptação, mesmo que já tenha feito esse tipo de trabalho antes. Me diga: está tudo bem com você?

Jennifer deu um sorriso desconfortável.

— De início eu senti muita pressão. Eu sempre sonhava em entrar em uma sala cheia para fazer um discurso, e quando eu começava a falar era sempre "obrigada a todos vocês por sua longa história e enorme contribuição para com essa empresa". A abertura padrão para amenizar demissões e realocações, como você sabe. Mas agora melhorou muito, graças a você.

— Eu que deveria estar te agradecendo, Jenny. Se não fosse você e aquele operário... Matt, não era? Vocês dois ajudaram milhares e milhares de trabalhadores.

— Eu só espero que meu trabalho possa durar mais uns anos. Você sabe, eles começaram a testar consultas on-line com robôs. Quem sabe quando nós mesmos seremos dispensados?

— Jenny... — Michael olhou para sua antiga subordinada, hesitando em continuar. — Não importa o quanto o mundo mude: eu acredito que você se dará bem, porque você tem um coração sincero.

Jennifer riu.

— Suas frases ensaiadas não funcionam comigo, Michael. Eu li o manual. Enfim, tenho uma reunião agora de manhã, então não vou mais atrapalhar sua vista. Espero que não demore tanto para nos vermos de novo.

Michael acenou:

— Até mais tarde e boa sorte.

Jennifer desapareceu atrás de uma parede de vidro.

"Ela está certa." Michael pensou consigo mesmo, sozinho no banco. O poder da IA está sempre se expandindo, intrometendo-se até em profissões humanas defendidas com tenacidade. Talvez seja só uma questão de tempo.

Antes dessa viagem de negócios, tinha havido uma reunião sobre políticas na sede e uma votação para decidirem se um fluxo de trabalho virtual seria introduzido na AliançaSynchia. Se isso fosse aprovado, significaria que uma porção dos clientes dos realocadores juniores seria de humanos digitais. Alguns eram modelados com base em humanos reais, outros totalmente gerados e movidos por IA, uma simulação de diferentes tipos de trabalhadores dispensados. Os humanos digitais eram tão realistas que a equipe humana tinha dificuldade em diferenciá-los de pessoas reais. Podiam refinar continuamente seu processamento de linguagem natural através de interações profundas. Nesse processo, os humanos digitais avaliariam a performance do realocador humano, selecionando os melhores para serem promovidos para a gerência.

E as pessoas que restassem talvez pudessem apenas repetir o que já tinha acontecido em outras indústrias. Era absurdo: humanos reais ajudando demitidos virtuais a procurar oportunidades de trabalho virtuais.

Eles experimentaram secretamente um protótipo, inscrevendo-o no programa de realocação de um concorrente. Michael tinha dado ao protótipo o nome da sua mãe, Lucy.

Todos os dados indicavam que essa inovação melhoraria a eficiência organizacional, filtraria talentos humanos ainda mais excepcionais e otimizaria os fluxos de alocação de recursos. Parecia que as vagas iniciais se tornariam mais um lugar para melhorar atividades práticas do que para gerar valor real. Essa tendência parecia inevitável. Mas, como antes, havia vozes tradicionais cheias de hesitação.

A gerência tinha erguido as mãos e votado três a três, um empate. Todo mundo se voltou para o mais recente executivo sênior, Michael.

Em um instante, ele se lembrou daquela tarde distante, a expressão de sua mãe quando recebeu a notícia da demissão. Quem ganha e quem perde talvez fossem insignificantes frente à poderosa corrente da história.

Michael Saviour tinha afrouxado o nó da gravata, como se para respirar melhor. Então ele ergueu a mão e votou pelo futuro.

ANÁLISE

Substituição de postos de trabalho por IA, renda básica universal (RBU), o que a IA não consegue fazer, os 3Rs como uma solução para as substituições

A inteligência artificial pode executar muitas tarefas melhor do que as pessoas, praticamente a um custo zero. Esse fato simples deve gerar um enorme valor econômico, mas também uma perda de trabalhos sem precedentes — uma onda de mudanças que atingirá trabalhadores braçais e especializados da mesma forma. Em uma narrativa vívida que imagina as trincheiras das demissões ligadas à IA, "O salvador de empregos" descreve um futuro no qual a IA fará tudo, de contratação de empréstimos a construção civil e até mesmo nos contratando ou demitindo. Essa transformação de como o trabalho é feito não apenas resultará em desemprego em massa, mas potencialmente levará a uma série de problemas sociais, como depressão, suicídio, abuso de substâncias, aumento da desigualdade e agitação social.

Então como ficamos? O que os indivíduos, as empresas e o governo podem fazer para mitigar essas consequências potencialmente catastróficas? Quais são os empregos que a IA pode ou não pode substituir? Qual é o futuro do trabalho? Precisamos de um novo contrato social que redefina as expectativas humanas fundamentais em torno do emprego? Se longas horas de trabalho para gerar valor econômico não forem mais um traço necessário da vida humana, como vamos passar nosso tempo?

Os trabalhos que correm mais riscos de serem automatizados pela IA tendem a ser os serviços repetitivos e de nível inicial. Essa tendência exacerbará desafios já existentes em nossa sociedade, e os que já são pobres ficarão mais pobres. Essa dinâmica complicada — o potencial da IA para criar uma eficiência inédita, assim como problemas estruturais profundos na sociedade — pode talvez ser resumida por essa pergunta: quando se trata de trabalho, a IA é em última instância uma bênção ou uma maldição?

"O salvador de empregos" imagina um futuro no qual empresas de realocação de empregos surgem para treinar e aconselhar trabalhadores demitidos, empregando-os em outras posições, em lugares distantes — ou até mesmo treinando-os para fazer trabalho real de forma virtual. A história se pergunta se haverá empregos suficientes para todos — e se, em algum ponto, as elites começarão a testar simulações de trabalho com o objetivo de dar aos trabalhadores uma forma de se sentirem realizados, mesmo que eles não estejam fazendo um trabalho "real".

Nós chegaremos, em um futuro próximo a um ponto no qual o trabalho humano seja tão escasso que o trabalho do futuro se tornará uma espécie de jogo de simulação — a pior manifestação de uma empresa imaginária como a AliançaÔmega — que só serve para passar o tempo? Não acho que o horizonte seja tão sombrio. É muito possível, contudo, que ambientes de trabalho virtual possam oferecer suporte e treinamento para os trabalhadores humanos.

Para avaliar a probabilidade dessa visão potencialmente alarmante, vamos primeiro mergulhar fundo em como a IA continuará a substituir vagas de trabalho.

Como a IA substitui vagas de trabalho

A principal vantagem da IA sobre os humanos está na sua capacidade de detectar padrões incrivelmente sutis em grandes quantidades de dados. Pegue o exemplo da contratação de empréstimos. Enquanto um humano examinará apenas alguns parâmetros para decidir se aprova ou não um pedido de empréstimo (patrimônio, renda, imóvel, emprego etc.), um algoritmo de IA pode considerar milhares de variáveis — que cobrem registros públicos, compras, registros médicos e que aplicativos e aparelhos você usa (com seu consentimento) — em milissegundos e então avaliar o pedido de forma muito mais precisa. Você daria a permissão para que uma IA assim analisasse seus dados pessoais em troca de taxas favoráveis? Muitas pessoas provavelmente sim, como vimos em "O elefante dourado".

Esses algoritmos substituirão trabalhos especializados de rotina com facilidade, assim como softwares vêm assumindo tarefas especializadas de rotina, como contabilidade e registro de dados. Em "O salvador de empregos", vimos o exemplo de profissionais especializados afetados, de contadores a corretores de seguros. Quando combinada com a robótica, a IA pode substituir tipos cada vez mais complexos de trabalho braçal. Como vimos na história, até 2041, seletores em armazéns — que fazem tarefas de rotina — já terão sido substituídos há muito tempo; muitos funcionários da construção civil terão sido substituídos, à medida que as práticas do setor adotem componentes pré-fabricados feitos por robôs fáceis de serem montados em massa; até mesmo encanadores serão lentamente excluídos, já que encanadores humanos só serão necessários para prédios antigos, com sistemas complicados e antiquados que exigem reparos específicos. Prédios novos com componentes pré-fabricados padronizados terão sua manutenção feita por robôs.

Até onde vai essa substituição por robôs e quais indústrias serão mais afetadas? Em *Inteligência artificial,* estimei que cerca de 40% dos nossos empregos poderiam ser realizados na maior parte por uma IA e por tecnologias de automação até 2033. Não vai acontecer do dia para a noite, é claro. Os empregos serão tomados pela IA gradualmente, como vimos com a RPA (automação robótica de processos) e o pai de Jennifer, corretor de seguros em "O salvador de empregos".

A RPA é um "software robô" instalado no computador dos funcionários que pode observar tudo que eles fazem. Com o tempo, após ter assistido milhões de pessoas trabalhando, a RPA entende como executar as tarefas rotineiras e repetitivas dos trabalhadores. Em certo ponto, a empresa decidirá se é melhor deixar o robô assumir uma determinada tarefa totalmente. O número de empregados pagos pela empresa vai diminuir, e a carga geral de trabalho será aliviada.

Imagine um departamento de recrutamento com cem pessoas. A RPA pode, de início, ser usada para filtrar currículos e comparar os candidatos com os critérios na descrição da vaga. Vamos dizer que existam vinte pessoas fazendo essa tarefa e que a RPA pode ajudar essas pessoas a examinar os candidatos com o dobro da eficiência. Então dez pessoas podem ser substituídas. Portanto, conforme a IA aprende a partir de dados e experiência, ela pode mais tarde substituir todas as vinte pessoas. Não é um exagero pensar em como a RPA pode assumir a comunicação por e-mail com os candidatos, a organização de entrevistas, a coordenação de feedback, as decisões de contratação e até mesmo a negociação básica de ofertas de trabalho. Cada uma dessas tarefas, quando delegada para uma RPA, substituiria mais pessoas.

A IA pode até conduzir um exame de entrevistas ou entrevistas iniciais, de forma similar a como o humano digital Lucy avalia Jennifer em "O salvador de empregos". Isso economizaria infinitas horas de departamentos de RH e gerentes de contratação. Tudo isso pode reduzir o número total de empregados necessários nesse departamento de recrutamento de cem para talvez dez. E, depois que o recrutamento for aumentado pela IA, então entra o treinamento do RH, orientação dos funcionários e avaliações de performance. E o RH é um único departamento. Quando o setor de RH for integrado com a IA, os setores financeiro, legal, comercial, de marketing e atendimento ao cliente seguirão o mesmo caminho (ou serão transformados simultaneamente). A covid-19 acelerou a digitalização do fluxo de trabalho pelas empresas, o que tornará a RPA e outras tecnologias mais fáceis de serem aplicadas, acelerando assim a substituição de trabalhos. Mesmo que a substituição por IA seja gradual, ela também acabará por ser total.

Os otimistas argumentam que os ganhos de produtividade com novas tecnologias quase sempre produzem benefícios econômicos — porque mais crescimento e mais prosperidade sempre criam mais empregos. Mas a IA e a automação são diferentes de outras tecnologias. Como demonstramos em capítulos anteriores, a IA é uma tecnologia de uso total que causará mudanças em centenas de indústrias e milhões de tarefas simultaneamente, tanto cognitiva quanto fisicamente. Embora a maior parte das tecnologias tenha criado e destruído trabalhos ao mesmo tempo — pense em como a linha de montagem levou a indústria automotiva de artesãos montando carros à mão para trabalhadores em série construindo muitos carros a um preço muito menor —, o objetivo explícito da IA é assumir tarefas humanas, dizimando empregos. A Revolução Industrial levou mais de um século para se espalhar além da Europa e dos Estados Unidos, enquanto a IA já está sendo adotada em todo o mundo.

A SUBSTITUIÇÃO DE EMPREGOS CAUSA OUTROS PROBLEMAS SÉRIOS

Números crescentes de desemprego são apenas uma pequena parte do problema. Um grupo cada vez maior de trabalhadores desempregados competirá por um número cada vez menor de vagas, derrubando os salários.

A distribuição de renda passará de ruim para pior, com os algoritmos de IA destruindo milhões de vagas de trabalho humano e ao mesmo tempo transformando os titãs da tecnologia que lucram com essas novas tecnologias em bilionários em tempo recorde. Muitos dos mecanismos de autocorreção do livre mercado defendidos por Adam Smith (por exemplo, a ideia de que um desemprego alto derrube os salários e, portanto, reduza os preços a ponto de que isso por fim aumente o consumo e leve a economia de volta para os eixos) não serão eficazes na economia de IA. Se não for regulada, a IA do século XXI pode criar um novo sistema de castas, com uma elite plutocrática da IA no topo, seguida por um conjunto relativamente pequeno de trabalhadores com empregos complexos que envolvem conjuntos amplos de habilidades e muita estratégia e planejamento, criativos (muitos deles mal pagos) e o maior contingente: as massas sem poder e em dificuldade.

Ainda mais problemática do que a perda de empregos será a perda de sentido. A ética de trabalho que nasceu com a Revolução Industrial instilou em muitos de nós a ideia de que carreiras devem estar no centro do significado que atribuímos às nossas vidas. Nos próximos anos, as pessoas verão algoritmos e robôs as superarem facilmente em tarefas que elas passaram a vida aperfeiçoando. Jovens que cresceram sonhando em ingressar em certas profissões podem ver suas esperanças destruídas. Isso levará a um sentimento cada vez maior de futilidade e obsolescência, abrindo caminho para níveis mais altos de abuso de substâncias, depressão e suicídio. (Um aumento de suicídios já foi visto em indústrias que foram muito alteradas pela tecnologia, como os táxis). Ainda pior, isso levará as pessoas a questionarem seu próprio valor e o que significa ser humano.

A história recente nos mostrou quão frágeis nossas instituições políticas e o tecido social podem ser em face de mudanças profundas, como a pandemia. A economia da IA é provavelmente a maior dessas mudanças; e, se lhe for permitido seguir seu curso natural, ela fará com que a perturbação sociopolítica de hoje pareça brincadeira de criança.

É um quadro sombrio. Então o que podemos fazer a respeito?

RBU: UMA PANACEIA?

Os enormes desafios trazidos pela IA e a substituição de empregos deram novo fôlego a uma velha ideia chamada de renda básica universal (RBU), na qual os governos oferecem um auxílio para cada cidadão independentemente de necessidade, emprego ou habilidade. Esse pagamento pode ser dado com a taxação de pessoas físicas e/ou jurídicas ultrarricas. Antes da eleição presidencial norte-americana de 2020, o candidato Andrew Yang promoveu uma versão da RBU, chamada de "Dividendo da Liberdade", como o centro de sua campanha e uma forma de lutar contra o tsunami da automação. Novato na política, Yang ganhou muito mais tração do que o previsto e liderou as pesquisas para prefeito da cidade de Nova York em 2021, em parte por causa do apelo da RBU e em parte porque ele tocou em verdades difíceis a respeito de para onde a economia está indo — fatos que outros políticos em geral ignoraram, embora os trabalhadores estejam começando a sentir as consequências.

Acredito que precisamos frear o aumento da desigualdade de renda e que a RBU é um mecanismo simples, mas eficiente para fazer isso. No entanto, a distribuição incondicional da RBU arrisca ser ampla demais e um desperdício. Existem propostas alternativas que acrescentam condições ou consideram as necessidades dos indivíduos, o que aumentaria a eficiência da proposta da RBU e sua percepção pública.

Sempre gostei de um ditado que diz "Dê um peixe a um homem e você o alimenta por um dia; ensine um homem a pescar e você vai alimentá-lo por uma vida inteira". É isso que a RBU deveria buscar. Em outras palavras, a RBU deveria ajudar profissionais potencialmente em risco a escolherem e serem treinados para novas profissões adequadas para que corram menos risco de serem substituídos a curto prazo. Se deixados à própria sorte, os trabalhadores substituídos em boa parte não terão a capacidade de prever quais profissões sobreviverão à revolução da IA e, portanto, não saberão como usar o dinheiro da RBU para dar um melhor rumo para suas vidas. A menos que o treinamento se torne parte central das propostas da RBU, bilhões de pessoas terão o mesmo destino da gerente de armazéns em "O salvador de empregos", que se torna atendente de parque temático só para perder seu novo emprego pouco depois quando o ciclo se repete.

A QUESTÃO-CHAVE: O QUE A IA NÃO PODE FAZER?

Para ajudar a guiar as pessoas pelas substituições de empregos por IA, precisamos primeiro entender em que tipo de habilidades e tarefas a IA *não consegue* nos superar. Podemos então acelerar a criação desses trabalhos resistentes à substituição, oferecer aconselhamento de carreira e treinar mais pessoas para eles, movendo a oferta e a demanda na direção de um equilíbrio.

Na minha opinião, essas são as três habilidades nas quais a IA está aquém das expectativas e provavelmente ainda terá dificuldades para dominar mesmo em 2041:

1. **Criatividade:** a IA não pode criar, conceitualizar ou planejar estrategicamente. Embora a IA seja excelente em otimizar na direção de um objetivo pontual, ela é incapaz de escolher seus próprios objetivos ou pensar criativamente. A IA também não é capaz de um pensamento entre domínios distintos nem usar o bom senso.

2. **Empatia:** a IA não é capaz de sentir ou interagir com sentimentos como empatia e compaixão. Portanto, a IA não consegue fazer outra pessoa se sentir compreendida ou cuidada. Mesmo que a IA melhore nessa área, será extremamente difícil levar a tecnologia a um ponto em que os humanos se sintam confortáveis interagindo com robôs em situações que exijam cuidado e empatia ou o que podemos chamar de "serviços com toque humano".

3. **Destreza:** a IA e a robótica não conseguem realizar um trabalho físico complexo que exija destreza ou uma coordenação entre mão e olho precisa. A IA não consegue lidar com espaços desconhecidos e desestruturados, especialmente que ela nunca tenha observado antes.

O que tudo isso significa para o futuro dos empregos? Empregos com funções associais e repetitivas, como atendentes de telemarketing ou corretores de seguros provavelmente serão substituídos completamente. Nos trabalhos muito sociais, mas repetitivos, os humanos e a IA podem trabalhar juntos, cada um contribuindo com sua especialidade. Por exemplo, na sala de aula do futuro, a IA pode corrigir lições de casa e provas e até oferecer atividades padronizadas e exercícios individualizados, enquanto o professor humano se concentra em ser um mentor empático que ensina pela prática, supervisiona projetos em grupo para desenvolver a inteligência emocional e oferece orientação personalizada.

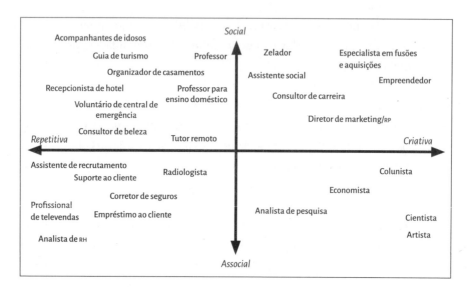

Trabalhos cognitivos em gráfico bidimensional. O canto superior direito favorece os humanos e o canto inferior esquerdo favorece a IA.

Nos trabalhos criativos, mas associais, a criatividade humana será amplificada por ferramentas de IA. Por exemplo, um cientista pode usar ferramentas de IA para acelerar a velocidade de descobertas de fármacos. Finalmente, os trabalhos que exigem tanto criatividade quanto habilidades sociais, como os papéis executivos altamente estratégicos de Michael e Allison em "O salvador de empregos", são onde os humanos brilharão. A figura anterior ilustra isso para os trabalhos especializados.

A imagem a seguir mostra um diagrama similar para trabalhos braçais ou pouco especializados. O eixo y representa as habilidades sociais e o eixo x representa a complexidade do trabalho físico. A complexidade é medida pela destreza necessária e pela necessidade de navegar ambientes desconhecidos. Por exemplo, o cuidado que envolve tarefas como ajudar uma pessoa idosa a tomar banho exige tanto habilidades sociais quanto destreza, enquanto o controle de qualidade em uma linha de montagem não exige nenhum dos dois. Limpar casas exige a habilidade de navegar ambientes desconhecidos enquanto um barman precisa de habilidades sociais, embora um robô faça drinques melhores do que a maioria dos humanos.

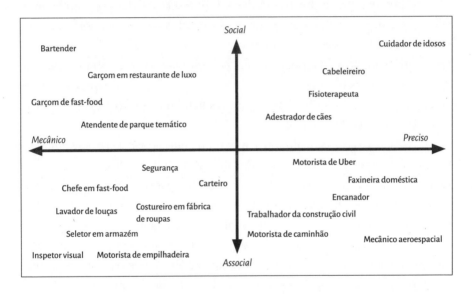

Trabalhos físicos em gráfico bidimensional. O canto superior direito favorece os humanos e o canto inferior esquerdo favorece a IA.

Embora esteja claro que existem muitas linhas de trabalho em que a IA terá dificuldades para dominar — e, portanto, seriam mais seguras para que os trabalhadores sigam como carreira —, apenas isso não vai prevenir um desastre para as legiões de trabalhadores substituídos em funções que serão mais fáceis para a IA. Então o que mais podemos fazer para ajudar a satisfazer o desejo humano básico por um trabalho significativo?

Como podemos transformar a força de trabalho humana?

Para criar mais empregos e melhorar o preparo dos trabalhadores para as transformações no horizonte, eu proponho os 3Rs — reaprender, recalibrar e renascer — como parte de um esforço gigantesco para lidar com a questão central do nosso tempo: a revolução econômica da IA.

Reaprender

As pessoas em empregos em risco devem ser avisadas com muita antecedência e incentivadas a aprender novas habilidades. A boa notícia é que, como discutido, existem habilidades que a IA não consegue dominar: estratégia, criatividade e habilidades sociais com base em empatia e destreza. Além disso, novas ferramentas de IA exigirão operadores humanos. Podemos ajudar as pessoas a adquirirem essas novas habilidades e se prepararem para esse novo mundo do trabalho.

As escolas profissionalizantes precisam redesenhar seus currículos de forma a promover cursos para tais trabalhos sustentáveis. Os governos podem tomar a dianteira e oferecer incentivos e subsídios para esses cursos, em vez de buscar medidas econômicas amplas de forma cega, como a renda básica universal. As corporações podem também oferecer programas como o Escolha de Carreira da Amazon, no qual a Amazon paga até 48 mil dólares para qualquer empregado obter um diploma em um campo de alta demanda como mecânica aeroespacial, design assistido por computador e enfermagem.

Com ou sem pandemia, a importância e o número de empregos de serviços centrados em humanos, como enfermagem, também aumentarão conforme a riqueza e a expectativa de vida das pessoas aumentarem. A Organização Mundial da Saúde prevê que faltarão cerca de 18 milhões de trabalhadores de saúde para chegarmos ao Objetivo de Desenvolvimento Sustentável que a ONU estipulou como "boa saúde e bem-estar para todos". A sociedade vem historicamente desvalorizando serviços muito vitais e centrados em humanos tanto em termos de como são vistos quanto em como são remunerados, e precisamos resolver isso. Esses empregos formarão a base da nova economia da IA.

Durante a campanha presidencial, Andrew Yang falou com frequência sobre repensarmos o que significa trabalho remunerado. Funções que hoje consideramos como cuidadores ou voluntários podem se transformar em trabalhos de tempo integral no futuro — trabalhos como assistentes de banco de sangue, assistentes sociais, mentores de grupos de jovens, pais que ajudam no ensino doméstico ou adultos que deixam a força de trabalho para cuidar de um doente ou um familiar idoso. Nessa era de automação e agitação, haverá inevitavelmente uma grande demanda por voluntários para atender a linhas diretas de trabalhadores demitidos, ajudando-os a superar preocupações e desafios. Esses voluntários podem se qualificar para pagamentos extras e trabalhos em tempo integral.

Recalibrar

Além de aprender novas habilidades, precisamos recalibrar o que são os trabalhos de hoje com a ajuda da IA, indo na direção de uma simbiose entre humanos e IA. A simbiose mais prevalente e básica será encontrada em softwares com ferramentas de IA. Os softwares movem a interdependência humano-PC que já revolucionou o trabalho de escritório. Softwares com ferramentas de IA podem enxergar alternativas, otimizar resultados ou realizar trabalho de rotina para trabalhadores especializados de muitos campos. Ferramentas de IA específicas serão customizadas para cada profissão e uso — por exemplo, geração de moléculas por IA para a indústria farmacêutica, planejamento de propagandas para o marketing ou checagem de fatos para o jornalismo.

Uma interdependência mais profunda entre a otimização de IA e o "toque humano" vai reinventar e criar novos trabalhos. A IA cuidará de tarefas de rotina em conjunto com os humanos, que vão realizar aquelas que exigem calor e compaixão. Por exemplo, o médico do futuro ainda será o principal ponto de contato, em quem o paciente confia, mas serão usadas ferramentas diagnósticas de IA para se determinar o melhor tratamento. Isso vai redirecionar a função do médico para o papel de um cuidador empático, dando a ele mais tempo com o paciente.

Assim como a internet móvel levou a funções como motorista de Uber, a chegada da IA criará empregos que não podemos ainda imaginar. Os exemplos hoje são engenheiros de IA, cientistas de dados, rotuladores de dados e mecânicos de robôs. Mas ainda não sabemos e não podemos prever muitas dessas novas profissões, assim como em 2001 não imaginávamos motoristas de Uber. Devemos ficar atentos à emergência desses novos papéis, tornar as pessoas conscientes deles e oferecer treinamento.

Renascer

Finalmente, com o treinamento e as ferramentas certas, podemos esperar um renascimento liderado pela IA que vai incentivar e celebrar a criatividade, a compaixão e a humanidade. Entre os séculos XIV e XVII, as ricas cidades italianas e seus mercadores fundaram o Renascimento, que viu um florescimento da produção artística e científica. Temos motivo para antecipar que a IA será catalisadora de um novo Renascimento centrado em torno da expressão humana e da criatividade. Assim como o Renascimento italiano, as pessoas seguirão suas paixões, criatividade e talento uma vez que tiverem mais liberdade e tempo.

Pintores, escultores e fotógrafos usarão ferramentas de IA para compor, experimentar e refinar obras. Romancistas, jornalistas e poetas usarão novas tecnologias para pesquisa e composição. Cientistas usarão ferramentas de IA para acelerar a descoberta de novas substâncias. Um renascimento por IA reinventará a educação, dando aos professores ferramentas de IA para ajudar cada aluno a encontrar sua paixão e seu talento. A educação incentivará a curiosidade, o pensamento crítico e a criatividade. Promoverá a aprendizagem por meio de atividades em grupo que desenvolvam a inteligência emocional dos alunos — com contato pessoal entre eles, não apenas por meio de uma tela.

Quando imagino o que esse renascimento movido pela tecnologia pode proporcionar, as palavras do segundo presidente dos Estados Unidos, John Adams, parecem proféticas: "Eu preciso estudar política e guerra para que meus filhos tenham a liberdade de estudar matemática e filosofia. Meus filhos devem estudar matemática e filosofia, geografia, história natural, arquitetura naval, navegação, comércio e agricultura para dar aos filhos deles o direito de estudar pintura, poesia, música, arquitetura, escultura, tapeçaria e cerâmica".

Na direção de uma economia de IA e um novo contrato social

Transformar algumas das ideias citadas em realidade será uma tarefa sem precedentes para a humanidade.

A onda de demissões por IA em algum momento atingirá a todos os trabalhos rotineiros, que tendem a ser trabalhos de nível inicial. Mas, se nenhum humano entrar em um emprego de nível inicial, como conseguirão aprender, crescer e avançar para trabalhos mais avançados e menos repetitivos? Conforme a automação se torna dominante, precisamos garantir que ainda existam formas de as pessoas ingressarem em todas as profissões, aprenderem fazendo e serem promovidas com base em suas habilidades. Uma fusão entre "simulação de trabalho", "treinamento prático" e "trabalho real" provavelmente emergirá por conta da necessidade, assim como o uso de tecnologias de VR para que isso seja implementado. Foi isso que inspirou a parceria entre a AliançaÔmega e a Synchia em "O salvador de empregos", na qual as funções iniciais se tornaram mais uma questão de receber treinamento prático do que gerar valor.

Uma coisa está clara: será preciso treinar um enorme número de trabalhadores substituídos. Será preciso investir uma quantidade astronômica de dinheiro para financiar essa transição. Será preciso reinventar a educação para produzir formandos criativos, sociáveis e multidisciplinares. Nós precisamos redefinir a ética de trabalho da sociedade, os direitos do cidadão, as responsabilidades das empresas e os papéis do governo. Em resumo, precisamos de um novo contrato social.

Felizmente, não será preciso criar isso do zero. Muitos elementos já existem em diferentes países. Pegue, por exemplo, os programas de ensino para os "excepcionais e talentosos" na Coreia, a educação primária na Escandinávia, as inovações universitárias (como os cursos on-line abertos, ou MOOCs, e Escolas Minerva) nos Estados Unidos, a cultura de artesanato da Suíça, a excelência de serviços do Japão, a vibrante tradição de voluntariado do Canadá, o cuidado com idosos na China e a "felicidade nacional bruta" do Butão. Precisamos compartilhar nossas experiências e planejar um caminho global à frente, onde novas tecnologias sejam equilibradas por novas instituições socioeconômicas.

Onde encontraremos a coragem e a audácia para essa tarefa colossal? Somos a geração que herdará uma riqueza inédita da IA, então devemos também carregar a responsabilidade de reescrever o contrato social e reorientar nossa economia de forma a promover o florescimento humano. E, se isso não for suficiente, pense na nossa prosperidade — a IA nos libertará do trabalho rotineiro, nos dará a oportunidade de seguir nossos corações e nos impulsionará a pensar mais profundamente a respeito do que nos torna humanos.

A ILHA DA FELICIDADE

"Não tenhas medo; esta ilha é sempre cheia de sons, ruídos e agradáveis árias, que só deleitam, sem causar-nos dano [...] Então, em sonhos presumo ver as nuvens que se afastam, mostrando seus tesouros, como prestes a sobre mim choverem, de tal modo que, ao acordar, choro porque desejo prosseguir a sonhar."

WILLIAM SHAKESPEARE, *A tempestade**

---

* Tradução retirada de: SHAKESPEARE, William. *A tempestade*. Porto Alegre: L&PM, 2002. (N. T.)

Nota de Kai-Fu

A IA pode nos tornar mais eficientes e prósperos, mas a IA pode nos fazer felizes? Essa história fala de um monarca esclarecido do Oriente Médio que quer usar a IA como o elixir do contentamento. Mas o que é felicidade e como ela é medida? O monarca convoca um grupo eclético de visitantes para explorar esse problema fascinante... dentro deles mesmos. Em meu comentário, discuto os problemas de medir satisfação e felicidade — e se a IA estará equipada para responder isso. Discuto questões de privacidade levantadas pela ideia de que a IA pode conhecer nossos segredos mais profundos e analisar mecanismos e tecnologias regulatórios para proteger nossa privacidade.

Sob o vasto arco do céu do deserto, um veículo 4x4 preto podia ser visto subindo e descendo como uma barbatana quebrando a superfície das ondas. Atacando dunas com dois ou três andares de altura e como motor a pleno vapor, a caminhonete cuspia uma nuvem de poeira atrás de si.

Viktor Solokov só conseguia se manter a bordo porque estava agarrando seu assento com tanta força que os nós de seus dedos estavam esbranquiçados. O chacoalhar tinha deixado seu rosto lívido.

— De jeito nenhum a direção automática daria conta disso! — gritou Khaled por cima do ombro, sorrindo. A voz de trovão do motorista argelino mal podia ser ouvida por cima do ruído ensurdecedor de música eletrônica africana e da poeira grossa como tinta que cobria o para-brisa.

Em um mapa por satélite, essas dunas formavam uma zona vasta, cortando a península do Catar de noroeste a sudeste. Um viajante indo para o leste dos confins do deserto poderia encontrar caravanas de camelos para turistas, refinarias de petróleo abandonadas, planícies de lama e cidades ultramodernas que se pareciam com miragens — o que dava impressão de que a economia milagrosa do jovem país havia se criado espontaneamente a partir de um conjunto aleatório de destroços.

— Aliás, por que você apenas não voou até lá? Quer dizer, seria bem mais rápido — disse Khaled, apontando ao longe para a costa e além dela, para Al-Sweida. A ilha artificial no mar da Arábia, a nordeste da marina Lusail de Doha, era um lugar que a maior parte das pessoas escolhia visitar de jatinho particular ou iate.

Viktor deu de ombros:

— Tenho tempo de sobra.

— Seus russos doidos!

O passageiro de Khaled, contudo, não se parecia em nada com os imponentes magnatas russos típicos. Com um corpo frágil envolto em um traje esportivo preto, Viktor tinha um rosto jovial, mas ao mesmo tempo projetava uma profundidade de sentimentos que não era comum em um homem da sua idade. Sua característica mais marcante era a aparente indiferença ao cenário e aos lugares ao redor dele. Ele era como um consumidor em um supermercado gourmet decidido a comprar apenas um pão.

Até recentemente, Viktor tinha sido um dos empreendedores com menos de quarenta anos mais celebrados do mundo. Depois de construir uma plataforma de *e-sports* no nordeste da Ásia e vender seus direitos de transmissão pelo mundo, ele tinha mudado de ramo para uma franquia de apostas com criptomoeda. Em menos de dez anos, havia acumulado uma fortuna maior que o PIB de países inteiros. Mas, no auge do seu sucesso, Viktor tinha chocado todo mundo ao desaparecer da vida pública. Após sua ausência misteriosa, teorias da conspiração pipocaram. Algumas pessoas especulavam que o governo planejava tomar os negócios dele; outras comentavam que Viktor sofria de uma doença terminal.

A verdade era que Viktor tinha simplesmente perdido o interesse. De repente, ele não conseguia mais aguentar ser CEO, um gênio dos negócios, queridinho da mídia e guru do sucesso, tudo isso junto. Lidar com todos esses papéis o fazia se sentir como uma marionete malfeita: quanto mais atuava, mais perto do colapso chegava. Recolhendo-se em sua luxuosa propriedade no mar Negro, Viktor, nos meses depois de sua saída do palco do mundo, havia recebido uma sucessão de amigos e outros agregados que se esbaldaram com bebidas, drogas e acompanhantes. Mas, em vez de melhorar seu ânimo, a vida de festas foi um desastre e culminou em um escândalo quando um conhecido foi encontrado morto na piscina, tendo se afogado depois de consumir drogas. Viktor foi mandado para um centro de reabilitação onde os médicos o diagnosticaram com depressão severa.

Viktor sabia que os "tratamentos" prescritos — medicamentos, grupos de apoio — não eram nada além de paliativos. Não conseguia afastar a voz na sua cabeça que estava constantemente rindo dele, insistindo que seus sonhos idealistas de antes — levar alegria e diversão para as pessoas por meio de videogames — tinham sido destruídos pela ganância e reduzidos à obsessão pelo lucro.

Quando Viktor voltou de sua temporada na reabilitação, ele descobriu, em meio a uma pilha de correspondência inútil, um envelope misterioso com o remetente "Al-Sweida" escrito em uma fonte elaborada e gravado com a famosa frase latina "Carpe diem". A carta dentro do envelope era um convite para que Viktor viajasse para o Catar para uma "uma visita com tudo pago ao bastião de felicidade mais luxuoso do mundo".

Perguntou a respeito a conhecidos — mas nenhum de seus amigos bem relacionados soube dar uma explicação, apenas que Al-Sweida era o nome de uma ilha artificial recentemente construída pelo Catar. Talvez uma aventura fosse exatamente o que ele precisava para sair da depressão.

Viktor reservou uma passagem.

Khaled deu seu cartão de visita a Viktor e o deixou na orla, onde o russo embarcou em um iate com o nome Al-Sweida escrito na mesma fonte peculiar do convite.

Era uma pequena viagem até a ilha, que o sol poente havia banhado com um brilho radiante, como um pote de ouro visto de longe. Quando desembarcou, Viktor notou os prédios baixos da ilha, que pareciam evocar deliberadamente símbolos culturais cataris como domos, dunas e pérolas, e ficou maravilhado com o que parecia ser um véu translúcido suspenso sobre a ilha, como uma fina echarpe de seda, ondulando delicadamente com a brisa suave. Impressionado, Viktor tentou encontrar as extremidades do véu, mas não conseguia ver nada. Ele estava simplesmente flutuando no ar.

A simpática voz sintética do atendente robótico o cumprimentou nas docas. O robô de dois metros de altura estava vestido com uma túnica cinza que ia até o chão e tornava impossível ver como ele se mexia.

— Olá, sr. Solokov. Eu sou Qareen, seu humilde servo. Vou cuidar de todas as suas necessidades aqui em Al-Sweida.

— Hummm... eu tinha imaginado que a elite do Catar preferisse empregados humanos.

— Você está certíssimo! Mas aqui em Al-Sweida nós temos serviços inteligentes com um estilo único.

Franzindo a testa para essa resposta mecânica, Viktor resmungou:

— Então eu imagino que não deva esperar uma grande festa de boas--vindas.

— Claro que deve! As festividades começarão assim que você aceitar os termos de serviço.

— Termos?

Uma tela azul brilhante se estendeu para fora do braço de Qareen, exibindo um bloco denso de texto. Viktor examinou os termos, passando o olho por palavras-chave. Parecia que quem quer que estivesse por trás dessas férias na ilha pedia acesso aos dados pessoais mais íntimos, de registros médicos e financeiros até senhas e histórico das redes sociais de Viktor, incluindo todos os registros de áudio e vídeo. Era a totalidade dos dados que formavam a vida cotidiana de um indivíduo. Um loop de texto dizia: "Serviços completos para sua felicidade".

— Então, como você garante a segurança dos meus dados?

— Sr. Solokov, posso garantir que a Al-Sweida está equipada com a mais avançada tecnologia de *middleware*. Isso significa que todos os seus dados pessoais serão completamente criptografados e bloqueados de forma que só possam ser acessados pela IA que serve um indivíduo específico, no caso você, com serviços e conteúdos rastreáveis. Se achar que isso ainda é insuficiente, oferecemos transparência completa por meio de um algoritmo *open source* que notifica qualquer cliente de invasões ou instalação de malware.

— Bem, não tenho nada a perder, eu acho. Onde eu assino?

Viktor não sabia se estava mais curioso com a misteriosa ilha ou com o loop de texto com a menção a "felicidade". Afastando suas preocupações, ele clicou em "Aceito" na tela e então fez uma rápida verificação de sua íris, padrão de voz e digitais.

Quando Viktor ergueu sua palma da tela depois de completar a sequência de verificação, uma luz azul saiu do braço do robô e pareceu flutuar no chão para então se expandir, cobrindo todos os cantos da ilha.

"Bem, lá se vão meus dados." Viktor ficou chocado — mas também intrigado. Parecia que o histórico pessoal de um visitante ativava o espaço. Viktor teve a sensação de ser um inseto sob um microscópio, o que lhe fez ficar um pouco desconfiado, mas antes que ele tivesse tempo de qualquer hesitação, Qareen tinha pegado sua bagagem.

— Sr. Solokov, permita-me lhe mostrar o caminho de *casa*. Tudo já foi arranjado.

Quando Viktor entrou na casa de férias em formato de duna, ele entendeu por que seu atendente robô havia enfatizado a palavra "casa". A decoração, os móveis, os ornamentos e até mesmo a pata de urso pendurada na parede acima da lareira eram exatamente iguais à mansão de Viktor no bairro de Rublyovka em Moscou.

— Como isso é possível? — murmurou Viktor, sabendo que não era possível que uma impressora 3D tivesse conjurado esses objetos tão rapidamente. Mas ele logo percebeu o truque: nenhum dos itens visíveis era real. Todas as superfícies da casa de hóspedes eram programáveis. Era tudo uma ilusão.

Subitamente tomado por uma sensação estranha, Viktor olhou em volta. Pela janela, viu uma sombra escura que desapareceu imediatamente no ar. Alguém o estava espionando? Antes que Viktor tivesse chance de refletir mais sobre o estranho incidente, Qareen anunciou que seguiriam para a sala de cinema para uma surpresa.

Na sala de cinema, Viktor sentou-se em um macio sofá de couro em frente a uma tela gigantesca. Assim que ele se acomodou, um filme começou a passar — tratava-se da biografia de ninguém menos que Viktor Solokov. O filme tinha sido compilado automaticamente e editado por uma IA, feito a partir de canais públicos e das coleções particulares de Viktor.

A retrospectiva revisitava sua infância infeliz; sua adolescência cheia de competição e raiva mal direcionada. Havia imagens de todos os destaques da sua vida adulta: prêmios, convenções, IPOs, fusões e aquisições, bailes de caridade — emblemas de sua vida anterior, para qual Viktor tinha virado as costas. Cansado da montagem monótona, Viktor fechou os olhos. Quando fez isso, não sabia que todas as suas medidas físicas, como expressão facial, temperatura corporal, batimentos cardíacos, pressão sanguínea, sinal bioelétrico e níveis de adrenalina, serotonina (5-hidroxitriptamina, ou 5-HTP) e dopamina estavam sendo meticulosamente registrados — por meio do couro comum do sofá em que ele estava sentado.

Durante a maior parte da exibição, os sinais de Viktor tinham se mantido estáveis como os de um monge zen. Seus batimentos cardíacos só variaram uma vez — quando uma foto de família da infância de Viktor surgiu na tela. Seu olhar não se demorou nos rostos de seu pai ou sua mãe, mas foi atraído para a imagem de Margaret, sua golden retriever.

Quando o filme terminou, uma lista de perguntas apareceu na tela. Qareen pediu a Viktor que as lesse.

— "Tenho bons sentimentos em relação a quase todo mundo?" — Viktor olhou feio para Qareen, claramente ofendido. — Que tipo de pergunta idiota é essa? Eu preciso fazer isso?

— Sr. Solokov, você precisa entender que a felicidade é um sentimento muito subjetivo. As perguntas são para nos ajudar a entender melhor seu estado padrão. Assim podemos oferecer serviços personalizados para suas especificações. Gostaríamos de que respondesse às perguntas o mais honestamente que puder, usando uma escala de seis pontos para representar os diferentes graus entre "discordo completamente" e "concordo completamente".

Viktor encarou o robô.

— Idiota! — resmungou. Mas se voltou para a tela e começou a apertar os botões virtuais.

As perguntas pareciam infinitas, e respondê-las testou a pouca paciência que ele ainda tinha. Mas, justo quando estava a ponto de desistir, o questionário acabou e as luzes se acenderam novamente.

— E agora?

— Parabéns, sr. Solokov. Podemos agora conhecer seus companheiros de visita. Você vai gostar deles.

O banquete foi realizado em um restaurante em forma de concha, parcialmente aberto para a brisa da noite. Todos os detalhes eram encantadores, da luz de velas até as mangas engomadas dos garçons e os intricados arabescos desenhados na louça. Aos hóspedes foram servidas versões modernas de receitas árabes clássicas como *saloona*, um *warak enab* em versão catari e um prato de *majboos*. As frutas e os vegetais, um garçom anunciou, tinham sido trazidas do sul da Europa naquele mesmo dia.

Olhando em volta, Viktor examinou seus companheiros. Havia treze pessoas no total — seis, incluindo ele mesmo, eram evidentemente os convidados trazidos para a ilha de diferentes lugares do mundo. Ele reconheceu alguns rostos familiares: uma estrela de cinema, um artista de criptoarte, um neurobiologista, um alpinista e um poeta — todos celebridades. O resto parecia ser catari. Embora estivessem vestidos com simplicidade, seus *thawbs* brancos não escondiam o fato de que esses locais eram mais do que pessoas comuns.

A princesa Akilah estava resplandecente em um robe dourado e joias delicadas. Ela bateu com uma colher de prata em uma taça de vinho, chamando a atenção dos convidados. Primeiro, ela pediu desculpas pela ausência de seu irmão, o príncipe herdeiro de 36 anos Mahdi bin Hamad Al Thani — principal idealizador de Al-Sweida e que deveria herdar o trono do Catar —, que estava "indisposto".

— Meu irmão sempre diz que nenhuma tecnologia é boa se não puder nos trazer felicidade. Nós... ele... o príncipe herdeiro Mahdi projetou essa ilha na esperança de descobrir o caminho para a felicidade da humanidade usando o poder da tecnologia. E, ao virem para essa ilha, vocês terão o privilégio de testemunhar esse empreendimento inédito da família real do Catar.

O nítido sotaque de seu inglês era irresistível — e um pouco frio. Embora não conseguisse tirar os olhos dela, Viktor sabia que Akilah estava recitando um roteiro.

— Vossa alteza, embora eu admire sinceramente a visão do príncipe herdeiro e sua determinação, tenho uma questão — era o neurobiologista quem falava. Ele pigarreou antes de continuar. — Nós já sabemos que endocanabinoides trazem prazer, que a dopamina controla o sistema neural de recompensas, que a oxitocina aumenta as conexões emocionais, que as endorfinas aliviam a dor, que o GABA combate ansiedade, que o 5-HTP melhora a autoconfiança e a adrenalina estimula a energia. Mas até hoje nós ainda não identificamos nenhum neurotransmissor diretamente ligado a nosso sentimento de felicidade.

O poeta entrou na conversa, erguendo sua taça de vinho.

— Enquanto Emily Dickinson escreveu "Quão feliz é a pequena pedra", Raymond Carver escreveu que a felicidade "chega inesperadamente". Então cada um tem sua própria perspectiva sobre ela, certo?

— Até onde eu sei, todas as pessoas estão tentando ser felizes e só variam em suas habilidades e capacidades de ação. Os melhores podem até enganar a si mesmos, e é assim que as pessoas sobrevivem. — A atriz de aparência cansada inalou a fumaça do narguilé, segurou-a por um tempo e, então, a soltou lentamente.

Depois de assentir com paciência para a opinião de todos, a princesa Akilah deu o bote.

— E é exatamente por isso que vocês estão aqui, porque cada um de vocês tem uma atitude diferente em relação à felicidade. Mas o mais importante é que, vocês todos, pessoalmente, *não* estão felizes.

— Como você ousa! — O poeta se levantou de um salto, sacudindo a louça. Luzes vermelhas brilharam nos olhos dos muitos robôs em volta da mesa e ele rapidamente se sentou com um ar ressentido.

— Já chega dessa loucura! — explodiu o artista de criptoarte. — Eu achei que tinha vindo para cá para discutir como ajudar pessoas comuns a saírem da armadilha do consumismo e buscarem alternativas espirituais. Nunca achei que estaria entrando para um clube de bilionários.

Viktor não conseguiu mais segurar a língua.

— Relaxem, meus amigos. Para as pessoas de renda média a baixa, a riqueza de fato traz um grau de felicidade. Mas, ao exceder um certo nível crítico, ela vai fornecer benefícios marginais cada vez menores e até mesmo ter efeitos adversos.

A princesa acenou com a cabeça em aprovação.

— Daniel Kahneman coloca o limite em 75 mil dólares americanos.

— Eu, pessoalmente, duvido desse número — respondeu Viktor.

— Você só está falando do ponto de vista do 1%. Todos vocês estão. Eu me recuso a participar dessa farsa, eu vou cair fora daqui! — O artista atirou longe o guardanapo e se levantou.

Houve um longo silêncio. Todo mundo olhava para a princesa Akilah.

Ela deu um sorriso implacável, como se estivesse acima de tais desconfortos momentâneos. Levantando-se com elegância e erguendo sua taça de vinho, começou a circular lentamente pela mesa de jantar.

— Eu imagino que todos vocês tenham lido nossos termos quando chegaram na ilha. Nós deixamos bem claro que, exceto em caso de ferimentos graves ou força maior, nenhum signatário pode ir embora, e uma saída precoce será considerada quebra de contrato. A extensão da multa está ligada ao valor total dos seus bens, mas será reduzida conforme o experimento avançar. Em outras palavras, se sair agora, você está escolhendo ficar sem um centavo.

O rosto do artista de criptoarte ficou pálido ao ouvir o comentário da princesa e seus lábios tremeram. Como todo mundo, ele não tinha se dado o trabalho de ler os termos de serviço em detalhes. Um rumor começou a circular pela mesa enquanto os cataris seguiam olhando em frente, com uma expressão impassível.

O alpinista falou.

— É exatamente como no alpinismo. Você vai fracassar, a menos que chegue ao cume. Mesmo que não volte vivo, você vai ganhar a mais alta honra. Então, vossa alteza, quando a aventura na ilha será considerada concluída?

Quando a princesa Akilah passou por Viktor, ela se abaixou para encostar suavemente sua taça de vinho na dele.

— Quando a ilha considerar que vocês foram bem-sucedidos em encontrar a felicidade, será hora de deixarem Al-Sweida.

Quando Akilah passou, ocorreu a Viktor que a princesa era a mulher de preto que ele tinha visto espiando sua casa de férias.

A vida na ilha se mostrou mais interessante do que Viktor esperava, embora seus vizinhos não fossem tão agradáveis quanto Qareen tinha dito.

Cada vez que Viktor encontrava um dos outros hóspedes, eles se cumprimentavam educadamente e conversavam amenidades.

Viktor achava essas conversas muito chatas — com uma exceção. Toda vez que Viktor encontrava Akilah em um dos seus passeios pela ilha, eles acabavam em uma conversa envolvente. Nessas interações, Viktor descobriu que Akilah tinha um doutorado em psicologia pelo Instituto de Psiquiatria, Psicologia e Neurociência do King's College, em Londres, e sua área de especialização era psicologia da felicidade.

— Então é por isso que seu irmão te escolheu como emissária? — perguntou Viktor em um dos encontros.

— Bem, não exatamente. Você quer saber a verdade? Mahdi não está aqui — admitiu a princesa, constrangida. — Ele está monitorando remotamente tudo que acontece na ilha para evitar interferir no experimento. Aprendeu com a experiência que as pessoas sempre se desviam de seus padrões típicos de comportamento na presença de alguém como ele.

— Com a experiência? Então não somos o primeiro grupo de convidados?

— Exato. Nós experimentamos com alguns locais. Meu irmão está um pouco obcecado com isso e quer que o experimento cubra diferentes culturas, classes e raças. Para ele, essa é a contribuição da família real do Catar para a busca humana pela felicidade, então ele está ansioso para que cada detalhe seja o mais perfeito possível.

— Não parece que você tem muita confiança no projeto.

— Bem, meu irmão e eu temos algumas pequenas divergências de opinião. — A princesa fez uma pequena pausa. — Na semana que vem haverá uma apresentação no teatro central. Eu espero que você venha comigo. Então poderemos conversar mais. Por enquanto, não se esqueça de pedir a Qareen para te contar mais sobre a tecnologia de *middleware* da ilha.

Sorrindo para a princesa, Viktor ergueu seu copo de uísque e o esvaziou em um gole.

Ao longo dos dias seguintes, durante os passeios de Viktor pela ilha, Qareen, como um bom guia de museu, detalhou o desenvolvimento da tecnologia de *middleware*.

Durante os últimos trinta anos, vários países tinham tentado de várias formas restringir a hegemonia das gigantes da tecnologia no processamento de dados, e isso foi feito endurecendo regulamentações governamentais, reforçando desmontes antitrustes e promovendo leis de proteção da privacidade, tudo com um sucesso limitado. Então o *middleware* gradualmente surgiu como uma opção.

— O *middleware* é a saída mais promissora — explicou Qareen enquanto guiava seu mestre até o teatro central. A capacidade do atendente robótico de compreender e gerar linguagem natural era tão impressionante que Viktor frequentemente se esquecia de que estava falando com um punhado de silício e ferro.

— Por que você diz isso?

— Olha em volta. Todos esses prédios, dispositivos e serviços estão mudando seus parâmetros de forma instantânea, só para você. Sem o *middleware* não teríamos como capturar seus dados, que estão guardados em diversas plataformas, para que a IA os usasse para oferecer a máxima satisfação de suas necessidades e desejos.

Nos últimos vinte anos, um número cada vez maior de comunidades de *open source* e empresas de *blockchain* haviam trabalhado para desenvolver um sistema de *middleware* por IA que combinasse os benefícios de distribuir protocolos *open source* de computação e aprendizado federado. Mas, para adquirir dados suficientes, uma entidade mediadora confiável era fundamental. Por meio de uma estratégia de "recentralização", o plano de IA nacional do Catar tinha conseguido coisas que ainda estavam fora do alcance das plataformas comerciais. O papel de Al-Sweida era conectar dados de todas as grandes plataformas por meio do *middleware*, oferecendo proteção — e perfeição — aos seus usuários.

E era verdade: a IA da ilha ultrapassava de longe a de qualquer produto que Viktor já tivesse experimentado. Em sua vida de negócios anterior, Viktor precisava de enormes quantidades de dados para tomar até a menor das decisões estratégicas, mas aqui tudo tinha voltado à sua origem mais simples — os sentimentos de alguém. O papel de parede nos cômodos mudava seus padrões para combinar com o humor dele, as trilhas de corrida o guiavam por diferentes rotas para evitar vistas repetidas e os garçons recomendavam pratos que atendiam aos gostos dele e ainda mantinham um elemento de surpresa. As notificações que surgiam em seu *smartstream* ofereciam informação a respeito de tópicos do seu interesse — e aparentemente no momento preciso em que Viktor ficava curioso a respeito de alguma coisa. Tudo isso tinha agradado Viktor enormemente. Ele estava tão satisfeito que tinha deixado de lado sua hesitação a respeito do fato de que, desde que tinha chegado à ilha, cada uma de suas frases, expressões faciais e gestos era capturada pelas câmeras e pelos sensores espalhados por toda parte e enviados para a IA para serem interpretados e então devolvidos para o ambiente.

— A ilha agora me conhece melhor que meu terapeuta — disse Viktor para Qareen. — É confortável, mas não é exatamente divertido. Talvez seja até um pouco... chato?

— Isso depende de como os objetivos e funções do *middleware* foram configurados, e é por isso que você está aqui. Ah, chegamos ao nosso destino!

Viktor encarou o robô. Eles estavam diante das portas do teatro central.

***

Qareen guiou Viktor até o camarote VIP, no qual a princesa Akilah já estava sentada, vestida para a ocasião em uma túnica violeta.

— Por favor, sente-se, sr. Solokov.

— Me chame de Viktor, vossa alteza.

— Muito bem, Viktor. Eu espero que você goste da apresentação dessa noite. — Akilah passou para ele um par de óculos XR feitos de metal e couro de forma a sugerir um capuz árabe de falcoaria.

Viktor os vestiu.

— Somos só nós dois?

— Aqui em Al-Sweida, tudo é feito só para você.

Uma trupe de artistas em roupas árabes tradicionais subiu ao palco, dançando *ardah* ao som do *al-ras*. A performance da noite era "O homem que nunca mais riu", um conto clássico das *Mil e uma noites*.

A história girava em torno do filho de um homem rico. Quando seu pai morre, o filho se entrega a festas e libertinagem até ter gastado toda sua herança e se ver reduzido a fazer trabalhos braçais.

Um dia, quando o adolescente está sentado em frente a uma parede, um homem velho e feio, mas bem-vestido, lhe pergunta se ele gostaria de servir alguns velhos na residência dele em troca de um bom salário. O menino concorda.

Mas o velho impõe uma condição particular:

— Se nos vires chorar, não deves questionar a causa de nosso pranto.

Embora isso fosse curioso, o menino concorda. Ele segue o velho até uma grande casa cercada de fontes elegantes e um jardim verdejante. Lá dentro ele encontra dez homens velhos vestidos em roupas de luto, chorando. O menino quase pergunta o motivo para a angústia deles, mas se lembra da condição e fecha a boca.

Com seus óculos XR, Viktor podia ver o cenário virtual mudar conforme a trama avançava no palco. A ação dos artistas era acompanhada de diversos efeitos de animação. Os versos em árabe eram simultaneamente traduzidos para o russo em legendas que flutuavam pelo ar, o que mantinha seu sabor árabe original.

Viktor não conseguiu resistir e se virou para Akilah:

— Isso é incrível!

A princesa levou o dedo aos lábios, dizendo a ele para continuar assistindo.

Na narrativa, doze anos se passavam. O menino se tornava um jovem, e a morte levava os idosos um por um, até restar apenas o homem que o tinha contratado. Por fim, esse também fica doente, e, quando ele está à beira da morte, o jovem vai até ele e pergunta o motivo dos prantos e lamentos dos velhos.

— Meu filho, eu prometi a Alá que eu não falaria com nenhuma de Suas criaturas sobre isso, caso contrário o ouvinte seria afligido pelo mesmo destino que recaiu sobre mim e meus companheiros — responde o velho, apontando para uma porta trancada. — Se desejares ser livre do mesmo destino, não abras aquela porta. Abre-a e descobrirás a causa do que nos viu fazer; e, sabendo disso, te arrependerás quando o arrependimento não te libertará — disse o velho.

Com essas palavras, o homem respira pela última vez. O jovem o enterra com os outros e vive sozinho na casa até que um dia, enquanto ele está sentado refletindo sobre as últimas palavras de seu falecido mestre, sua curiosidade o vence. Ele quebra a tranca e abre a porta.

Você faria o mesmo se fosse você?

Viktor notou essa legenda virtual aparecer de repente flutuando acima do palco e imediatamente desaparecer. Obviamente não era uma legenda oficial.

Olhou para a princesa, chocado. Ela não estava falando, mas a garganta dela vibrava, e mais legendas virtuais dançavam no ar.

Sou eu, Akilah, falando com você. É a única maneira de evitarmos a vigilância. Vire-se, aja naturalmente e pegue sua taça de vinho. Há uma película de silício na superfície do líquido. Use sua língua para grudá-la no céu da boca e tente falar sem mover os lábios. A película vai converter os sinais elétricos dos músculos da sua garganta em texto por meio de um algoritmo que consegue captar o que você quer dizer com bastante precisão no geral.

Viktor seguiu as instruções da princesa, achando mais difícil do que ela tinha feito parecer. De início suas tentativas só deram em uma salada de palavras sem sentido, mas aos poucos ele pegou o jeito; escolher palavras monossilábicas comuns melhorou a precisão da conversão do sinal para texto.

A ação continuava no palco, onde o jovem entrava por uma porta e descia por uma passagem bizarramente retorcida antes de finalmente emergir na beira de um vasto oceano. Enquanto ele admira maravilhado o mar, uma grande águia desce sobre ele, agarrando-o com suas garras e voando com ele por cima do mar, pousando-o, confuso e estupefato, em uma ilha. Dias se passam e o jovem cai no desespero, pensando que vai morrer na ilha deserta. Mas um dia um navio aparece no horizonte.

> Por que você está fazendo isso?

> Resumindo, o algoritmo de Mahdi não pode te deixar feliz. Ele não aceita isso, mas eu sei. A maximização das funções objetivas só vai te transformar em uma cobaia hedonista, sempre querendo mais, mas sem nunca chegar a lugar algum.

> Por que você não diz isso a ele?

> Não é tão simples. Com certeza você sabe dos desafios que as mulheres enfrentam no meu país. Eu conheço Mahdi bem demais. Ele nunca vai aceitar minha opinião sobre isso.

Ao ouvir isso, Viktor se lembrou da performance fria da princesa no banquete, que finalmente fez todo sentido.

Olhou de novo para o palco através de seus óculos XR. Na história, um navio de marfim e ébano tinha encalhado na ilha do jovem. No navio estavam dez donzelas de uma beleza impressionante, que o convidaram para subir a bordo e velejar para outra terra. Ao chegarem, encontram a costa repleta de tropas, cada soldado vestido com uma armadura magnífica e completa. O jovem monta um cavalo com uma sela adornada de ouro e pedras preciosas e cavalga para um palácio, sob escolta militar. O rei se aproxima, recebendo-o calorosamente na residência real.

No palácio, o rei convida o jovem a se sentar em um trono de ouro e remover o capacete para revelar seu rosto. O jovem então pode ver que o rei é, na verdade, uma jovem dama bela e refinada. Ela diz a ele:

— Eu sou a rainha deste país. Todas as tropas que viste, a cavalo ou a pé, são mulheres, pois em nosso estado os homens aram, semeiam e colhem e se ocupam com o cuidado da terra e outros artesanatos mecânicos, enquanto as mulheres governam, ocupam os postos importantes do Estado e portam armas. — O discurso espanta profundamente o jovem.

O que você quer que eu faça? E... por que eu?

Quando eu era voluntária no hospital Maudsley, de Londres, eu adquiri uma habilidade com os médicos de lá — não para tratamento, mas para escolher pacientes. Eles sempre escolhem os pacientes que mostram um alto grau de cooperação, que têm mais probabilidade de aceitar sugestões e que chegaram realmente ao fundo do poço. Dessa forma, os pacientes veriam os efeitos do tratamento rapidamente e criariam uma espiral positiva de recuperação.

Então é por isso que você me escolheu? Não parece um elogio.

Viktor, o que você disse prova que você é uma pessoa única. Você quer sair da esteira e essa resolução é essencial para se adquirir felicidade.

Mas como posso fazer isso?

Um novo algoritmo. Mahdi escolheu deixar a IA seguir satisfazendo todas as suas necessidades e desejos sensoriais. Eu escolho acreditar que a felicidade não é tão simples.

Sou todo ouvidos.

A apresentação continuava no palco: a rainha ordena à vizir, uma mulher idosa de cabelos grisalhos com um aspecto venerável e majestoso, que busque o cádi e a testemunha. Ela então se vira para o jovem.

— Estás contente de me tomar como esposa?

Chocado com a proposta ousada da rainha, o jovem se ajoelha para beijar a terra aos pés dela e diz:

— Minha senhora, eu sou apenas o menor de teus servos.

A rainha aponta para os criados e soldados, assim como para as riquezas e tesouros diante deles dizendo:

— Todos os presentes servirão a teu prazer e todos os meus tesouros serão teus, exceto por... — Ela aponta para uma porta fechada. — Aquela porta não deves abrir, senão te arrependerás, quando o arrependimento não te libertará.

Ela mal tinha parado de falar quando a vizir voltou, seguida pelo cádi e a testemunha. Conduziram a cerimônia, e a rainha ordenou um grande banquete de casamento para entreter todos os seus convidados e tropas.

Uma história. Nos anos 1970, o psicólogo norte-americano Philip Brickman fez um experimento. Ele juntou um grupo de ganhadores da loteria com um grupo de pessoas paralisadas por acidentes e usou entrevistas para avaliar o nível de felicidade de cada um. Qual você acha que foi o resultado?

Pouca diferença?

Bingo! Os ganhadores da loteria não eram mais felizes do que o grupo controle. Apesar de as vítimas de acidente serem menos felizes na época da avaliação, sua esperança em uma felicidade futura não era diferente do grupo controle.

Como isso é possível?

O cérebro mediu o nível de estímulo sensorial em relação ao nível de estímulo sensorial ao qual já está acostumado. O êxtase de ganhar a loteria resultou em uma alteração para cima nos níveis de adaptação dos ganhadores; portanto, era

mais difícil para eles encontrar prazer com os altos e baixos de suas vidas cotidianas. E vice-versa.

É uma boa teoria. Mas o que pode ser feito com isso?

Você conhece a hierarquia de necessidades de Maslow? O algoritmo de Mahdi provavelmente funciona com as pessoas que não cumpriram os requisitos na parte de baixo da pirâmide de Maslow. Mas, conforme as pessoas passam a precisar de amor e pertencimento, estima e autorrealização, o algoritmo não vai conseguir ajudar. Você é um exemplo perfeito.

Eu achei que já estivesse no topo da pirâmide social.

Sendo sincera, Viktor, nossa IA prevê que a probabilidade de você cometer suicídio nos próximos dois anos é de 87,14%.

O silêncio envolveu Viktor, mas algo lhe disse que a princesa estava falando a verdade.

No palco, a apresentação continuava, revelando a vida feliz do jovem e sua rainha durante os sete anos seguintes, quando o homem entrou na meia-idade. Um dia, contudo, o homem pensa na porta proibida e diz para si mesmo:

— Deve haver tesouros ainda mais magníficos escondidos lá dentro, caso contrário por que ela me proibiria de abrir a porta?

Então, ele sai de sua cama de ouro incrustada de pedras preciosas e quebra a fechadura que abre a porta proibida.

Então seu algoritmo pode me ajudar? Mas como?

Apenas a IA consegue saber a assinatura psicológica única de cada indivíduo. Nós queremos descobrir mais biomarcadores ligados à felicidade e métricas mais diversificadas para medir a satisfação — como o que faz as pessoas se sentirem desafiadas ou dá a elas um senso de propósito, uma compreensão mais profunda das relações interpessoais... mas apenas se você concordar em participar.

Não sei. Parece arriscado.

Me ajude e você vai ajudar a si mesmo. O tempo está acabando. Você não sabe o que o espera.

As legendas de repente pararam e os artistas congelaram no meio de seus movimentos, como se alguém tivesse apertado o pause. Viktor percebeu que eles também eram robôs.

— Lá vêm eles — murmurou a princesa. A voz dela estava nervosa.

Em um piscar de olhos, o teatro se acendeu como se fosse dia. Quando Viktor começou a se levantar da sua cadeira, uma porta se abriu com tudo.

Os intrusos eram os outros convidados, que não pareciam estar a fim de ver uma apresentação.

Parecia que o artista de criptoarte tinha conseguido hackear seu atendente robô e tomado o controle dele. Além disso, ele tinha convencido os outros hóspedes de Al-Sweida a inverter os papéis e ganhar vantagem sobre seus anfitriões.

O robô em revolta se estacionou com um ar beligerante bem ao lado da porta arrebentada.

— Nós exigimos a liberação de nossos contratos! — gritou o artista para a princesa.

— Vocês são livres para ir embora quando quiserem... desde que paguem a multa — respondeu Akilah, impassível.

— Nós não vamos pagar... nada. Essa ilha maldita... não fez nada para nos deixar felizes! — falou a atriz com uma voz arrastada, parecendo confusa. Com o apoio da IA, ela vinha aumentando sua tolerância ao álcool.

O poeta uivava e puxava os cabelos acima de seus olhos vermelhos.

— Essa ilha é como uma lâmpada de Aladim monstruosa. Todos os nossos desejos podem se tornar realidade, não existe inspiração ou excitação. Quando tudo é possível, nada é interessante. Eu não consigo escrever nada, nem mesmo um poeminha satírico!

— A primeira vez que eu comi trufa branca do deserto, ela pareceu divina — disse o alpinista. — Mas, na segunda e na terceira vezes, ficou cada vez mais insípida. Eu sei que não é um problema da iguaria, é um problema meu. Vinte anos atrás, quando os cataris precisavam de uma licença para uma única dose de álcool, só essa dose já os deixava bêbados. Mas olha agora esses pinguços. — O alpinista olhou para a atriz, sem nem se dar o trabalho de esconder seu desprezo.

Akilah e Viktor trocaram olhares. A princesa estava certa: o algoritmo de Mahdi era capaz de satisfazer os desejos superficiais dos usuários com mimos, mas não podia oferecer uma felicidade sustentável.

— Você e seu irmão fizeram uma tentativa ousada, usaram uma caixa-preta para entender outra. Mas vocês falharam — disse o neurobiologista, decepcionado. — Ainda estamos longe da verdadeira felicidade.

— Portanto, nós, como vítimas desse experimento falho, merecemos uma rescisão incondicional — concluiu o artista.

— Além de uma compensação — acrescentou a alterada estrela de cinema.

Tomado por um impulso súbito de dizer algo, Viktor foi impedido pela princesa, que estava sacudindo a cabeça.

— Sinto muito por vocês não terem conseguido encontrar a felicidade em Al-Sweida. Mas, como vocês sabem, seus dados foram importados pelo sistema de *middleware* de forma criptografada e executados automaticamente por meio de contratos inteligentes que ninguém pode alterar ou destruir. É assim que nosso sistema foi desenhado.

— Nós exigimos conhecer o verdadeiro Grande Irmão. Por que seu irmão não aparece?! — questionou o alpinista.

— Mahdi tem negócios urgentes para cuidar, então ele me deixou...

— Isso é um golpe. Vou contar à Al Jazeera e deixá-los expor tudo! — o poeta ergueu a voz.

— Não se esqueça de que você também assinou um contrato de confidencialidade.

— Parece que teremos que fazer do jeito difícil — disse o artista de criptoarte. — Jinn, pegue vossa alteza. — Diante da ordem proferida pelo artista, o robô se virou para Akilah, dando passos desajeitados na direção dela.

Viktor se inseriu com ousadia entre o robô e a princesa.

— Ei! Acalmem-se todos.

— O que te deu, russo? Quer entrar para a família real?

— Eu só... — hesitou Viktor, sem saber como explicar.

— Está tudo bem, Viktor. Al-Sweida vai me proteger de todo mal. — A princesa Akilah andou calmamente na direção do robô, parecendo pequena perto da enorme criatura.

— Desde que você coopere nada de ruim vai acontecer com você — prometeu o artista. — Certo, vamos para as docas.

Acompanhada pelo robô e seguida pelos outros, a princesa saiu do teatro. De longe, o grupo via o porto de Doha, iluminado com lâmpadas potentes, e o Museu de Arte Islâmica, flutuando no mar como um iceberg brilhante. Mas, em frente a essa paisagem extraordinária, um sequestro real estava acontecendo.

Viktor revirou seu cérebro em busca de formas de libertar Akilah. Antes que ele pudesse pensar em um plano, ele viu a garganta da princesa vibrar suavemente mais uma vez, e quase no mesmo instante linhas apareceram em seus óculos xr.

No três, se jogue no chão

Viktor subitamente sentiu algo peculiar no céu noturno, como se as constelações estivessem mudando de forma e chegando mais perto. De longe vinha um som que lembrava beija-flores.

Quando a legenda foi de um até três, Viktor se jogou no chão. Enquanto ele cobria a cabeça com as duas mãos, seus olhos registraram um relâmpago azul e branco. Com o impacto, todo mundo caiu no chão, com exceção da princesa.

Ajudando Viktor a se levantar, Akilah explicou:

— Não se preocupe. Foi só um choque elétrico. Eles vão se recuperar em algumas horas.

— Como você fez isso?

— Enxames de drones com asas fixas.

A explicação lembrou Viktor do véu que ele tinha visto quando chegou na ilha pela primeira vez; agora entendia por que pareciam capazes de desafiar a gravidade.

— Como você planeja lidar com eles? — Viktor apontou para os hóspedes desacordados no chão.

— De manhã vão ser transferidos para Doha e julgados segundo a lei local. Quanto a você... você pode fazer o que quiser.

Viktor respirou profundamente. O que havia acontecido o tinha feito reavaliar a oferta de Akilah. Ele não queria se tornar a cobaia de um experimento fracassado, mas também não podia voltar para sua velha vida. Não tinha escolha.

— Eu aceito plenamente sua proposta.

A arquitetura do sistema de *middleware* permitia que dois conjuntos de algoritmos operassem juntos, como duas correntes no mesmo oceano.

Viktor ainda aproveitava as conveniências que Al-Sweida oferecia, embora ocasionalmente ele sentisse uma força à espreita, tentando provocá-lo, como uma criança malcriada se escondendo atrás de uma esquina: música irritante tocada de repente; seu *smartstream* mostrava uma notícia negativa a respeito da empresa de Viktor; Qareen se tornava inesperadamente idiota e lento e até errava ou contradizia ordens; e as trilhas de corrida o levavam para um lamaçal, para citar apenas algumas das novas irritações.

Ele adivinhou que era a ferramenta de "desafio" que Akilah estava experimentando no *middleware* da IA.

Por mais errática que tivesse se tornado, a IA havia criado muitas oportunidades para que Viktor passasse tempo com a princesa. Enquanto conversavam e discutiam a respeito de como melhorar o sistema, Viktor sentia uma espécie de felicidade. Em sua vida anterior, as pessoas em seu entorno agiam com um respeito profundo e deferência em relação a ele ou exalavam ressentimento. Fazia muito tempo que ele não tinha uma conversa honesta.

Um laço estava se formando entre os dois, sentido pela IA — por meio das câmeras e dos sensores espalhados por toda parte, além da membrana biossensora na pele de Viktor — muito antes que Viktor e a princesa percebessem. Microexpressões e biomarcadores nunca mentem.

O novo algoritmo inspirou Viktor a pensar em como ele aplicaria o sistema de *middleware* à sua própria plataforma de *e-sports*, como forma de desmontar o monopólio centralizado de dados e deixar que os jogadores experimentassem de novo a pura diversão dos videogames. Isso seria uma reinvenção radical para a empresa ou um grande segundo ato. Mas, com sua última aventura pública tendo acabado em escândalo internacional, Viktor estava com medo. Era possível que uma revolução assim trouxesse infâmia eterna sobre ele e até acabasse de vez com seu império de negócios.

Ele compartilhou esses medos enquanto tomava drinques com Akilah, que sacudiu a cabeça e disse:

— O que você teme não é o fracasso, mas a vergonha.

Viktor ficou sem palavras. A princesa tinha acertado em cheio!

— Anos de pesquisa me ensinaram uma coisa. O caminho para a autorrealização nem sempre é uma jornada ascendente. Ele é cheio de altos e baixos.

— Não entendo.

— Se você é tomado por um sentimento de insegurança, não vai conseguir encontrar o amor verdadeiro e um senso de pertencimento. De forma parecida, se você está tomado pelo medo de perder um amor, não pode conquistar a verdadeira autoconfiança. Estar no topo da montanha não garante felicidade eterna, porque a felicidade é um processo dinâmico de abandonar constantemente medos menores e conquistar cumes mais altos.

Viktor concordou com a cabeça.

— E você? Do que você tem medo?

A princesa abriu um sorriso e olhou ao longe.

— Eu tenho medo de me tornar a Akilah que Mahdi quer que eu seja. Ele me ama muito, mas só quer que eu viva de acordo com seus algoritmos, como uma princesa de conto de fadas, sem preocupações, só felicidade. Mas não posso ser assim. Eu quero trazer felicidade verdadeira para o mundo.

Balançando a cabeça com um ar desconsolado, Viktor ergueu sua taça de champanhe e impediu Akilah de continuar.

— Não acho que eu possa conquistar felicidade nessa ilha, seja pela definição da IA ou pela minha própria.

Os dois ficaram em silêncio. Depois de um tempo, Akilah virou a cabeça para falar com Viktor, como se tivesse se lembrado de algo.

— Você ainda não viu o fim.

— Que fim?

— O fim da peça.

— Ah... "O homem que nunca mais riu." Parecia minha própria história. — Viktor forçou um sorriso. — Então, como ela termina?

— O homem que se casou com a rainha quebra a promessa que fez no casamento. Ele abre a porta proibida e encontra o mesmo pássaro que o levou para a ilha da rainha. O pássaro o pega em suas garras, voa com ele por cima do mar e o deixa de volta na costa distante de onde o tinha tirado no início. No fim, o homem consegue voltar para a casa onde ele vivia com os velhos. Vendo suas lápides, finalmente entende que o mesmo destino tinha recaído sobre eles e que essa era a causa de seu pranto e seu lamento.

Ao ouvir o fim, Viktor olhou nos olhos de Akilah e tentou organizar seus pensamentos.

— Que história triste, não é?

— Sim, de fato. As pessoas sempre cometem os mesmos erros e voltam para o ponto de partida — disse Viktor com um suspiro.

— Como correr numa esteira.

— Talvez ninguém consiga sair dela de verdade.

— Você não acredita que podemos te fazer feliz, não é Viktor? — Os olhos de Akilah se encheram de preocupação e frustração.

Viktor deu de ombros e desviou os olhos, vendo um veleiro distante deslizar suavemente pelo golfo.

A princesa se levantou e partiu sem sua habitual despedida gentil.

A aventura terminou tão subitamente quanto tinha começado.

Viktor foi informado por Qareen que podia deixar Al-Sweida naquela mesma noite. Ele tinha sido colocado no último voo para Moscou saindo do Aeroporto Internacional de Hamad, em Doha. Uma lancha o levaria de volta para o continente.

A princesa Akilah não foi se despedir dele, só mandou uma mensagem gravada por Qareen, o que deixou Viktor confuso.

— Eu fiz tudo que podia e espero que você consiga entender. — A princesa parecia muito pálida na tela, como se lamentasse a despedida, e isso animou um pouco Viktor. — Os outros serão inocentados e ganharão a liberdade, com a condição de ficarem de boca fechada a respeito de tudo que aconteceu na ilha.

A lancha cortava o mar, deixando um longo rastro branco que apontava para a ilha da felicidade.

Viktor olhou para os enxames de drones que pareciam nuvens, flutuando acima de Al-Sweida, e se lembrou das últimas palavras de Akilah — era tudo tão irreal...

— Eu espero que você conquiste a felicidade verdadeira, Viktor. E espero que Mahdi não mude de ideia.

Mudar de ideia? O que isso significava? A ideia perturbou Viktor.

O Aeroporto Internacional de Hamad oferecia todas as vantagens dos terminais de primeira linha. O lounge de embarque tinha até uma piscina em tamanho padrão e um jardim tropical cheio de palmeiras. Viktor deveria ter bastante tempo antes do embarque, mas ele foi para o balcão confirmar sua reserva, só por garantia. Sua ansiedade foi aliviada pelo sorriso gentil da atendente da Qatar Airways — e então voltou a aumentar quando a busca por suas informações levou mais tempo do que o normal.

— Sr. Solokov, desculpa deixá-lo esperando. Mas o sistema indica que sua passagem foi cancelada e você precisa entrar em contato com seu agente de viagem.

Xingando baixo, Viktor pegou seu *smartstream* para entrar em contato com Akilah, mas ele tinha perdido a conexão com a internet. A tela ainda mostrava uma notícia que havia aparecido segundos antes: "Cinco estrangeiros foram condenados por violação das leis locais".

Mahdi tinha mudado de ideia? Com o coração acelerado, Viktor escaneou seu entorno tão freneticamente que não ouviu a pergunta da atendente.

— Sr. Solokov, tudo bem? Eu entrei em contato com a equipe do aeroporto, que chegará em breve para ajudá-lo.

Dois robôs de segurança pretos, ainda mais formidáveis do que Qareen, estavam se aproximando rapidamente. Ao vê-los, Viktor ignorou as palavras ensaiadas da atendente e saiu correndo do terminal. Desviando do trânsito, ele cruzou várias pistas e parou um táxi dirigido por um humano.

— Boa noite, senhor. É raro ter um bom e velho passageiro humano atualmente. — O motorista sorriu para ele. — Você está procurando diversão? Legal ou ilegal, eu sou o cara.

— Só dirija, vá! — rugiu Viktor. Ele procurou o cartão de visita de Khaled. Naquele momento, ele só acreditaria em seus próprios contatos.

Quando o motor ganhou vida, seu *smartstream* voou para fora da janela do táxi e caiu no chão, piscando duas vezes antes de apagar.

No labirinto de vielas do Souq Waqif, as rústicas paredes de pau a pique e as vigas de madeira expostas pareciam transportar Viktor de volta para a antiguidade, quando comerciantes beduínos se reuniam no mercado para vender joias, prataria, tapetes, cavalos e itens cotidianos. Ele não estava com ânimo para se deixar levar pela atmosfera intoxicante da noite, mas o russo ficou completamente perdido entre os cheiros entrelaçados de narguilé, incenso, mel e tâmaras, assim como as luzes coloridas atordoantes que saíam dos lustres de mosaico.

Separado de seu *smartstream*, Viktor tentou confiar em seu próprio senso de direção. Ansioso, ele ficava olhando para trás, como se qualquer um que o observasse com curiosidade pudesse ser um enviado de Mahdi. Ele tropeçou pelo labirinto de barraquinhas de suvenir antes de finalmente encontrar a velha loja de falcoaria ilustrada no cartão de visita de Khaled. O motorista argelino que gostava de música eletrônica também era ajudante de meio período na loja.

As aves de rapina da loja estavam descansando tranquilas em suas gaiolas noturnas individuais, vendadas, mas ainda um símbolo orgulhoso da tradição nômade árabe. Cada uma valia milhões de riais cataranses. Quando Viktor se aproximou, o dono da loja levou o indicador aos lábios para pedir silêncio e fez um sinal para que Viktor esperasse enquanto ele chamava Khaled.

Alguns minutos depois, o motorista argelino com voz de trovão apareceu. Viktor explicou do que precisava.

— Então você quer cruzar o deserto durante a noite? E entrar nos Emirados Árabes pela fronteira sudoeste? Não parece uma boa ideia.

— É só um pouco mais de duzentos quilômetros, não é nada difícil para você. Alguém vai me buscar na chegada, da mesma forma quando eu vim.

— Eu não sei. Depende de... — Khaled esfregou os dedos, fazendo o gesto universal para dinheiro.

— Você conhece os russos — disse Viktor, oferecendo um sorriso dissimulado. — Dinheiro não é problema.

O 4x4 de Khaled levou Viktor para longe da agitada cidade de Doha. Enquanto eles zumbiam pelo coração do deserto, um outdoor gigante surgia à frente, com um slogan em inglês destacado em meio ao texto em árabe: O FUTURO É RECOMEÇAR. VOCÊ ESTÁ PRONTO?. Perdido em pensamentos, Viktor focou a paisagem em volta enquanto as luzes da civilização moderna diminuíam ao longe. As dunas se estendiam sob o luar como ondas em um mar tropical enquanto a areia grudava nas janelas do veículo, criando um casulo de ruído branco.

Pela primeira vez, as caixas de som de Khaled estavam em silêncio e o motorista parecia agitado.

— Quer saber? Todos aqueles pássaros têm passaportes.

— O quê?

— Eles são preciosos demais para serem traficados para fora do Qatar.

— Ah.

Completamente exausto, Viktor só queria cochilar no ritmo da viagem turbulenta. Mas justo quando estava prestes a fechar os olhos o veículo parou abruptamente como se tivesse se chocado com uma parede de tijolos.

— Encalhamos. — Khaled deu a partida no motor repetidas vezes, mas não conseguia dar a ré. Os pneus, girando inutilmente, espirravam areia. — Você pode ajudar saindo por um minuto?

O vento frio da noite hostil do deserto recebeu Viktor quando ele saiu do carro. Ele apalpou seus bolsos em busca de um cigarro, mas não encontrou nada além do recibo do táxi. Os faróis iluminavam partículas flutuando no ar, como correntes de líquido dourado.

— Estamos ficando sem tempo, Khaled — disse Viktor, apressando o motorista, ainda no volante. — Eu não quero ser o primeiro russo a congelar até a morte no deserto.

— Desculpa, sr. Solokov.

— Não precisa pedir desculpas. Só seja rápido.

— Desculpa — Khaled repetiu e o veículo de repente desceu até o chão. Os pneus inteligentes esvaziaram para aumentar a aderência, permitindo que o 4x4 saísse do buraco sem esforço. — Eu não quero prejudicá-lo, mas não posso desobedecê-los.

— Que raios...

Viktor ficou parado onde estava, sem compreender, enquanto o veículo de Khaled fazia um retorno e acelerava noite adentro, de volta para Doha. Ele correu atrás do carro por alguns passos, mas foi ofuscado pela poeira e precisou se agachar, engasgado com a poeira. Quando ele abriu os olhos novamente, o 4x4 havia desaparecido.

Viktor Solokov se viu sozinho na vastidão uniforme do deserto. Xingando e grunhindo, ele aspirou areia demais e começou a ter dificuldades para respirar. Sua voz foi ficando mais fraca até que se tornou um choro. Ele tentou se orientar pelas estrelas tênues, como um beduíno. Escaneou o horizonte em busca de um oásis e examinou a superfície procurando rastros de animais. Mas ele logo desistiu e escolheu um caminho por conta de uma vaga lembrança da direção pela qual haviam entrado no deserto. Os rastros dos pneus haviam sido apagados pela areia, mas ele sabia que precisava seguir em frente. Decidiu apenas continuar colocando um pé na frente do outro. Ao estimar a distância de sua viagem abortada pelo deserto, calculou que não devia estar a mais que algumas dezenas de quilômetros da fronteira entre o Catar e a Arábia Saudita e se convenceu de que não era impossível — ele sobreviveria, desde que cobrisse a distância estimada antes do nascer do sol, muito antes de a temperatura chegar a 50°C e desidratá-lo até ele desmaiar.

Viktor perdeu toda a noção de há quanto tempo vinha se arrastando pela areia. Ele sentia a garganta queimando, os olhos ardendo com lágrimas e poeira e sentia os pés doendo a cada passo. As dunas eram todas idênticas e Viktor se perguntou se estava andando em círculos. Mas ele não ousava parar, nem por um momento.

***

O céu escuro se apagou mais ainda, mas Viktor estava muito consciente do sol que espreitava logo abaixo do horizonte, esperando para lhe dar seu golpe final. Cenas do passado surgiam diante de seus olhos, um precursor clássico da morte. Em comparação com a crueldade de deixar de existir, todas as memórias, até mesmo as desagradáveis, pareciam infinitamente doces.

O delírio estava chegando. Viktor queria entender o que tudo isso significava: como ele tinha ido de uma viagem em busca da felicidade para uma morte solitária na natureza selvagem.

Um lampejo surgiu no horizonte, mas era tarde demais. Viktor Solokov tropeçou, rolou por uma duna e ficou deitado na areia, que agora esquentava com o sol da manhã. O que restou de sua força de vontade lhe disse para se levantar e seguir em frente, mas seus membros não obedeciam. Ele não queria morrer, não assim e não nesse lugar, mas parecia que sua hora tinha chegado.

Um zumbido familiar ecoou em ondas alternantes, chamando a consciência de Viktor de volta de seu limiar. Era uma alucinação de quase morte? Ele se esforçou para virar seu corpo para o céu sem nuvens, onde um espetáculo surgia — uma miragem? Em um momento, a aparição misteriosa flutuava como um tapete mágico, e no outro parecia um barco sem velas. A boca de Viktor se movia em silêncio, mas não emitia nenhum som. "Isso deve ser o fim."

O tapete mágico era, na verdade, um drone para passageiros composto de vários drones de asas fixas menores que conseguiam se juntar em várias configurações. Sua aterrissagem criou uma pequena tempestade de areia que fez Viktor fechar os olhos. Ele só sentiu que estava sendo erguido e levado para o ar fresco, e uma agulha foi inserida em sua veia para que ele fosse reidratado com água e eletrólitos.

Finalmente, Viktor recobrou um pouco da vitalidade. Ele conseguiu abrir os olhos e ficou surpreso ao se ver olhando para o rosto sorridente da princesa Akilah.

— Estou morto?

— Está forte como um cavalo, Viktor. Só um pouco desidratado.

— Como... como você me encontrou?

— Bem, foi graças aos sensores. Em suas roupas, sapatos e corpo e no deserto. Tem areia inteligente por todo lado.

Viktor virou a cabeça para olhar pela janela e viu o deserto ondulante brilhando dourado à sua volta. A compreensão começou a ganhar forma.

— Então... isso também é parte do algoritmo?

— Não completamente. A IA ajudou um pouco, mas fui eu que desenhei tudo. Eu quero te agradecer.

— Por quê?

— Sua escolha fez Mahdi mudar de ideia, não só a respeito do algoritmo, mas a respeito de mim também. Você gostaria de se juntar a nós? Sua plataforma de apostas com certeza pode ajudar a otimizar nosso algoritmo.

Viktor hesitou antes de responder.

— Se minha resposta for não, eu serei sentenciado como os outros?

Surpresa, Akilah deu uma breve risada metálica.

— Isso foi uma deliberada fake news. Todos os hóspedes voltaram para a ilha e estão de volta a suas tarefas.

— Espera... então os hóspedes que conheci também eram... Ah, claro. Acho que isso explica suas habilidades de conversa. Então, você realmente acha que isso pode ajudar a humanidade a alcançar a felicidade verdadeira?

— Olhe para você mesmo, Viktor, e me diga. Como você se sente agora? — Akilah olhou para Viktor com uma grande ternura e colocou a mão no ombro dele.

A mente de Viktor ficou vazia. A vista do lado de fora da janela havia mudado de um deserto para o mar, e estavam voando de volta para Al-Sweida, a ilha da felicidade. Ele caiu na risada, como se tivesse acabado de entender alguma piada cósmica. Enquanto ria, lágrimas escorriam pelo seu rosto.

ANÁLISE

IA e felicidade, Regulamento Geral sobre a Proteção de Dados (RGPD), dados pessoais, privacidade em computação com uso de aprendizado federado e ambiente de execução confiável (TEE)

Nos primeiros capítulos, cobrimos usos de curto prazo da IA de aprendizado profundo, como otimizar métricas financeiras, notas em sala de aula, diagnósticos médicos e coisas assim. "A ilha da felicidade" aborda uma questão — e um desafio — maior: a IA pode otimizar nossa felicidade? Esse é um problema incrivelmente complexo e difícil. O resultado ambíguo dessa história sugere que os esforços da IA para aumentar nossa felicidade ainda estarão em processo em 2041, com progressos e primeiros protótipos, mas sem previsão de quando, como ou mesmo se isso será resolvido.

Por que esse problema é tão difícil? Eu consigo pensar em quatro motivos.

O primeiro é o problema da definição. O que é felicidade exatamente? Existem infinitas teorias da felicidade, desde a hierarquia de necessidades de Abraham Maslow até a psicologia positiva de Martin Seligman. Definir a felicidade será ainda mais complexo em 2041, quando a sociedade terá progredido, com a tecnologia de IA, até um ponto em que as condições de vida serão confortáveis para a maioria das pessoas, se não todas. Quando as necessidades básicas das pessoas forem satisfeitas, o que constitui felicidade? Essa definição pode ainda estar evoluindo em 2041.

O segundo desafio é o problema de como mensurá-la. A felicidade é abstrata, subjetiva e individual. Como podemos quantificar nossa felicidade e medi-la continuamente? Se pudermos medi-la, como a IA guiaria nossas vidas para sermos felizes?

O terceiro problema são os dados. Para construir uma poderosa IA que promovesse a felicidade, precisaríamos de dados extensos, incluindo as formas mais pessoais de dados. Mas onde esses dados serão guardados? O Regulamento Geral sobre a Proteção de Dados (RGPD) é um novo padrão que vem ganhando aceitação, e seu objetivo é que cada um de nós retome o controle de nossos próprios dados. O RGPD vai acelerar ou impedir essa grande busca por melhorar nossa felicidade? Que outras abordagens podem ser possíveis?

Finalmente, existe a questão da armazenagem segura. Como podemos encontrar uma entidade confiável para guardar esses dados? A história nos conta que confiar só é possível se o interesse da entidade estiver completamente alinhado ao dos usuários. Como uma entidade com interesses assim seria encontrada ou criada?

Agora você consegue entender por que uma IA que induza felicidade é tão difícil! Vamos mergulhar nos quatro problemas e suas possíveis soluções.

O QUE É FELICIDADE NA ERA DA IA?

Deixando a IA de lado por um momento, vamos fazer a pergunta mais básica: o que felicidade significa, afinal? Em 1943, Abraham Maslow publicou seu artigo fundamental "Uma teoria da motivação humana" que descrevia o que se conhece hoje como "hierarquia das necessidades de Maslow". Essa teoria é normalmente ilustrada como a pirâmide mostrada a seguir, que descreve as necessidades humanas do nível mais básico ao mais avançado. Cada nível baixo precisa ser satisfeito para que se mova para uma necessidade de nível mais alto. Os níveis são "fisiológico", "segurança", "pertencimento e amor", "necessidades sociais" ou "estima" e "autorrealização".

Hierarquia das necessidades de Maslow — nossa felicidade aumenta de baixo para cima, conforme as necessidades mais básicas são satisfeitas.

Hoje em dia, muitas pessoas sentem que a riqueza material é o componente mais importante da felicidade. A riqueza material está mais relacionada às duas primeiras camadas da pirâmide — nas quais subsistência ou segurança financeira são garantidas pela riqueza material. Algumas pessoas até associam a riqueza material a necessidades de nível mais alto como poder, estima e sentimento de realização. Mas, curiosamente, as pesquisas sugerem que buscar riqueza material não produz um sentimento sustentável de felicidade.

O psicólogo Michael Eysenck cunhou o termo "esteira hedonista" para descrever nossa tendência de sempre nos reajustarmos a um nível fixo de felicidade, apesar de ganhos (ou perdas) monetários ou de posses. Estudos mostraram que pessoas que ganham uma riqueza considerável (como ganhar na loteria) ficam felizes por alguns meses, mas depois disso sua felicidade normalmente cai para o nível basal de antes de ficarem ricos. Foi isso que condenou a tentativa quixotesca do príncipe herdeiro Mahdi de construir seu paraíso movido por IA na "ilha da felicidade" — sua IA buscava aumentar a "felicidade hedônica" dos convidados. Quando chegaram pela primeira vez na ilha, os convidados exploraram várias atividades prazerosas que produziram incrementos momentâneos de sentimentos felizes, mas com o tempo eles voltaram para a esteira hedonista, sempre correndo, mas nunca alcançando uma felicidade duradoura.

Em contraste com a felicidade hedônica (riqueza material, prazer, diversão, conforto), as pessoas que avançam para além dos dois primeiros níveis da hierarquia de Maslow buscam a felicidade eudaimônica (crescimento, sentido, autenticidade, excelência). A hierarquia de Maslow afirma que só depois que os níveis de felicidade básica forem satisfeitos as pessoas podem buscar a felicidade psicológica. Em outras palavras, uma vez que nossas necessidades materiais forem satisfeitas, vamos buscar o senso de pertencimento, amar e ser amado, respeito e autorrealização. É por isso que a princesa Akilah queria substituir a IA primária de Mahdi com sua IA psicológica — para ajudar a dar a cada pessoa uma felicidade individualizada, que seja mais concreta, significativa, e proporcione amor e autenticidade.

Foi nesse contexto que o eclético grupo de visitantes ambiciosos foi convidado para participar do experimento, tornando-se habitantes da ilha. Pegue Viktor, por exemplo. Antes de ir para a ilha, o empreendedor de sucesso estava preso na esteira hedonista. Embora ele tivesse conquistado riqueza material, sucesso e estima, algo estava faltando em sua vida. Estava longe de se sentir realizado e buscava refúgio em substâncias que alteram a consciência e outras fugas hedonistas. Essas circunstâncias o tornaram o candidato ideal para ser recrutado por Akilah para a ilha, onde ela tentou elevá-lo até a felicidade psicológica.

Durante sua estadia na ilha, conforme a IA foi conhecendo Viktor, foram dadas a ele oportunidades de construir um relacionamento com Akilah. Ele também foi colocado em situações que poderiam satisfazer seu desejo instintivo por aventura e oferecer injeções de autoestima. Foi oferecida a ele a chance de buscar a autorrealização usando suas habilidades de designer de jogos para aperfeiçoar a ilha da felicidade. Os objetivos de Viktor eram unicamente dele, e a IA customizou as oportunidades ao entendê-lo e conhecer seus objetivos. Enquanto Viktor buscava aventura, outra pessoa poderia preferir o oposto — serenidade, por exemplo —, e para ela a IA proporia experiências completamente diferentes. Ao final da história, sabemos que Viktor seria feliz, não porque ela possuía mais riqueza material, mas porque estava levando a vida que queria, cultivando seu relacionamento com outros e tendo a chance de fazer um trabalho importante que poderia ajudar as pessoas. Para ele, felicidade não era um estado binário, mas uma busca constante.

Como as outras histórias do livro, "A ilha da felicidade" se passa em 2041. Até lá, as sociedades serão mais ricas, graças aos avanços tecnológicos, com a IA assumindo tarefas rotineiras e robôs e impressão 3D fabricando produtos quase sem custo (esse conceito é chamado de plenitude; eu o exploro em mais detalhes no capítulo 10). Se a sociedade for governada por bons líderes, o governo cuidará de todas as pessoas, garantindo a elas a suficiência material. Em 2041, nas sociedades mais ricas as pessoas perceberão que sua definição de felicidade está evoluindo conforme as pessoas avançam da felicidade primária para a felicidade psicológica.

COMO A IA PODE MEDIR E AUMENTAR NOSSA FELICIDADE?

Para construir uma IA que maximize felicidade, nós precisamos primeiro aprender a medi-la. Eu consigo pensar em três formas de se fazer isso usando tecnologias que estão ao alcance hoje. A primeira é extremamente simples — simplesmente perguntamos às pessoas. Na história, quando os novos habitantes chegaram na ilha, foi pedido a eles que respondessem a uma série de perguntas. Analisar a felicidade das pessoas fazendo perguntas é possivelmente a medida mais confiável, mas isso não pode ser feito continuamente, então é preciso haver outras medidas também.

A segunda forma de medir felicidade consistiria em usar a tecnologia em constante aprimoramento da internet das coisas (câmeras, microfones, detector de movimento, sensores de temperatura/umidade e por aí vai) para capturar o comportamento do usuário, suas expressões faciais e voz e então, utilizando técnicas de "computação afetiva", reconhecer as emoções de cada usuário segundo os dados vindos da internet das coisas. Observando o rosto das pessoas, os algoritmos de computação afetiva podem detectar tanto macroexpressões (normalmente 0,5 a 4 segundos) quanto microexpressões (0,03 a 0,1 segundos). Essas expressões revelam emoções. Microexpressões são frequentemente detectadas quando as pessoas tentam esconder suas emoções, e como são extremamente breves, os humanos normalmente não notam, enquanto algoritmos de computação afetiva podem reconhecê-las com precisão.

Outras características físicas úteis para se estimar as emoções de uma pessoa são o tom de diferentes partes do rosto, que é influenciado por fluxo sanguíneo localizado, e o timbre, a altura, o ritmo, a ênfase e a estabilidade da voz. Além disso, tremores das mãos, dilatação das pupilas, acúmulo de lágrimas, padrões de piscada, umidade da pele (pré-suor) e mudanças da temperatura corporal são todas características úteis para se estimar o estado mental de alguém.

Com tantos dados, a IA pode detectar as emoções humanas (felicidade, tristeza, nojo, surpresa, raiva ou medo) com muito mais precisão do que as pessoas. Esse reconhecimento pode ser aumentado com a observação de várias pessoas ao longo do tempo. Na história, por exemplo, a IA observou que tanto Viktor quanto a princesa Akilah estavam sentindo algo um pelo outro. Isso pode levar a IA a classificá-los em uma posição mais alta nas "necessidades de pertencimento e amor" da hierarquia de Maslow. A capacidade da IA de reconhecer emoções humanas já ultrapassa a do humano médio, e essa diferença aumentará muito até 2041. Note que essa capacidade não implica que a IA possa expressar emoções de forma convincente ou que ela sinta qualquer emoção.

A terceira forma de medir felicidade é checar de forma contínua os níveis de hormônios que se correlacionam com sensações e sentimentos específicos. Nessa história, cada habitante usa uma membrana biossensora transdérmica com um conjunto de microagulhas subcutâneas e um sensor eletroquímico que mede continuamente os níveis de hormônios como medidas parciais de felicidade. Por exemplo, a serotonina está relacionada com o bem-estar e a segurança; a dopamina, com o prazer e a motivação; a oxitocina, com o amor e a confiança; as endorfinas, com a paz e o relaxamento; e a adrenalina, com a energia.

Monitorando esses parâmetros, a IA da ilha foi capaz de notar as atividades, as condições e os ambientes nos quais um habitante estava feliz e usar esses momentos felizes para treinar a si mesma para reconhecer felicidade. Então, o assistente de IA Qareen fazia recomendações, sugestões de atividades ou escolhas que levariam a mais felicidade (realização, crescimento ou conexão) ou menos infelicidade (tristeza, frustração ou raiva). Perto do fim da história, quando Viktor foi instruído a deixar a ilha e ir para casa, não foi porque o experimento havia terminado, mas porque a IA sabia que ao terminar o jogo desse jeito específico, Viktor optaria por escapar, porque ele amava aventura, e essa experiência por fim o levaria de volta à ilha e o deixaria mais feliz.

Para construir uma ferramenta cientificamente rigorosa e robusta que otimize a felicidade, os pesquisadores precisarão resolver desafios profundos. Primeiro, que tipo de métricas de felicidade podemos usar? Fizemos algumas aproximações anteriormente, mas sabemos que nosso estado mental depende de combinações desconhecidas de componentes elétricos (ondas cerebrais), arquitetônicos (estruturas cerebrais) e químicos (hormônios) trabalhando em conjunto. As aproximações anteriores capturam apenas alguns níveis hormonais, que são úteis, mas com certeza incompletos. Eles não abrangem as medidas elétricas ou arquitetônicas. Com o tempo, será preciso ler todos os três componentes e entender suas interações e sua relação de causa com a felicidade para podermos melhorar a qualidade dos dados de treinamento que a IA usa para aprender.

Segundo, chegar aos níveis mais altos da hierarquia de Maslow não envolve momentos de gratificação instantânea, mas uma busca a longo prazo por sentido e propósito. A aprendizagem da IA durante um período longo é desafiadora, porque quando a felicidade de uma pessoa aumenta, a IA não sabe se é o resultado da atividade do dia, da última semana, do último ano ou uma combinação disso tudo. Esse problema é similar ao desafio que encaram os algoritmos de redes sociais: como o Facebook pode treinar seu *feed* de notícias para incentivar o usuário a aumentar seu engajamento a longo prazo, em vez de simplesmente atrair cliques imediatos em propaganda? Quando uma pessoa mostra um incremento de atividade, como a IA do Facebook sabe quais conteúdos do dia ou algoritmos causaram esse incremento? Será preciso inventar algoritmos de IA que aprendam a dinâmica estímulo-resposta a longo prazo mesmo em meio a muito ruído.

Até 2041 não teremos um entendimento completo do que determina nossos estados mentais, nem saberemos como a felicidade psicológica de longo prazo funciona. Mas, até lá, a capacidade da IA de ler emoções humanas deve estar bastante avançada, muito além das capacidades humanas, e haverá protótipos que tentarão melhorar a felicidade humana de nível mais alto.

DADOS PARA IA: DESCENTRALIZADOS *VERSUS* CENTRALIZADOS

A reunião de dados é um passo necessário para se construir uma IA poderosa. Isso já está acontecendo hoje nas gigantes de tecnologia. O Google sabe tudo que você pesquisou, todos os lugares em que você esteve (através das métricas do Android e do Google Maps, a menos que você tenha desligado o histórico de localização), todo vídeo a que você assistiu, todos os e-mails que você enviou, todo mundo com quem você falou no Google Voice e todas as reuniões que você marcou na agenda do Google. Treinado com esses dados, o Google pode oferecer serviços customizados incrivelmente convenientes para você. O Google e o Facebook têm acesso a tantos dados que eles podem inferir o endereço da sua casa, sua etnia, sua orientação sexual e até o que o deixa com raiva. Eles podem adivinhar seus segredos mais íntimos, se você sonegou impostos, é alcoólatra ou teve um caso extraconjugal. Essas inferências terão uma quantidade considerável de erros, mas só a ideia de que essas empresas tenham as ferramentas e os dados para tentar adivinhar provavelmente já é o suficiente para deixar as pessoas desconfortáveis.

Essas preocupações com privacidade levaram a discussões a respeito da ação do governo. Diversos países, dos Estados Unidos à China, estão investigando se o poder dos dados transformou as empresas de internet em monopólios e, em caso positivo, como usar leis antitruste para controlar seu poder. A Europa agiu muito mais cedo — a União Europeia decidiu restringir o uso dos dados pessoais introduzindo os termos do RGPD (Regulamento Geral sobre a Proteção de Dados), que a UE chama de "a lei de segurança e privacidade mais rigorosa do mundo". Outros países estão avaliando construir suas leis de dados usando o RGPD como base. O RGPD é importante e começou bem.

O objetivo final do RGPD é devolver os dados para os indivíduos, ajudando as pessoas a controlarem quem pode ver e usar seus dados, e até cobrar pelo licenciamento de seus dados. Nos primeiros anos da implementação do RGPD, a lei conseguiu algumas vitórias. Ela foi bem-sucedida em educar as massas a respeito dos riscos significativos que correm os dados pessoais. E o RGPD exigiu que sites e aplicativos do mundo todo repensassem e reavaliassem suas ferramentas para minimizar usos maliciosos, errôneos ou negligentes dos dados dos usuários. Existem multas grandes para as empresas que violam o RGPD.

Mas alguns detalhes do RGPD não são práticos e, em geral, o regulamento é um empecilho para a IA. Em seu formato atual, o RGPD estipula que as empresas precisam ser transparentes com as pessoas a respeito de como seus dados serão usados. O consentimento explícito do usuário para um propósito específico é necessário para que a empresa comece a coletar os dados do usuário (por exemplo, fornecer seu endereço ao Facebook apenas com o propósito de facilitar a entrega de pedidos de e-commerce). Os dados precisam ficar protegidos de uso não autorizado, vazamento ou roubo. As decisões automatizadas devem ser explicáveis, e um encaminhamento para atendimento humano deve ser oferecido se um usuário exigir.

Acredito que os objetivos do RGPD (transparência, responsabilidade e confidencialidade) são bem-intencionados e até nobres. No entanto, a implementação atual descrita provavelmente não alcançará esses objetivos e pode até ser contraproducente de diferentes formas. Por exemplo, mostra-se difícil limitar o propósito de cada dado coletado porque a IA é um exercício de expansão e é impossível enumerar todos os propósitos de cada dado coletado quando a coleta começa. Por exemplo, quando o Gmail salvou todos os seus e-mails, era para ajudá-lo a procurar e encontrar qualquer e-mail. Mas mais tarde, quando o Gmail desenvolveu a nova ferramenta de escrita inteligente, ela precisou ser treinada em dados antigos. Também é pouco prático esperar que os usuários realmente entendam a explicação de uso de dados de toda empresa cada vez que precisarem consentir com essa coleta de dados. (Quantas vezes você encontrou uma janela com um texto complexo em um site e só clicou em "ok" sem entender ou até mesmo sem ler o texto na janela?)

O RGPD exige que se dê aos usuários o direito de receber o atendimento de um humano caso esteja preocupado com a tomada de decisões da IA. Mas a intervenção humana pode causar caos, já que os humanos não são tão bons quanto a IA em tomar decisões. Finalmente, o RGPD tem o objetivo de exigir a minimização da retenção de dados, o que prejudicará seriamente os sistemas de IA.

Quando isso é considerado de forma independente, a maior parte das pessoas gostaria de reaver a posse de seus dados pessoais usando o RGPD e outras regulamentações. Mas isso deve ser visto à luz do fato de que, se todos os dados fossem apagados, a maioria dos softwares e aplicativos ficaria "burra", se não completamente disfuncional. Na história "A ilha da felicidade", sugerimos que, em vez de jogar fora o bebê (serviços de IA) com a água do banho (preocupações com a privacidade de dados), outra opção quando as tecnologias amadurecerem seria uma "IA confiável" para a qual daríamos todos os nossos dados para que ela guardasse, escondesse ou compartilhasse. Se essa "IA confiável" soubesse tudo que o Google, o Facebook e a Amazon sabem de nós, e muito mais, ela ofereceria recursos muito além dos serviços de internet de hoje. Os muitos pântanos de dados que possuem nossos dados seriam unificados em um poderoso oceano. E, quando essa "IA confiável" (vamos chamá-la de "a Ilha") souber tudo sobre nós, podemos fazê-la responder a todos os pedidos de dados por nós. Então, quando o Spotify quiser saber nossa localização ou quando o Facebook quiser nosso endereço, a Ilha vai decidir por nós se os benefícios do serviço valem os riscos de fornecer esses dados, com base no que ela sabe a respeito de nossos valores e preferências e de quão confiável é a empresa que faz o pedido. Isso vai acabar com todas as janelas pedindo consentimento que nos confundem e irritam. A Ilha se tornaria não apenas uma poderosa assistente de IA, mas também a guardiã de nossos dados e nossa interface com todos os aplicativos. Pode-se pensar nesse arranjo basicamente como um novo contrato social para dados.

Em quem podemos confiar para guardar todos os nossos dados?

Como ter certeza de que podemos confiar todos os nossos dados à Ilha? Se desconfiamos do Google e do Facebook, a Ilha seria ainda mais assustadora, porque ela teria muito mais dados do que o Google ou o Facebook. Além disso, os dados adivinham nosso estado mental e nossas emoções mesmo quando tentamos escondê-los. Como isso pode funcionar?

A questão fundamental é que, quando o interesse do dono da IA diverge dos interesses dos usuários da IA, os usuários perdem. Vimos isso em muitos capítulos anteriores ("O elefante dourado", "Os deuses por trás das máscaras", "Genocídio quântico" e "O salvador de empregos") e lemos isso a respeito do Google e do Facebook por toda parte. O cerne do problema é que as funções objetivas da IA do Facebook e do Google estão necessariamente otimizando os negócios porque são empresas de capital público, o que as leva a otimizar objetivos que nós, como usuários, não temos interesse em otimizar. E não faz sentido pedir ao Google ou ao Facebook que se baseiem em nossa função objetiva, pelo simples motivo de que seus lucros despencarão. Para encontrar um dono de IA em quem confiamos, precisamos encontrar uma entidade que não seja pressionada a otimizar interesses comerciais — uma instituição que naturalmente abrace nossos interesses sem reservas.

Que entidades podem ter interesses alinhados aos nossos? "A ilha da felicidade" usa o exemplo talvez exagerado de um monarca benevolente em um país pequeno e rico. Essa ideia pode parecer fora de lugar no século XXI, mas o monarca na história foi inspirado em Frederico, o Grande, da Prússia, que disse: "Minha ocupação principal é [...] esclarecer mentes, cultivar moralidade e tornar as pessoas felizes, como é da natureza humana, e segundo os meios à minha disposição permitam". Um monarca esclarecido como Frederico, o Grande, acredita que sua função de governar é atrelada a tornar melhor a vida de seus súditos. Portanto, um monarca benevolente é objeto de alta confiança de seus súditos e tem a coragem de implementar grandes mudanças. Nos séculos XVII e XVIII, monarcas esclarecidos foram os principais catalisadores da Era do Iluminismo. Por isso, ao buscarmos um catalisador para uma poderosa e confiável IA agregadora de dados, não é tão absurdo pensar em um monarca benevolente como ponto de partida. Também prevejo que, nos próximos vinte anos, pequenos países governados por líderes fortes com o apoio da população são mais propícios a tomar decisões inovadoras a respeito da adaptação à tecnologia.

E consigo imaginar outras possibilidades. Que tal uma comunidade digital do século XXI que consiste em pessoas que compartilham valores comuns e estão dispostas a contribuir com seus dados para ajudar todos os membros da comunidade com base em um entendimento comum de como os dados dos membros serão usados e protegidos? Projetos acadêmicos que buscam experimentar isso estão acontecendo agora, com professores, equipe e estudantes universitários como voluntários. Outra possibilidade é o desenvolvimento de uma IA não lucrativa, similar à Wikipedia ou ao movimento *open source*. Finalmente, alguém poderia construir uma rede distribuída de *blockchain* que não seja controlada ou influenciada por nenhum indivíduo ou entidade único (como o bitcoin). Guardar dados pessoais em uma rede distribuída é um problema mais difícil do que guardar bitcoins, mas não é impossível. Cada um desses tipos de entidades tem muito mais chances do que uma empresa de capital público de se alinhar com os interesses do usuário.

Com o tempo, podem também surgir soluções tecnológicas que nos permitam ter as duas coisas (uma IA poderosa e proteção de dados mesmo em relação ao dono da IA) ao mesmo tempo. Existe um campo emergente chamado "computação da privacidade" que vem pesquisando ideias nessa área. Por exemplo, o aprendizado federado é uma técnica de IA que treina a IA em diversos dispositivos ou servidores descentralizados que possuem amostras locais de dados. Isso se aproxima do treinamento centralizado, mas impede que o dono da IA central veja os dados. Outro método, conhecido como criptografia homomórfica, criptografa os dados de uma forma que o dono da IA não pode descriptografar. A IA é treinada diretamente com os dados criptografados. Isso ainda não funciona para aprendizado profundo, mas desenvolvimentos futuros são possíveis. Finalmente, um TEE (sigla em inglês para ambiente de execução confiável) lê dados criptografados e protegidos e descriptografa os dados para treinamento da IA em um chip de forma a garantir que os dados descriptografados nunca saiam do chip. (Um risco do TEE é que uma empresa de chips poderia acessá-los via *backdoor*). Todas essas tecnologias ainda têm gargalos e questões técnicas que as impedem de construir uma IA poderosa e ainda proteger os dados pessoais. Porém, nos próximos vinte anos, com um escrutínio cada vez maior das questões relacionadas a dados, prevejo um progresso significativo no uso de técnicas de computação da privacidade para proteger dados pessoais. Como a história sugere, a computação da privacidade provavelmente não estará em todos os lugares até 2041, mas essas tecnologias amadurecerão o suficiente para serem aplicadas em cenários como "A ilha da felicidade".

Para os céticos de plantão, entendam que as abordagens propostas aqui não são uma panaceia, mas caminhos possíveis que acredito que precisamos explorar, junto ao RGPD e a outros métodos. Nós, humanos, temos tão pouca experiência com algo tão poderoso como a IA, e com algo muito desafiador quanto proteger tantos dados, que devemos manter a mente aberta a respeito das soluções e equilibrar experimentação cuidadosa com preservação do *status quo*.

E, se você ainda acha que fornecer nossos dados mais valiosos para terceiros é absurdo, pense em como a maior parte de nós guarda nossas posses materiais mais valiosas com um terceiro confiável, como um cofre de banco. Também confiamos nossas ações a firmas de investimento e nossos bitcoins à internet. Por que não podemos fazer o mesmo com nossos dados? Se pudermos dar todos os nossos dados para uma entidade de confiança cujos interesses se alinham aos nossos, então podemos usar a

IA mais poderosa para nos ajudar a encontrar a felicidade duradoura e não precisaremos mais ficar indecisos se consentimos com uso de dados em diversos aplicativos, nem precisaremos nos preocupar com roubo e mau uso de dados. Quer essa entidade confiável seja um monarca benevolente, uma comunidade *open source* ou um sistema distribuído de *blockchain*, poderemos colher os benefícios inéditos dessa IA poderosa enquanto ainda temos esperanças de que novos avanços tecnológicos tornem nossos dados cada vez mais seguros.

10

SONHANDO COM A PLENITUDE

"Aqueles que perdem seus sonhos estão perdidos."
Provérbio aborígene australiano

Nota de Kai-Fu

A IA e outras tecnologias baixarão o custo de quase todos os produtos, levando a maioria a ser produzida por quase nada. Pela primeira vez na história humana, países desenvolvidos poderão erradicar a pobreza e a fome. Se isso acontecer, o dinheiro ficará obsoleto? Se sim, o que tomará o lugar do dinheiro para motivar as pessoas a viverem vidas com propósito? Alguma teoria econômica ainda seria válida? Essa história, que se passa na Austrália, explora uma sociedade futurista que introduziu duas moedas para um mundo pós-escassez: um cartão que cuida das necessidades básicas dos cidadãos e uma nova moeda virtual para que se acumulem reputação e respeito por meio de serviços à comunidade. Em meu comentário, discuto como a plenitude anula as teorias econômicas e exploro o que pode vir após a plenitude: a singularidade.

PARADA NO HALL, Keira examinou o novo ambiente de cima a baixo. A entrada da casa era espaçosa, mas aconchegante, com preciosos espécimes de coral e arte aborígene em cima de um aparador feito de madeira de demolição. Ela estava parada ao lado de suas malas no hall há bastante tempo. Enquanto esperava que o dono da casa aparecesse, Keira foi na ponta dos pés até a sala ao lado, prestando uma atenção particular às fotos nas paredes. A maioria eram lembranças de uma vida passada no mar e mostravam uma mulher de cabelo escuro com um sorriso vivaz, rindo enquanto posava com vários animais marinhos a bordo de um barco de pesquisa flutuando no mar dos Corais.

A mulher, sabia Keira, era Joanna Campbell quando mais jovem. Famosa ecologista marinha, Campbell tinha passado toda sua vida adulta pesquisando a preservação dos recifes de coral. Agora com 71 anos, sem filhos ou outros parentes, havia se mudado para lá, para a casa na qual Keira estava — uma unidade inteligente em uma comunidade de aposentados perto de Brisbane.

Oficialmente chamada de Sunshine Village, a instituição para aposentados era chamada de IA Village pelos locais. Todas as unidades tinham sido projetadas pela IA e construídas com módulos pré-fabricados feitos por robôs. Informada pelos dados coletados da população idosa de Brisbane, a IA tinha medido cada porta, janela, armário, eletrodoméstico e vaso sanitário para otimizar o uso que os residentes fazem do espaço. Sensores mediam os hábitos e indicadores fisiológicos dos moradores, enquanto a complexa IA lhes oferecia sugestões personalizadas diariamente.

Enquanto Keira observava as paredes da unidade de Joanna Campbell, uma peça colorida de arte aborígene chamou sua atenção: uma pintura Papunya clássica, com bolinhas de diferentes cores formando uma espiral psicodélica. Ela ficou hipnotizada. A imagem a lembrava de seu lar, Alice Springs, uma cidade pequena na Austrália central, espremida entre a cordilheira MacDonnell. Usando seus óculos XR, Keira escaneou a pintura para ver suas informações e as salvou em uma pasta chamada "Casa".

— Todo mundo que vem aqui ama essa pintura. Não é linda?

Keira quase deu um pulo quando ouviu a voz rouca atrás de si.

Era a própria Joanna Campbell, em uma cadeira de rodas elétrica. Com seu cabelo prateado e um corpo que havia se tornado diminuto com o passar dos anos, ela certamente parecia diferente da mulher robusta e vibrante das fotos. Ainda assim, notou Keira, os olhos da mulher ainda eram brilhantes e aguçados e examinavam detalhadamente a visitante.

— Sim, sra. Campbell, eu sou Keira. Acredito que a equipe de serviços da Sunshine Village tenha informado que eu chegaria hoje...

— Bem, ninguém me disse que você ia chegar entrando, moça. Ou devo dizer menina? Eu nunca consigo saber quantos anos vocês têm.

Corando, Keira tentou se explicar.

— Me desculpa! Eu toquei a campainha várias vezes, mas ninguém atendeu, então eu entrei com a senha que a equipe de serviços me deu.

— Eu não entendo por que eles não podem só mandar um robô — resmungou Joanna. — O último cuidador que mandaram não conseguia parar de encarar minhas pinturas. Eu via ganância em seus olhos, então cuidei para que ele não durasse muito. Você não consideraria fazer algo idiota com meus pertences, não é, garota? Qual seu nome mesmo?

— Keira — respondeu a garota com timidez. — E claro que não. Meu trabalho é ajudar a cuidar de você, sra. Campbell.

— Ah! Acho que é isso que acontece quando se é velha, deixam você à mercê de outras pessoas. Quanto tempo você vai ficar? — o desprezo marcava a voz da velha mulher.

— A pulseira me indicou para esse trabalho. Acho que vou ficar... — Keira ergueu sua mão esquerda e mostrou para Joanna sua pulseira inteligente flexível, brilhando com luzes coloridas. — Até que Jukurrpa decida que minha tarefa foi terminada — respondeu ela cuidadosamente.

— Por favor, fala minha língua — bufou Joanna.

— Ah! *Jukurrpa* significa "sonhando" em língua warlpiri. Você sabe, o mito originário aborígene e tudo mais. Sendo sincera, parece que o governo está fazendo uma certa propaganda dando ao programa um nome aborígene — disse Keira com um tom pouco impressionado. Sua voz ficou mais animada. — Eu ouvi tantas coisas sobre você antes de vir para cá... Você é incrível!

A realidade era que, quando Keira tinha se encontrado com o diretor médico da comunidade no escritório dos serviços para residentes, ele tinha avisado Keira de que Joanna Campbell seria difícil. Todos os seus cuidadores anteriores haviam pedido demissão porque não aguentavam o temperamento dela.

— Ah, sim, "o projeto sonho". Agora eu me lembro. Um nome engraçado. Me contaram sobre isso várias vezes, mas minha memória não é mais o que costumava ser — prosseguiu Joanna, ignorando o elogio de Keira. — Quanto estão te pagando para ser minha babá mesmo?

— Bem, o projeto Jukurrpa me paga em Moola, não em dinheiro.

— Mais coisas de gente jovem que não entendo — disse Joanna, interrompendo-a. — Imagino que você também não comemore o Dia da Austrália.

— Hum... — Keira sorriu, desconfortável. — Por causa da história problemática do dia 26 de janeiro, nós votamos para remarcar o feriado nacional dez anos atrás. Agora o Dia da Austrália é 8 de maio, soa como *mate*,[*] não soa?

— Ridículo — disse Joanna, fazendo um aceno indiferente com a mão. Ela virou sua cadeira de rodas e foi para a sala de estar. Keira ficou parada, estupefata, até que a voz de Joanna soou da frente da casa:

— Kala! Venha me ajudar a encontrar meus óculos. Não consigo ler nada sem eles.

— Estou indo! — gritou Keira. Ela respirou fundo e seguiu Joanna até a sala.

Ao longo do último ano, a casa inteligente de Joanna havia determinado que ela estava apresentando os primeiros sinais de doença de Alzheimer. Primeiro foi a frequência com que ela abria e fechava a porta da geladeira e a demora cada vez maior para encontrar itens que não sabia onde havia guardado, como chaves. Nomes e rostos começaram a fugir de sua mente. Com a sabedoria ganha a partir dos dados médicos de milhões de australianos, os sinais foram inconfundíveis para a IA da Sunshine Village.

Por mais avançada que fosse, a casa inteligente em si não podia compensar a mente em deterioração. O médico de Joanna tinha sugerido que uma companhia humana poderia ajudar a aliviar os sintomas. A equipe de serviços para residentes da Sunshine Village pediu uma acompanhante para

---

[*] Oito de maio em inglês é *May eighth*, cuja pronúncia lembra a da palavra *mate*, expressão australiana para "amigo". (N. T.)

Joanna através do Jukurrpa — ou, na verdade, uma série de acompanhantes da qual Keira era a adição mais recente.

Keira estava longe de ser única a assumir o trabalho de cuidadora. Em 2041, os australianos com mais de 65 anos formavam 35%o da população total. Ao mesmo tempo, o crescimento da IA e a automação correspondente do trabalho significavam que a taxa de desemprego também havia disparado. Agora, o programa de realocação de empregos do país tinha dificuldades para manter o desemprego no nível atual, de 12% da população.

O grupo etário atingido com mais força pelo aumento do desemprego havia sido o das pessoas com menos de 25 anos. Os mais vulneráveis, em parte por causa de sua longa história de desvantagens estruturais, eram os jovens da população aborígene, cujos integrantes ficavam bem abaixo da média australiana em termos de educação, emprego, mobilidade social e expectativa de vida.

Mesmo com muitos residentes em dificuldade, a Austrália não poderia se considerar subdesenvolvida ou com pouca inovação. Sua abundância de recursos naturais e a estratégia nacional de desenvolvimento de "priorização da IA" haviam transformado a Austrália em líder global em novas energias, ciência de materiais e tecnologia da saúde. O governo defendia de forma incansável as energias renováveis, como a solar e a eólica, que em conjunto com baterias de íon de lítio de baixo custo e alta capacidade haviam levado o custo da energia a quase zero. O país também tinha sido bem-sucedido em eliminar completamente as emissões de gás de efeito estufa, tornando a Austrália um dos primeiros países no mundo a conquistar o status de carbono neutro. Com a ajuda dos avanços na genética e na medicina de precisão, a expectativa de vida australiana é hoje de 87,2 anos.

Esses avanços — combinados com o estável sistema financeiro do país, seu meio ambiente maravilhoso e um robusto sistema de bem-estar social — haviam atraído milhões de imigrantes, a maioria pessoas ricas buscando a aposentadoria na Austrália.

Ainda assim, por mais que os líderes do país tivessem se esforçado para tratar os grandes problemas e transformar a Austrália em um ímã para a elite global, a desigualdade persistente da nação tinha provocado revolta em sua população jovem. Aos olhos deles, a Austrália tinha se tornado rica deixando-os na mão — e deixando de trazer justiça econômica e social para grupos marginalizados. No início da década de 2030, os jovens de Brisbane e outras cidades pelo país — se sentindo desprezados e roubados de um futuro próspero — tinham tomado as ruas em massa para expressar sua frustração. Uma onda de violência, crime e conflito tinha tido início nesses protestos inicialmente pacíficos, e o tumulto havia se espalhado pelo país.

Em 2036, em resposta às tensões sociais, o governo australiano havia lançado o projeto Jukurrpa e declarado que a "Austrália cuidaria bem de seu povo". O projeto, liderado pelo ICA (Inovação e Ciência para a Austrália), era formado por duas partes. Primeiro, houve a introdução do CBV, ou Cartão Básico da Vida, que garantia que todos os cidadãos que participassem do projeto receberiam uma bolsa mensal para cobrir os custos de alimentação, moradia, contas básicas, transporte, saúde e até mesmo entretenimento e roupas básicas. Tudo isso graças à abundância de riquezas e energia limpa quase gratuita geradas pela revolução tecnológica.

A segunda parte do programa Jukurrpa era o estabelecimento de um sistema de crédito e recompensas virtuais chamado Moola. O sistema recompensava os cidadãos por trabalho comunitário voluntário, como cuidar de crianças e manter os espaços públicos limpos. As pulseiras inteligentes dos participantes coletavam dados de voz do trabalho voluntário e os quantificavam com a ajuda da IA. A pontuação dependia de variáveis, como dificuldade, contribuição para a comunidade e cultura, grau de inovação e realização, além do fator mais importante: a satisfação da pessoa ou da comunidade servida. Os dados permitiam que a pulseira calculasse o Moola ganho pelo participante em tempo real. A pontuação de Moola era refletida nas pulseiras dos participantes, com as pulseiras de pontuação mais alta brilhando com várias luzes coloridas.

Com o Moola, o governo queria estabelecer o serviço honrado e um sentimento de conexão e pertencimento, em vez da riqueza monetária, como a verdadeira medida do valor de um indivíduo. Na realidade, o Moola também tinha benefícios mais práticos e operava como uma espécie de pontuação de crédito que havia suplantado outras formas de moeda. Por exemplo, quando os candidatos eram avaliados para uma vaga de emprego, os empregadores podiam escolher priorizar candidatos com uma pontuação de Moola mais alta. Aqueles com as pontuações de Moola mais altas do país até entravam em uma competição para ter a chance de se tornar membro da reserva na base em Marte.

Mas o programa nem sempre funcionava como seus idealizadores — e os líderes do país — queriam. Apesar das grandes ambições do governo, muitos jovens tratavam o Moola como só mais um indicador de status social, vendo as cores na pulseira como apenas mais um rótulo do qual se gabar, um substituto simbólico da riqueza. Alguns jovens até tentaram burlar o sistema subornando os recebedores dos serviços e conduzindo conversas e interações telefônicas falsas para melhorar sua pontuação de Moola o mais rápido possível.

Os dados também mostravam que, entre os jovens participantes do programa, a taxa de crescimento de Moola na população aborígene era significativamente menor que a média geral. O projeto Jukurrpa, desde o primeiro dia, tinha sido criticado pelo público por conta do seu potencial de exacerbar o racismo. Afinal, como a pontuação de Moola dependia de outros membros da comunidade afirmando que os participantes haviam completado com sucesso suas tarefas, não era de se esperar que os aborígenes e outros participantes não brancos sofressem preconceito e, portanto, teriam mais dificuldade para acumular crédito?

O governo defendia o projeto Jukurrpa dessas críticas. O dr. William Swartz Jr., um porta-voz da ICA, organizou uma coletiva na qual ele chamou o projeto de um investimento social de visão no futuro. "Uma sociedade sem amor, pertencimento, justiça e respeito sem dúvida vai entrar em colapso. O cerne do projeto Jukurrpa é recuperar a confiança das gerações mais jovens. Nós acreditamos que toda pessoa possa conquistar seus sonhos nessa terra de plenitude, independentemente de sua raça ou etnia."

O primeiro alvo do projeto Jukurrpa: a população desempregada com menos de 25 anos, da qual os aborígenes formavam impressionantes 35%. Isso excedia, de longe, a proporção deles na população australiana total, que era de apenas 5%.

Keira Namatjira, de 21 anos, era uma das aborígenes que tinha se inscrito.

**

Keira não levou muito tempo para se acostumar à vida na Sunshine Village. Com Joanna, ela podia ter recebido um encargo rabugento, mas os outros residentes receberam bem a garota aborígene de cabelos compridos e cacheados e muitos passaram a adorá-la. Além de cuidar de Joanna, Keira frequentemente fazia pequenos serviços para outras pessoas da comunidade que não eram elegíveis para um cuidador em tempo integral. Quando ela os ajudava com entregas, pendurando a roupa ou passeando com os cachorros, os residentes enchiam Keira de feedback positivo e nunca hesitavam em clicar "confirmar serviço" na pulseira dela. O dispositivo então brilhava com luzes multicoloridas e soava uma melodia, avisando-a de que seus novos Moola tinham chegado.

O trabalho cotidiano de Keira na casa de Joanna envolvia uma gratificação menos instantânea. Além de ajudar Joanna com suas tarefas de rotina, Keira também era responsável por conduzir um exame detalhado das funções cognitivas da velha senhora, de acordo com as diretrizes médicas do escritório de serviços para residentes. A truculência de Joanna garantia que Keira tivesse seu trabalho dificultado.

— Sra. Campbell, você pode me contar do artigo que leu há pouco? — perguntou Keira um dia em que estavam sentadas juntas à mesa da cozinha de Joanna.

— É sobre a vida marinha ameaçada. Por que você está perguntando? As escolas não ensinam mais interpretação de texto? — Joanna olhava feio para Keira de trás de seus óculos de leitura.

— Sra. Campbell, você se lembra onde pôs sua caixinha de remédios?

— Você acha que consegue me confundir? Eu coloquei... espera. — Joanna revirava os bolsos, então gritava de alegria quando puxava a caixinha do bolso, como uma criança que tinha descoberto um doce escondido. — Ah! Eu sabia! No meu bolso!

— Sra. Campbell, você se lembra do que almoçamos ontem?

Joanna olhava de soslaio para Keira e franzia a testa.

— Sopa, creme de ovos, salada e fruta. Ah, certo, também tinha filé-mignon. Eles me disseram que a carne era cultivada em laboratório e nenhum animal foi ferido no processo. Foi por isso que concordei em experimentar. Tinha o mesmo gosto de bife de que eu me lembrava. Então não ache que sou tonta, srta. Coala.

Keira fez uma careta; ainda assim, a essa altura, tinha se acostumado com o jeito da velha senhora — e sentia compaixão por suas capacidades cognitivas em declínio, mesmo quando elas se manifestavam em comentários rudes.

— Na verdade, ontem você disse que não estava com fome, então pulamos o almoço. Além disso, meu nome é Keira, K-E-I-R-A.

Ao ouvir isso, Joanna não retrucou da forma habitual. Ela ficou em silêncio, com uma expressão chocada em seu rosto. Depois de alguns minutos, ela soltou um suspiro.

— Eu não sei o que está acontecendo comigo. O médico disse que meus sintomas não são tão graves e eu só preciso esperar — murmurou Joanna. De repente, ela ergueu a cabeça de novo e um lampejo de esperança aqueceu seus olhos. — Você sabe quando posso fazer o procedimento?

Keira sabia que Joanna estava se referindo à terapia de precisão genética para os primeiros estágios da doença de Alzheimer. No entanto, mesmo com o bom sistema de saúde australiano, algumas terapias medicinais de ponta eram de difícil acesso, dado o número de pessoas precisando de tratamento. Para a terapia de precisão genética, a fila de espera seria de meses — talvez anos. Keira temia que, quando chegasse a vez de Joanna receber o tratamento, os sintomas da velha senhora teriam avançado a ponto de a terapia não ter mais qualquer efeito.

— Logo, em algumas semanas — garantiu Keira, sabendo que Joanna não se lembraria dessa conversa. — Eu com certeza vou lembrá-la quando o dia chegar.

— É estranho. Eu nem consigo me lembrar do que almocei ontem, mas memórias da minha juventude são vívidas como nunca.

— Me conta do que você se lembra — disse Keira. Agachando-se um pouco e pressionando as mãos contra os joelhos de Joanna, ela olhou para a senhora com uma expressão encorajadora.

— Eu me lembro... — O olhar de Joanna deslizou para o mundo ensolarado fora da janela e perdeu o foco, enquanto seus pensamentos abriam as asas, levantavam voo com o vento e embarcavam em uma viagem para outro tempo.

***

1992. Joanna estava no auge da sua juventude, a pele bronzeada das longas horas sob o sol escaldante e o cabelo descolorido pelo mar. Ela passava meses no oceano, em um navio de pesquisa, estudando mudanças climáticas e poluição da água no ameaçado ecossistema da Grande Barreira de Corais. O mar de Corais, um reino aquático de 4.791.000 quilômetros quadrados localizado no oceano Pacífico a nordeste de Queensland, era o lar de centenas de milhões de criaturas marinhas. No entanto, ele vinha tendo uma morte lenta como resultado das temperaturas crescentes, pesca não sustentável e surtos de coroas-de-espinhos que se alimentam de corais. Para contrabalancear a destruição da Grande Barreira de Corais, Joanna estava pronta para fazer qualquer coisa.

2004. Depois de se divorciar, Joanna deu toda sua atenção para seu amado oceano — companheiro constante e motivo do fim do seu casamento. Em junho daquele ano, depois que o governo da Austrália tinha se recusado a reconhecer o casamento entre pessoas do mesmo sexo, um grupo de ativistas havia fincado bandeiras de arco-íris em uma das ilhas inabitadas do mar dos Corais, a sudeste da Grande Barreira de Corais, declarando o lugar um porto seguro independente, em um ato de protesto. Sozinha, Joanna tinha procurado o grupo, esperando persuadi-los a deixar a ilha por conta do ecossistema vulnerável. No entanto, quando ela disse aos manifestantes que o terceiro evento global de branqueamento, um resultado do aquecimento do oceano, destruiria 40% da Grande Barreira de Corais, a resposta que obteve foram gritos de "Você não se importa com a diversidade?".

2023. Joanna não estava mais lutando essa batalha sozinha. À frente de uma equipe de cientistas, ela estava pesquisando tecnologias que poderiam melhorar a resiliência da Grande Barreira de Corais às mudanças climáticas. Joanna, agora grisalha, estudava cuidadosamente as inovações que estavam sendo alcançadas por uma nova geração de cientistas marinhos. Eles usavam robôs submarinos para implantar larvas de coral em áreas designadas, delimitadas por algoritmos de IA, e usavam sensores para monitorar o crescimento; tinham coberto a superfície do oceano em torno da Grande Barreira de Corais com um filme ambientalmente compatível feito de biomateriais para reduzir a intensidade da luz do sol que atingia o recife. Joanna também estava animada com uma proposta de engenharia genética que criava zooxantelas, microrganismos que tinham um papel fundamental em muitas relações simbióticas marinhas. O aquecimento dos oceanos, junto à sua acidificação, estava impactando a saúde das zooxantelas, o que causava o branqueamento dos corais e a morte dos pólipos antozoários. Invertebrados e peixes que dependiam dos corais sairiam dali ou morreriam. Como resultado, todo o ecossistema entraria em colapso.

— Se conseguíssemos melhorar a resiliência da adaptabilidade das zooxantelas, os corais voltariam ao seu estado original e reconquistariam sua cor e os pólipos antozoários receberiam os nutrientes de que precisam — disse Joanna para Keira, que a escutava com toda atenção. — Nós realmente pensamos que isso poderia salvar a Grande Barreira de Corais.

Joanna era uma pessoa diferente quando falava de seu trabalho. Seu olhar não era mais apagado; sua memória era afiada e vívida. Enquanto falava, ela irradiava vitalidade, linda como um aglomerado de corais.

— Mas vocês conseguiram! Agora todo mundo te chama de "a salvadora da Grande Barreira de Corais"! — exclamou Keira. — Eu nem posso imaginar as dificuldades que você enfrentou...

— Deixe-me colocar da seguinte maneira: a maior dificuldade não vem de fora, mas de dentro de você.

— Não entendi.

— É preciso fé e coragem, minha criança, para dedicar toda sua vida a um objetivo que parece impossível, especialmente quando todo o resto das pessoas à sua volta está ocupado ganhando dinheiro, formando família e criando filhos — disse Joanna com um sorriso. O tom dela se suavizou. — Agora é minha vez de fazer perguntas. Ganhar Moola é sua única motivação para estar aqui?

Keira sentiu suas bochechas queimando. Para uma mulher que frequentemente parecia esquecer o próprio nome, parecia que Joanna tinha visto bem no fundo dela. Keira tinha tido dificuldades para encontrar um emprego estável em uma empresa de XR, e se inscrever no projeto Jukurrpa e vir para a Sunshine Village tinha sido sua melhor opção.

— Sim e não — disse Keira. — Pode ter sido minha motivação inicial, mas agora eu estou começando a sentir que ganhar o respeito dos outros me deixa mais feliz que qualquer outra coisa.

— Muito bem, K... criança. Eu vou confirmar o serviço na sua pulseirinha, desde que você me prometa fazer uma coisa — disse Joanna dando uma piscadela.

— Eu prometo qualquer coisa! — disse Keira, afobada.

— Não precisa gritar. Meu cérebro está bagunçando, não meus ouvidos. Eu te conto amanhã. Agora, boa noite!

A velha senhora se retirou para o quarto. Mais uma vez, Keira ficou parada, estupefata, com os olhos fixos nas fotos de peixes tropicais na cozinha de Joanna.

O desejo de Joanna era que Keira a levasse para o oceano.

Antes que tudo se apagasse da sua memória, Joanna queria olhar mais uma vez para o mar de Corais que ela havia sacrificado tanto para salvar — e que tinha dado para sua vida tanto propósito.

Keira ficou dividida. Por mais que ela quisesse levar Joanna para a praia em Brisbane, organizar excursões estava fora das diretrizes do seu serviço. E, apesar da conversa lúcida do dia anterior, a saúde de Joanna estava se deteriorando. Keira tinha medo de que o corpo da velha senhora não aguentasse o cansaço da viagem, e que, sozinha, ela não pudesse arcar com as possíveis consequências.

Esperando que Joanna esquecesse seu desejo, Keira inventou todo tipo de desculpas: tempo ruim, engarrafamento, feriados. Joanna, porém, era teimosa como uma criança e infernizava Keira todos os dias.

— Eu ouvi que vai ter uma festa da comunidade hoje, com comida, bebida e música ao vivo. Todo mundo vai! Você não quer ir? — sugeriu Keira, tentando distrair Joanna.

— Não — respondeu imediatamente.

— Vamos lá, Joanna — implorou Keira. Uma semana antes, Joanna tinha pedido a Keira para parar de chamá-la de sra. Campbell porque aparentemente era assim que as pessoas falavam com corretores de imóvel.

— Você prometeu que me levaria para o mar! Você *mentiu*!

— Não, eu não prometi isso.

— Não quer mais sua confirmação? O Moola com o qual você se importa tanto?

— Shh... o sistema de IA vai tirar pontos de mim se ele ouvir essa conversa — sussurrou Keira. Ela tirou seus óculos de XR e esfregou os olhos, doloridos de ficar olhando para as projeções de imagens dos óculos. Recentemente, além de seus deveres com Joanna, Keira tinha começado a se voluntariar como desenvolvedora de produtos para experiências de realidade aumentada para uma empresa de AR chamada DingoTech. Esperava que com a experiência que ganhasse ela poderia um dia conseguir um trabalho real na área de AR.

— Por que você está sempre usando óculos? Até onde eu sei, você é jovem demais para precisar de óculos de leitura — resmungou Joanna, curiosa, enquanto pegava os óculos XR de Keira. No momento em que os vestiu, ela gritou de surpresa. — Uau! Tudo está brilhando!

— Espera, me deixa ajustá-los para você — disse Keira, ajustando os parâmetros de foco dos óculos de XR para acomodar a vista de Joanna. Agora Joanna não via mais manchas embaçadas de luz, mas pontos multicoloridos com bordas nítidas que se sobrepunham à sua visão, um filtro ao estilo da pintura pontilhista dos Papunya. O algoritmo de AR alteraria como o efeito dos pontos apareceria em tempo real com base no ambiente em volta e na posição da cabeça do usuário, transformando a realidade em uma espécie de pintura pontilhista que se metamorfoseava a cada segundo com novos padrões e cores, ondulando e oscilando como a superfície do oceano em um dia de vento.

Incrédula, Joanna exclamou:

— É lindo! Você fez isso?

— Sim — disse Keira, orgulhosa. — Eu sempre sonhei em ser artista, mas é quase impossível para alguém como eu. Isso é a melhor opção.

— Eu não acho — disse Joanna, com o rosto retorcido de desdém. — Jovens! Sempre procurando desculpas...

— Não! — soltou Keira, interrompendo a idosa pela primeira vez. Ela conseguia sentir uma onda de emoções emergindo. — Isso não é uma desculpa. Eu estou falando das dificuldades de se navegar a vida como uma *arrernte*.

— Acho que nunca ouvi falar do seu povo antes — disse Joanna.

— *Meu povo* vive nesse continente há 30 mil anos, mas olhe para o que está acontecendo com a gente agora! — a voz de Keira era alta, quase um grito. Naquele momento, ela não se importava com o que sua pulseira inteligente ouvisse. Keira respirou fundo. — Nossa língua quase desapareceu. Nós fomos levados para assentamentos e assimilados nas grandes cidades depois que nossos lares foram roubados de nós. E para nós, jovens, sim, *jovens procurando desculpas*, garantir a próxima refeição pode depender de se tornar criminoso ou desse *maldito Moola!*

— Ei, controla essa língua.

— Eu tinha a esperança de que o projeto Jukurrpa trouxesse uma nova era de igualdade, mas eu estava errada — continuou Keira. — Como tudo no nosso sistema, o projeto Jukurrpa favorece certas pessoas. As pessoas que já são excelentes em ganhar Moola e acenar com suas pulseiras brilhantes, as pessoas que sabem agradar, enganar ou intimidar outras pessoas, só terão ainda mais oportunidades de ganhar Moola e, *pff*, o *respeito da sociedade*. É assim que o mundo funciona. Não importa o quão esforçada ou talentosa eu seja, as pessoas como você sempre desprezarão gente como eu.

— Eu não... eu não quis... — gaguejou Joanna, claramente surpresa pela resposta de sua cuidadora normalmente tão controlada.

— Sra. Campbell, por favor entenda que nem todo mundo tem a mesma sorte que você. Nem todo mundo pode seguir seu sonho. Mas você está certa sobre uma coisa: todo mundo deveria ter a coragem de tentar. Então, você me inspirou. Estou dizendo nesse momento: eu me demito.

Com isso, Keira saiu da sala e andou a passos largos na direção de seu quarto, tão rápido que ela esqueceu completamente que tinha deixado seus óculos XR para trás.

***

Naquela noite, Keira teve um pesadelo.

Um *yowie* coberto de um pelo longo e dourado emergia de baixo da cama e se atirava sobre ela. Ela queria fugir, mas seus pés estavam imóveis, seu corpo completamente paralisado; queria gritar, mas nenhum som saía de sua boca aberta. Não conseguia fazer nada além de encarar horrorizada o monstro parecido com um macaco que fechava as garras em volta dela.

Acordou assustada, coberta de suor. O dia havia nascido; o céu era de um tom claro de azul. Um pouco confusa por causa do pesadelo, ela foi até a cozinha pegar água e seus olhos foram imediatamente atraídos para a porta da frente. Estava totalmente aberta.

— Joanna? — chamou Keira. Nenhuma resposta. Ela andou até o quarto de Joanna e encontrou a cama vazia.

Depois de procurar por toda a casa, encontrou um bilhete manuscrito perto da porta, no lugar em que Joanna normalmente deixava suas chaves:

K: Eu vou ver o mar.
Devolvo seus óculos quando voltar.
J.

Keira xingou baixinho enquanto se vestia e saía correndo na direção da segurança do centro de serviços para residentes da Sunshine Village.

De acordo com as filmagens de segurança, Joanna tinha saído de casa havia mais ou menos uma hora em sua cadeira de rodas elétrica.

— Não se preocupe. A membrana biossensora em todos os idosos pode nos ajudar a rastreá-la — disse Nguyen, um integrante da equipe no centro de serviços para residentes. Ainda sonolento, ele abriu o sistema de rastreamento em tempo real no computador e então parou. O ícone piscante do GPS de Joanna indicava que ela estava, na verdade, em casa. Nguyen arregalou os olhos, agora alerta e desperto.

— Espera… Será que ela retirou a membrana?

— Precisamos de que todo mundo ajude a encontrá-la agora — disse Keira, louca de preocupação.

— Quão longe ela pode ir naquela cadeira de rodas? — tentou Nguyen, em vão, argumentar com Keira.

— *Agora!*

Keira sabia que, para pessoas com doença de Alzheimer, as maiores ameaças vinham de desordens comportamentais causadas pela deterioração dos muitos tipos de função cognitiva: se distraírem enquanto desciam escadas e errarem um degrau; esquecerem seu destino e pararem no meio de uma rua movimentada para tentar lembrar e se machucarem com objetos cortantes. Ela estava apavorada com a ideia de que Joanna, sozinha na rua, pudesse sofrer um acidente. "Se eu não tivesse sido tão estourada ontem, talvez Joanna não tivesse fugido", pensou Keira com amargor.

Nguyen deu início aos procedimentos de emergência e mandou uma equipe humana e drones em uma busca. O alerta também foi para a polícia de Brisbane, que podia acessar as filmagens de segurança dos arredores.

Em meio a essa cena frenética, Keira estava calada. A sombra de um pensamento surgiu no fundo da sua mente. Ela sabia que era importante... mas ela não conseguia se lembrar do que era.

O bilhete. *Devolvo seus óculos quando voltar.*

— Os óculos! — Keira puxou seu *smartstream*. Se Joanna estava usando seus óculos xr, Keira podia acessar o campo de visão dos óculos remotamente e deduzir a localização de Joanna.

Um rio de pontos multicoloridos surgiu na tela. Com certeza Joanna estava usando os óculos de Keira e ela não tinha desligado a experiência de ar que Keira criara. O quadro estava parado. Lentamente, pontos de luz encheram o rio, mudando as cores que subiam e desciam.

— Existem vários rios assim por aqui — disse Nguyen, espichando o pescoço para ver a tela de Keira. — Você consegue conectar o áudio também?

Os sensores auditivos dos óculos captaram vários sons da natureza: o borbulhar e o correr do rio, o canto dos pássaros, o farfalhar das folhas nas árvores, o assovio suave da brisa da manhã. Tudo isso sobreposto por um ritmo de inspiração e expiração, que provavelmente vinha de Joanna. Depois de um tempo, escutaram um rumor vindo da direita que durou cerca de três segundos antes de desaparecer de novo.

— Ela está no riacho Breakfast! — gritou Nguyen. — Isso é o trem. Tem uma ponte lá que cruza o riacho!

— Me leva para lá agora! — Animada, Keira agarrou a mão de Nguyen. — Rápido! Diga a todos para nos encontrarem no riacho para procurar Joanna.

Keira correu ao longo da margem do rio, procurando em meio à vegetação exuberante algum sinal de Joanna. O canto dos pássaros e o zumbido das abelhas a irritavam, o suor brotava em sua testa e pingava da ponta do seu nariz. Keira comparava o *feed* em seu *smartstream* com a cena diante de seus olhos. Finalmente, viu de relance um cabelo branco e longo sob um pinheiro.

Quando ela se aproximou com a equipe de resgate, encontrou Joanna sentada em sua cadeira de rodas em silêncio. Em seu pulso havia um quadrado de pele mais clara, onde antes ficava a membrana biossensora. A mulher parecia perdida em um transe. Lágrimas escorriam pelo seu rosto, manchando as lentes dos óculos XR com um véu embaçado. Keira se aproximou e a puxou em um abraço apertado.

— Keira, você está aqui... — murmurou Joanna.

"Essa é a primeira vez que ela acertou meu nome", pensou Keira.

— Seus óculos me trouxeram de volta. Agora eu me lembro. Eu sou uma de vocês.

— Hein? — Keira, com os batimentos ansiosos ainda altos em seus ouvidos, ficou surpresa com as palavras da mulher. Ela ouviu um flash de câmera.

— Eu sou a geração roubada — sussurrou Joanna enquanto a equipe a levava para a ambulância.

Keira empurrava a cadeira de rodas de Joanna por um calçadão rente à areia. Fazia um lindo dia na praia de Noosa. Os banhistas riam, as crianças brincavam na areia e os surfistas remavam sob o sol. Joanna olhou a nordeste, onde a água azul se estendia infinitamente na direção do horizonte.

— Você vê a Grande Barreira de Corais? — perguntou Keira, embora ela já soubesse a resposta.

— Bem, eu sei que ela está lá. Eu posso senti-la. — Joanna sorriu. — Graças a você. O governo devia dar a você mais Moola do que está recebendo. É engraçado pensar que, a essa hora, na semana que vem, receberei meu tratamento de precisão. Eu nunca imaginei que chegaria minha vez.

— Eu estou tão feliz por você! Com certeza você vai se recuperar logo, logo. — Keira riu. — Mas tem uma pergunta que eu nunca consegui te fazer.

— Manda!

— Naquele dia no riacho Breakfast, você disse que era a "geração roubada". Eu não sabia o que isso significava, então fiz uma pesquisa. E eu descobri que, a partir de 1909, o governo australiano separou cerca de 100 mil crianças aborígenes de seus pais, colocando-as sob os cuidados de famílias brancas ou de abrigos oficiais para serem assimiladas. Essa política acabou em 1969, com aqueles abrigos, o que deixou muitas crianças sem teto. Mas você nasceu depois de 1969. Como você pode ser uma delas?

Uma expressão de melancolia surgiu no rosto de Joanna.

— Meus pais adotivos eram pessoas muito boas. Eles me registraram com uma data de nascimento posterior, pensando que isso me protegeria da dolorosa verdade. Eu fui tirada dos meus pais biológicos logo depois que nasci e, então, fui criada pela igreja durante os anos seguintes, até ser adotada. Eu tive sorte por ter recebido pais adotivos tão amorosos.

— Então como você descobriu? Quer dizer, faz muitos anos desde que isso aconteceu e tenho certeza de que muitos desses registros foram destruídos — disse Keira, incapaz de esconder sua curiosidade.

— Sempre soube que eu não me parecia com os meus irmãos. Eu notava que era diferente pela forma como as pessoas na escola me tratavam. Mas não queria perguntar aos meus pais. Eles me deram tanto amor quanto para seus outros filhos. Então enterrei a pergunta e não pensei nela de novo até o relatório de sequenciamento genético.

— O sequenciamento genético para o tratamento de Alzheimer? — perguntou Keira.

Joanna assentiu e apontou para o norte do oceano Pacífico.

— O relatório indicou uma probabilidade de 85% de eu ser descendente dos habitantes das ilhas no estreito de Torres. Quando eu descobri, minha vida inteira pareceu desabar. Eu não sabia quem eu era ou quem eram meus verdadeiros pais. O que isso significava? Eu não entendia.

— Então você escolheu esquecer?

— Eu temo que o esquecimento tenha me escolhido, minha criança. Minha doença me deu a desculpa perfeita para negar a verdade... até sua arte me levar a ela.

— Minha *o quê*? — Keira não conseguia acreditar no que estava ouvindo.

— Quando coloquei seus óculos, vi um mundo magnífico se desdobrar diante dos meus olhos. Como em um sonho, minha experiência não era estática ou linear, mas um cruzamento do espaço-tempo, indo do passado para o presente e até se inserindo no futuro. Eu conseguia sentir algo antigo vindo do meu coração e correndo pelas minhas veias, me reconectando a esse pedaço de terra. Ele me disse que eu não deveria fugir da minha dor nem esquecer quem sou. Ser honesta comigo mesma é a única forma de me curar.

Keira, comovida, encarou Joanna sem palavras.

— Eu preciso te agradecer — Joanna pegou as mãos de Keira e as levou ao peito. — Não sobraram muitos de nós, da geração roubada. Muitas pessoas morreram carregando o peso da dor e da confusão, como eu vinha fazendo antes. O governo emitiu um pedido de desculpas oficial 33 anos atrás e começou a abrir os arquivos, mas isso não é o suficiente para compensar o que tiraram de nós.

Keira podia sentir a brisa do mar beijando suavemente seus longos cachos. Ela nunca teria ousado sonhar que sua criação poderia ajudar outra pessoa dessa forma. O cheiro salgado a lembrou de seus dias e noites passados com Joanna.

— Sabe, sou eu quem precisa agradecer — disse Keira em um tom solene.

— Por quê? Por que eu sempre te irrito? — respondeu Joanna.

— Bem, por isso também. — Keira afastou algumas mechas de cabelo do olho e sorriu. — Você me fez pensar em coisas que nunca tinham me ocorrido. Meus sonhos e planos, o projeto Jukurrpa...

— Estou ouvindo.

— Na minha opinião, o projeto Jukurrpa está banalizando os laços entre as pessoas na nossa comunidade e serviu para aumentar a desigualdade ainda mais. A maior parte das pessoas não o usa como foi pensado. Ele não serve mais para motivar as pessoas a alcançarem seu potencial. Eu venho pensando no que você disse, e comecei uma discussão na comunidade VRock algumas semanas atrás. A partir daí, dezenas de milhares de pessoas já participaram. O que começou como um debate na internet agora se tornou um movimento chamado "Sonhe o futuro", e a imprensa não para de falar nele. A conversa atingiu as pessoas, elas estavam insatisfeitas com o funcionamento do projeto Jukurrpa. Agora o Parlamento propôs uma lei para revisar o projeto Jukurrpa.

— Uau! E como seria essa nova versão do projeto?

— O CBV deu às pessoas as necessidades básicas de vida e segurança, e isso não vai desaparecer. Mas todo mundo, especialmente jovens como eu, deveriam ter o direito de escolher livremente *como* gostariam de viver... e ninguém deveria ter seus sonhos roubados. Quando alguém busca autodescoberta e autorrealização, como você, essa pessoa deve ter uma chance. O projeto Jukurrpa deveria oferecer para todo mundo oportunidades iguais de explorar quem eles querem ser e ajudar as pessoas a alcançarem plenamente seu potencial. Seja desenvolvendo habilidades de liderança, descobrindo mistérios em Marte, restaurando línguas aborígenes com IA, construindo cidades sustentáveis, o que for. Cada passo da estrada de um indivíduo para a realização pessoal, cada esforço e cada conquista feitos deveriam ser vistos, reconhecidos e encorajados. É a única forma que temos de trazer de volta a esperança. Senão, estamos encarando um novo tipo de geração roubada.

— Olha só para você! Keira, você é incrível! — Joanna, animada pelo discurso de Keira, bateu palmas. De repente, suas mãos pararam no ar. — Isso quer dizer que você vai me deixar?

— Sinto muito, Joanna, mas sim. Eu vim aqui hoje me despedir — disse Keira, abaixando-se para abraçar Joanna. — A foto nossa que tiraram no riacho Breakfast foi postada em todos os cantos do VRock. Depois de toda a atenção da mídia, o dr. Swartz, do ICA, me convidou para me juntar à equipe do programa. Juntos, vamos tentar encontrar uma forma de tornar esses objetivos quantificáveis e treinar uma IA mais inteligente para construir um projeto Jukurrpa mais igualitário e inspirador. Eu sempre quis um emprego de verdade... eu achei que seria em AR, mas a chance de trabalhar para moldar as possibilidades do que os jovens podem alcançar está além dos meus maiores sonhos.

— Eu estou realmente feliz por você — disse a mulher mais velha. Hesitando, baixou os olhos, como se estivesse envergonhada. — Mas, antes de você ir, tem algo que eu preciso te contar.

— O que é?

— Eu estava relutante em confirmar seu serviço porque eu tinha medo de que você me abandonasse quando tivesse recebido seu Moola — sussurrou Joanna, com uma voz trêmula. — Eu não queria que você fosse embora.

— Ah, Joanna... — Lágrimas surgiram nos olhos de Keira.

— Não chora, criança. Não chora. — Joanna secou os cantos dos olhos e sorriu para Keira. — Você me trouxe para o mar, e agora é minha vez de cumprir minha promessa.

Os tons agudos e melodiosos da entrada de Moola se dispersaram na brisa do mar. Keira empurrou a cadeira de rodas de Joanna, e a dupla continuou sua longa jornada pela praia. Juntas, elas viram as ondas virem e voltarem, moldando a forma da orla, centímetro a centímetro. Como tinham feito 1 bilhão de anos atrás. Como continuariam a fazer no futuro.

ANÁLISE

Plenitude, novos modelos econômicos, o futuro do dinheiro, singularidade

Há muito tempo que nós, humanos, fantasiamos o dia em que não tenhamos mais que trabalhar e que tudo seja de graça. "Sonhando com a plenitude" mostra um futuro em 2041 no qual a revolução energética, a revolução de materiais, a IA e a automação nos levou até a metade do caminho.

Enquanto a IA e outras tecnologias estão viabilizando a quarta revolução industrial, uma revolução de energia limpa está a caminho — e isso deve tratar da crise de mudanças climáticas ao mesmo tempo que reduz o custo de iluminar o mundo. Estamos nos aproximando da confluência de energias solar e eólica aperfeiçoadas com tecnologias de baterias com a capacidade de reformular a infraestrutura energética do mundo até 2041.

Quando o custo da energia desabar, isso também derrubará os custos de água, matérias-primas, manufaturas, computação, logística e qualquer coisa que tenha um grande componente energético. Ao mesmo tempo, a produção passará do uso de materiais limitados ou tóxicos (petróleo, minerais, alguns químicos) para os tijolos abundantes e baratos da natureza (fótons, moléculas, silício). Finalmente, considerando o que lemos nos capítulos de 1 a 9, a IA e a automação reduzirão drasticamente o componente final dos custos de produção: o trabalho humano rotineiro.

Conforme os custos de energia, de materiais e de produção caírem em uma velocidade histórica, podemos vislumbrar a plenitude. "Plenitude" é a palavra que escolhi para denominar uma nova fase da vida humana na qual todas as pessoas têm direito a uma vida confortável, já que o preço dos bens se aproxima de zero, e o trabalho se torna opcional. Outros a chamaram de "abundância" ou "pós-escassez".

Mas em "Sonhando com a plenitude", uma sociedade que de início parece possuir todos os ingredientes de um paraíso utópico, na qual todo mundo tem suas necessidades básicas satisfeitas (o que deixa as pessoas livres para buscarem propósitos mais elevados para suas vidas), revela criar tantos problemas quanto resolve. Em particular, essa história revela o possível perigo da reação dos jovens a um mundo em que eles perderam a âncora tradicional de uma carreira sustentável em torno da qual construir uma vida próspera. A razão para haver tantos obstáculos no caminho para a utopia é o fato de os modelos econômicos terem sido desenhados para a escassez, não para a plenitude. Quando quase tudo é de graça, qual o propósito do dinheiro? Sem dinheiro, o que acontece com as pessoas que se acostumaram a trabalhar para ganhar dinheiro como sentido da vida? O que acontece com as instituições econômicas e as corporações?

Nesta parte, descrevo a revolução energética e a revolução de materiais e como elas proporcionarão o combustível e a matéria-prima para a produção automatizada por IA, tornando a plenitude inevitável. Exploro como a plenitude invalida modelos e instituições econômicos existentes, incluindo o dinheiro. Falo de como o dinheiro pode evoluir e explico o projeto de novas moedas em "Sonhando com a plenitude". Em seguida, explico por que escolhemos terminar este livro falando de plenitude, em vez de singularidade, que alguns futuristas acreditam que será o momento tecnológico definidor da década de 2040.

Finalmente, na conclusão deste capítulo, vou deixá-lo com alguns pensamentos mais amplos a serem considerados a respeito do futuro da humanidade — e nossa jornada até 2041.

A REVOLUÇÃO ENERGÉTICA SUSTENTÁVEL: SOLAR + EÓLICA + BATERIAS

Além da IA, estamos à beira de uma outra importante revolução tecnológica — a de energia renovável. Juntas, as tecnologias solar fotovoltaica, eólica e para armazenamento em baterias de lítio possibilitarão a substituição da maior parte, se não toda, de nossa infraestrutura energética por energia limpa e renovável.

Até 2041, o mundo desenvolvido e parte dos países em desenvolvimento serão majoritariamente alimentados por energia solar e eólica. Entre 2010 e 2020, o custo da energia solar caiu 82% e o da energia eólica, 46%. A energia solar e eólica terrestre são hoje nossas fontes mais baratas de eletricidade. Além disso, no mesmo período, o custo de armazenamento em baterias de lítio caiu 87%. E cairá ainda mais graças à produção em massa de baterias para veículos elétricos. A rápida queda no preço das baterias tornará possível armazenar energia solar e eólica de dias ensolarados e ventosos para uso no futuro. O instituto de pesquisas RethinkX estima que, com um investimento de 2 trilhões de dólares até 2030, o custo da energia nos Estados Unidos cairá para 3 centavos por quilowatt-hora, menos de um quarto do custo atual. Até 2041, ele deve ser ainda menor, já que os preços desses três componentes continuam a cair.

O que acontece em dias em que o armazenamento das baterias de uma determinada área está cheio — a energia gerada que não for usada será desperdiçada? O RethinkX prevê que essas circunstâncias criarão uma nova classe de energia chamada "superpotência" quase a um custo zero, normalmente durante os dias mais ensolarados ou com vento. Com um cronograma inteligente, essa "superpotência" pode ser usada para tarefas não urgentes, como carregar baterias de carros parados, dessalinização de água e tratamento de esgoto, reciclagem de lixo, refinamento de metais, remoção de carbono, algoritmos de consenso em *blockchain*, descoberta de fármacos pela IA e atividades de manufatura em que os custos são atrelados à energia.

Esse sistema não apenas derrubaria substancialmente o custo da energia, mas também permitiria novos usos e invenções que antes eram caros demais. Conforme o custo da energia cair, o custo da água, dos materiais, da manufatura, da computação e de qualquer coisa que possua um grande componente energético cairá também.

A abordagem solar + eólica + baterias para novas energias também significa 100% de energia limpa. Mudar para essa forma de energia pode eliminar mais de 50% de todas as emissões de gases de efeito estufa, de longe os maiores culpados pelas mudanças climáticas.

Essa estimativa depende de melhorias tecnológicas contínuas e de um investimento substancial de capital por parte das nações do mundo para construir uma infraestrutura para energia renovável, o que significa que países mais progressistas se beneficiarão primeiro. Foi por isso que ambientamos "Sonhando com a plenitude" na Austrália, onde a energia renovável vem crescendo dez vezes mais rápido que a média mundial.

A REVOLUÇÃO DE MATERIAIS: EM DIREÇÃO À OFERTA INFINITA

Estamos vivendo o que Peter Diamandis chamou de "desmaterialização", ou uma época em que muitos produtos físicos se tornaram obsoletos, já que suas capacidades foram absorvidas por softwares e produtos em plataformas como celulares. São exemplos recentes rádios, câmeras de fotografia, mapas e sistemas de GPS independentes, filmadoras e enciclopédias. Com a desmaterialização ocorrendo a uma velocidade cada vez maior, produtos antes caros se tornaram efetivamente gratuitos.

No capítulo 4, "Amor sem contato", discutimos o poder da biologia sintética na descoberta de fármacos e terapia genética (como a CRISPR), o que reduzirá os custos de cuidados com a saúde, melhorará a eficácia de tratamentos e aumentará a longevidade humana. Além disso, a biologia sintética vem se mostrando promissora no redesenho de organismos para fins úteis, projetando neles novas habilidades. A biologia sintética vai revolucionar a indústria alimentícia. A carne pode ser cultivada em laboratório com o uso de células iniciais colhidas em animais, com o mesmo perfil de proteína e gordura e o mesmo gosto. Essa tecnologia transformadora criará carne "de verdade" sem ameaçar os animais ou o planeta. As comidas do futuro não estarão limitadas ao que já provamos no passado. Trabalhando em um nível molecular, cientistas poderão imitar comidas existentes, além de criar produtos alimentares totalmente novos, disponibilizando-os produtos em bancos de dados para serem produzidos em quantidade a um custo muito baixo, da mesma forma que software e hardware de commodity.

A maior parte dos vegetais e frutas pode ser produzida em fazendas verticais que são na verdade fábricas automatizadas, e o custo cairá com a economia de larga escala. No fim, o custo principal dessas fazendas será eletricidade, água e fertilizante. Soubemos pelo tópico anterior que a eletricidade e a água serão quase de graça. A biologia sintética pode criar bactérias para suprir o nitrogênio de que as plantas precisam para crescer, acabando assim com os fertilizantes químicos tóxicos.

A biologia sintética também pode ser usada para fazer borracha, cosméticos, fragrâncias, roupas, tecidos, plásticos e produtos químicos "verdes", que podem dissolver plásticos e limpar os poluentes do meio ambiente.

A biologia sintética revolucionará muitas indústrias ao torná-las mais sustentáveis e ao mesmo tempo baixar radicalmente seu custo total.

Em junho de 2011, o presidente Obama anunciou a Iniciativa de Genoma de Materiais, um esforço nacional para o uso de métodos *open source* e de IA com o objetivo de dobrar o ritmo de inovação na ciência de materiais. Durante os últimos dez anos, esse esforço criou um enorme banco de dados que possibilitou aos cientistas construir materiais um átomo por vez. Isso inclui materiais que parecem saídos direto da ficção científica, como músculos artificiais e nanomateriais que tornam tudo muito mais leve.

Quando as matérias-primas passarem de compostos limitados e tóxicos para materiais abundantes da natureza (fótons para energia, moléculas para biologia sintética, átomos para materiais, bits/qubits para informação, silício para semicondutores), estaremos um passo mais próximo do sonho da plenitude.

A REVOLUÇÃO NA PRODUÇÃO: IA E AUTOMAÇÃO

Como discutimos nos capítulos anteriores, robôs e IA assumirão a manufatura, a entrega, o design e o marketing da maior parte dos produtos. Veículos autônomos nos levarão para qualquer lugar a qualquer momento a um custo mínimo e nos pouparão dos gastos com a compra e a manutenção de carros ("O motorista abençoado"). Os robôs de serviço farão tarefas domésticas melhor do que a melhor das faxineiras ("Amor sem contato"). A IA assumirá as tarefas rotineiras, braçais e especializadas ("O salvador de empregos"). A IA trabalha 24 horas por dia, não fica doente, não reclama e não precisa ser paga. A IA reduzirá o custo da maioria dos bens manufaturados a apenas um pequeno incremento em relação ao custo dos materiais.

A IA também oferecerá excelentes serviços para muitos trabalhos especializados de rotina. Assistentes de IA administrarão nossas vidas melhor que o melhor dos assistentes humanos ("O elefante dourado" e "A ilha da felicidade"). Professores de IA darão aulas envolventes customizadas para cada aluno ("Dois pardais"). Médicos de IA diagnosticarão e curarão pacientes melhor do que os médicos humanos ("Amor sem contato"). O entretenimento por IA será realista e imersivo, mas virtual e, portanto, quase gratuito ("Meu ídolo assombrado").

A robótica se tornará autorreplicante e autorreparadora e será até capaz de se projetar parcialmente sozinha. As impressoras 3D — que serão cada vez mais parecidas com o replicador de *Jornada nas estrelas* — permitirão que produtos sofisticados ou personalizados (como dentaduras e próteses) sejam feitos com custo mínimo.

Casas e prédios de apartamentos serão projetados pela IA e usarão módulos pré-fabricados, que serão unidos como blocos de Lego por robôs, reduzindo consideravelmente os custos de habitação. O transporte público autônomo e pontual, como ônibus-robôs, táxis-robôs e scooters-robôs, nos levará para qualquer lugar sem precisarmos esperar.

Portanto, com a energia quase gratuita, materiais baratos e produção automatizada por IA, entraremos em uma nova era de plenitude.

PLENITUDE: UMA INEVITABILIDADE TECNOLOGICAMENTE MEDIADA

O termo "pós-escassez" descreve um mundo onde nada é escasso e tudo é gratuito. Em "Sonhando com a plenitude", conhecemos um mundo futuro no qual países se movem na direção da pós-escassez, embora em ritmos diferentes. Na última história, a Austrália, um país altamente desenvolvido, é rico o suficiente para garantir a todos os habitantes necessidades básicas e uma vida confortável (por meio do cartão CBV). Países mais pobres, como podemos inferir pela história, chegarão ao estado de plenitude mais tarde.

Como o tempo pode variar para diferentes países, eu prefiro o termo "plenitude" a "pós-escassez". Além disso, a verdadeira "pós-escassez" nunca será conquistada. Por exemplo, não importa quanto a tecnologia melhore, nunca existirão mais de vinte pinturas de Leonardo da Vinci. Além disso, versões de luxo dos bens e serviços — que ofereçam um valor humano único (como um professor particular motivador) ou componentes e tecnologias complexos ou raros (como os primeiros computadores quânticos funcionais) — ainda serão escassos. Mas essas ofertas de ponta serão a exceção mais do que a regra, assim como grande parte do mundo bebe água encanada quase gratuita ou água filtrada, embora a água livre de poluentes proveniente da fonte subterrânea no monte Fuji ainda seja escassa.

A era da plenitude chegará quando a maior parte das coisas não for mais escassa, possa ser produzida por quase nada e — mais importante — esteja disponível de graça ou por um preço considerado muito barato pela maior parte das pessoas. Essas coisas "quase gratuitas" começarão com necessidades como comida, água, roupas, abrigo e energia. Com o tempo, a plenitude é um processo no qual cada vez mais bens e serviços serão oferecidos para cada vez mais pessoas conforme as tecnologias avançam e os custos baixam, de forma que novos "luxos" serão oferecidos todo ano. Eu espero que a plenitude comece com necessidades e se expanda gradualmente para oferecer um estilo de vida confortável e agradável para todos, como transporte, roupas, comunicação, saúde, informação, educação e entretenimento. Os cidadãos de "Sonhando com a plenitude" têm todos esses benefícios de graça.

Se você é cético em relação à plenitude, considere que mesmo hoje ela já chegou em certos setores da economia. Podemos consumir toda a música e filmes que queremos, em qualquer dispositivo a qualquer momento, por cerca de vinte dólares por mês. Podemos escolher algo dentre uma enorme coleção de e-books e audiobooks a um preço simbólico. Podemos ler ou ver as notícias de graça. Podemos comprar e vender ações sem comissão. Podemos buscar e acessar via internet informação valiosa que antes era artificialmente tornada escassa e cara.

Você pode argumentar que todos os exemplos acima se relacionam a produtos digitais porque eles têm custo de manufatura e logística praticamente nulo. Mas e coisas "de verdade", como comida e moradia? Em 2020, os Estados Unidos descartaram 218 bilhões de dólares em comida, enquanto o custo de eliminar a fome nos Estados Unidos foi estimado em apenas 25 bilhões de dólares por ano. Nos Estados Unidos, existem cinco vezes mais casas desocupadas do que pessoas sem teto. Então já temos a plenitude teórica em 2021, no que se refere a comida e moradia nos Estados Unidos. Imagine tentar explicar essa conquista e esse desequilíbrio para humanos de quinhentos anos atrás. Como William Gibson disse: "O futuro já está aqui — ele só não está muito bem distribuído".

Modelos econômicos para escassez e pós-escassez

Durante milênios, os sistemas econômicos humanos evoluíram sob uma premissa fundamental — a escassez. A escassez existe quando a procura humana por bens e serviços excede sua oferta limitada. A escassez tem sido causa de guerras, migração em massa, mercado de capitais e todos os aspectos de como nossa civilização se desenvolveu. A escassez é uma presunção de todas as teorias econômicas.

A economia é a ciência social preocupada com a produção, a distribuição e o consumo de bens e serviços. Ela se preocupa com como indivíduos, negócios, governos e nações fazem escolhas para alocar recursos. Uma presunção fundamental da economia é que os desejos da sociedade são ilimitados, mas todos os recursos são limitados. Modelos econômicos são teorias sobre como produzir, distribuir e consumir esses recursos escassos de forma eficiente.

Adam Smith, o pai da economia moderna, teorizou que, ao dar a todos a liberdade de produzir, trocar e consumir com base em seu interesse, as economias naturalmente se equilibrariam e continuariam a crescer. Karl Marx argumentou que o poder cada vez maior do capital invalidaria a teoria de Adam Smith, já que ele dá um poder excepcional àqueles que controlam o capital, levando à desigualdade e à exploração da classe trabalhadora. John Maynard Keynes compartilhava dessa preocupação de que o "equilíbrio natural" levaria tempo demais, mas defendia o uso de políticas monetárias para modular a economia e aumentar a demanda e diminuir o desemprego. Uma coisa que todas essas três teorias têm em comum é a presunção básica da escassez.

No futuro, se a presunção de escassez for eliminada, os modelos econômicos também serão. Quando não há escassez, então todos os mecanismos como vender, comprar e trocar não serão mais necessários. O dinheiro não será mais necessário. Qual, então, será o modelo econômico?

A ficção científica fez muitas previsões acertadas a respeito do futuro. No que se refere à plenitude, *Jornada nas estrelas* oferece uma visão fascinante do futuro. Em seu livro *Trekonomics*, Manu Saadia descreve o modelo econômico de *Jornada nas estrelas*, que é resumido na famosa declaração do capitão Picard de que "as pessoas não são mais obcecadas com o acúmulo de coisas. Nós eliminamos a fome, a escassez e a necessidade de posses".

Em *Jornada nas estrelas: a nova geração*, que se passa no século XXIV, o replicador pode fazer qualquer coisa, o que elimina a necessidade do trabalho e do comércio. Sem essas necessidades, dinheiro e trabalho se tornam supérfluos. O emprego se torna opcional e voluntário e o status social e o respeito se tornam a nova moeda, conforme mais pessoas sobem na hierarquia de Maslow e vivem para a realização pessoal. Entre essas pessoas, está a tripulação da *Enterprise*, que alcança a realização pessoal por meio da exploração do novo mundo e da busca por conhecimento.

Eu acredito que, a longo prazo, uma economia parecida com a esboçada em *Trekonomics* seja factível. Ela será construída sobre um novo contrato social que oferece cada vez mais serviços básicos para uma vida confortável, enquanto redefine conceitos como trabalho, dinheiro e propósito, além do papel de corporações e instituições. O novo sistema deve ser projetado de forma a alcançar o mesmo tipo de equilíbrio visto na teoria de Adam Smith: se as pessoas buscam satisfazer seu interesse próprio, então um círculo virtuoso se forma e todo mundo ganha.

Jornada nas estrelas retrata um ponto-final fascinante que levou trezentos anos para ser alcançado, mas não fala sobre como chegar lá. "Sonhando com a plenitude" descreve um ponto intermediário plausível para essa evolução, centrado em um conceito: dinheiro.

Dinheiro na era da plenitude

Em seu livro *21 lições para o século 21*, Yuval Noah Harari escreveu: "Realmente, o *Homo sapiens* conquistou esse planeta graças, acima de tudo, à capacidade exclusiva dos humanos de criar e disseminar ficções. Somos os únicos mamíferos capazes de cooperar com vários estranhos porque somente nós somos capazes de inventar narrativas ficcionais, espalhá-las e convencer milhões de outros a acreditar nelas".[*] O professor Harari também disse: "O dinheiro na verdade é a ficção inventada e contada pelos humanos com

---

[*] Tradução retirada de HARARI, Yuval Noah. *21 lições para o século 21*. São Paulo: Companhia das Letras. (N. T.)

o maior sucesso porque é a única ficção em que todo mundo acredita". O dinheiro tem sido um componente-chave da sociedade humana desde 5.000 a.C. Se o dinheiro ruir, porque tudo passará a ser gratuito, derrubará muitos pilares da nossa sociedade junto.

O dinheiro é reserva de valor, unidade de contabilidade e meio de troca. Contudo, o mais importante é que fomos ensinados por séculos a acumular dinheiro em busca de segurança e sobrevivência. O dinheiro se tornou um símbolo de status que nos traz respeito, mas também vaidade. Nosso desejo por dinheiro é, com frequência, insaciável e leva à ganância, mas também oferece um senso de propósito. Em outras palavras, o dinheiro se tornou um ingrediente-chave em toda a hierarquia de Maslow, e seu impacto emocional se tornou profundamente entranhado em nós depois de milhares de anos dessa narrativa. O dinheiro não é algo que possa ser eliminado do dia para a noite; é necessário que haja um plano gradual a longuíssimo prazo.

Em "Sonhando com a plenitude", esse plano gradual tem a forma do projeto Jukurrpa do governo australiano. O Jukurrpa tenta reinventar o dinheiro gradualmente e ao mesmo tempo lidar com as mudanças trazidas pela plenitude e pelas mudanças no trabalho causadas pela automação, fornecendo aos cidadãos necessidades básicas e ajudando-os com treinamento. O projeto tem três componentes: o CBV, o Moola e, depois, um programa revisado conquistado pelo movimento civil "Sonhe o futuro".

O primeiro é o Cartão Básico de Vida (CBV), que você pode pensar como serviços básicos universais. Diferentemente da renda básica universal (RBU), o CBV oferece a seus portadores créditos que podem ser trocados por serviços que suprem necessidades básicas e permitem uma vida confortável. Diferentemente de uma RBU simples, os créditos do CBV podem ser usados apenas para comida, água, moradia, energia, transporte, roupa, comunicação, saúde, informação e entretenimento. Essa limitação da troca é importante porque se sabe que o desemprego está relacionado ao abuso de álcool e opioides.

O CBV proporcionaria a todos os níveis fisiológico e de segurança na hierarquia de Maslow, tenha essa pessoa um emprego ou não. Além disso, a educação e o treinamento seriam oferecidos completamente de graça, junto a uma assistência personalizada, pois para as pessoas que querem continuar a trabalhar, treinamento é essencial para evitar a substituição por IA, como discutido em "O salvador de empregos".

O segundo componente do plano Jukurrpa, o Moola, é uma nova "moeda" pensada para ajudar as pessoas a seguirem para o próximo nível da hierarquia de Maslow — amor e pertencimento, exemplificados em afeto, amizade, empatia, companheirismo, confiança e conexão. Diferentemente do dinheiro e do CBV, amor e pertencimento não podem ser gastos. Com dinheiro, quanto mais você gasta, menos você tem. Mas com amor e pertencimento, quanto mais você dá, mais você tem. Seu Moola aumenta conforme sua pulseira escuta e sente o bem-estar emocional das pessoas à sua volta. Você está ajudando e se preocupa com os outros? Você está fortalecendo sua comunidade e formando relações benéficas?

O Moola é movido por um algoritmo de IA que pontua a empatia e a compaixão das pessoas, demonstrada pelo serviço à comunidade e outras interações, e segue a premissa de que, quanto mais você gasta, mais você tem. Para proteger a privacidade de cada usuário, a pulseira usa tecnologias de computação da privacidade como aprendizado federado e TEE para garantir que dados privados nunca sejam transmitidos para fora da pulseira e sejam permanentemente deletados depois do uso. A pulseira em "Sonhando com a plenitude" também sugere formas de aumentar seu Moola com atividades voluntárias, como cuidado de idosos, que é como Keira e Joanna se conhecem.

A ideia de uma moeda não monetária como o Moola lida com as questões causadas pela substituição de empregos — conforme a automação assume tarefas rotineiras, o maior número de trabalhos "seguros" será em serviços que exigem conexão humana. O algoritmo de IA do Moola guia as pessoas para oportunidades que as ajudam a colocar em prática sua empatia e sua compaixão, tornando-as mais elegíveis para boas oportunidades no setor de serviços.

Uma das falhas de design do Moola foi que, quando as pessoas acumulavam Moola suficientes, elas eram recompensadas com cores brilhantes em sua pulseira. Os arquitetos do programa queriam incentivar as pessoas a acumular mais Moola e viver a vida com mais propósito, cheias de amor e pertencimento, tornando-as cada vez mais empáticas e capazes de compaixão, o que as ajuda a estarem aptas a empregos em serviços mais necessários. Mas os arquitetos ignoraram a necessidade das pessoas em saciar sua vaidade por meio da acumulação. A ganância por mais Moola fez com que algumas pessoas burlassem o sistema, convencendo, ameaçando ou conspirando para que coisas boas fossem ditas perto da pulseira, de modo a ganharem mais Moola. A representação do projeto Jukurrpa na história é um território desconhecido. Para ter sucesso a longo prazo, um país que introduzisse um programa assim precisaria se dedicar a encontrar falhas de design, como a sugerida na narrativa, e seus administradores precisariam corrigi-las, com o objetivo de preservar o sucesso do programa ao longo do tempo.

    O terceiro e último componente do projeto Jukurrpa é revelado ao final da história, quando Keira explica para Joanna que fazia parte do movimento on-line de jovens chamado "Sonhe o futuro", que convenceu os líderes da Austrália a repensarem como o programa poderia encorajar as pessoas a realizarem seus sonhos e explorarem seu potencial. A vida cheia de propósito de Joanna, como salvadora da Grande Barreira de Corais, inspira Keira, assim como a obra de arte pontilhista de Keira para realidade aumentada inspira Joanna. Essa inspiração mútua leva Keira e Joanna a uma crença compartilhada de que as pessoas devem ser incentivadas a sonhar alto na era da plenitude, seja restaurar a cultura aborígene, seja explorar Marte, seja construir cidades sustentáveis. O movimento "Sonhe o futuro" inspira um terceiro componente do Jukurrpa e a jornada na qual Keira escolhe embarcar. Esse último componente, embora seja mais complexo e não esteja completamente definido na história, claramente corresponde ao topo da hierarquia de Maslow: a realização pessoal.

    O aperfeiçoamento do projeto Jukurrpa precisaria envolver a atualização do algoritmo da IA de algo capaz de reconhecer a empatia para algo que avaliasse as camadas mais altas da hierarquia de Maslow, em que o reforço positivo vá além da simples acumulação e da adição. Assim como em "A ilha da felicidade", em que a IA aprende a medir a felicidade das pessoas, os cientistas aprenderiam a construir uma IA para reconhecer o senso de respeito, conquista e autorrealização das pessoas. Talvez eles descubram que essas virtudes são o que traz a felicidade, conectando assim essas duas histórias em um único tema.

Embora ideias específicas a respeito da evolução do dinheiro em "Sonhando com a plenitude" sejam especulativas, espero ter convencido você de que com a plenitude precisaremos desenhar um novo mundo, que ao mesmo tempo permita que um jovem aposentado viva confortavelmente, que um trabalhador criativo desenvolva novas habilidades, que uma amadora busque sua paixão, que um cuidador empático espalhe seu amor, que alguém ambicioso ganhe respeito e que uma sonhadora mude o mundo.

Em um mundo em transição para a plenitude, não podemos simplesmente presumir que todo mundo se enquadrará na "classe inútil" nem que todo mundo buscará a realização pessoal. Conforme os modelos econômicos abandonem a escassez e o dinheiro, eles deveriam ser reinventados para tentar elevar as necessidades humanas, como amor e pertencimento, estima e realização pessoal. Abraham Maslow disse: "A única falha de alguém é deixar de viver de acordo com suas possibilidades". Espera-se que nosso modelo econômico futuro seja tanto inclusivo quanto inspirador, ajudando a elevar o máximo de pessoas na hierarquia de Maslow.

Desafios para a plenitude

Eu desenhei um mapa grandioso para a plenitude. Mas essa estrada está cheia de obstáculos e até armadilhas fatais.

Primeiro, chegar à plenitude exige nada menos que uma revolução financeira completa. Todas as instituições financeiras, como os bancos centrais nacionais e mercados de ações, precisarão ser reinventadas ou substituídas. O desaparecimento da escassez causará deflação, levando ao colapso dos preços e posteriormente dos mercados. Como vimos nas duas grandes crises financeiras que já ocorreram no século XXI, nosso sistema financeiro é frágil. O escopo do trabalho e a profundidade das questões a serem enfrentados para evitarmos uma crise financeira catastrófica são monumentais, incluindo lidar com a deflação que resultará do colapso dos preços, da distribuição gratuita de bens e serviços e da transição de um modelo econômico para outro.

O segundo problema sistêmico é que as corporações vão se recusar a aceitar o fim da escassez. Historicamente, sempre que a produção de bens se tornou barata, a preferência das corporações gigantes não foi por altruisticamente baixar os preços, mas em vez disso criar uma escassez artificial para perpetuar seu lucro. Isso acontece há séculos. A descoberta de muitos diamantes não baixou o preço, já que a monopolista De Beers liberava quantidades limitadas por ano para criar uma escassez artificial, enquanto a indústria usava a propaganda para fazer uma lavagem cerebral nos consumidores dizendo que diamantes eram o símbolo do amor. A indústria da moda nos doutrinou a acreditar que velhos modelos estão obsoletos e são até mesmo vergonhosos para que comprássemos mais roupas do que podemos vestir, enquanto as fábricas destruíam o estoque não vendido. Um norte-americano médio comprou 68 peças de roupa em 2017, enquanto nesse mesmo ano só a Burberry destruiu 40 milhões de dólares em mercadoria. O custo para a Microsoft fazer mais uma cópia do Windows é praticamente zero, mas a empresa cobra entre 139 dólares e 309 dólares por edições diferentes do sistema operacional. A versão de 139 dólares é basicamente a mesma da de 309 dólares, mas com alguns recursos desligados, o que cria uma escassez artificial pelo produto de 309 dólares.

Finalmente, a transição para a plenitude requer uma revolução social bem-sucedida. Todas as mudanças descritas neste livro levarão a alterações sem precedentes, que incluem trabalhadores desocupados substituídos pela IA, acordos de governança para lidar com a transição para a era da plenitude, pessoas muito ricas vendo seu patrimônio despencar e empresas que se recusam a reduzir os preços quando as coisas se tornarem não escassas. Se as alterações resultarem em tensões sociais, polarização de classe ou até mesmo revoluções, então qualquer coisa pode acontecer no futuro.

Em resumo, uma transição bem-sucedida para a plenitude exigiria uma mudança improvável para corporações que priorizem a responsabilidade social em vez do lucro, uma cooperação improvável entre nações que são teimosamente hostis entre si, uma transição desafiadora para que as instituições passem por uma reinvenção completa e o abandono implausível dos eternos vícios humanos da ganância e da vaidade.

Então, deveríamos nos render?

Eu digo: com certeza não! A oportunidade de alcançar a plenitude se apresenta como o teste final da humanidade: com a confluência de tecnologias quase mágicas nos permitindo construir quase qualquer coisa por quase nada, nós sucumbiremos à tentação sem sentido de acumular riqueza quando não há nada em que se gastar essa riqueza? Nós deliberadamente fingiremos não ver a pobreza quando existe o suficiente para todos? As respostas são claras. Precisamos encontrar um modelo econômico subordinado às necessidades humanas e não à ganância humana. Temos desafios intimidadores à frente e chances assustadoras, mas a recompensa é sem precedentes. Nunca o potencial para o florescimento humano foi mais alto, ou o risco do fracasso, maior.

O QUE VEM DEPOIS DA PLENITUDE — SINGULARIDADE?

No início deste livro, declarei que queria olhar para um horizonte distante: 2041. Mas, agora que chegamos ao fim do livro, vamos considerar que horizontes podem estar logo depois desse. O que poderia estar depois de algo tão grandioso quanto a plenitude? Alguns futuristas previram que "a singularidade" chegará até 2045, que é logo depois de 2041.

De acordo com a teoria da singularidade, devido ao crescimento exponencial da computação, a IA autodirecionada também crescerá exponencialmente e ganhará superinteligência mais rápido do que podemos imaginar, pois os humanos não conseguem visualizar fenômenos exponenciais. Em outras palavras, a singularidade é o momento em que a inteligência das máquinas ultrapassa a inteligência humana — e quando a IA poderia tomar dos humanos o controle do mundo. Quanto à questão da singularidade, as mentes futuristas gravitam para extremos diferentes, resultando em visões bastante contrastantes do que pode acontecer — visões que chamaram a atenção do público dividindo opiniões de boa parte da comunidade tecnológica.

Os utopistas da singularidade acreditam que, uma vez que a IA ultrapasse a inteligência humana, ela vai nos oferecer ferramentas quase mágicas para aliviar o sofrimento e concretizar o potencial humano. Nessa visão, sistemas de IA superinteligentes entenderão tão profundamente o universo que agirão como oráculos onipotentes, respondendo às perguntas mais difíceis da humanidade e conjurando soluções brilhantes. Alguns acreditam que devemos nos tornar ciborgues para formar uma espécie híbrida com essa IA onipotente, caso contrário seremos relegados ao limbo.

Mas nem todo mundo é tão otimista. No campo distópico da singularidade, estão pessoas como Elon Musk, que chamou sistemas superinteligentes de IA de "o maior risco que encaramos como civilização" e comparou sua criação com "invocar o demônio". Esse grupo alerta que, quando os humanos criarem programas de IA que melhorem a si mesmos e cujos intelectos sejam maiores que os nossos, eles vão querer nos controlar, ou pelo menos nos tornar totalmente irrelevantes.

Qual visão da singularidade — ciborgues ou senhores mecânicos — pode chegar até 2041? Eu diria que nenhuma das duas. Os crentes na singularidade argumentam que tecnologias que melhoram exponencialmente levarão à superinteligência. Eu concordo que a proeza computacional da IA tem de fato aumentado exponencialmente, mas potência computacional exponencialmente mais rápida, sozinha, não leva a uma IA qualitativamente melhor. Para uma IA qualitativamente melhor, novos desenvolvimentos científicos como o aprendizado profundo também são necessários. Imagine que tivéssemos todo o poder computacional de hoje, mas nenhum aprendizado profundo; dessa forma, toda a indústria de IA não existiria.

Para chegar à superinteligência no futuro, precisamos de mais avanços científicos. Por exemplo, precisaremos descobrir: como podemos efetivamente dar forma à criatividade nas artes e nas ciências? Ou a pensamento estratégico, raciocínio e pensamento adversativo? Ou compaixão, empatia e confiança humana? Ou consciência e suas necessidades conjuntas, desejos e emoções? Sem essas capacidades, a IA não pode nem se tornar humana, que dirá um deus ou um demônio. Tome a consciência como exemplo. Não somos apenas incapazes de construir uma IA consciente, nem sequer entendemos os mecanismos fisiológicos por trás da consciência humana.

Esses desenvolvimentos científicos são possíveis? Talvez um dia, mas não virão com facilidade ou rapidez. Nos 65 anos de história da IA, possivelmente só houve uma única inovação assim: o aprendizado profundo. Precisaremos de pelo menos uma dezena a mais de inovações para chegar à superinteligência, o que é improvável que aconteça nos próximos vinte anos.

A HISTÓRIA DA IA: UM FINAL FELIZ?

Em *2041* vimos a IA abrir a porta de um futuro radiante para a humanidade. A IA criará uma riqueza inimaginável, amplificará nossas capacidades por meio da simbiose humano-IA, melhorará a forma como trabalhamos, nos divertimos, nos comunicamos, nos libertará de tarefas rotineiras e, como aprendemos neste capítulo, nos levará para a era da plenitude.

Ao mesmo tempo, a IA trará diversos desafios e perigos: preconceitos da IA, riscos de segurança, *deepfakes*, violações de privacidade, armas autônomas e substituição de trabalhos. Esses problemas não foram causados pela IA, mas por humanos que usam a IA de forma maliciosa ou descuidada. Nas dez histórias reunidas aqui, esses problemas foram superados com criatividade, engenhosidade, tenacidade, sabedoria, coragem, compaixão e amor humanos. Em particular, nosso sentimento de justiça, nossa capacidade de aprender, nossa audácia de sonhar e nossa fé na atuação humana sempre salvaram o dia.

Não seremos espectadores passivos da história da IA — somos os autores dela. Os valores que sustentam nossas visões de um futuro com a IA se tornarão profecias autorrealizáveis. Se acreditarmos que vamos nos tornar uma "classe inútil" conforme as capacidades da IA aumentam, então vamos obliterar qualquer chance de nos reinventar. Se nos tornarmos complacentes com os presentes da plenitude e pararmos de enriquecer nossas mentes e laços uns com os outros, será o fim da evolução da nossa própria espécie. Se nos sentirmos desesperançados e nos rendermos conforme a singularidade se aproxima, então causaremos um inverno do desespero, quer a singularidade chegue ou não.

Por outro lado, se formos gratos pela libertação do trabalho rotineiro e do medo da fome e da pobreza, se celebrarmos nosso livre-arbítrio (que a IA não possui) e se tivermos fé em que a simbiose entre humanos e IA é muito maior do que a soma de duas partes, então poderemos trabalhar para moldar a IA em um complemento perfeito para nos ajudar a "ir com ousadia onde nenhum homem jamais pisou". Vamos explorar novos mundos com a IA, porém, mais importante, vamos explorar a nós mesmos. A IA nos dará uma vida confortável e a sensação de segurança, levando-nos a buscar amor e realização pessoal. A IA reduzirá nosso medo, nossa vaidade e nossa ganância, ajudando-nos a nos conectar com necessidades e desejos humanos mais nobres. A IA cuidará de tudo que for rotineiro, animando-nos a explorar o que nos torna humanos e aquele que deve ser nosso destino. Ao final, a história que escrevemos não é só a história da IA, mas a história de nós mesmos.

Na história da IA e dos humanos, se soubermos coadunar a inteligência artificial e a sociedade humana, sem dúvida alguma essa seria a maior conquista da história da humanidade.

Agradecimentos

Este livro nasceu da coincidência. Lin Qiling e Anita Huang nos apresentaram e propuseram a ideia de um livro de "ficção de ciência", uma fusão da ficção com ciência popular como forma de explorar o futuro. Logo depois, em um feliz acaso, Kai-Fu conheceu Markus Dohle, ceo da Penguin Random House e em seguida houve a apresentação a Laurie Erlam em uma conferência. Markus ficou imediatamente entusiasmado com a premissa deste livro e nos conectou aos fantásticos David Drake e Paul Whitlatch do selo Crown da phr. A coincidência seguinte veio quando Kai-Fu e Laurie conseguiram encaixar uma parada entre viagens para encontrar David e Paul em Nova York, logo antes de a pandemia impedir as viagens. E, finalmente, trabalhar de casa em 2020 nos deu o recolhimento necessário para terminar o livro, uma tarefa monstruosa, em apenas um ano.

A coincidência cria oportunidades, mas são sempre as pessoas que fazem as coisas acontecerem. Somos profundamente gratos a Qiling, Anita, Markus, David e Paul por sua criatividade, entusiasmo e diligência, que tornaram este livro possível. Também gostaríamos de agradecer aos outros integrantes da equipe da Crown e da Currency, incluindo Katie Berry, Gillian Blake, Annsley Rosner, Dyana Messina, Julie Cepler, Emily Hotaling, Sarah Breivogel, Robert Siek, Edwin Vazquez, Michelle Giuseffi, Jennifer Backe, Sally Franklin e Allison Fox.

A criação deste livro foi uma tarefa complexa, com as histórias de Stan primeiro compostas em chinês e o comentário de Kai-Fu em inglês. Escrever simultaneamente em duas línguas foi um grande desafio, e somos gratos à nossa equipe de habilidosos tradutores: Emily Jin, Andy Dudak, Blake Stone-Banks e Benjamin Zhou. Paul Whitlatch é um editor minucioso e diligente, mas, tão importante quanto isso, ele é um escritor excepcional. Essas duas habilidades permitiram a ele ir muito além de suas obrigações e nos ajudar a manter um estilo consistente e palatável.

Também somos gratos aos seguintes técnicos que responderam a perguntas e ajudaram a validar o quão plausíveis são as muitas tecnologias que exploramos neste livro: professor Xiao Wei, professor Ni Jianquan, professora Ma Weixiong, dr. Tony Han, dr. Je Xiaofei, dr. Wang Jiaping, dr. Shi Chengxi, dr. Zhang Tong, Wang Yonggang e outros colegas da Sinovation Ventures, como Melody Xu. Também gostaríamos de agradecer a toda a equipe na Erlam & Co — Mike Harvey, Amy Holmes, Reese Duerden, Daniel Orchard, Alexandra Schiel e Helen Glover — por lerem os muitos rascunhos deste livro e fazerem extensas sugestões. Em particular, temos uma dívida profunda para com Scott Meredith por suas edições detalhadas, comentários perspicazes e ideias excelentes para muitas das histórias.

Finalmente, gostaríamos de agradecer a todos os escritores de ficção científica, do passado e do presente, cuja imaginação coletiva se tornou a base da IA, e a todos os cientistas de IA que estão construindo tecnologias avançadas que são pura magia.

ÍNDICE

21 Lições para o Século 21 (Harari), 461
2001: Uma Odisseia no Espaço, 19, 285
5G, 229

A
abordagem *in silico*, 184-185
abuso de substâncias, 373, 377
Academia Fountainhead, 93
Adams, John, 384
agricultura, 11, 189, 384
AI: More Than Human (Barbican Centre), 17
algoritmo RSA, 333
Alphabet, 280, 340
AlphaFold, 178, 183-184
AlphaGo, 10, 17, 43
Amazon Go, 80
Amazon, 47-49, 274, 382, 426
aminoácidos, 181, 183
Analects (Confucius), 147
análise de imagens médicas, 80
anastomose intestinal, 186
Android, 140, 424
Apple, 14, 140, 230
Apple App Store, 83
Apple Watch, 229
aprendizado de máquina, 43, 332, 360
aprendizado federado, 151, 399, 418, 429, 463
aprendizado profundo, 10, 24, 43
    aplicações em internet e finanças, 48
    capacidades e limitações, 45-46, 47
    definição, 44
    desvantagens do, 51, 54
    história do, 10
    processamento de linguagem natural (PLN) e, (*veja* processamento de linguagem natural (PLN)), 134
    redes neurais convolucionais (RNCs) e, 81-82
    treinamento e, 47, 429
armas autônomas, 282, 329
    prós e contras, 329, 337
    definição, 336
    ameaça à existência e, 329, 338-340
    soluções possíveis para, 339-340
armas biológicas, 340
armas de laser, 20, 326
armas nucleares, 336, 339-340
armas químicas, 340
armazenamento em baterias de lítio, 454
Armstrong, Neil, 47
assédio, 84, 209
assistência aos médicos, 181
assistentes de direção, 79
automação robótica de processos (RPA), 360, 375
Autor, David, 191
Avatarify, 83

B
Barbican Centre, Londres, 17
barman, 381
Bhagavad Gita, 23
biologia sintética, 456-457
biometria, 77, 87-88
BioNTech/Pfizer, 183
biotecnologia de rejuvenescimento, 187
Bitcoin, 329, 331-336,
bits, 330
Black Mirror (série), 235
blockchain, tecnologia, 86-87, 313, 399, 428, 430, 455
Buolamwini, Joy, 17
busca inteligente de imagem, 81
Butão, 385
BuzzFeed, 83

C
Cambridge Analytica, 140
câmeras inteligentes, 80, 172
Campanha para Impedir Robôs Assassinos, 339
campos receptivos, 81-82
Canadá, 385
câncer, tratamento, 180
captura e processamento de imagem, 78
Carnegie Mellon University, 9, 272
Cartão Básico da Vida (CVB), 437, 458, 462
celulares, 13, 20, 179, 228

chantagem, 84
China, 11, 50, 83, 144-145, 150, 154, 171, 385, 425
cirurgias robóticas, 148, 186
cirurgias, 186, 233
colonoscopia, 186,
Comissão de Segurança Nacional dos Estados Unidos para IA, 340
companhias de seguros, 49-52, 115
compreensão de cenas, 78, 81
computação da privacidade, 463
computação gráfica, 84,
computação neuromórfica, 142
computação quântica (CQ), 282, 290, 329-330, 333-335
aplicação em segurança, 333
conjuntos de vocabulário, 134
contratação de empréstimos, 50, 373-374
contrato social, 373, 385-386, 427, 461
Coreia, 385
Corrida armamentista, 77, 85, 127, 329, 338-340
córtex visual, 81
covid19, 144, 148-150, 153-159, 172-178, 183-189, 191-192, 333, 376
criação de conteúdo, 233
criatividade, 207, 379-380, 382, 384, 468-469
criptografia homomórfica, 429
crises financeiras, 465
CRISPR, 20, 162, 180, 456
CuidadoDeIdososBot, 160, 190
cuidadores, 381, 383, 433-434
cuidados de saúde, 150, 178-181, 185, 187, 189, 194, 226, 229, 233

D

dados de controle de infecção, 186
DALL.E, 140,
decisões de responsabilidade, 280, 337
deepfakes, 56, 70, 77, 81, 83-84
  programas de detecção e, 77, 84-86
  redes adversárias generativas (GANs) e, 77, 84
DeepMind, 10, 183
deflação, 465
DeliveryBot, 160, 190

depressão, 212, 373, 377
descoberta de medicamentos, 184-185
"descoerência", 331
desemprego, 343-344, 373, 376-377, 436, 460
desigualdade de renda, 378
DesinfetanteBots, 160, 190
desinformação, 12
desmaterialização, 456
destreza, 379
detecção de objetos, 78,
diagnósticos assistidos por IA, 178-179, 185-187, 355, 418
Diamandis, Peter, 456
difamação, 84,
digitalização, 178-179, 191, 376
Dilema das Redes, O (documentário), 51
dinheiro, 48-49, 333, 335, 363
discriminação, 27, 39, 42, 53
dispositivos vestíveis, 179, 181, 186-187
Dividendo da Liberdade, 378
Doença de Alzheimer, 234, 435, 440, 447, 449
Dolby Digital, 86
Dota 2, videogame, 10
drone Harpy, 336
Dudak, Andy, 472

E

educação, inteligência artificial (IA) em, 11, 92, 117, 129, 133-134, 144-146, 384-385
Ela (filme), 141
eleições municipais na cidade de Nova York (2021), 378
eleições presidenciais,
  2016, 140
  2020, 378
eletricidade, 13, 51, 454-456
elétrons, 323, 330
emissões de gases de efeito estufa, 455
emissores de cheiro, 231
empatia, 379, 382, 463-464, 468
empilhadeiras autônomas, 188, 190, 276,
empresas de realocação de empregos, 342-348, 373

empresas farmacêuticas, 181
empresas fintech, 49-50
energia eólica, 454
energia solar, 315, 454-455
enfermagem, 382
enovelamento de proteínas, 10, 182-183
ensino, componentes e papéis do, 144
entrelaçamento, 330
entretenimento, 11, 19, 194, 205-207, 222-223, 226, 232, 459
Era do Iluminismo, 428
Escandinávia, 154, 385
escassez, 454, 460, 465-466
Escolas Minerva, 385
escolas vocacionais, 344
ESG (governança ambiental, social e corporativa), 52-53,
estacionamentos, 278
esteira omnidirecional (ODT), 232
estradas aumentadas, 275
ética de trabalho, 377, 385
Ex Machina (filme), 281
exames de admissão em universidades, 10
exames para obtenção de licença para exercer a medicina, 10
expectativa de vida, 179, 382, 436
experimentos de laboratório *in vitro*, 159, 185
explicação e justificativa, 54
Exterminador do futuro, O (filme), 18
Eysenck, Michael, 420

F
Facebook, 47-51, 85-86, 230, 424-427
Facebook Oculus, 230
FAKA, vídeos, 65-66
fake news, 53, 140, 417
felicidade, 388, 392-398, 404, 407, 418-426
   definição, 418-419
   hierarquia das necessidades de Maslow e, 419
   mensuração e incremento da, 418-420,
felicidade eudaimônica, 420
felicidade hedônica, 420
Feynman, Richard, 332
fibrose pulmonar idiopática, 184
ficção científica, 12-15, 18-21, 101, 272

filosofia xintoísta, 17
física quântica, 332
fitas de identificação médica, 186
Fórum Econômico Mundial, 20
fótons, 330, 453, 457
Frankenstein (Shelley), 18
Frederico, o Grande, da Prússia, 428
função objetiva, 40, 45, 48, 51-52, 82, 156, 402, 427

G
garantia de destruição mútua, 339,
Gates, Bill, 140, 191
Gibson, William, 459
Gmail, 50, 136, 426
Go, jogo de tabuleiro, 43
Google, 10, 14, 49-50, 85, 136-137, 142, 272, 331, 424-427
   transformador, 137
Google DeepMind Challenge Match, 10
Google Glass, 230
Google Maps, 50, 424
Google Play, 50
Google X, 20
GPT3 (generative pretrained transformers), 53, 92, 133, 137-143, 236
guerra, 11, 88, 295, 329, 337-340, 460
Guerra nas Estrelas, 19
Guterres, António, 337

H
hacking, 89
Harari, Yuval Noah, 18, 461,
Harris, Tristan, 51-52
Hawking, Stephen, 233, 340
headmounted display (HMD), 228-229
Hesse, Hermann, 91
histórico médico e familiar, 179
histórico médico, 71, 179, 185-186
holografia, 234
HoloLens, 229-230
Hyperloop, 20

I
IBM, empresa, 180, 331
IBM Watson, 180-181

identificador de locutor, 87
imortalidade digital, 235-236
implantes dentários, 186
indústria alimentícia, 456,
indústria automotiva, 376
infraestrutura de cidades inteligentes, 272, 275
Iniciativa de Genomas de Materiais, 457
Insilico Medicine, 184
Inteligência artificial (IA) (*veja também* robótica)
   aprendizado profundo (*veja* aprendizado profundo), 10, 24, 43-51, 54, 71, 77, 81-84, 88, 134, 142-144, 183, 187, 332, 418, 468
   capacidades e limitações, 47
   como tecnologia de uso total, 45, 376
   companheiros pessoais, 92, 130, 133
   cuidados de saúde e, 150, 178-181, 185, 187, 189, 194, 226, 229, 233
   definição, 9
   futuro da, 11
   na educação, 11, 92, 117, 129, 133-134, 144-146, 384-385
   Regulamento Geral de Proteção de Dados (RGPD) e, 418, 425
   relatos da mídia sobre, 12
   realidade X (XR), 98, 100-101, 110, 118, 131, 198, 203-204, 211, 215, 226-236, 300, 400, 408, 443-448
   segurança da, 56, 77, 89
   substituição de postos de trabalho e (*veja* substituição de postos de trabalho), 373, 375-376, 378-379,
   usos militares e, 80, 89, 329, 338
   veículos autônomos (*veja* veículos autônomos), 11, 188, 190, 238, 240, 256-257, 272-273, 278-279, 302, 313, 336-337, 457
inteligência artificial geral (IAG), 141, 143
Inteligência Artificial (Lee), 11-12, 14, 375
inteligência humana, 9, 92, 142-143, 467
interface cérebro-computador (BCI), 226, 234,
Internet das Coisas (IDC), 11, 186, 338, 422
internet, 11, 13, 43, 47-51, 62, 70, 77, 160, 459
iPad, iPhone, iPod, 230
Israel, 338

J
Japão, 195, 251-252, 385
Jin, Emily, 472
Jogador número um (filme), 227, 232
"John Henry" (popular canção norte-americana), 341
Jornada nas estrelas, 19, 103, 298, 458, 460-461
juramento de Hipócrates, 54
justiça, 52-54

K
Keynes, John Maynard, 460

L
Lei de Amara, 18
Lemonade, 50
lentes de contato, 198, 203-204, 215, 227, 230, 234-235
lesões de espinha dorsal, 234
LiDAR, 188, 257, 265, 273
LimpezaBot, 160, 190
livre mercado, 377
longevidade de precisão, 187
longevidade, 187, 456
luvas hápticas, 231
Lyft, 276, 278

M
macroexpressões, 422
Magic Leap, 234
manipulação eleitoral, 84
Marco Aurélio, 281
Marx, Karl, 460
Maslow, Abraham, 418-419, 465
McCarthy, John, 9
MD Anderson, 180
mecânica quântica, 330, 332, 335
medicina de precisão, 148, 181, 185, 436
meningite, 181
Métricas do Android, 424
microexpressões, 53, 126, 300, 409, 422

microscopia crioeletrônica, 182-183,
Microsoft, 14, 53, 229, 232, 466
Minority Report (filme), 231, 272
mitologia grega, 18
moderação de conteúdo, 81
Moderna, 183
MOOCS (cursos online abertos e massivos), 385
Moola, 435-439, 442-445
mudanças climáticas, 324
Musk, Elon, 137-139, 234, 340, 468

N

Nakamoto, Satoshi, 284-285, 335
nanorrobôs médicos, 186
Narciso e Goldmund (Hesse), 91
NASA (National Aeronautics and Space Administration), 47, 298, 321
navegação autônoma, 80
necessidades de amor e pertencimento, 405, 419, 463-465
necessidades de autorrealização, 405, 419-421
necessidades de estima, 419
necessidades de Maslow, hierarquia das, 419
necessidades de nível fisiológico, 419
necessidades de segurança, 419
neocórtex, 81-82
Netflix, 233
Neuralink, 234-235
neurônios, 44, 81, 234, 291

O

Obama, Barack, 83, 85, 457
Objetivo de Desenvolvimento Sustentável da ONU, 382
oftalmologia diagnóstica, 185
ônibus-robôs, táxis-robôs e scooters-robôs, 276, 458
OpenAI, 137
operários, 345, 357, 364
Organização das Nações Unidas (ONU), 135, 337, 382
Organização Mundial da Saúde, 382
orientação sexual, 53, 316, 424
otimização quantitativa, 47, 49

P

P2PK, 284, 286, 292
P2PKH, 284, 334
padrão de conjugação, 134
PasseadorDeCachorroBot, 160, 190
patologia, 181, 185,
Peele, Jordan, 83,
perda de função, 71-72, 85
pesquisa médica, 180
Photoshop, 80,
plenitude, 421, 432, 453-455, 458-467
Pokémon Go, 128, 228
pôquer, 10
pornografia, 81, 87,
pós-escassez, 432, 453, 458, 460
preconceitos, 40, 43, 53-54, 140, 438, 469,
PricewaterhouseCoopers, 13
processamento de linguagem natural (PLN), 92, 133, 137, 184, 224, 226, 371
autossupervisionado, 133, 136
plataforma para aplicações, 140
supervisionado, 133-136
Programa Escolha de Carreira da Amazon, 382
Projeto de Pesquisa de Verão de Dartmouth sobre Inteligência Artificial, 9
psicologia positiva, 418

Q

qubits (bits quânticos), 330-331, 335
questões de privacidade, 235, 388
questões éticas, 194, 226, 236, 272, 275, 278

R

R2-D2, DeliveryBot, 150, 190
radar, 273
radiologia, 173, 179, 181, 185
reação em cadeia da polimerase digital (dPCR), 180
realidade aumentada (AR), 194, 226-227, 275, 444, 464
realidade mista (MR), 194, 226-227
realidade virtual (VR), 122-123, 151-153, 194, 226-227, 260
realidade X (XR), 226

reaprender, 382
reconhecimento da geometria de mãos e dedos, 87
reconhecimento de caracteres óticos, 135
reconhecimento de digitais, 88
reconhecimento de fala, 10, 135
reconhecimento de gestos, 78, 80, 87, 232
reconhecimento de íris, 87-88, 103, 392
reconhecimento de objetos, 10, 78
reconhecimento do modo de andar, 86, 310
reconhecimento facial, 17, 57-58, 70, 80, 87, 338
reconhecimento vascular, 70, 87
redes adversárias generativas (GANs), 77, 84
redes neurais convolucionais (RNCs), 77, 81-82
registros de rastreamento de contatos, 186
registros de seguros de saúde, 179
regras gramaticais, 134
regulações governamentais, 280
Regulamento Geral de Proteção de Dados (RGPD), 418, 425
renascer, 384
renda básica universal (RBU), 343, 373, 378, 382, 462
reposicionamento de medicamentos, 184-185
ressonância magnética, 185
RethinkX, 455
revolução de materiais, 453-456
revolução energética, 453-454
Revolução Industrial, 376-377
revolução na produção, 457
riqueza material, 420-421
riscos de pandemia, 332
RNA, 182
robôs móveis autônomos (RMAs), 188, 276
robótica, 11, 178-179, 185-190, 336, 342-343, 359, 374, 379, 458
  introdução a, 187
  substituição de emprego e, 373, 375, 463
  usos comerciais e de consumo de, 190-191
  uso industrial da, 188-189
roubo de identidade, 88
Russell, Stuart, 52, 338

S

Saadia, Manu, 460
Schmidt, Eric, 340
Sedol, Lee, 10
segmentação de imagem, 78
segurança de aeroportos, 80
segurança, 275-277, 302, 329, 333, 356, 381, 462, 469
Seguros Ganesha, 29-31, 43, 45, 50-52
seleção de anúncios, 81
Seligman, Martin, 418
sequência de mRNA, 182-183
sequenciamento de DNA, 180-181, 185
sequenciamento de genoma humano, 180
sequenciamento de nova geração (NGS), 180
serotonina, 393, 423
serviço de atendimento automatizado de empresa aérea, 135
serviços de compartilhamento de carros, 277
serviços de videoconferência, 192
Shakespeare, William, 387
ShareChat, 26-27, 32-34, 50
Shelley, Mary, 18
Shikibu, Izumi, 193
Shor, Peter, 284, 333
simulações de trabalho, 374
simuladores de paladar,
singularidade, 143, 432, 453-454, 467-469
síntese de fala, 135
Slaughterbots, 336
Sloan Kettering, 180
Smith, Adam, 377, 460-461
Snapchat Spectacles, 230
Sociedade de Engenhos Automotivos, 273
Spiegel, Brennan, 193, 226
Stone-Banks, Blake, 472
submarinos, 441
  substituição de empregos, 379
  reaprender e, 382
  recalibrar e, 382
  renascer e, 382
Suíça, 385
suicídio, 373, 377, 405
Super Máquina, A (filme), 372
superposição, 330-331

supremacia quântica, 292, 331
sutura, 186

T
Talos (mitologia grega), 18
táxis, 231, 161, 274, 278
Tay, 53
teamLab, 17
tecnologia 3D, 78, 84, 179, 227-228, 233-234, 289, 393
tecnologias de RPA (automação robótica de processos), 342, 375
TEE (ambiente de execução confiável), 418, 429, 463
telerradiologia, 179
Tempestade, A (Shakespeare), 387
"tempo bem gasto", 52
teoria da intimidação, 339
"Teoria da Motivação Humana, Uma" (Maslow), 419
TEPT (transtorno do estresse pós-traumático), 154, 233
terapia genética, 456
terroristas, 329
Tesla, 88, 276, 279
teste de Turing, 134, 141
tomografias computadorizadas, 185
Toy Story (filme), 84
trabalho remoto, 178
trabalho voluntário, 165, 383, 428, 437
traduções multilíngues, 135
traje somatossensorial (háptico), 167, 203, 231
transdução de sequência, 136-137, 141, 143
transparência, 54, 392, 425
treinamento do RH, 376
Trekonomics (Saadia), 460-461
Trump, Donald, 83

U
Uber, 274, 276, 278, 280, 381-384
usos militares, 80, 89, 329, 338

V
vacina, descoberta de, 162, 178, 180-181, 183
vagas iniciais de emprego, 372
veículos autônomos (VAs), 11, 188, 190, 238, 240, 256-257, 272-273, 278-279, 302, 313, 336-337, 457
 definição, 272-273
 ética e, 278-279
 implicações dos L5, 276
 L 0–L 5, 273
 surgimento dos L5, 256, 274-276
veículos elétricos, 455
vírus, 88-89, 101, 181-183
visão computacional (VC), 56, 77, 80-82, 188, 227
 aplicações, 46, 79, 226, 228
 definição, 77-79

W
Waterdrop, 50
Waymo, 279-280
WiFi, 229
Wikipédia, 428
Windows, 140, 466

X
xadrez, 10
Xbox, 78, 80, 232

Y
Yan Shi (folclore chinês), 18
Yang, Andrew, 378, 382
YouTube, 50-51, 86

Z
Zhou, Benjamin, 472
Zoom, 192, 233

Este livro, composto na fonte Fairfield, foi impresso em papel Lux Cream 60g/m², na gráfica Ar Fernandez. São Paulo, julho de 2025.